汽车维修基础训练丛书

教你识读汽车电路图

主　编　麻友良

副主编　邵冬明

参　编　彭小晴　席　敏　杨超群

　　　　王仁秋　杨　谦

机械工业出版社

本书简明扼要地介绍了电路及磁路、电气及电子基础元件等相关的基础知识，系统地总结了汽车电路的特点及识图要点，并详细介绍了汽车电器和电子控制装置的部件结构类型及典型电路的工作原理和检测要点。在此基础上，分析了大众、雪铁龙、丰田、通用等车系电路图的特点及标注方法等。

本书图文并茂，可帮助读者在提高汽车电路识图知识水平的基础上，提高汽车电路阅读与理解能力，掌握汽车电路分析与故障诊断技能。本书适用于从事或准备从事汽车使用维修的广大读者，同时也可作为大专院校、职业技校学生学习汽车电器与电子控制技术课程的参考用书。

图书在版编目（CIP）数据

教你识读汽车电路图/麻友良主编. —北京：机械工业出版社，2012.10（2022.9 重印）
（汽车维修基础训练丛书）
ISBN 978-7-111-39832-5

Ⅰ.①教… Ⅱ.①麻… Ⅲ.①汽车－电路图－识别 Ⅳ.①U463.62

中国版本图书馆 CIP 数据核字（2012）第 224491 号

机械工业出版社（北京市百万庄大街 22 号 邮政编码 100037）
策划编辑：赵海青 责任编辑：赵海青 刘 煊
版式设计：姜 婷 责任校对：王 欣
封面设计：马精明 责任印制：郜 敏
北京富资园科技发展有限公司印刷
2022 年 9 月第 1 版第 8 次印刷
184mm×260mm · 16.75 印张 · 410 千字
标准书号：ISBN 978-7-111-39832-5
定价：39.90 元

凡购本书，如有缺页、倒页、脱页，由本社发行部调换

电话服务	网络服务
社服务中心：（010）88361066	教材网：http://www.cmpedu.com
销售一部：（010）68326294	机工官网：http://www.cmpbook.com
销售二部：（010）88379649	机工官博：http://weibo.com/cmp1952
读者购书热线：（010）88379203	**封面无防伪标均为盗版**

前　　言

汽车电气设备和电子控制系统是现代汽车的重要组成部分，汽车使用与维修过程中，汽车电器及电子控制装置的检修是最为常见的工作，而汽车电路图是汽车电气系统的基本资料，是了解汽车电系原理、查寻汽车电路故障必不可少的工具。因此，无论是学习汽车电器和电子控制系统的结构原理，还是进行汽车电器及电子控制系统的故障检修，都离不开阅读汽车电路图。正因为如此，在书市中，有不少专门介绍如何识读汽车电路图的书籍，这些书也给广大读者从事汽车电器与电子控制装置的维修实践提供了很好的帮助与指导。

根据调查和多年的教学实践经验，了解到许多人感到汽车电路太复杂。分析看不懂电路图的主要的原因：一是缺乏或淡忘了理解汽车电路原理所需的电工学基础知识；二是对汽车电路中所涉及的汽车电器或电子控制装置的结构与工作原理不太熟悉；三是不熟悉汽车电路的基本特点，对所读汽车电路的表示方法及标注特点也不太了解。针对大多数人汽车电路图阅读困难的主要原因，本书以提高读者汽车电路相关基础知识水平，掌握汽车电路识读要点为目的，安排了电路、电路元器件等基本知识，虽然只是提纲挈领，但具有较强的针对性，并结合汽车电路，突出了部分元器件的特点。详细介绍了汽车电器及电子控制装置部件及电路的工作原理及结构类型，典型电路的结构特点及检测要点，以及具有代表性的大众、雪铁龙、丰田及通用等车系电路图的特点及电路表达方法。读者在熟悉了这些车系的电路图后，可以举一反三，再识读与之相似的其他车系电路图就不会有太大的困难。需要说明的是，书中只是介绍了各典型电路检测要点，并没有介绍系统的故障诊断方法，其目的是想通过这些检测要点所涉及的故障分析，使读者进一步熟悉电路的连接关系，并掌握电路分析的基本方法。

本书适用于想要学习汽车电器与电子控制系统，提高汽车电路识图能力的广大读者，也可作为大学、中专、中职、高职等相关专业学生学习汽车电器与电子控制系统课程的参考用书。

本书由武汉科技大学教授麻友良任主编，邵冬明任副主编，参加编写的有彭小晴、席敏、杨超群、王仁秋、杨谦。编写本书过程中，阅读了大量相关的书籍资料，从中汲取了许多知识和经验，借此，向这些书的作者表示感谢。由于本人水平所限，书中会有不妥或错误之处，恳请广大读者批评指正。

编　　者

目　录

第一章

汽车电路识图基础

看懂汽车电路图，是熟悉汽车电路原理和进行汽车电气系统维修的基础，而掌握电工学及电子技术相关的知识要点又是识读汽车电路图的基础。本章对电路及磁路的基本概念、电路中的电气与电子元件的特性进行总结，以其帮助读者提高汽车电路识读能力。

第一节　电路的基本概念

一、电路的构成要素

电路即电流的通路，无论简单与复杂，一条能完成某项特定功能的电路都必须有电源、负载和连接导线这三个基本组成要素。

1. 电源

电源在电路中提供电能，有交流和直流两种电源。汽车上所使用的蓄电池和发电机是直流电源，蓄电池是将其极板上储存的化学能转变成电能向汽车上的用电设备供电，而发电机则是在发动机的驱动下将机械能转变成电能向汽车电路输出电流。

2. 负载

负载在电路中可将电能转变成光、声、热、机械等能量，电路通过负载实现其所赋的功能。负载有电阻性、电容性和电感性三种类型，电阻类负载消耗电能，而电容和电感本身并不消耗电能，但实际电路中的负载则可能是以电阻、电容、电感中的某种特性为主，兼有其他一种或两种负载特性。比如继电器线圈，是电感类负载，但同时具有直流电阻和分布电容。在汽车上，各种照明和信号灯、电喇叭、继电器及电子装置等均是汽车电路中的负载。

3. 连接导线

连接导线在电路中连接电源和负载，起传输和分配电能的作用。连接导线通常是由铜、铝、银等金属导体制成，并用绝缘材料包装。汽车电路的连接导线就是连接电源与各用电设备的配线，汽车电路还利用“搭铁”来简化线路，即通过发动机的机体、车身及车架等金属部分作为电流的回路。

除了电源、负载和连接导线这三大要素外，汽车电路中通常还配以相应的控制开关，以及熔断器、易熔线、断路器等电路安全保护器件。控制开关可使电路在人们的控制下工作，安全保护器件则是为了保护电路不被过载电流或短路电流烧坏。

二、电路的基本参数

1. 电动势

电动势 E 的物理定义是电源力把单位正电荷从电源的负极移到正极所做的功。在电源的内部，电源的正极和负极之间存在着电场，要保持电源有对外的供电能力，就必须用电源力来克服电源内部的电场力，持续不断地将正电荷从电源的负极移动到电源的正极（图 1-1）。

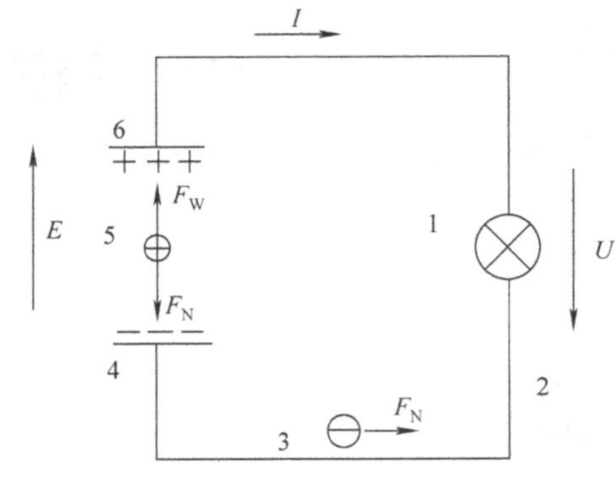

图 1-1　电动势与电压

1—负载　2—电路　3—电路中的负电荷（电子）
4—电源负极　5—电场中的正电荷　6—电源正极
F_W—电源力　F_N—电场力

电动势是反映发电机、蓄电池等电源其电源力对电荷做功的能力，其单位是伏特，简称伏（V）。电源力可由热能、机械能、化学能等其他能量转化而来。由图 1-1 可知，建立了电动势的电源，当连接外电路和负载后，就会在电路中形成电流 I。

2. 电压

电压 U 就是静电场或电路中两点之间的电位差，它反映电场力对电荷做功的能力，数值上等于电场力把单位正电荷从电源的正极经外电路移到负极所做的功。电压 U 的单位也是伏特（V），从电动势和电压的定义来看，两者的物理含义显然是不相同的。电动势表示电源内部电源力对电荷做功的能力，而电压反映的是电路中电场对电荷做功的能力。

3. 电流

电流 I 是指电荷有规律的运动，而导体能通电流是因为导体中有受原子核束缚力很小的自由电子。这些自由电子平时围绕原子核作不规则运动。当电路接通电源时，通过导体形成外电场，导体中的自由电子就会在电场力的作用下作定向运动，即形成了电流。电流的大小以单位时间里所通过的电荷来度量，其单位是安培，简称安（A）。电流的方向就是正电荷运动的方向（从电源的正极流向电源的负极），而导体中实际运动的是电子（负电荷），其定向运动的方向与电流的方向相反。

4. 电阻与欧姆定律

电路中具有阻碍电流通过的作用称之为电阻，电阻 R 的单位为欧姆，简称欧（Ω）。电路中流过电阻 R 的电流 I 与电阻两端的电压 U 成正比，这就是欧姆定律，其表达式如下

$$R=\frac{U}{I}$$

从欧姆定律可知，对于具有一定电阻的电路来说，所加电压越高，电路形成的电流也越大；在电压恒定不变时，电路的电阻越小，其电流越大。

三、电路的几种状态

1. 有载工作状态

电路的有载工作状态就是指其正常的工作状态，无论实际的电路中其电源和负载有多复

杂，通过电路分析，均可等效简化成如图 1-2 所示的等效电路。

当电路开关接通时，电路就处于有载工作状态。有载工作状态下电路的基本特性总结如下：

1）电路中电流的大小与电源电动势的大小、电源内阻及电路的电阻大小有关。

2）电路中导线、开关及保护元件的电阻极小，可忽略不计，因而电路的电阻就是负载的电阻。加在负载上的电压降，其数值上就是电流和负载电阻的乘积，且与电源的端电压一致。

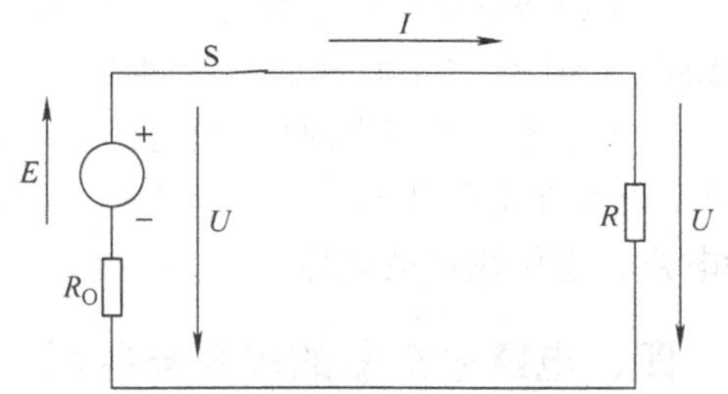

图 1-2　有载工作状态下的电路

R—负载电阻　R_0—电源内阻　I—电源输出电流（负载电流）　E—电动势　U—电源端电压（负载电压降）　S—电路开关

3）电源电动势减去电源内阻上的电压降才是电源的输出端电压。因此，当电路的工作电流很大时，由于电源内阻的电压降较大，电源输出的端电压与其电动势会有较大的差别。比如，汽车蓄电池的电动势为 12V，而在起动时，由于起动电流达 100A 以上，蓄电池内电阻上的电压降（IR_0）可达 2～4V，蓄电池实际输出的端电压会降至 8～10V。

4）当电路中有开关触点接触不良、导线连接不良的情况出现时，就会有接触电阻，电流通过时也会有电压降。因此，当负载两端的电压降明显低于电源的端电压时，就说明在电路中相关器件触点或线路连接有接触不良之处。

2. 电路开路状态

在电路开关未接通（断开）时，电源输出电流 $I=0$（图 1-3a），此时电源的端电压就等于电源电动势，即

$$U=E$$

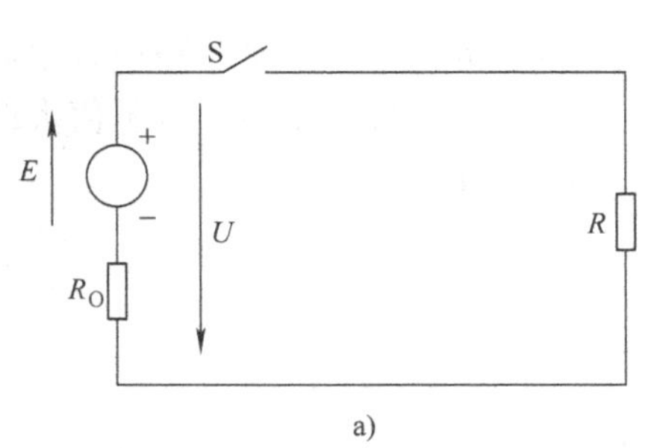

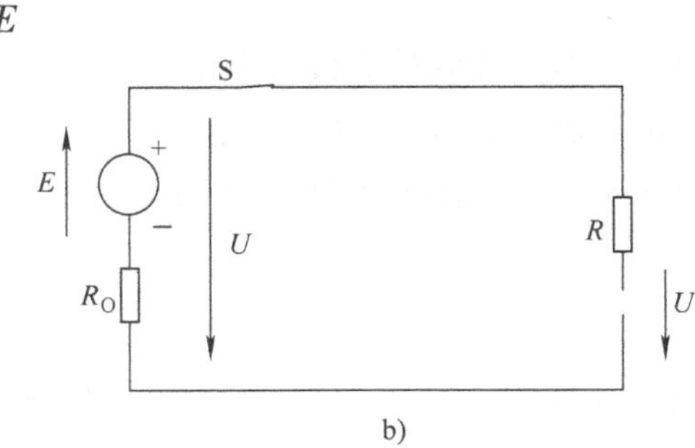

图 1-3　开路状态下的电路

a）电路停止工作　b）电路断路

当汽车电路所有的用电设备均不通电时，蓄电池对外不输出电流，这时测得的蓄电池正负极桩之间的电压与蓄电池的电动势相同。

当电路的某处断路时，电路也不通电（图 1-3b），此时电路负载上无电压降，在电路的断点之处可测得电源的端电压。

3. 电路短路状态

电路短路相当于负载电阻为零，此时电源的端电压为 0（图 1-4），其电流的大小为

$$I=\frac{E}{R_0}$$

由于电源的内阻一般都很小，故输出的短路电流很大，可将电源和线路烧毁。因此，汽车电路中设有电路保护装置（如熔断器），以便在电路出现短路故障时，及时切断电路，避免线路被烧坏。

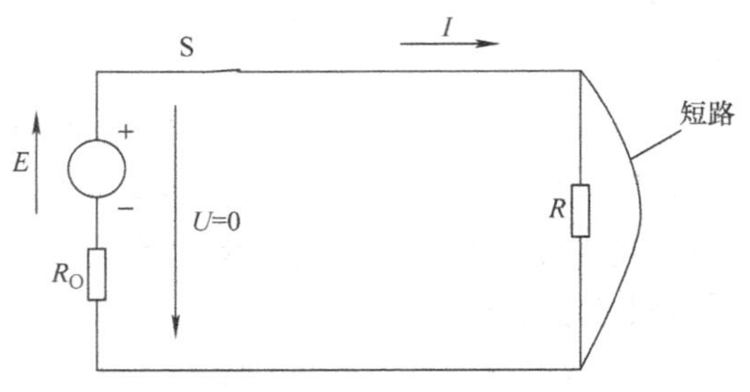

图 1-4　短路状态下的电路

四、电路中负载的串联与并联

1. 电阻的串联

在电路中有多个电阻时，其中通过同一电流的各个电阻称之为串联电阻，有两个串联电阻的电路如图 1-5 所示。

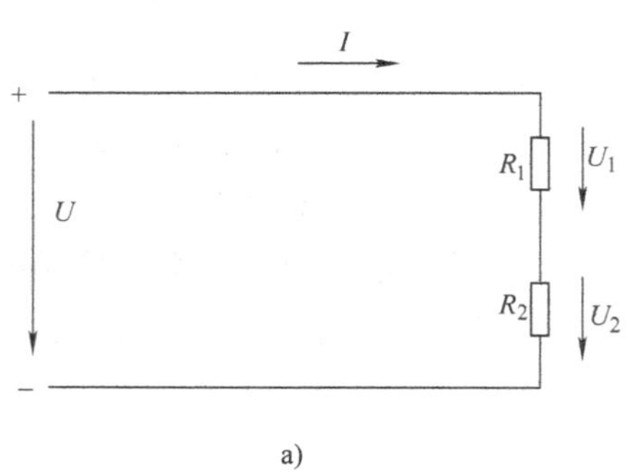

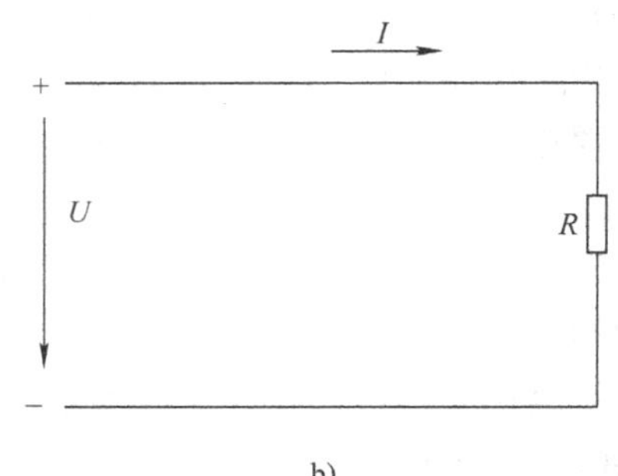

图 1-5　电阻的串联电路

a）电阻的串联　b）等效电路

电路中电阻串联的等效电阻是各个串联电阻值之和（$R = R_1 + R_2$）；而电路中各串联电阻上的电压就是其电阻与电流 I 的乘积（$U_1 = R_1 I$；$U_2 = R_2 I$）。串联电路中，电阻值大的电阻其电压也高。以图 1-5 所示的电路为例，两个串联电阻上的电压分别为

$$U_1 = \frac{R_1}{R_1 + R_2} U$$

$$U_2 = \frac{R_2}{R_1 + R_2} U$$

各串联电阻上的电压之和等于电源的端电压（$U = U_1 + U_2$）。如果 $R_1 \ll R_2$，则 $U_1 \ll U_2$，即当串联的电阻大小相差太大时，小电阻的电压降可以忽略不计，电压几乎都加在了大电阻上了。

2. 电阻的并联

电路中有两个或两个以上的电阻施加同一个电压的连接方式称之为电阻的并联，两个电阻并联的电路如图 1-6 所示。

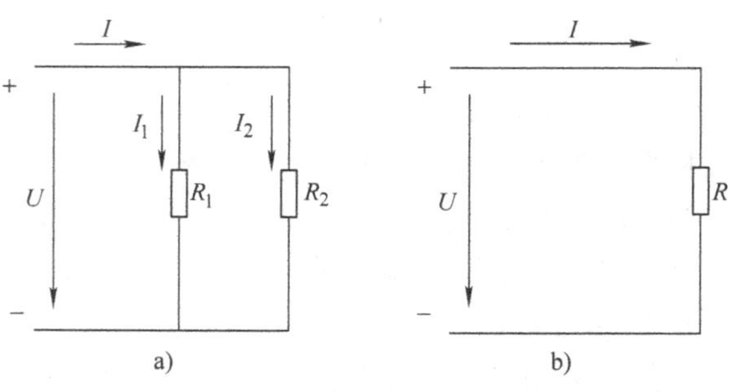

图 1-6　电阻的并联

a）电阻的并联　b）等效电阻

电路中两个电阻并联的等效电阻为

$$\frac{1}{R}=\frac{1}{R_1}+\frac{1}{R_2}$$

即

$$R=\frac{R_1R_2}{R_1+R_2}$$

从上式可看出，当电路中有两个或两个以上的电阻并联时，并联电路的等效电阻比并联电路中电阻中最小的电阻还小。各并联电阻通过的电流为

$$I_1=\frac{U}{R_1}=\frac{IR}{R_1}=\frac{R_2}{R_1+R_2}I$$

$$I_2=\frac{U}{R_2}=\frac{IR}{R_2}=\frac{R_1}{R_1+R_2}I$$

各条并联支路的电流之和就是电源的输出电流（$I=I_1+I_2$），且并联电阻上的电流大小与电阻值成反比。如果 $R_1 \ll R_2$，则 $I_1 \gg I_2$，即在各条并联电路的电阻差值很大的情况下，电源电流几乎都是从电阻小的支路通过，而电阻大的支路其电流可以忽略不计。

五、电路中的电位

电路中的电位就是相对于电路中某参考点的电压，参考点不同，电路各点的电位也不同。以图 1-7 的电路为例，说明电路中电位的概念。

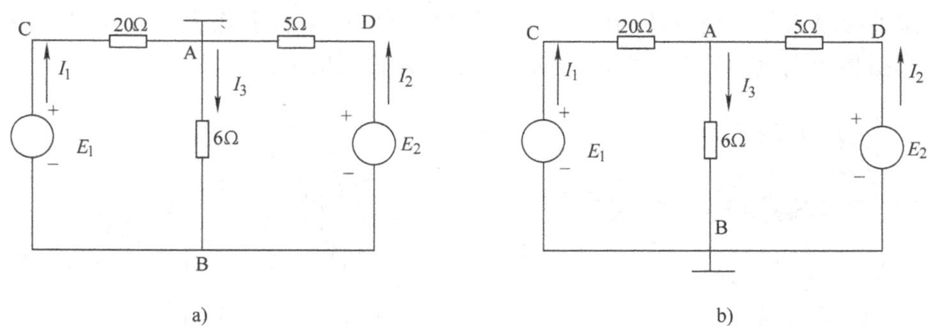

图 1-7　电路中的电位

a）以 A 点为参考点　b）以 B 点为参考点

$E_1=140\text{V}$　$E_2=90\text{V}$　$I_1=4\text{A}$　$I_2=6\text{A}$　$I_3=10\text{A}$

图 1-7 中各段电路的电压为

$$U_{AB}=10\times6=60\text{V}$$

$$U_{CA}=4\times20=80\text{V}$$

$$U_{DA}=6\times5=30\text{V}$$

$$U_{CB}=140\text{V}$$

$$U_{DB}=90\text{V}$$

若以 A 点为参考点，电路中其他各点的电位为

$$V_B=-60\text{V}\quad V_C=80\text{V}\quad V_D=30\text{V}$$

若以 B 点为参考点，电路中其他各点的电位为

$$V_A = 60V \quad V_C = 140V \quad V_D = 90V$$

可见，电路中两点之间的电压绝对值是确定的，正负则与参考点有关，比如，$U_{AB} = 60V$，$U_{BA} = -60V$；电路中各点的电位是相对参考点而言的，选择不同的参考点，电位的正负及大小都会有所不同。

第二节　磁路的基本概念

一、磁场与电磁感应

1. 磁场

前面已经提到了电场，带电的正负极板之间就存在着电场，静止不动的带电粒子（电荷）会在其周围形成电场。电场对静止的电荷有电场力的作用，而运动的电荷周围不仅有电场，还有另一种看不见的物质存在，这种由运动电荷产生的物质叫磁场，磁场则是对运动的电荷有力的作用。

2. 电流的磁效应

电流是电荷的运动形成的，因此，电流的周围就有磁场。

（1）通电导体的磁场

导体通电后，就会在其周围形成磁场，如果把磁场想象成布满沿磁场方向的磁力线，通电导体周围的磁场就是围绕导体的同心圆。磁场的方向可用右手螺旋定则判定（图 1-8a），伸直的大拇指指向电流的方向，弯曲的四指为磁场磁力线的方向。

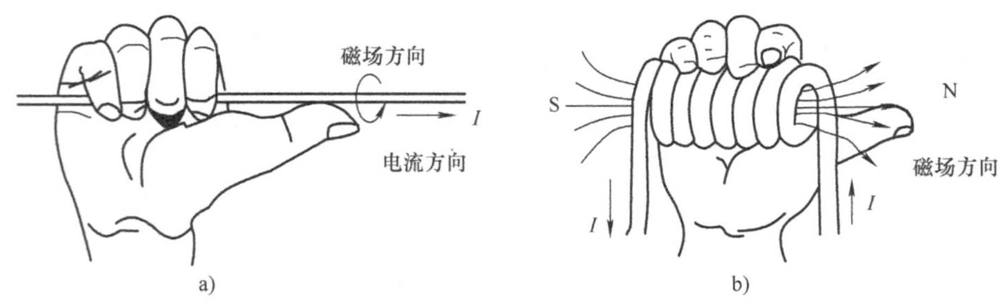

图 1-8　电流产生的磁场

a）通电导体的磁场　b）通电线圈的磁场

（2）通电线圈的磁场

线圈的磁场实际上是通电导体弯曲成螺旋状时的另一种形式，磁场的分布形式和方向也可用右手螺旋定则判定（图 1-8b），弯曲的四指为电流的方向，伸直的大拇指所指的就是磁场的方向。磁场的磁力线从 N 极出，经周围空气后从 S 极进入，形成闭合回路。

3. 磁场的基本物理量

（1）磁感应强度

磁感应强度 B 是表示磁场内某点的磁场强弱和方向的物理量，其物理定义是在单位速度下，单位电荷所受到的磁场力。

（2）磁通量

如果将磁场看成是由沿磁场方向布置的一条一条的磁力线，磁通量 Φ 表示的就是通过某一面积的磁力线总数。对于均匀分布的磁场，通过与之垂直面积 S（图 1-9）的磁通量 Φ 为

$$\Phi = BS$$

根据上式可以将磁感应强度 B 理解为单位面积上的磁力线的数量。因此，磁通量 Φ 和磁感应强度 B，可分别与电路中的电流 I 和电流密度 J。

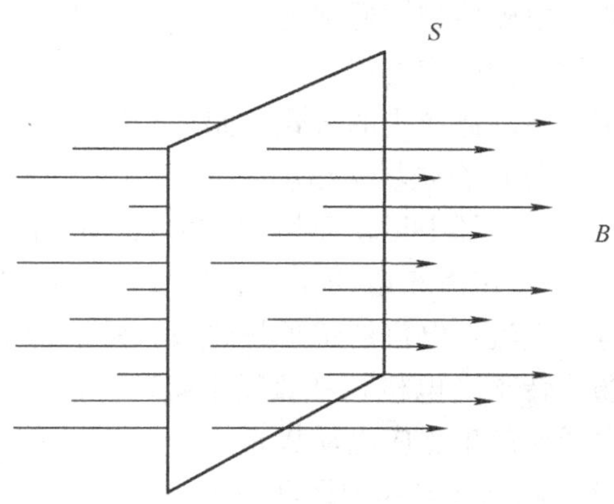

图 1-9　磁通量示意图

4. 磁场的力效应

（1）磁场对运动电荷的作用

磁场对运动的电荷会有力的作用，这种磁场力被称之为洛仑兹力。

电荷受力的方向可用左手定则判定：张开左手，左手掌心对着磁场的方向，四指指向电荷运动的方向，伸直的大拇指所指示的方向即为正电荷受力的方向。也可用右手螺旋法则来判定电荷的受力方向（图 1-10），伸出右手，四指从电荷运动的方向弯向磁场的方向，伸直的大拇指即为正电荷受力的方向。

由于作用在电荷上的洛仑兹力总是与其运动的方向垂直，因此，洛仑兹力只改变电荷的运动方向，不改变其运动的速度。

（2）磁场对载流导体的作用

磁场对载流导体的作用力被称之为安培力，安培力实际上是洛仑兹力的宏观表现。当导体通电后，导体内部的自由电子就会作定向运动，在磁场中，这些运动的电子受洛仑兹力的作用而向某一侧向漂移，与导体晶格的正离子碰撞而把力传给了导体。这就是载流导体在磁场中受到的磁场力（安培力），安培力的方向可由左手定则判定（图 1-11）。

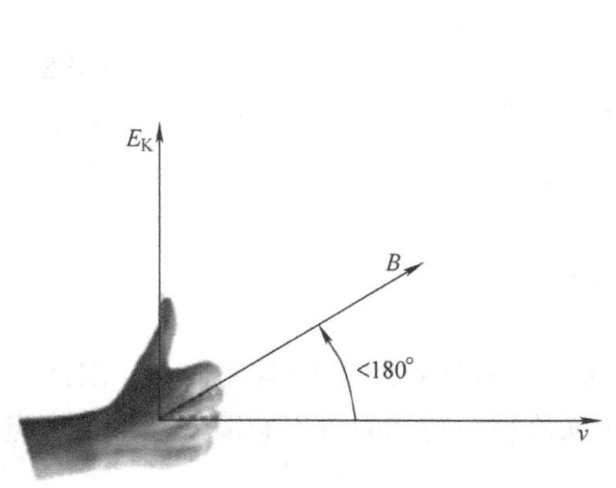

图 1-10　判断洛仑兹力的方向

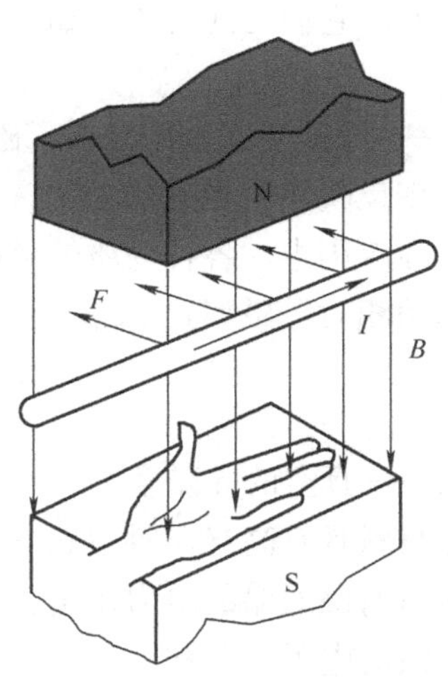

图 1-11　判断安培力的方向

5. 电磁感应

当磁场发生变化时，置于磁场中的导体会产生一个电动势，力图阻碍磁场的变化，这种现象叫做电磁感应。通常把由电磁感应产生的电动势叫做感应电动势，由感应电动势所引起的电流称之为感应电流。

感应电动势产生的方式有如下几种：

（1）导体在磁场中运动

导体在磁场中运动而切割磁力线，产生一个电动势，电动势的方向可用右手定则判别（图 1-12）。在汽车电路中，直流发电机就是用此种形式发电。直流发电机的定子是磁极，磁极绕组通电后产生磁场，转子（电枢）在磁场中旋转时，其电枢绕组切割磁力线而产生感应电动势 e。

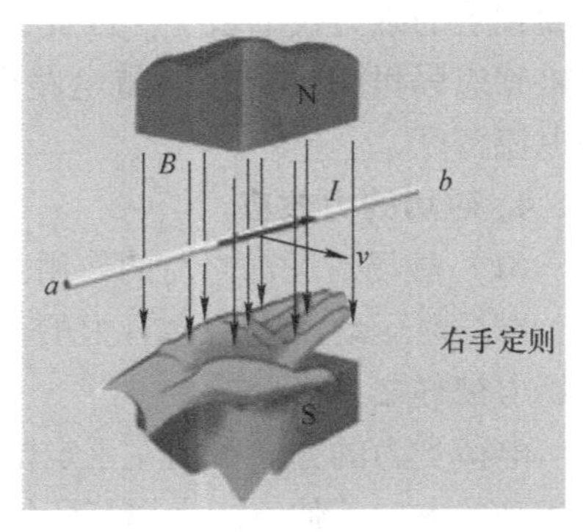

图 1-12　判断感应电动势的方向

（2）磁场在导体中运动

导体不动，由磁场的运动使得导体切割磁力线而产生感应电动势。在汽车电路中，此种电磁感应形式的例子是交流发电机。交流发电机的转子是一个磁极，通过电刷和集电环输入直流电后产生一个旋转的磁场，使定子（电枢）绕组切割磁力线而产生感应电动势。

（3）穿过线圈的磁通量变化

磁场本身和磁场中的导体都没有运动，当通过某种方式使穿过线圈的磁通量发生变化时，线圈便会产生感应电动势。在汽车电路中，点火线圈次级绕组产生高压、磁感应式点火信号发生器及磁感应式转速传感器感应线圈产生脉冲信号，均属于此种电磁感应方式。

二、磁路及基本定律

1. 磁场强度 H 与导磁率 μ

磁场强度 H 是反应磁场实际存在的物理量，而磁感应强度 B 则是磁场表现出来的量值大小和方向。它们之间的关系如下

$$B=\mu H$$

式中　μ——导磁率，是用来表示磁场中媒质磁性的物理量。

导磁率反映物质导磁的能力，物质的导磁率高，磁场通过该物质时的磁场能量损失就小。在实际应用中，各种物质的导磁性能大小通常是与真空中的导磁性能相比较的结果来表示的，即用相对导磁率 μ_r 来表示物质的导磁性能

$$\mu_\rho=\frac{\mu}{\mu_0}$$

式中　μ_0——真空的导磁率。

铁磁材料具有高导磁性（$\mu_r \gg 1$），磁场通过铁磁材料的能量损失很小，因此，可以忽略铁磁材料对磁通路的阻力作用，即在磁路中铁磁材料的磁阻可以忽略，就好像在电路中可以忽略导线的电阻值一样。

2. 磁路及其基本定律

磁路是磁场通过的路径，磁路由产生磁源的磁动势和导磁媒质所形成。以通电线圈和永

久磁铁为磁动势、由铁心和空气隙构成导磁媒质的磁路如图 1-13 所示。

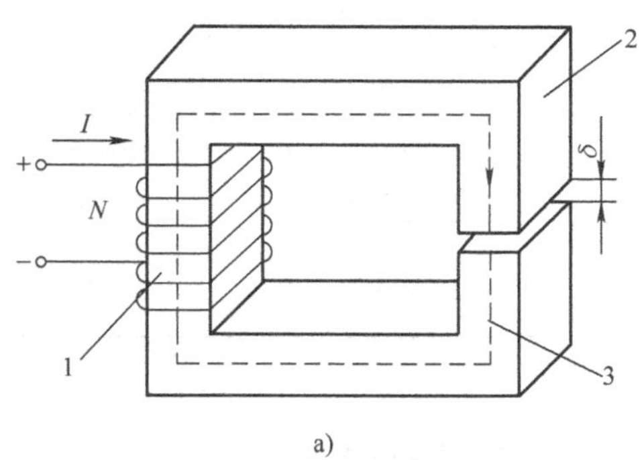

a)

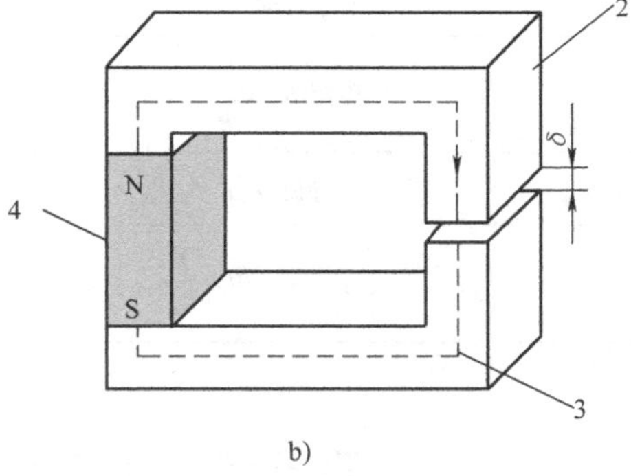

b)

图 1-13　磁路

a）通电线圈的磁路　b）永久磁铁的磁路

1—线圈　2—铁心　3—磁路　4—永久磁铁　δ—空气间隙　N—线圈匝数

（1）磁动势

磁动势产生磁通，通电线圈产生的磁动势可由下式表示

$$F = NI$$

式中　F——磁动势；

N——线圈匝数；

I——线圈通过的电流。

（2）磁路欧姆定律

磁路的欧姆定律可由下式表示

$$\Phi = \frac{F}{R_m}$$

式中　R_m——磁阻，是表示物质对磁通具有的阻碍作用的物理量。

磁阻的大小与磁路的长度、磁路的截面积和磁路的导磁率有关，可由下式表示

$$R_m = \frac{l}{\mu S}$$

式中　l——磁路的平均长度；

S——磁路的截面积。

在图 1-13 所示的磁路中，用铁磁材料做成的铁心的磁阻很小，可以忽略不计，而空气的磁阻则较大，一般情况下，磁路的磁阻主要来自空气。

为更好地理解磁路及其基本物理量，把磁路与电路的有关物理量一一对应地列于表 1-1 中。

表 1-1　磁路与电路的有关物理量对照

磁路	电路
磁动势 F	电动势 E
磁通 Φ	电流 I
磁感应强度 B	电流密度 J

（续）

磁路	电路
磁阻 $R_m = \frac{l}{\mu S}$	电阻 $R = \frac{l}{rS}$
导磁率 μ	导电率 r
欧姆定律　$\Phi = \frac{F}{R_m}$	欧姆定律　$I = \frac{E}{R}$

第三节　汽车电路中的电阻、电容与电感

本节介绍纯电阻、电容、电感元件的基本特性。需要说明的是，纯电阻、纯电容或纯电感性的电路很少，一般的电路中可能包含有电阻、电容和电感这个三参数，但是在电路的某一段或某一个电路负载可能主要是一种或两种元件参数的作用，而其余元件的参数可以忽略不计。比如，灯泡的灯丝、电阻器等主要表现电阻特性，相比之下，其电容性和电感性完全可以忽略，我们可以把它们看成是纯电阻元件；电容器呈电容特性，是电容元件；匝数较少的电感线圈则可以看成是纯电感元件，当线圈的匝数较多时，其线圈导线的电阻就不能忽略了。点火线圈在电流变化中主要表现为电感性，同时也表现有电阻性，因此，在作电路分析时，其电感和电阻参数都应考虑。

一、电阻元件基本特性

电阻元件对电路中的电流具有阻碍作用，是耗能元件。

1. 电阻的降压作用

电流流经电阻时具有电压降。对于一个定值的线性电阻来说，电阻 R 上的电压降 U 与流过电阻的电流 I 成正比关系

$$U = RI$$

2. 电阻消耗电能

电阻通电后会消耗电能，并将电能转化为热量，产生的热量 Q 不仅与电阻值 R 有关，还与通电电流 I 的大小和通电时间 t 成正比关系。

$$Q = 0.24IRt$$

3. 汽车电路中电阻特性启示

（1）点火线圈产生高温

点火线圈具有一定的电阻，因此在工作时，电流流过点火线圈会产生热量而使其温度上升。如果因电源电压过高（充电系故障）或点火线圈初级绕组持续通电（点火控制模块故障），就会因点火线圈初级绕组流过的电流过大，产生的热量过多而来不及散去，使点火线圈的温度过高，易造成点火线圈使用寿命缩短，或直接被烧坏，对于湿式点火线圈，电流过大还会有爆炸的危险。

（2）接触不良造成电压降

在汽车电路中，开关触点、继电器触点、线路连接端子及蓄电池导线接头等若有接触不

良，就会产生接触电阻，并在电流通过时产生电压降。电路中接触电阻产生的电压降会使用电设备的电压降低，电流减小，将会造成用电设备工作不正常或不能工作。

（3）接触不良造成温升

电流经过接触电阻也会产生的热量，使接触不良之处的线路连接端子的温度升高。因此，对于通过电流比较大的起动电路、充电电路等，在其线路连接处，有时可以通过手触摸连接处是否有异常的温升来判断该处是否有接触不良。

二、电容元件基本特性

电容器是由中间隔有介质的两个电极构成，电容可以储存电场能量，但电容元件本身并不消耗能量。

1. 电容可储存电场能量

当电流对电容充电时，在电容两个电极上就集聚起电荷，使电极之间形成一个电场。对电容的充电过程实际上就是电容将电源的电能转变成其内部电场能量的过程，电容储存电场能量 W_C 的大小与电容量 C 和电容两端的电压 U 的关系如下

$$W_C = \frac{1}{2}CU^2$$

2. 电容对直流电开路

在直流电路中（图1-14），直流电源对电容的充电使其两端的电压 U_C 升高，当 U_C 升高至与电源端电压 U 相等时，充电电流 I_C 降至零。此后，只要电容不放电或本身不漏电，连接电容的电路就不可能有电流通过了。因此，电容对直流电可以看成是开路的。

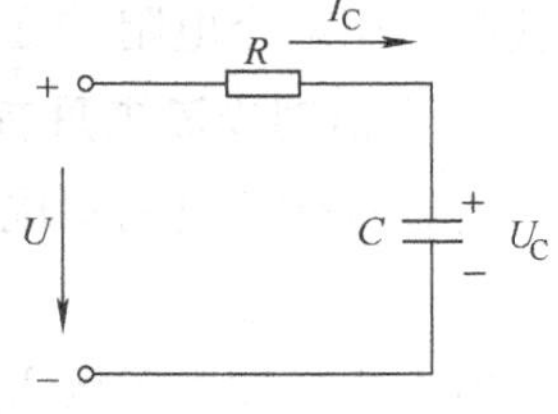

图1-14　直流电路中的电容

3. 电容对交流电的容抗作用

电容对交流电的容抗 X_C 大小与交流电的频率 f 有如下关系

$$X_C = \frac{1}{2\pi fC}$$

电容量越大，对交流电的阻碍作用就越小。电容的容抗与交流电的频率 f 也成反比，对于高频交流电，电容的容抗很小，可以忽略。也就是说，电容对频率很高的交流电就相当于一段导线，是通路的。

4. 电容两端的电压不能突变

当电路中有瞬变的电压产生时，瞬变电压就会对电容形成充电电流，并不能使电容两端的电压突然升高，而是在充电过程中使电容两端的电压逐渐上升。电压上升的速率与电容的电容量的大小及所形成的充电电流大小（取决于充电回路的电阻）有关，电容量越大，电压上升就越慢，充电后上升后的电压也越低。

5. 汽车电路中的电容特性应用示例

（1）电容吸收自感电动势

传统的触点式点火系统分电器上的电容器并联于断电器触点的两端，这是利用电容两端电压不能突变的特性来吸收点火线圈初级绕组的自感电势，以减小触点火花和提高次级电压。

（2）电容的滤波作用

一些汽车发动机转速表信号取自点火线圈负接线柱，需要通过电容的滤波作用滤除高频脉冲；非共振型爆燃传感器的信号也需要通过电容的滤波才能取得爆燃信号。

一些电子点火系统的点火线圈处接一个电容，用以衰减点火电路产生的高频振荡波，减小对无线电的干扰。

（3）蓄电池的电压安全保护作用

蓄电池相当于一个大容量的电容，用它可以吸收电路中的瞬变过电压，使电压稳定，对电子元件起到了保护作用。

三、电感元件基本特性

变压器绕组、电动机绕组、点火线圈绕组及继电器线圈等都具有电感特性，可储存磁场能量，电感元件也不消耗能量。

1. 电感储存磁场能量

当电感线圈通电后，就会在线圈周围形成一个磁场，把电源的电能转变成了磁场能量。

2. 电感线圈对直流电通路或呈电阻性

对于匝数较少的线圈，其电阻可忽略不计，而其电感对直流不起作用，因此，电感线圈对直流电来说就相当于一根导线。汽车电器中的一些电感元件（如点火线圈、继电器线圈等）都是由多匝线圈构成，其电阻参数不可忽略。因此，这些匝数较多的线圈对直流电而言就相当于一个电阻。

3. 电感对交流电具有感抗作用

电感对交流电的感抗 X_L 作用与交流电的频率 f 之间有如下关系

$$X_L = 2\pi f L$$

由上式可知，感抗 X_L 与交流电的频率成正比，对于高频交流电，X_L 很大，可以把电感看成是开路的。

4. 电感两端的电流不能突变

当电路出现开关打开或关闭（图 1-15），或电路出现突然断开等情况时，电感线圈会产生一个自感电动势 e_L 去阻碍电流的变化，使得流过电感线圈的电流 i 变化有一个过程。电感量越大，产生的自感电动势也越大，电流的变化也就越慢。

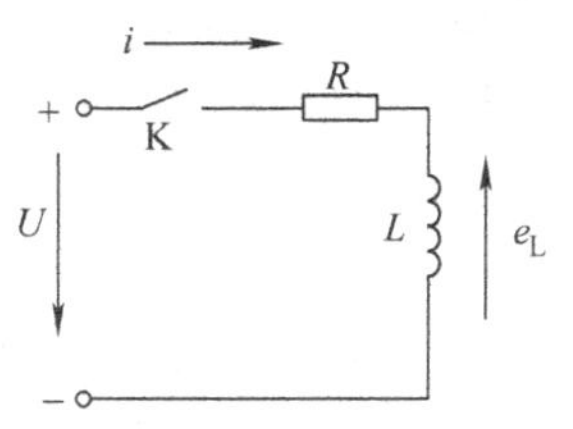

图 1-15　开关电路中的电感

5. 汽车电路中电感特性应用与影响示例

（1）点火线圈储存点火能量

点火线圈初级绕组通电时，将电源的电能变为磁场能量，并在初级绕组断电时，再转换为火花塞电极的点火能量。

（2）电感的自感电动势造成过电压

点火线圈、继电器线圈、发电机和电动机的绕组等电感在电路开关开闭时或是通电线路突然断开时，会产生自感电动势，这些瞬变的电压会很高，容易对汽车上的电子元器件造成危害。因此，现代汽车电气设备出于对汽车电路中电子元件的保护考虑，特别强调蓄电池的

连接要可靠，这是因为蓄电池相当于一个大电容，可吸收瞬变过电压，对稳定电网电压可起到很重要的作用。

第四节　汽车电路中电子器件的基本特性

一、半导体的导电方式

1. 物体的导电性

（1）金属导体

金属能导电，被称之为导体。金属之所以能导电，是因为金属的结构型式是金属键，内有受原子束缚力较小的自由电子。这些自由电子在外电场力的作用下，可脱离原子束缚力，进行定向运动而形成电流。金、银、铜、铁、铝等金属都具有良好的导电性能。

（2）绝缘体

绝缘体不能导电，这是因为这些物质其原子之间的结合是共价键，比较稳固，外电场力很难使其价电子脱离原子的束缚。因此，在绝缘体上加上电压，不会有电子的定向运动，也就是说，绝缘体施加电压后不会形成电流。橡胶、陶瓷、塑料等都是绝缘体。

（3）半导体

半导体的原子有4个价电子，原子与原子之间的结合键也是共价键，如图1-16a所示。但是，半导体的价电子受原子的束缚力较小，它能够脱离共价键，成为一个自由电子，自由电子带负电；脱离了一个电子的共价键留下一个空穴，它是带正电的（图1-16b）。由于自由电子和空穴是成对出现的，因此整个半导体仍呈中性。

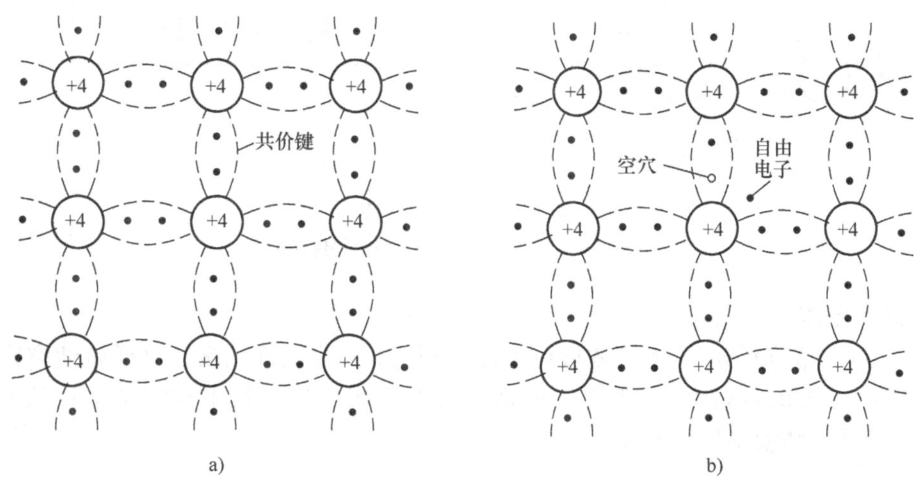

图1-16　半导体的导电方式

a）半导体的共价键结构　b）半导体的空穴和自由电子

当电压施加于半导体时，在外电场力的作用下，脱离了共价键的电子被前面临近的空穴所吸引而填入空穴，而后面的自由电子又填充刚留下的空穴，半导体中的自由电子和空穴也称之为载流子。电子在电场力的作用下不断地向前移动，形成电子的定向运动，称之为电子电流；而空穴的位置发生了与电子运动方向相反的变化，可以把它看成是空穴的移动，并称之为空穴电流。

2. 本征半导体

半导体材料有硅、锗、硒，以及一些硫化物和金属氧化物等。纯的半导体称之为本征半导体，它的自由电子和空穴数量是很有限，所以其导电能力很低，但具有如下特点：

1）当半导体受热而温度升高时，共价键上的一些电子会脱出，自由电子和空穴的数量会增加，使其导电能力有明显提高。根据半导体的这一特性，可以用半导体材料制作热敏元件。

2）当半导体受光照射后，一些电子获得能量而脱出共价键，也会使自由电子和空穴的数量增加，其导电能力得以提高。根据半导体的这一特性可以将其制成光敏元件。

3. N 型半导体

将硅（Si）、锗（Ge）等半导体材料掺入磷（P）等五价元素，使自由电子的数目大增，导电能力得以提高。此类半导体称之为 N 型半导体，其中电子是多数载流子，空穴是少数载流子，N 型半导体的模型如图 1-17 所示。

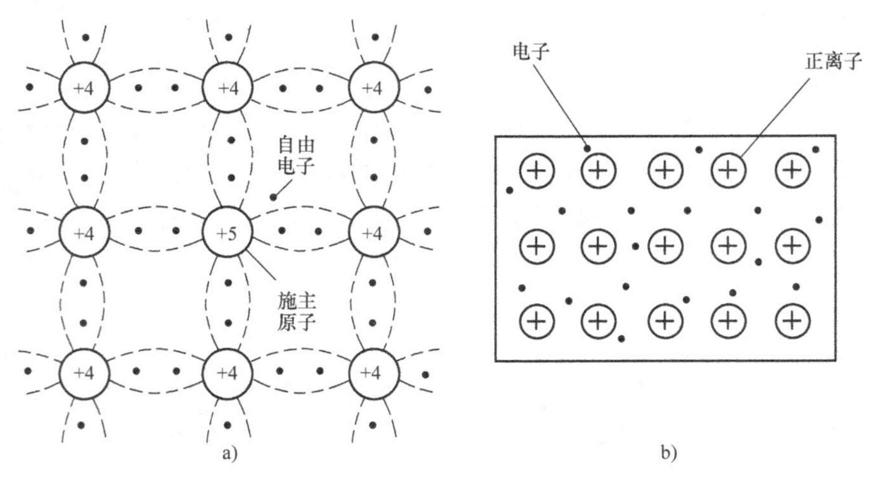

图 1-17　N 型半导体

a）N 型半导体的结构　b）N 型半导体模型

4. P 型半导体

将硅（Si）、锗（Ge）等半导体材料中掺入硼（B）等三价元素，这样就使空穴的数目大增，导电能力也得以提高。此类半导体称之为 P 型半导体，其中空穴是多数载流子，电子是少数载流子，P 型半导体的模型如图 1-18 所示。

二、PN 结

1. PN 结的形成

如果将 P 型半导体和 N 型半导体“结合”，在其交界之处，N 型半导体中的自由电子浓度大，会向 P 区运动，并与 P 型半导体的空穴复合，这种电子自发的运动称之为扩散运动

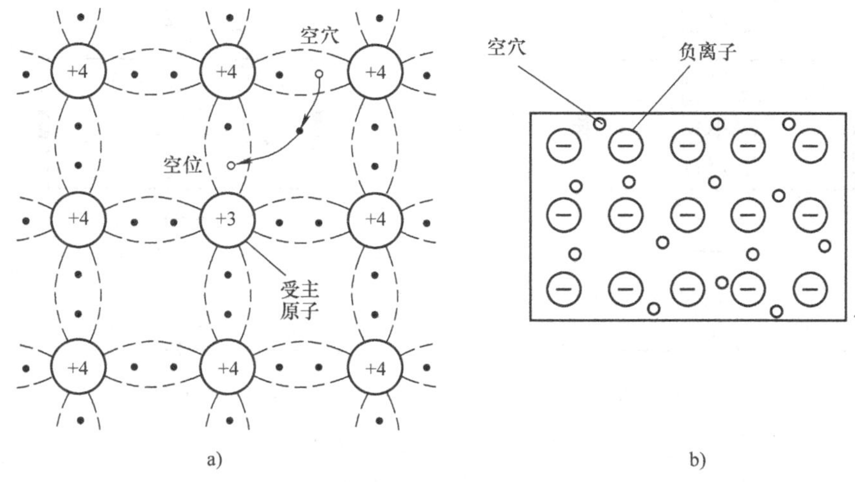

图 1-18　P 型半导体

a）P 型半导体的结构　b）P 型半导体模型

(图 1-19a)。N 区少了电子而形成了带正电的离子；P 区则得到电子，就形成了带负电的离子。N 型半导体和 P 型半导体在交界处的正负离子形成了一个空间电荷区（图 1-19b)，空间电荷区随 N 区电子扩散运动的进行而扩大。

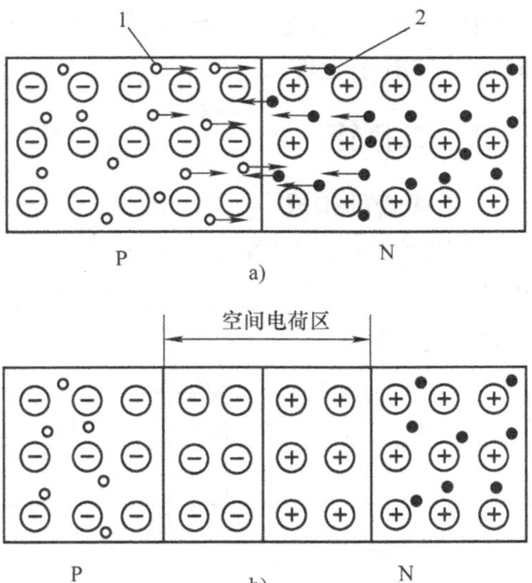

图 1-19　PN 结的形成

a）PN 结的形成过程　b）稳定状态下的 PN 结

1—被电子复合的空穴　2—电子的扩散运动

形成的空间电荷区会建立一个内电场，内电场对电子的扩散运动起阻碍作用，并会使 P 区少量的电子越过空间电荷区，进入 N 区。这种内电场对 P 区内原有的少数电子的作用，使其穿过空间电荷区的运动称之为漂移运动，漂移运动会使空间电荷区减小。

随着空间电荷区的扩大，其内电场增大，使扩散运动减弱、漂移运动加强，当扩散运动和漂移运动的速率达到动态平衡时，空间电荷区的宽度就稳定下来。这个稳定的空间电荷区就称之为 PN 结，也被称为阻挡层。

2. PN 的单向导电性

对 PN 结加正向电压（图 1-20a）时，外电场的方向与 PN 结的内电场方向相反，削弱了内电场，阻挡层变薄，这时，电子的扩散运动占主导。由于扩散运动是 N 区的电子（多数载流子）向 P 区运动，因而所形成的电流大，这时，PN 结呈现电阻很小。

PN 结加反向电压（图 1-20b）时，外电场与 PN 结内电场方向相同，使内电场得以加强，阻挡层变厚，这时电子的漂移占主导。由于漂移运动是 P 区的电子（少数载流子）向

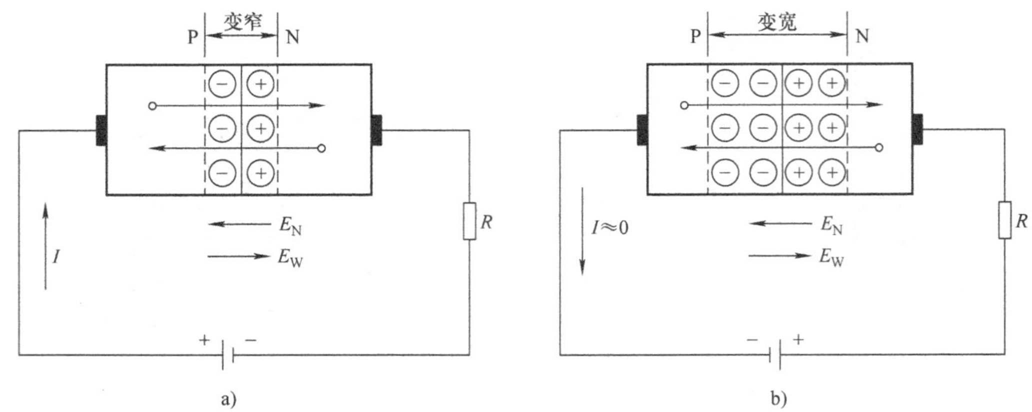

图 1-20　PN 结的单向导电性

a）加正向电压　b）加反向电压

E_N—内电场；E_W—外电场

N 区运动，因而形成的电流很小，PN 结呈现电阻很大。

因此，PN 结具有单向导电性。利用 PN 结的这一特性，可制成二极管、晶体管等具有不同特性的电子元件。

三、二极管

1. 二极管的构成

二极管的核心是 PN 结，一个 PN 结再加上引线和管壳就构成了各种形式、不同用途的二极管。二极管的 PN 结有点接触型和面接触型等不同的结构型式，二极管的构成示意图及符号如图 1-21 所示。

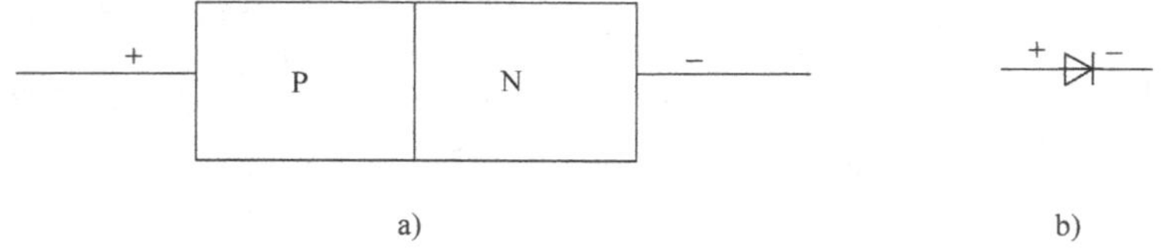

a)　　b)

图 1-21　二极管的构成与符号

a）二极管的构成　b）二极管的符号

2. 二极管的特性

由于二极管实际上就是一个 PN 结，因而具有单向导电性。二极管的伏安特性如图 1-22 所示。

根据二极管的伏安特性曲线可总结其特性如下：

1）当加在二极管的正向电压小于 $< U_r$ 时，正向电流几乎为零。这是因为电压太低时，其电场力压还不足以克服二极管 PN 结的内电场，内电场仍阻挡着电子的扩散运动，因此呈现出有很大的电阻（不通）。U_r 称之为二极管正向导通的死区电压，或叫做门限电压。硅二极管的门限电压一般为 0.5V，锗管为 0.2V 左右。当温度变化时，U_r 也会有所变化。

2）当加在二极管上的正向电压超过 U_r，但还在较低的范围内时，随着电压的上升，电流也相应增大，但在不同电压下其曲线的斜率不同，这说明二极管在较低的电压范围内其正向电阻呈现非线性。

3）当正向电压较高时，PN 结的内电场已被削弱，N 型半导体中数量很大的电子扩散运动得以进行，且电压增加时电流的增长很快。这时，二极管正向呈现很小的电阻，其导电性能如同金属导体一样。

4）当二极管加反向电压时，电压增高但电流很小且上升缓慢，呈现很大的电阻。这是因为所加电压形成的电场与 PN 结的内电场方向一致，此时，只是 P 区少数载流子的漂移运动，由少数电子的漂移运动所形成的电流 I_R称之为反向饱和电流。由于二极管的反向饱和电流很小，因而可以近似看成二极管反向断路。

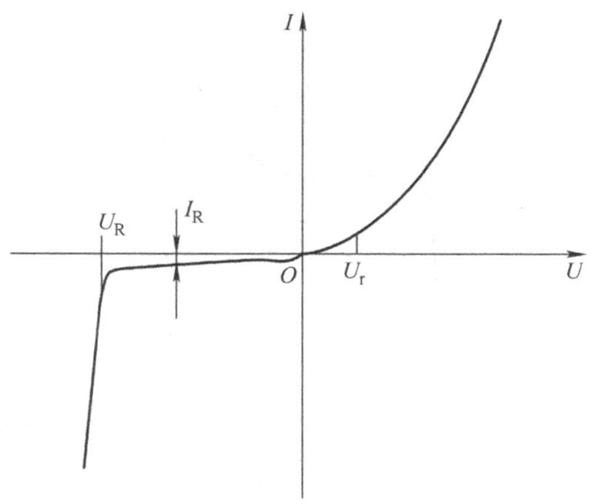

图 1-22　二极管的伏安特性

U_r—二极管死区电压　I_R—二极管反向饱和电流　U_R—二极管反向击穿电压

5）当二极管的反向电压超过 U_R时，二极管的 PN 结在外电场力的作用下被击穿，反向电流会突然增大，二极管失去了单向导电的特性。这种现象称之为二极管反向击穿。

四、稳压管

1. 稳压管的构成和特点

稳压管的核心也是一个 PN 结，但稳压管是特殊的面接触型二极管。给稳压管的 PN 结施加反向电压，当电压升至二极管反向击穿电压（U_R）时，PN 结被击穿，此时很小的电压变化就会导致很大的电流变化。稳压管与普通二极管不同的是，普通二极管反向击穿后就失去了作用，而稳压管反向击穿是可逆的，即去掉电压后，稳压管又可恢复正常。稳压管具有反向击穿可恢复，且反向击穿时在很小的电压变化范围内，电流有很大的变化，这一特点被用来稳定电路中的电压。

2. 稳压管的伏安特性与稳压电路

稳压管的伏安特性与基本的稳压电路如图 1-23 所示。

当电源电压 U_i上升或负载电阻 R_L增大而使 U_o稍有上升时，通过稳压管的电流会有较大的增加，使限流电阻 R 上的电压降随之增大，从而使负载两端的电压 U_o基本保持不变。当电源电压 U_i下降或负载电阻 R_L减小而使 U_o稍有下降时，通过稳压管的电流会有较大的减小，限流电阻 R 上的电压降随之减小，从而使负载两端的电压 U_o基本保持不变。

五、晶体管

1. 晶体管的构成

晶体管是由两个 PN 结构成的，有两种型式，如图 1-24 所示。

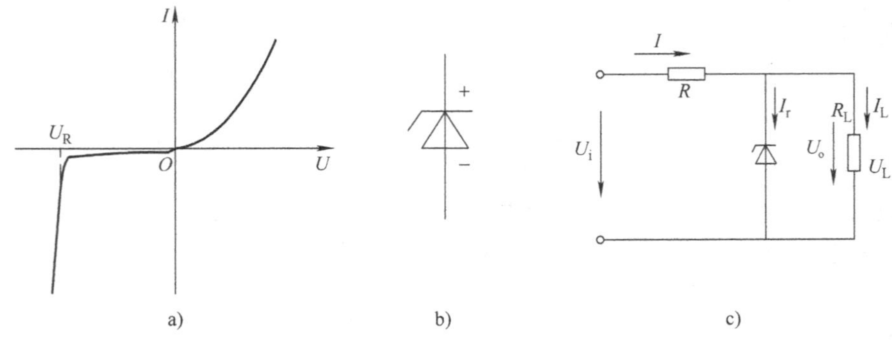

图 1-23　稳压管的伏安特性与稳压电路

a）伏安特性　b）稳压管的符号　c）稳压管稳压电路

R—限流电阻　R_L—负载电阻

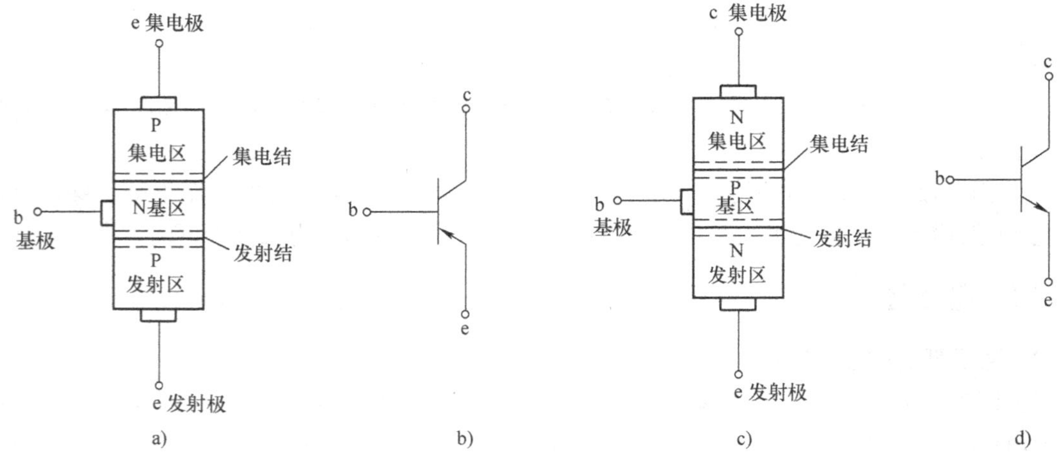

图 1-24　晶体管的构成与符号

a）PNP 晶体管构成　b）PNP 晶体管符号　c）NPN 晶体管构成　d）NPN 晶体管符号

为使晶体管具有电流放大作用，采取了如下结构措施：

1）基区很薄，掺杂的浓度低，使其电子（N 型）或空穴（P 型）的数量很少。

2）发射区掺杂的浓度高，一般高于集电区，比基区则高许多倍。比如，NPN 型晶体管发射区的电子浓度可比基区的空穴浓度高 100 倍以上。

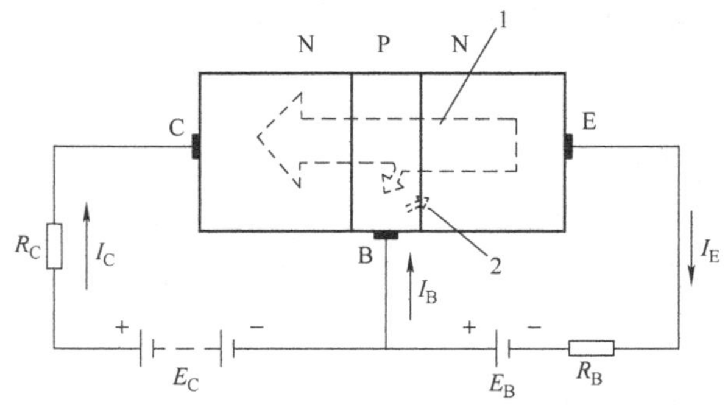

图 1-25　晶体管的电流放大原理

1—发射区向集电区扩散的电子　2—基区向发射区扩散的空穴

I_C—集电极电流　I_B—基极电流　I_E—发射极电流

2. 晶体管的电流放大原理

以 NPN 型晶体管为例，说明晶体管的电流放大原理（图 1-25）。发射

结加正向电压，而集电结加反向电压。

发射结施加正向电压后，发射结的内电场被削弱了，PN 结的阻挡层变薄。于是，发射区浓度很高的电子就越过发射结向基区扩散，进入基区的自由电子少量的与基区为数不多的空穴复合，其余的自由电子继续向电子浓度低的集电结处扩散。发射结加正向电压，形成了多数载流子的扩散运动。

集电结加反向电压后，其内电场加强，空间电荷区加宽，扩散到集电结附近的自由电子在集电结内电场力的作用下，越过集电结，进入集电区。集电结的反向电压形成了电子的漂移运动。由于基区集聚了从发射区扩散而来的大量电子，因此，集电结的漂移运动成了“多数载流子”的运动。

进入集电区的自由电子被电源 E_C 拉走，形成集电极电流 I_C；电源不断地向发射区注入电子，形成发射极电流 I_E；电源 E_B 从基区拉走电子，形成了基极电流 I_B。

由于基区的空穴数量很少，从发射区进入基区的自由电子与基区的空穴复合的很少，而大量的电子是被集电结的内电场拉到了集电区，因此，$I_B \ll I_C$。I_C 与 I_B 的比值就是晶体管的电流放大倍数 β。

$$\beta = \frac{I_C}{I_B}$$

看到这儿，对基区很薄，掺杂的浓度低，使其载流子数量少，而发射区掺杂的浓度高，使载流子数量比基区大许多倍的结构措施就很好理解了。这是为了形成的基极电流 I_B 小，使集电极电流 I_C 能比基极电流 I_B 大 β 倍。

3. 晶体管的特性

（1）晶体管的放大特性

当加在基极与发射极之间的电压 U_{BE} 达到了晶体管的导通电压 U_r（发射结门限电压）后的一定电压范围内，晶体管将处于放大状态，如图 1-26 所示。这时，发射区与基区之间的 PN 结阻挡层已被减薄，形成了多数载流子的扩散运动，U_{BE} 一个小小的变化就会引起集电极电流大的改变，而基极电流的变化只是集电极电流的 $1/\beta$（$\Delta I_C = \beta \Delta I_B$）。正是有这一特性，晶体管被广泛应用于电压放大、电流放大和功率放大电路中。

（2）晶体管的开关特性

晶体管除了上述放大工作状态外，还有截止工作状态（相当于开关断开）和饱和导通工作状态（相当于开关闭合），即晶体管还具有开关特性。

1）晶体管的截止状态。当加在基极与发射极之间的电压低于发射结的导通电压（$U_{BE} < U_r$）时，发射区大量的自由电子不能扩散到基区，就形不成集电极

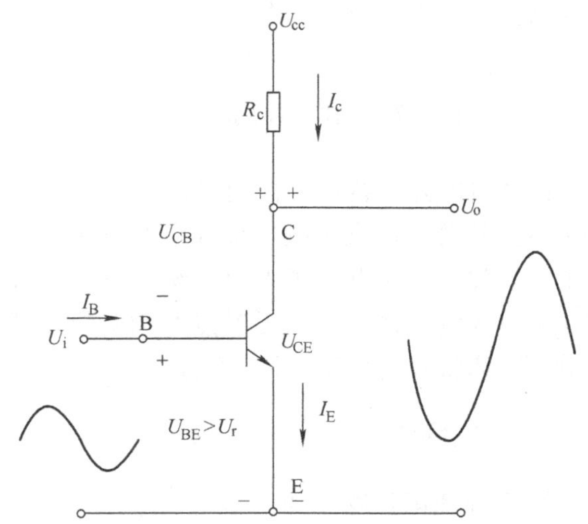

图 1-26　晶体管的放大状态

U_{CC}—电源电压　U_{CB}—加在集电结上的电压　U_{BE}—加在发射结上的电压　U_{CE}—集电极与发射极之间的电压　R_C—集电极负载电阻　U_i—晶体管输入信号　U_o—晶体管输出信号

电流，此时的晶体管工作状态称之为截止状态，如图 1-27 所示。晶体管处于截止状态时，发射区与基区之间的 PN 结阻挡层较宽，只有少数载流子（电子）的漂移运动。少数电子通过基区到集电区，使晶体管的集电极与发射极之间形成很小的“穿透电流”。通常情况下，晶体管截止状态的“穿透电流”可以忽略不计，因而晶体管的集电极和发射极之间可看成是断开的，即

$$I_B = 0$$
$$I_C \approx 0$$
$$U_{CE} \approx U_{CC}$$

2）晶体管的饱和导通状态。当基极与发射极之间的电压足够大，I_B的增加使I_C增大到了极限时，再增大I_B，I_C也不再增大，此时，晶体管处于饱和导通状态，如图 1-28 所示。晶体管处于饱和导通状态时，可以把晶体管的集电极和发射极之间看成是通路，即

$$U_{CE} \approx 0$$

I_C达到极限值I_{CM}（$I_{CM} = U_{CC}/R_C$）。

这时，电源的电压都降在集电极负载电阻R_C上了。

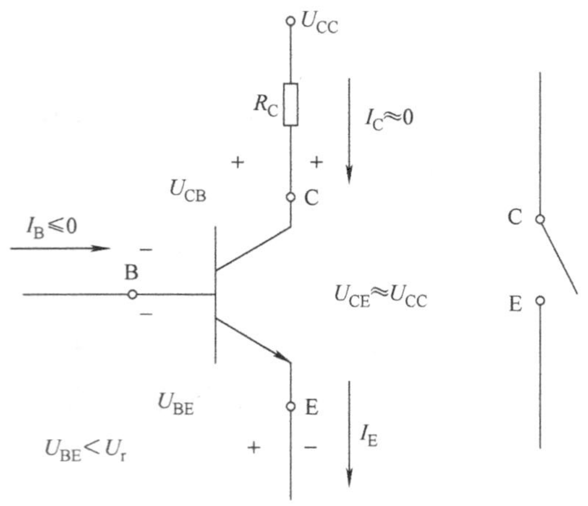

图 1-27　晶体管的截止状态

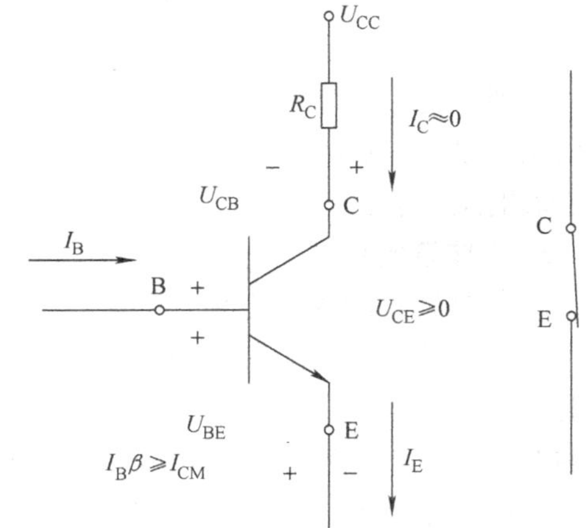

图 1-28　晶体管的饱和导通状态

晶体管的开关特性，被用作由电信号控制的无触点开关，在汽车电气系统中的应用是很多的，例如，无触点电子点火系统的电子点火器、电子式电压调节器、无触点电喇叭等，都是利用晶体管开关特性的电子器件。

六、晶闸管

1. 晶闸管的构成

晶闸管是由三个 PN 结构成的，如图 1-29 所示。

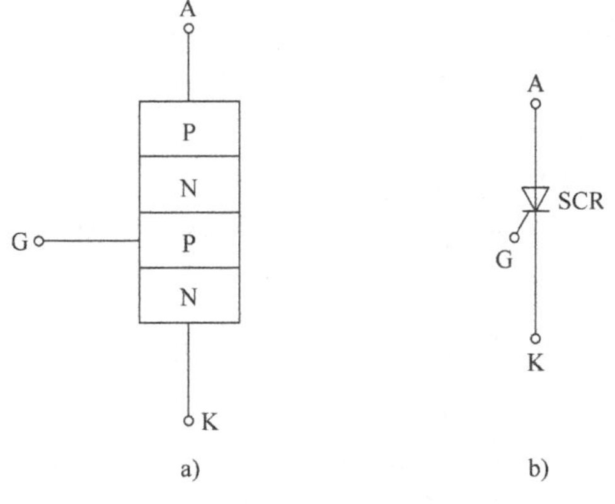

图 1-29　晶闸管的构成与符号
a）晶闸管的形成　b）晶闸管的符号
A—阳极　G—门极　K—阴极　SCR—晶闸管英语缩写

2. 晶闸管的导通原理

晶闸管实际上可看成是由 PNP 型和 NPN 型

两个晶体管连接而成（图1-30），每一个晶体管的基极与另一个晶体管的集电极相连，晶闸管的阳极A相当于PNP型晶体管的发射极，阴极K相当于NPN型晶体管的发射极。

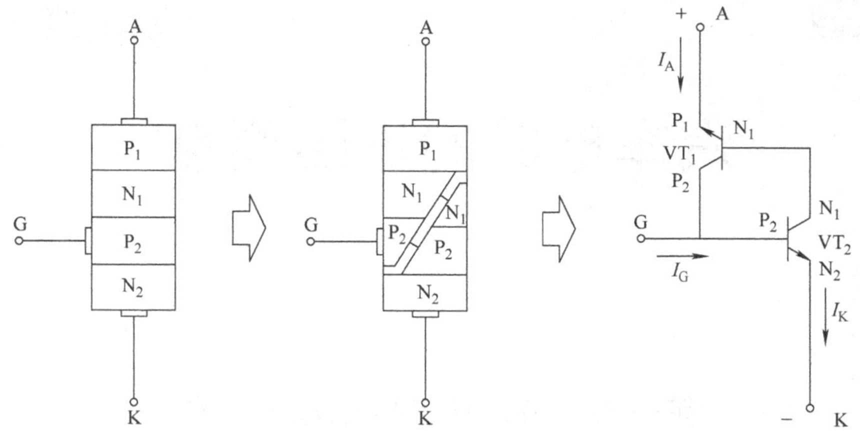

图1-30 晶闸管的导通原理

I_A—阳极电流 I_K—阴极电流 I_G—门极电流 VT_1—等效PNP型晶体管

VT_2—等效NPN型晶体管

当阳极A和阴极K之间加正向电压，门极也加一正向电压（U_G高于VT_2导通的门限电压）时，VT_2就开始导通。VT_2导通后，其集电极电流I_{C2}给VT_1提供了基极电流，使VT_1导通，于是VT_2和VT_1之间就形成了如下的正反馈：

$$\longrightarrow I_G\uparrow \rightarrow I_{C2}(\beta_2 I_G)\uparrow \rightarrow I_{B1}(=I_{C2})\uparrow \rightarrow I_{C1}(\beta_1 I_{B1})\uparrow \longrightarrow$$

这一正反馈过程使VT_1和VT_2很快达到饱和导通。晶闸管导通后，其压降很小，可近似看成开关接通，电源电压几乎全部加在负载上。

晶闸管导通后，由自身的正反馈作用维持其导通状态，因此，门极G就失去了控制作用。要想关断晶闸管的导通，可用如下方法：

1）减小正向电压，使之不能维持正反馈过程。

2）阳极和阴极之间加反向电压。

3）切断阳极电流。

从晶闸管的导通过程可知其导通条件：

1）必须施加正向电压，即晶闸管的阳极接电源的正端，阴极接电源的负端。

2）门极必须施加一正向电压。一旦晶闸管导通，则门极电压不起作用。

3. 晶闸管的特点

从晶闸管的结构原理的分析可总结出晶闸管的如下特点：

1）晶闸管具有单向导电性，并受控于门极。由于门极使晶闸管导通后就失去控制作用，故在实际应用中，门极控制信号往往是一个尖脉冲电压的型式。

2）晶闸管与二极管的异同点是：都具有单向导电性，但晶闸管的导通除阳极和阴极之间必须有正向电压外，还受门极控制。

3）晶闸管与晶体管的异同点是：都有三个电极，但晶闸管只有通路和断路两种状态，其门极电流无放大作用。

第二章

汽车电路的识图要点

第一节　汽车电路的组成与特点

一、汽车电路的基本组成

现代汽车电气系统包括车载电源和用电设备两大部分。汽车用电设备按其使用功能的不同，可大致分为起动系统、照明系统、信号系统、仪表系统、点火系统、辅助电器、电子控制系统等，汽车电气系统的组成如图 2-1 所示。

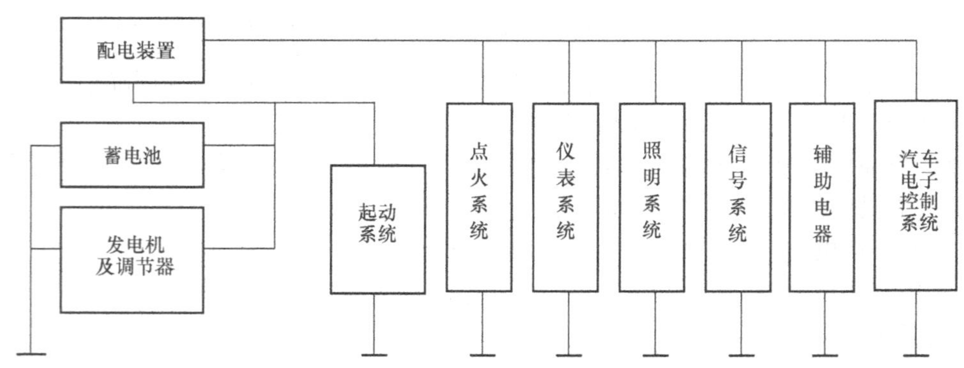

图 2-1　汽车电气系统的基本组成

1. 车载电源

车载电源包括蓄电池、发电机及调节器，蓄电池与发电机并联相接。蓄电池主要用作起动电源，且在发动机不工作或发电机电能不足时向用电设备供电。发电机则是在发动机工作时由发动机带动发电，向用电设备供电，并向蓄电池充电。

车载电源通过配电装置向各用电设备供电，配电装置也称接线盒，通常包括线路保护装置（易熔线、熔断器等）、控制装置（开关、继电器等）及线路连接器等。有的汽车将配电装置集中在一处，有的汽车则是根据电路的分布情况，布置两个或两个以上的接线盒。

2. 起动系统

汽车起动系统主要由起动开关和起动机组成。一些汽车的起动电路中设置起动继电器，或带有驱动保护功能的组合式继电器。当需要起动发动机时，驾驶人通过控制起动开关使起动电路通电工作，由起动电动机产生电磁转矩，通过传动装置驱动发动机转动，并最终使发动机自行运转。

3. 照明系统

汽车照明系统由各灯开关和照明灯组成，用于汽车在夜间或能见度较低的阴雨天、雾天行驶时的道路照明和车内照明。在一些汽车上，其照明系统还配有远光和近光自动变光控制、前照灯延时关灯控制、灯开关未关警告等控制装置。近几年又出现了自适应前照灯系统，这种前照灯在汽车转向时可随动转向，在车辆的车载质量变化时，可自动调整前照灯垂直方向的照射角度，并且可根据汽车行驶的速度和光照的环境自动调节照明的距离和光照的范围。

4. 信号系统

汽车信号系统包括声响信号装置和灯光信号装置，用于向汽车附近行人和其他车辆的驾驶人发出警告，以确保行车安全。电喇叭是汽车的声响信号装置，电喇叭电路由电喇叭、喇叭按钮、喇叭继电器（有的汽车无喇叭继电器）组成；一些汽车上还装有倒车蜂鸣器。灯光信号包括转向信号灯、制动灯、示廓灯、停车灯等。转向信号电路由闪光器、转向开关和转向灯组成，其他灯光信号电路主要由各自的灯具和相应的控制开关组成。

5. 仪表系统

汽车仪表系统包括各指示仪表和各个指示灯/警告灯两大部分，用于向驾驶人反映汽车的行驶状况和发动机的工作状况等，以指导驾驶人正确地操纵车辆，确保行车安全，并能帮助驾驶人及时地发现汽车发动机出现的异常情况。传统的仪表有电流表、机油压力表、发动机冷却液温度表、车速里程表、燃油表等，每一个仪表电路均由各自的指示表和其相配的传感器组成。在轿车上通常不装电流表，而是装备发动机转速表。汽车的指示灯/警告灯有很多，一般安装在仪表板上，各指示灯/警告灯电路由各指示灯/警告灯灯具和控制开关组成。

6. 点火系统

汽油车上的汽油发动机还配有点火系统，点火电路主要由点火开关、点火线圈、分电器、火花塞等组成，采用电子高压配电方式的电子控制点火系统无分电器。点火系统的作用就是准确、及时地向发动机燃烧室提供电火花，点燃可燃混合气，使发动机正常运转。

7. 辅助电器

除上述电气系统以外，汽车用电设备还有很多，通常把它们划归为辅助电器和电子控制装置两大部分。辅助电器包括风窗玻璃刮水器/洗涤器、电动玻璃升降器、电动天窗调节器、电动车门/中央门锁控制装置、电动座椅调节装置、电动后视镜装置、音响系统、点烟器等。其主要功能是提高车辆的安全性、舒适性和使用的方便性。辅助电器根据汽车档次的高低不同，其配置也有所不同。

8. 汽车电子控制装置

汽车电子控制装置由相应的传感器、控制器和执行器组成。用于降低油耗和排污、提高汽车的安全性和舒适性。燃油喷射、点火、怠速等发动机控制装置，防抱死制动控制系统及安全气囊控制系统等电子控制装置在现代汽车上已很普及，巡航控制、电子控制悬架、自适应前照灯等其他电子控制装置也在不同档次的汽车上得以应用。

二、汽车电路的特点

汽车电路由于其特殊的工作环境，有着自身的特点，充分地了解这些特点对看懂汽车电路图、进行汽车电路的故障检修等均会有很大的帮助。汽车电电路的基本特点如下：

1. 低电压

汽车电系采用低电压，有6V、12V、24V三种额定电压，汽车电路现已不再采用6V电压，普遍采用的是12V电压。一些重型柴油汽车电系采用24V电压，有的重型柴油汽车则只是其起动柴油发动机的起动机采用24V电源，而其他用电设备仍为12V电压，通过电源转换开关实现12V/24电源电压的变换。

汽车电路采用低电压的优点之一是用电安全。采用低电压的另一个优点是蓄电池串联的单格数量较少，可使电源较为简单。

2. 直流

汽车电系为直流电系，采用直流电的主要原因是电源之一的蓄电池是直流电源，蓄电池电能消耗后也必须用发电机输出的直流电充电。此外，串励式直流电动机的起动转矩大，起动安全可靠，这也是汽车电气系统一直都采用直流电系的原因之一。

3. 并联

汽车上的两个车载电源蓄电池和发电机并联相接，这种连接方式以及发电机的外特性（端电压随输出电流的变化规律）保证了车载电源如下的工作方式：

1）起动时，由蓄电池提供起动机及点火系统（汽油机）所需的电能。

2）发动机工作时，由发电机向用电设备供电，并对蓄电池充电，使蓄电池恢复充足电状态。

3）当发动机不工作时，自动转由蓄电池向用电设备提供电能。

4）当发动机低速运转，且有较大功率的电气设备启用时，发电机的端电压会降低，这时，蓄电池可自动协助发电机供电。

5）发动机正常工作，同时启用的电气设备较多，其功率超出了发电机的最大输出功率时，发电机的电压会随之下降，蓄电池则自动协助发电机供电，以满足用电设备的供电需求。

汽车电路中所有的用电设备也与电源并联相接，每条电路中，有的串联了继电器触点，有的串联了手动或自动开关，大多数电路中还串联了熔断器等多个电气部件，线路的连接点也看起来比较复杂，但各个用电设备之间均为并联关系。

4. 单线与负极搭铁

发电机与蓄电池只用一根导线将两个正极相连，发动机的负极连接于发动机机体，蓄电池的负极则和车身或车架相连接，汽车上的各个用电设备也只是用一根导线与电源的正极相连，将发动机的机体、车身及车架等金属体用作公共的负极回路，与发电机和蓄电池的负极

相连。

采用单线制具有线路清晰、用线少、安装检修方便等优点。在一些小轿车上，在部分区域和电路采用双线制，这些用电设备的负极通常是用导线连接到一个公共搭铁点或连接到一根公共地线上。

利用发动机、车身及车架等金属体作为汽车电路的公共回路称之为搭铁，现代汽车均采用负极搭铁。发动机机体、车身及车架就是汽车电路的“公共负极电缆”，清楚这一点，将有助于提高汽车电路图的识读能力，并可提高汽车电路故障分析与故障诊断的实际工作能力。

第二节　汽车电路基础元件

汽车电路除了用电设备（电路负载）之外，还包括了连接导线、开关、继电器及熔断器等基础元件。这些电路基础元件起到了电路的连接、控制及保护等作用。熟悉汽车电路基础元件的作用、规定和表示方法，有助于提高汽车电路图的识图能力，对汽车电路故障分析与检修也会有很大的帮助。

一、导线

1. 导线的截面积

汽车电路的导线均采用多股铜线，导线的粗细（截面积）通常是根据所接用电设备电流的大小来确定的，但为了保证导线有足够的机械强度，规定导线的截面积最小不能小于0.5mm^2。各种低压导线标称截面积所允许载流值如表2-1所示。

表2-1　汽车低压导线标称截面积允许载流值

导线标称截面积/mm^2	1.0	1.5	2.5	3.0	4.0	6.0	10	13
导线允许载流值/A	11	14	20	22	25	35	50	60

导线标称截面积是根据规定换算方法得到的截面积值，它既不是线芯的几何面积，也不是各股铜线几何面积之和。汽车主要线路导线的标称截面积推荐值如表2-2所示。在汽车电路检修过程中，根据导线的粗细，可大致分辨其属于那一类线路。

表2-2　汽车12V电系主要电路导线截面积推荐值

标称截面积/mm^2	适用的电路
0.5	尾灯、顶灯、仪表灯、指示灯、牌照灯、燃油表、冷却液温度表、油压表、时钟等电路
0.8	转向灯、制动灯、停车灯、点火线圈初级绕组等电路
1.0	前照灯、电喇叭（3A以下）等电路
1.5	前照灯、电喇叭（3A以上）等电路
1.5~4.0	其他5A以上电路
4.0~6.0	柴油车电热塞电路
6.0~25	电源电路
16~95	起动电路

2. 导线的颜色

为线路配线和电路检修的方便，汽车电路的各条线路的导线均采用不同的颜色，各国对汽车导线的颜色有不同的规定。例如，我国要求截面积4.0mm^{2}以上的导线采用单色，其他导线则采用双色（在主色基础上加辅助色条）。导线配色的基本原则是，在同一电气系统中，其双色线的主色与单色线的颜色相同；电路分支导线的辅色则应按允许的颜色选配。

国产汽车电路各条线路导线的主色的规定如表2-3所示。

表2-3 低电压导线采用主色的规定

导线主色	电路系统的名称
红	电源系统
白	点火系统、起动系统
蓝	前照灯、雾灯等车外照明系统
绿	灯光信号系统
黄	车内照明系统
棕	仪表、警报系统、电喇叭
紫	收音机、电子时钟、点烟器等辅助电器
灰	各种辅助电动机及电气操纵系统
黑	搭铁

表2-4所示的是日本汽车各电气系统容许的导线颜色搭配。

表2-4 日本汽车各电气系统导线主、辅颜色的搭配

电气系统	导线配色		
	导线的基色	或选的基色	导线可配的辅色（条纹颜色）
起动与点火系统	黑	—	白、黄、红、浅蓝
电源（充电系统）	白	黄	黑、红、浅蓝
照明电路	红	—	黑、白、绿、浅蓝
信号电路	绿	浅绿、棕	黑、白、红、浅蓝、黄
仪表电路	黄	—	黑、白、红、绿、浅蓝
辅助电器	浅蓝	红、黄、棕	黑、白、红、绿、黄
搭铁	黑	—	—

掌握汽车电路导线颜色的规律，对汽车电路图的识读和汽车电路的故障检修均会有很大的帮助。有的汽车用线比较多，为配线和识别的方便，往往还在导线的接头处套有某种颜色的套管。在电路图中则相应地标出导线套管的颜色。例如，日本汽车用英文字母组成的色码标注导线与套管颜色的方式如下：

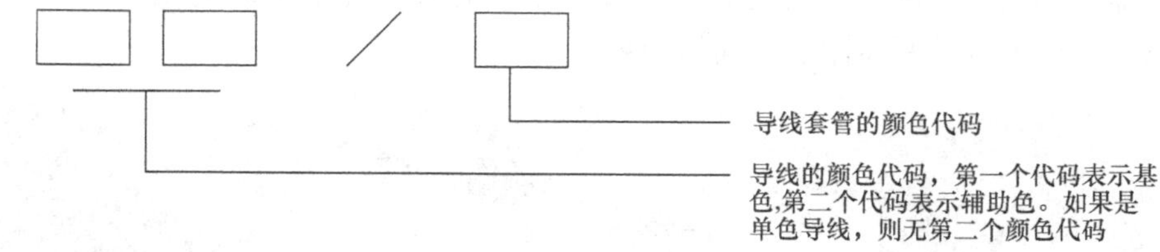

3. 导线颜色的标注

为了汽车电路图识读和汽车电路故障检修的方便，在导线的接线端和电路图上，通常标有导线颜色代码。国际标准组织（ISO）规定的导线颜色代码采用各颜色的英文字母，我国及英国、美国、日本等，所采用的导线颜色代码均为英文字母，但有些国家则采用本国母语字母作为导线颜色代码。

部分国家汽车电路的导线颜色代码如表2-5所示。

表2-5　汽车电路中导线颜色代码

颜色	英文代码	日本代码	德国代码	法国代码	颜色	英文代码	日本代码	德国代码	法国代码
黑	B	B	SW	N	灰	Gr	Gr	gr	G
白	W	W	WS	B	紫	V	V	li	Mv
红	R	R	RO	R	橙	O	O	—	Or
绿	G	G	gn	V	粉	—	P	—	Ro
黄	Y	Y	ge	J	浅蓝	—	L	hb	—
棕	Br	Br	br	M	浅绿	—	Lg	—	—
蓝	Bl	—	—	Bl					

汽车电路图中双色线的标注方法是主色在前，辅色在后。比如“BW”，表示该导线的主色是黑色，辅色为白色。也有在主、辅色代码之间加“/”或“—”的标注方法。

在一些汽车电路图中，还标出了导线的截面积。比如“1.5Y”，表示该条线路的导线截面积为1.5mm^2，导线颜色为黄色。

二、熔断器与易熔线

在汽车电气系统的各条电路中，通常串联有熔断器或易熔线，用于汽车电路的安全保护。当所保护的电路过载或短路时，串联在该条电路中的熔断器或易熔线便会因电流过大而发热并熔断，以迅速切断电路，从而避免了线路和用电设备被烧毁。

1. 熔断器

熔断器的保护元件是其内部的熔丝，通常将熔丝固定在可插式塑料片上（插片式）或封装在玻璃管内（管式），常见的熔断器结构型式如图2-2所示。

一般情况下，当所保护的电路电流过大（通过熔丝的电流达到额定电流的1.35倍）时，熔断器中的熔丝会在60s内熔断；当通过熔丝的电流达到1.5倍时，20A以下的熔丝会在15s内熔断，30A的熔丝会在30s以内熔断。

汽车电路中各电气系统电路中都设有熔断器，因此汽车电路中有多个熔断器，通常将各个熔断器集中安装在一个或几个接线盒（也称熔断器盒）中。在接线盒中通常还装有各种用途的继电器，如图 2-3 所示。为便于检修和更换，通常将各个熔断器编号，并按顺序排列，有的汽车上还将各熔断器涂以不同的颜色。

a)

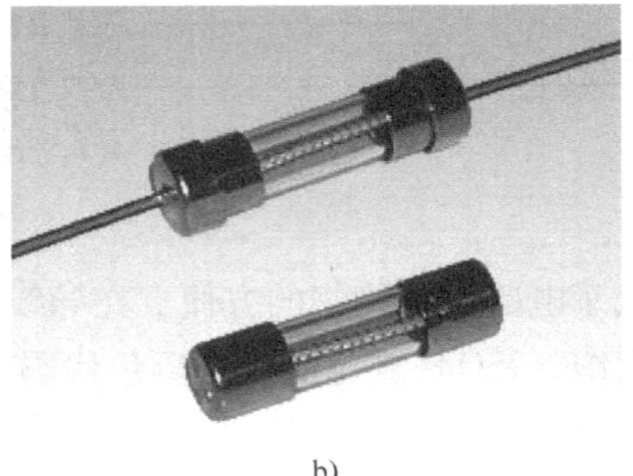
b)

c)

图 2-2　熔断器

a）插片式　b）管式　c）片式

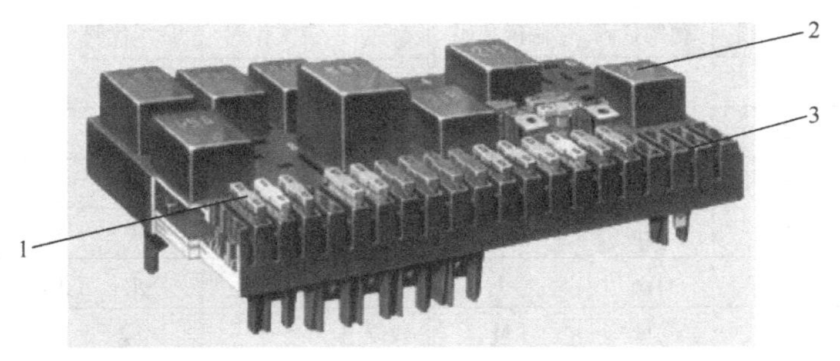

图 2-3　熔断器盒

1—熔断器　2—继电器　3—熔断器插座

2. 易熔线

易熔线的作用与熔断器相似，但易熔线所保护的电路其工作电流较大。易熔线由多股熔丝绞合而成，其线外包有耐热性能好的绝缘护套。与普通低压导线相比，易熔线更为柔软，一般长度为 50 ~ 200mm，易熔线的外形如图 2-4 所示。易熔线通常以棕、绿、红、黑四种颜色来表示其不同规格，不同规格的易熔线及其特性见表 2-6。

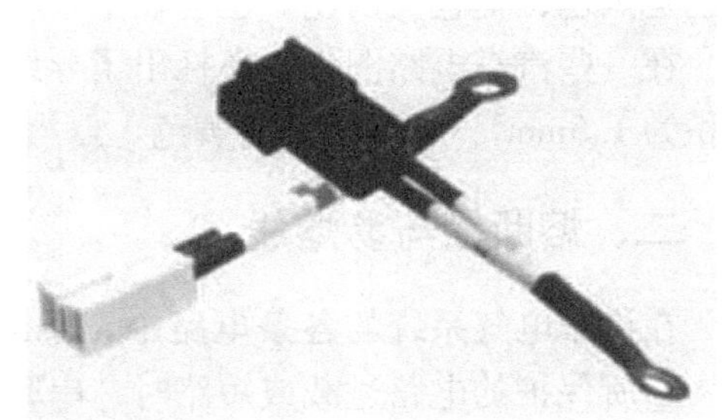

图 2-4　易熔线

表 2-6　易熔线的规格

颜色	直径/mm	构成	1m 长的电阻值/Ω	连续通电电流/A	5s 内熔断的电流/A
棕色	0.3	ϕ0.32mm×5 股	0.0475	13	约 150
绿色	0.5	ϕ0.32mm×7 股	0.0325	20	约 200
红色	0.85	ϕ0.32mm×11 股	0.0205	25	约 250
黑色	1.25	ϕ0.5mm×7 股	0.0141	33	约 300

易熔线通常连接在电路的起始端，比如和熔断器一起集中安装在接线盒内，或连接于蓄电池正极桩附近（图 2-5）。易熔线不能包扎在线束内，也不得被其他物件所包裹。

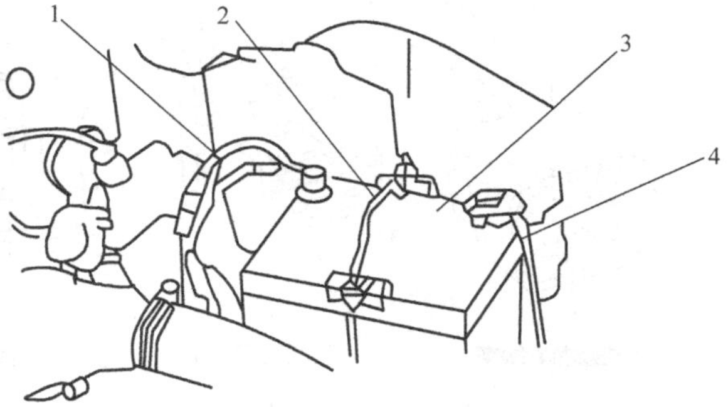

3. 熔断器和易熔线的表示方法

在汽车电路图中，熔断器和易熔线的表示方法如图 2-6 所示。一些国外汽车公司的汽车电路图中，熔断器和易熔线的表示方法会有所不同，请参阅本书第五章的相关内容。

图 2-5　易熔线的安装位置

1—易熔线　2—蓄电池固定支架　3—蓄电池　4—蓄电池负极电缆

图 2-6　熔断器和易熔线的符号

三、插接器

1. 插接器的作用

插接器也称连接器，由插头和插座两部分组成，用于电气设备与线路之间的连接，以及线路与线路之间的连接。与老式的单线接线柱连接方式相比，插接器连接方式具有接线方便迅速、线束结构简捷紧凑、避免接线错误等优点，已被现代汽车普遍采用。

2. 插接器的结构与识别

在汽车电路中，不同位置所用的插接器其连接端子数目、外形尺寸和形状均不相同，几种常见的汽车电路插接器如图 2-7 所示。用于电气设备和导线连接的插接器，通常将设备侧称之为插座，线束侧称之为插头；连接两条线束的插接器，通常将插孔侧称之为插座，插脚侧称之为插头。插接器线路连接端子数量最少是 1 个，多的可达数十个端子。为保证连接可靠，插接器设有锁止装置，大多数插接器具有良好的密封性，以防止油污、水及灰尘等进入而使端子锈蚀。

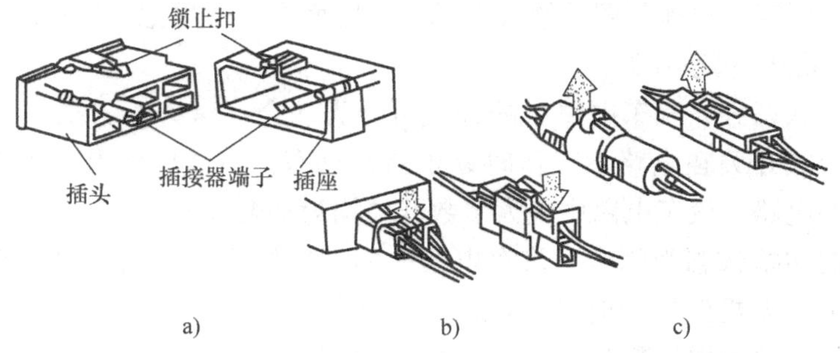

图 2-7　插接器的结构型式

a）插头与插座　b）电气设备插接器　c）线间插接器

3. 插接器的表示方法

不同国家、不同汽车公司的汽车电路图上，插接器的图形符号不尽相同，但方格中的数字都是代表插接器各端子号。插接器在汽车电路图中的表示方法一例如图 2-8 所示。通常用涂黑表示插头，不涂黑的表示插座；有倒角的表示插头插脚呈柱状，直角的表示插头插脚为片状。

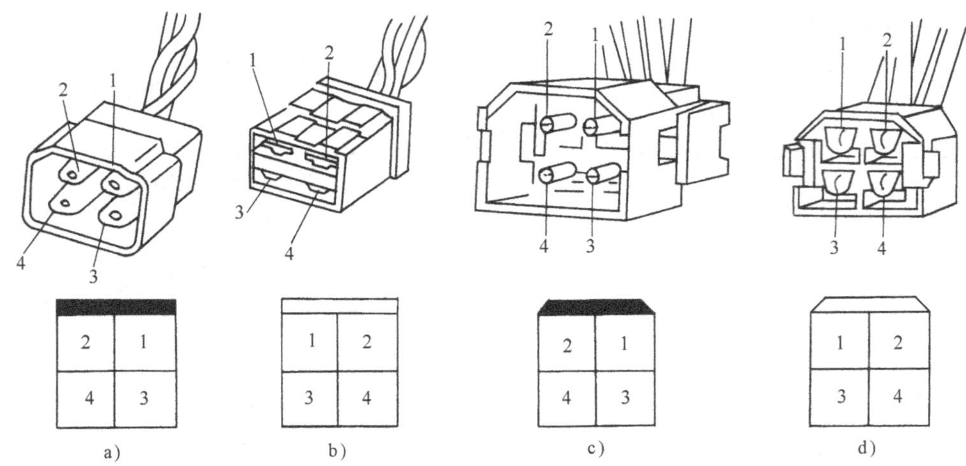

图 2-8 插接器的表示方法

a)、b) 片状插脚的插头与插座 c)、d) 柱状插脚的插头与插座

四、开关

1. 开关的作用与类型

汽车电路中的开关起着通断电路的控制作用，每条汽车电路必定有一个开关，因此，开关也是汽车电路的基础元件。现代汽车在其复杂的汽车电路中有很多开关，开关的种类也很多。

（1）按开关的控制方式不同分类

按开关控制方式的不同分，有手动操作和自动控制两种。手动操纵式开关是由驾驶人直接用手或用脚操纵开关的“开”与“关”，手动开关又有旋转式、推拉式和按压式等不同的形式。

汽车自动控制式开关并不是由驾驶人直接操纵，而是在汽车运行时，由某种物理量使其动作，比如，机油压力过低报警电路中的压力开关是在发动机机油压力降至低限时动作（接通）；冷却液温度过高警告电路中的温度开关则是在发动机冷却液温度升至高限时动作（接通）；倒车信号及照明电路中的倒档开关是在变速杆在倒档位置时（接通）等。由于这些开关根据压力、温度、机械位置等物理量动作，因而有时候也把它们称之为传感器。

（2）按开关的通断状态分类

按开关的通断状态分，汽车电路中的开关可分为动合（常开）开关、动断（常闭）开关两种类型。动合式开关在电路不工作时处于断开状态，当需要该电路工作时，使开关闭合，接通其控制的电路。汽车电路中绝大多数开关均为动合式开关。

动断式开关的初始状态为闭合，汽车电路中的一些压力开关通常采用动断式结构。例如，机油压力开关在无机油压力时开关触点处于闭合状态，当发动机工作，机油压力正常时，开关触点在压力的作用下断开，使机油压力报警灯熄灭。

（3）按开关的功能分类

按开关的功能多少分类，汽车电路中的开关又可分为单功能开关、复合开关及组合开关等。单功能开关内部只有一个开关触点，通常只控制一条电路。

复合型开关其内部有两个或两个以上的触点，控制多条电路，开关的动作也有两档或两档以上。例如，点火开关是一个复合开关，通常设有辅助电器档、点火档、起动档等，分别控制辅助电器电路、点火系统电路及起动电路等；灯光开关通常也采用复合式开关，在不同

的档位下所连接的电路也不同。

组合开关是将两种或两种以上的开关集装在一起，可使开关的操纵更加方便。现代汽车上组合开关的使用已很普遍。

2. 开关功能的识别

复合型开关和组合开关由于其控制的电路比较多，认清开关在各状态下其线路连接端子和电路通断关系，对理解电路原理及故障诊断是极为重要的。在汽车电路图中，开关功能及电路连接情况通常用开关原理图和开关档位图（功能图）表示，因此，识读开关的原理图和开关档位图是了解开关功能和电路连接情况的重要途径。

（1）开关的原理图

开关原理图用于表示复合开关各档位电路通断情况以及所控制的线路，图 2-9 所示的是点火开关的原理图。

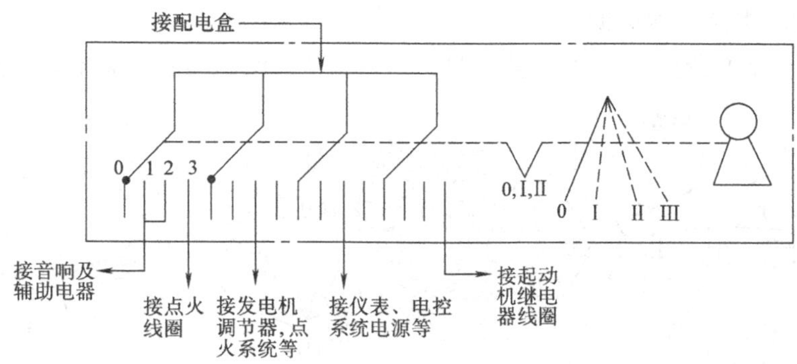

图 2-9　点火开关原理图

图中右侧表示此开关为旋转式 3 档钥匙开关。虚线中间下三角及数字表示开关在 0、Ⅰ、Ⅱ位可以是定位，Ⅲ位不能定位，即将开关旋转至Ⅲ位松开时，能自动回到Ⅱ位。

图左侧表示开关的通断功能：0 位为 OFF 位，点火开关不接通任何控制电路；Ⅰ位为辅助档，点火开关旋转至Ⅰ位时，辅助电器（如音响、电动车窗等）电源电路接通；Ⅱ位为点火档，点火开关接通点火系统、仪表系统、汽车电子控制系统等电源电路。Ⅲ位为起动档，点火开关接通起动电路、点火系统电路等。

（2）开关档位图

开关档位图也称开关的功能图或表格，用来直观地表示复合式开关和组合式开关的通断功能。点火开关的开关档位图一例如图 2-10 所示。

接线柱 / 开关档位	1 (BAT)	2 (IG)	3 (ACC)	4 (ST)
LOCK(-Ⅰ)				
OFF(0)	○			
ACC(Ⅰ)	○—	—	—○	
ON(Ⅱ)	○—	—○—	—○	
ST(Ⅲ)	○—	—○—	—	—○

○—○:连接

图 2-10　点火开关档位图

图 2-10 所示的点火开关档位图表示了该点火开关有 4 个接线端子：

1 号（BAT）端子为电源端子，连接蓄电池与发电机的正极。

2 号（IG）为点火接线端子，连接点火电路、仪表电路、发电机励磁电路及电子控制装置电源电路等。

3号（ACC）端子为辅助电器接线端子，连接收放机、电动车窗等辅助电器的控制开关。

4号（ST）为起动接线端子，连接起动电路。

在点火开关档位图中还表示了该点火开关有5个档位：

“LOCK”位，是转向盘锁止档，从OFF位逆转至该位，可锁止转向盘。

“OFF”位，是点火开关的断开位，点火开关在该位时，2、3、4号接线端子与1号接线端子均为断开状态。

“ACC”位，是辅助电器档（从OFF位顺转1位），点火开关在该档位时1、3号端子相连接，使辅助电器电路接通电源。

“ON”是点火档（从OFF位顺转2位），点火开关在该档位时1、2、3号端子相连接，使点火电路、仪表电路等接通电源。

“ST”是起动档（从OFF位顺转3位），点火开关在该档位时1、2、4号端子相连接，使点火电路、起动电路接通电源。

图2-11是组合了转向灯开关、警告灯开关、车灯开关、刮水器开关、洗涤器开关的

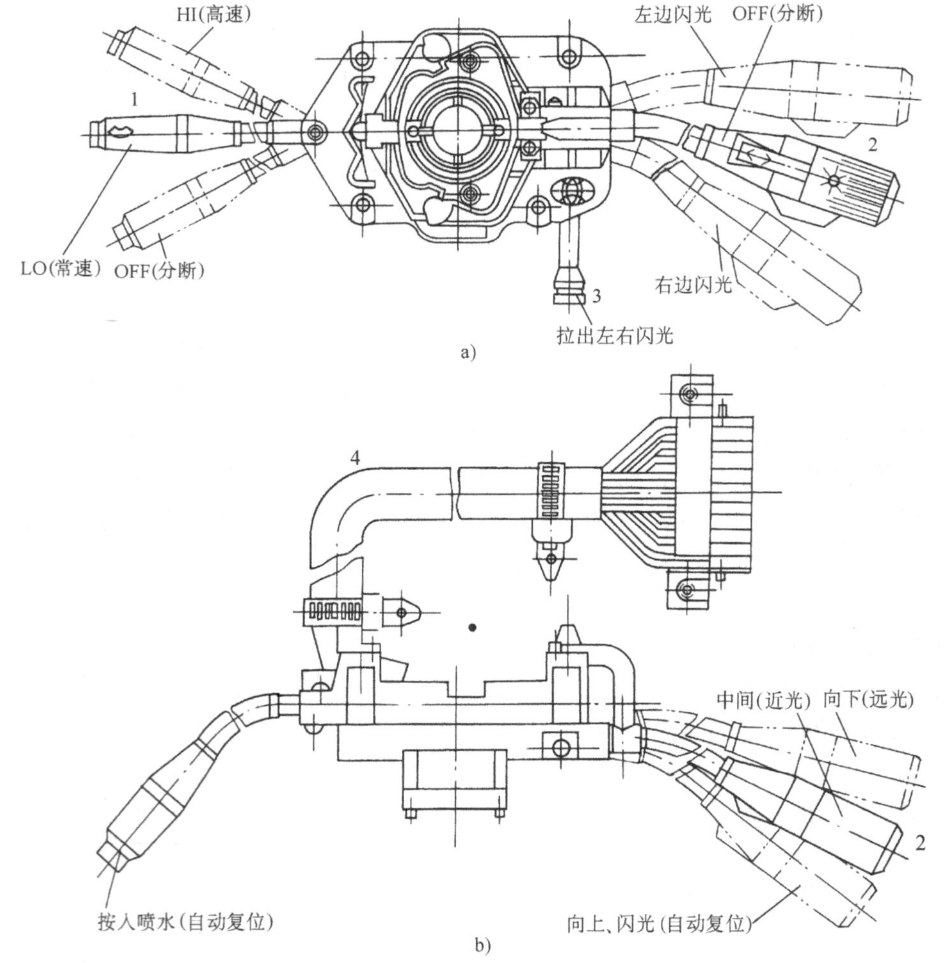

图2-11　JK322A型组合开关

a）前后方向工作状态　b）上下方向工作状态

1—刮水器与洗涤器开关　2—转向、车灯及变光开关　3—危险警告开关　4—组合开关线束

JK322A 型组合开关外形图，该开关的档位图如图 2-12 所示。

开关名称与档位		连接导线颜色																				
		绿/黑	绿/白	绿/黄	绿/蓝	绿/红	绿/橙	绿	黄	红	白	红/黄	红/绿	红/白	白/黑	蓝	蓝/黑	蓝/橙	蓝/红	黑	蓝	绿/红
转向开关	左	○	○		○	○																
	OFF				○	○																
	右		○	○	○	○																
报警开关	拉出	○	○	○			○	○														
灯光开关	OFF																					
	I								○	—	○											
	II								○	○	○											
变光开关	向上											○	—	○	○							
	中间												○	—	○							
	向下											○	—	—	○							
刮水器开关	OFF																○	—	○			
	LO															○	○					
	HI															○	—	○				
洗涤按钮	按下																			○	○	
喇叭按钮																						○

○—○:连接

图 2-12　JK322A 型组合开关档位图

五、继电器

1. 继电器的基本组成

继电器的基本组成如图 2-13 所示，主要部件包括绕在铁心上的线圈、触点、弹簧、磁轭、衔铁等。触点串联在被控电路中，弹簧使触点保持在断开或闭合状态，当继电器线圈通电时，产生的电磁力使衔铁动作，带动触点，接通或断开被控电路。继电器也属于汽车电路的基础元件，用于间接控制汽车电路的通断。

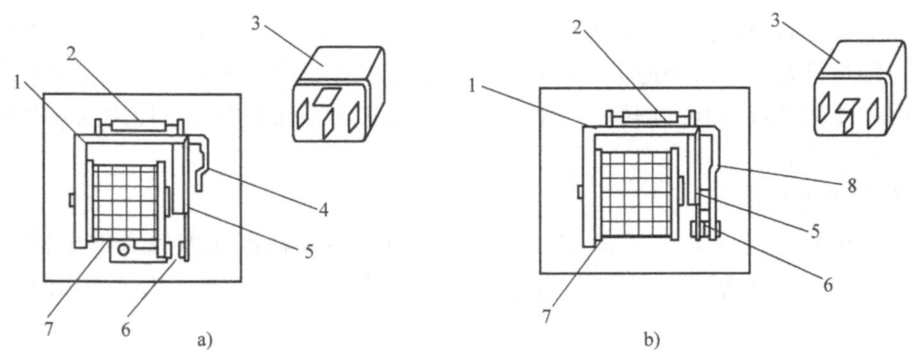

图 2-13　继电器的基本组成

a）常开型　b）常闭型

1—磁轭　2—弹簧　3—封装的继电器　4—限位片　5—衔铁　6—触点　7—线圈　8—固定触点支架

2. 继电器的类型

汽车电系中所使用继电器的种类较多，按继电器触点的工作状态的不同，可将其分为常开型、常闭型和混合型三种类型。汽车电系中使用的继电器主要型式如图 2-14 所示。

(1) 常开继电器

在继电器线圈未通电时，继电器的触点在其弹簧力作用下保持在断开位置；当通过手动开关、传感器或相应的控制电路使继电器线圈通电时，继电器线圈产生磁力吸引衔铁而使触点闭合，接通触点所串联的电路。

除了一个常开触点和一个线圈的基本型外，常开继电器还有两个触点一个线圈和一个触点两个线圈等其他的结构型式。单线圈两个触点的继电器用于同时控制两条互相独立的电路，而单触点两个线圈的继电器则有两种工作方式：一种是两个线圈中只要有一个线圈通电触点就动作，例如，汽油喷射式发动机中的燃油泵控制继电器就属此种形式；另一种是两个线圈都通电时才能使触点动作。

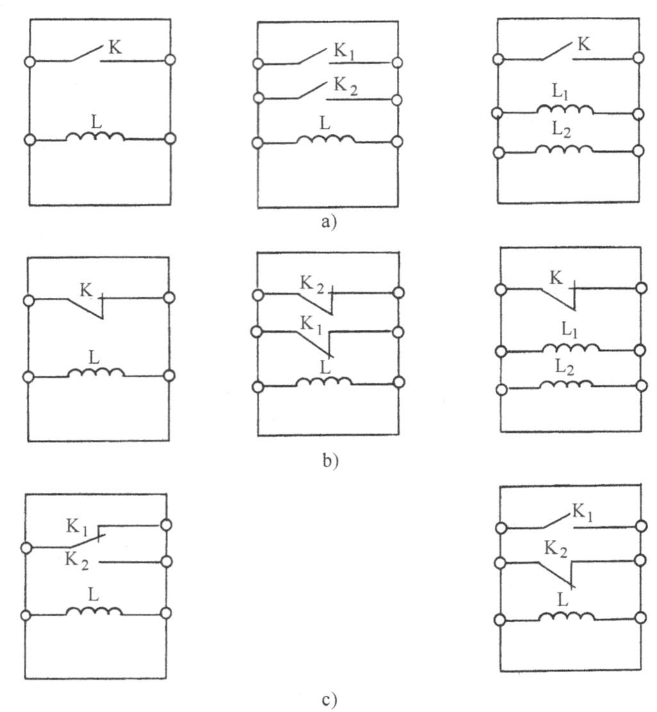

图 2-14　汽车电路中所用继电器的类型

a) 常开型继电器　b) 常闭型继电器　c) 混合型继电器

(2) 常闭继电器

在继电器线圈未通电时，继电器的触点在其弹簧力作用下保持在闭合位置，当继电器线圈通电时，线圈产生的磁力使触点张开，断开触点所串联的电路。

常闭继电器也有单触点双线圈和双触点单线圈等不同的型式，单触点双线圈也有两种工作方式：一种是只要一个线圈通电就可使继电器触点动作；另一种也是要通过两个线圈的磁力共同作用才能使触点打开，例如，一种在汽车起动机驱动保护电路中使用的安全继电器就属于此种继电器中。

(3) 混合式继电器

混合式继电器是指既有常开触点，又有常闭触点的双触点或多触点继电器，当继电器线圈通电时，继电器触点动作：常开触点闭合，常闭触点断开，以接通和断开相应的电路。

混合式继电器也有双线圈的结构型式，汽车电路中的混合式双线圈继电器大致有两种，一种是两线圈同时通电时触点才动作，另一种是只要有一个线圈通电触点就动作。

汽车电路中所用继电器除了上述各种类型外，还有一些特殊用途的继电器，例如，电容式闪光器等。继电器的表示方法除了图 2-14 这种常见的表示方法外，还有一些其他的表示方法，例如，在下面的图 2-15、图 2-16 中的继电器表示方法是我国所规定的继电器符号，其他不同的继电器表示方式，详情请参见本书第五章相关的内容。

3. 继电器的工作原理

汽车电路中的继电器主要的用途是保护和控制。

（1）继电器在电路中的保护作用

一些汽车电路的工作电流较大，如果直接用开关控制，开关内部触点在通断电时会因电流大而产生较强的触点火花，使触点容易被烧坏。因此，一些汽车电路采用继电器间接控制方式，电路原理实例如图2-15所示。

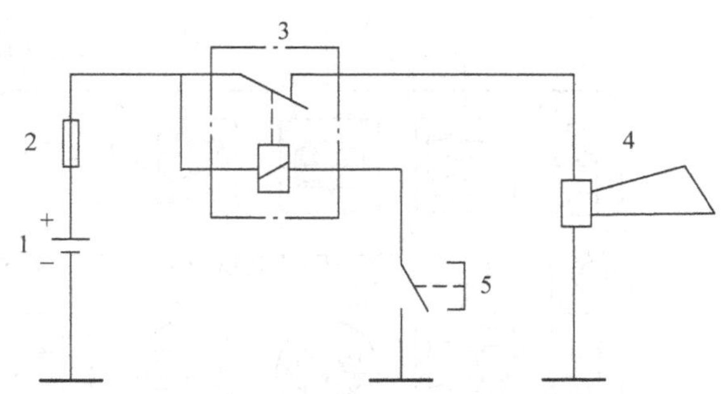

图2-15　继电器起保护作用的电路原理

1—蓄电池　2—熔断器　3—喇叭继电器　4—电喇叭　5—喇叭按钮

该继电器线圈由喇叭按钮触点控制，而继电器触点串联在工作电流较大的电喇叭电路中。需要电喇叭工作时，驾驶人按下喇叭按钮，喇叭继电器线圈通电，继电器线圈产生电磁力而吸合触点，使电喇叭通电工作。由于喇叭按钮触点只是控制继电器线圈电路的通断，只通过继电器线圈较小的电流，使喇叭按钮触点不容易烧坏，其使用寿命得以延长。

继电器在汽车电路中用作保护开关触点的应用实例还有起动继电器、前照灯继电器、空调器继电器、冷却风扇继电器等。

（2）继电器的自动控制作用

在汽车电路中，继电器被用于自动控制，实现某种控制功能。通过继电器实现自动控制的电路原理实例如图2-16所示。

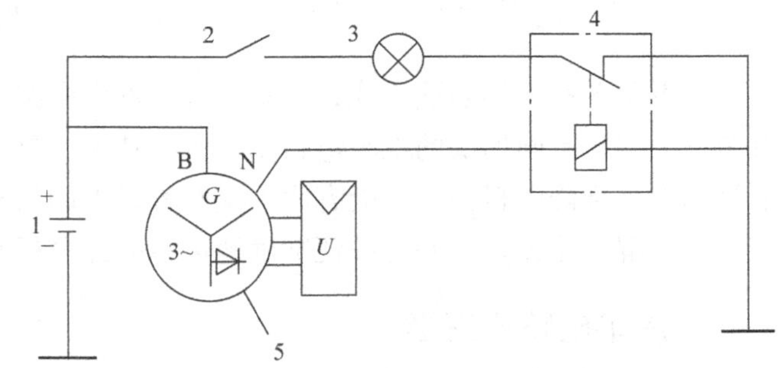

图2-16　继电器的自动控制电路原理

1—蓄电池　2—点火开关　3—充电指示灯　4—充电指示灯继电器　5—发电机　B—发电机电枢（输出）接线柱　N—发电机中点接线柱

该继电器控制电路用于自动控制充电指示灯的亮起和熄灭，以向驾驶人提示充电系统工作是否正常。将继电器线圈连接于发电机的中点接线柱N，继电器的常闭触点串联在充电指示灯电路中。N接线柱在发电机内部连接于电枢绕组的中点（星形联结），其电压是发电机输出端子B电压（UB）的1/2。当发电机正常发电时，其中点电压使继电器线圈通电而产生磁力，将常闭触点断开，充电指示灯断电而自动熄灭，指示充电系统正常工作。当发动机运行中发电机出现了故障时，由于发电机中点电压低或无，导致继电器线圈电流减小或断流，使得继电器触点在弹簧力作用下闭合，充电指示灯亮起，指示充电系统有故障。

4. 继电器的安装位置

汽车电路中使用的各继电器通常集中安装在专门的继电器盒内，在继电器盒内通常还装有熔断器，因此，继电器盒通常称其为接线盒、熔断器盒。继电器盒实例如图2-3所示。一些汽车电路图提供了各个继电器位置图，从图中可了解到各继电器的具体位置和继电器各端子的排列情况，以方便故障查寻。继电器的安装示例见图 2-17。

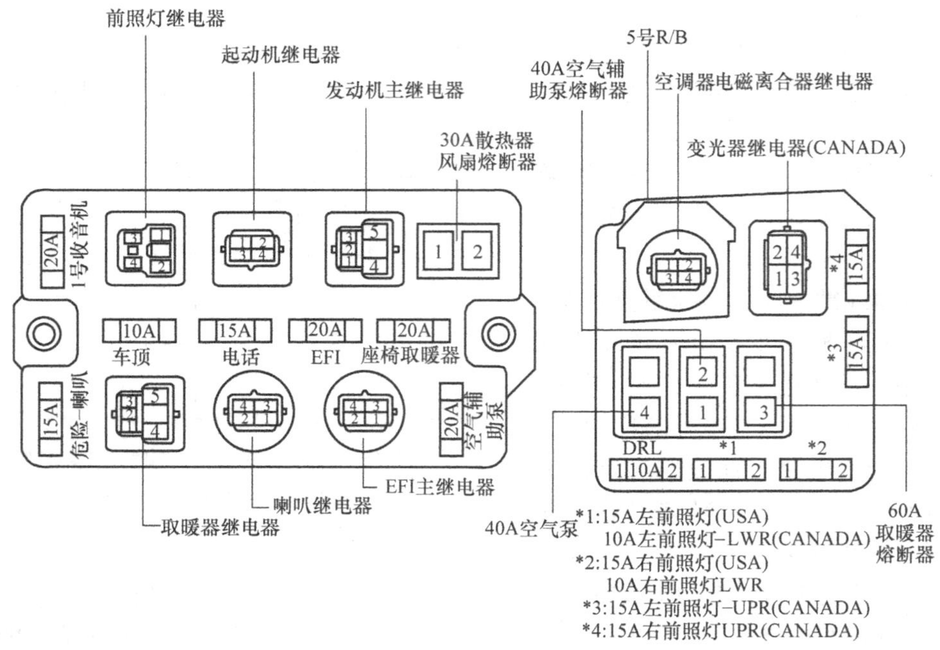

图 2-17　继电器的安装示例

第三节　汽车电路图的特点与识图要点

汽车电路图有多种表达方式，大致可分为汽车电路原理图、汽车电路线路图、汽车电路线束图三大类。不同形式的汽车电路图各有其特点，具有某种互补性。因此，在一些汽车专业书籍和汽车维修资料中，可能有两种或两种以上的汽车电路图。读者通过这些电路图可较为容易地理解电路原理，并可方便准确地进行故障分析和故障诊断操作。

一、汽车电路原理图

1. 汽车电路原理图的作用与类型

汽车电路原理图用于表示汽车电路的工作原理，有全车汽车电路原理图和分系统的局部电路原理图。局部电路原理图参见图 2-15 和图 2-16，多系统的汽车电路原理图实例如图 2-18 所示。

2. 汽车电路原理图的特点

从图例中可知，汽车电路原理图将各种电器、各条线路等都进行了相应的简化，以简单、清晰的方式表示电路的结构。总结汽车电路原理图有以下特点。

(1) 汽车电器元件表示简单明了

在汽车电路原理图中，各种电器均用规定的符号表示，一些电气设备的符号还包含了该电气设备的功能与基本结构信息。例如，图 2-18 中的交流发电机符号，从中可获得三相交流、星形联结、二极管整流及外接电压调节器等发电机结构信息。

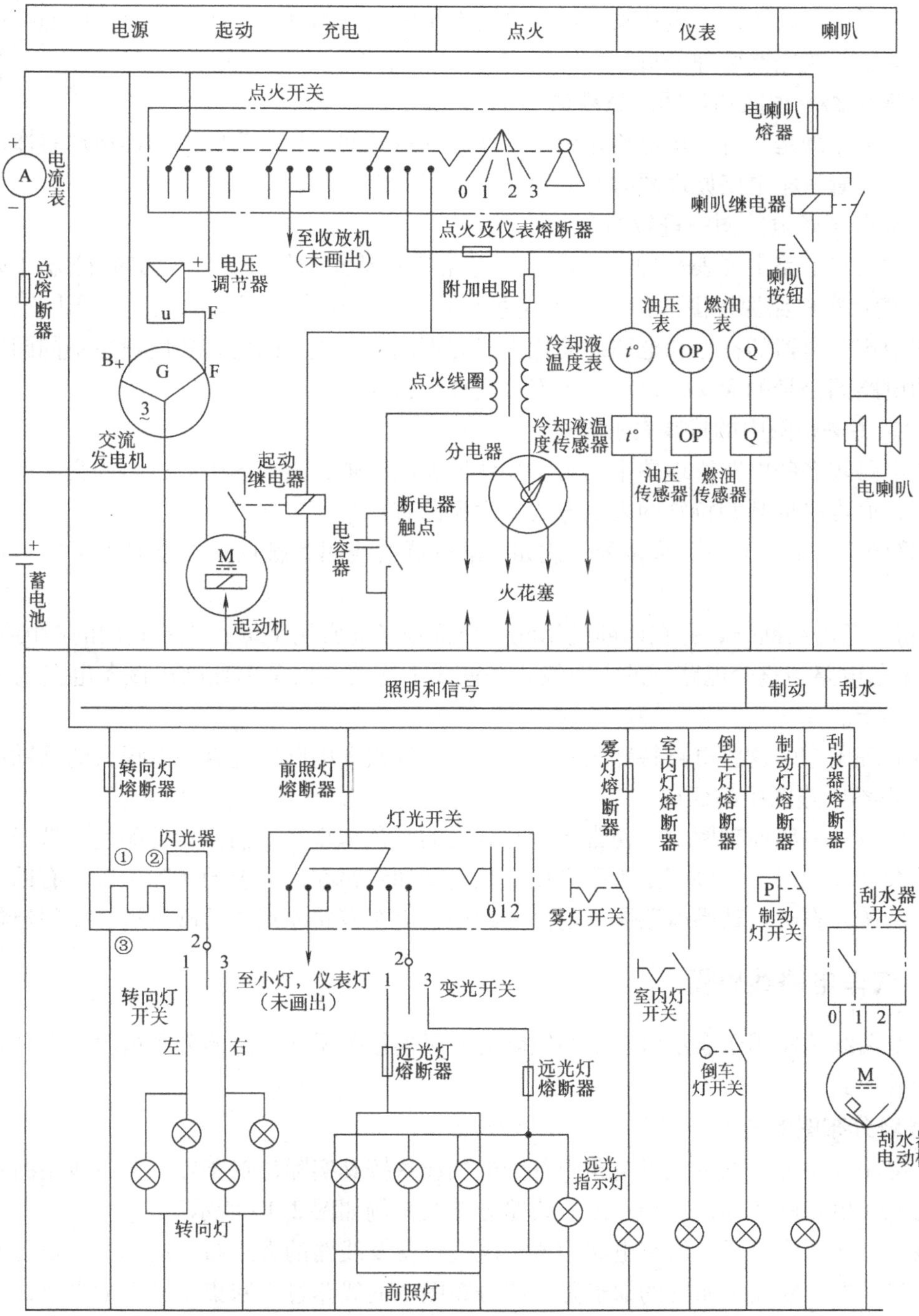

图 2-18　汽车电路原理图实例

（2）电路串并联连接关系清晰明了

汽车电路原理图中，通常将汽车电路的电源线与搭铁线上下布局，实际电路也作了简化，使得电路较少迂回曲折，并使各条电路中的电路基础元件及电器的串并联关系清晰化，读者很容易识读。

（3）系统电路原理图分析方便

用局部汽车电路原理图表达某个汽车电气系统的电路原理，全车电路原理图通常按系统布置，方便了系统电路原理分析。

3. 汽车电路原理图的识图注意事项

汽车电路原理是了解汽车电路作用及工作原理最好的工具。为能准确迅速地看懂汽车电路原理图，在看汽车电路原理图时，必须注意以下要点。

（1）充分了解电路图中符号的含义

我国对汽车电路中要表达的各种电器、电路的基础元件均作出了规定的符号（见附录A），在识读汽车电路原理图前必须熟悉这些符号。不同国家或不同的汽车生产厂家，其汽车电路图中汽车电器的符号和电路的简化方式有不同的形式，因此，还应熟悉不同国家的各种不同的电路图符号的含义，以免识图困难或理解错误。

（2）熟悉电路图中的特殊表示方法

一些电路较多的电路原理图中，为了能使原理图清晰，避免图中有过多的交叉而增加识读的难度，通常采取某些特殊的表示方式，常见的有：

1）将同一个电器装置分成两处，比如，继电器的线圈和触点在电路原理图中画在不同的位置。

2）将一条电路断开，并在两断处用同一个符号（通常用字母）表示它们的连接关系。

3）某条电路与整个电路图的电源线或搭铁线不连接，而是单独画出该条电路的电源端子或搭铁端子。

了解原理图中的这些电路特殊表示方法，对识读汽车电路原理就会有很大的帮助。

（3）熟悉电路图中的标记

在一些汽车电路原理图上，通常还标有导线的颜色与规格、插接器的颜色、端子编号或代码、接线柱标记等，这些都是为了方便查找电器和线路在汽车上的实际位置，有助于电路原理分析和故障查寻。熟悉电路图中的这些标记，汽车电路原理图的阅读也会变得流畅。

二、汽车电路线路图

汽车电路线路图用于表示汽车电系线路的实际连接关系和线路的分布情况，有分布图和接线图两种形式。

1. 线路分布图的特点

汽车电路线路分布图将汽车电路中各个电气设备按其实际位置布置，各条线路的布置和连接也与汽车电路的实际情况相一致。线路分布图实例如图2-19所示。

从线路分布图中可了解汽车电路中各个电气设备及线路的大致布置情况，以及每条导线的实际连接情况。线路分布图的缺点是线路分布图中的线路过于密集，且纵横交错，用作线路寻查和电路原理分析就不太有用。因此，现代汽车已很少用线路分布图表示，尤其是全车线路图，基本上已不用线路图表示。

2. 接线图的特点

接线图表示了各电器与电源之间的实际连接关系，但各电器的位置和线路的布置等则都作了简化。汽车电路接线图实例如图1-20所示。

汽车电路接线图反映线路的实际连接关系，但图面线路没有了布线图的纵横交错，线路寻查比较方便，接线图通常还被当作汽车电路原理图使用。虽然接线图用作分析电路原理不

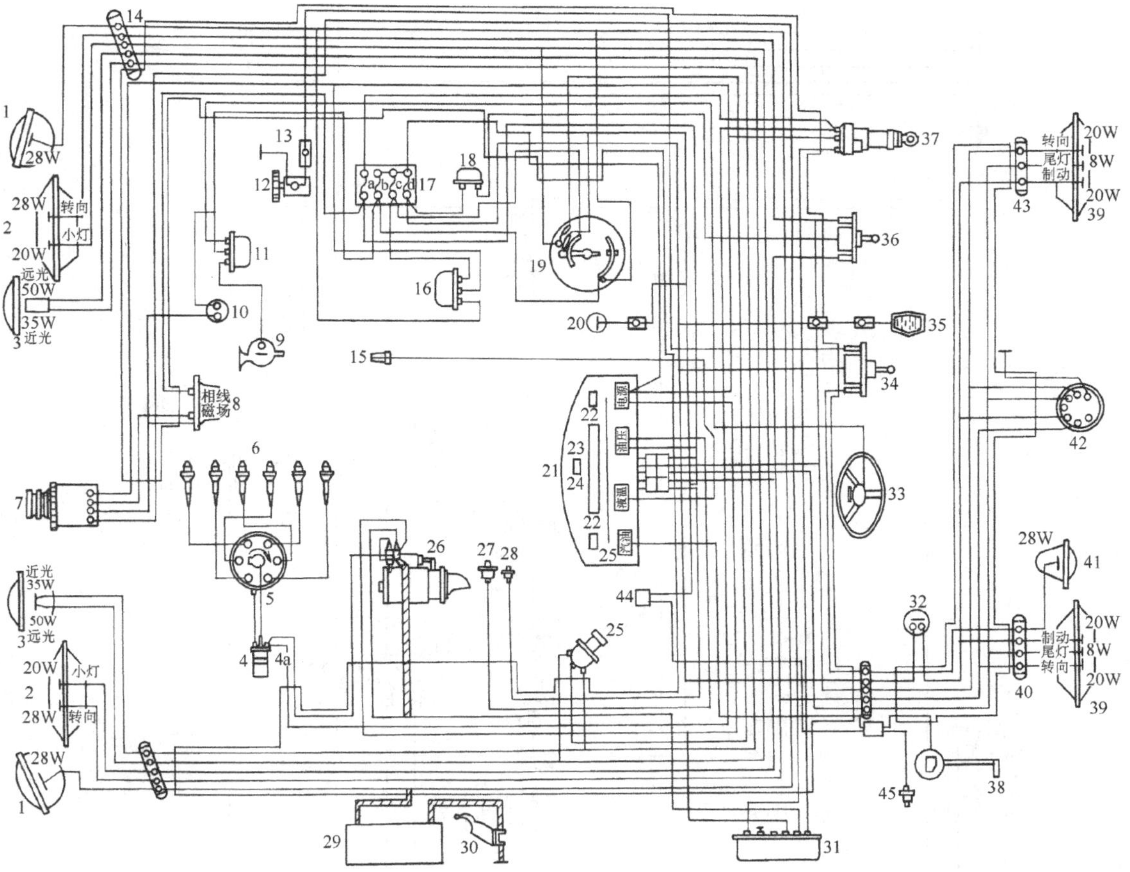

图 2-19　东风 EQ1090 汽车电气系统线路图

1—前侧灯　2—组合前灯　3—前照灯　4—点火线圈　4a—附加电阻线　5—分电器　6—火花塞　7—发电机　8—发电机调节器　9—电喇叭　10—工作灯插座　11—喇叭继电器　12—暖风电机　13—接线管　14、40、43—接线板　15—发动机冷却液温度传感器　16—灯光继电器　17—熔断器　18—闪光器　19—车灯开关　20—发动机罩下灯　21—仪表板　22—左右转向指示灯　23—机油低压警告灯　24—车速里程表　25—变光开关　26—起动机　27—机油压力传感器　28—低油压警告开关　29—蓄电池　30—电源开关　31—起动组合继电器　32—制动灯开关　33—喇叭按钮　34—后灯和暖风电动机开关　35—驾驶室顶灯　36—转向开关　37—点火开关　38—燃油液面传感器　39—组合尾灯　41—后灯　42—挂车灯插座　44—低气压蜂鸣器　45—低气报警开关

如原理图简单明了，但特别适合用作故障查寻，因此，现代汽车维修资料中通常提供汽车电路的接线图。

3. 汽车电路线路图的识图注意事项

汽车电路接线图既可用于电路原理分析，更方便线路故障分析，在阅读接线图时应注意如下：

（1）看清各器件的串并联关系

由于接线图表示了汽车电路中所有的线路连接点，因而电路中各器件的串并联关系看起来并不十分清晰。必要时，可根据接线图画出其原理图，明确电路中各器件的串并联关系，以方便电路原理分析和线路故障查寻。

（2）充分了解电路图中符号的含义

接线图中的各种电器及电路的基础元件也是用符号表示的，但不同国家或不同的汽车生产厂家规定的符号有不同的形式，因此，还应熟悉不同国家的各种不同的电路图符号的含义。

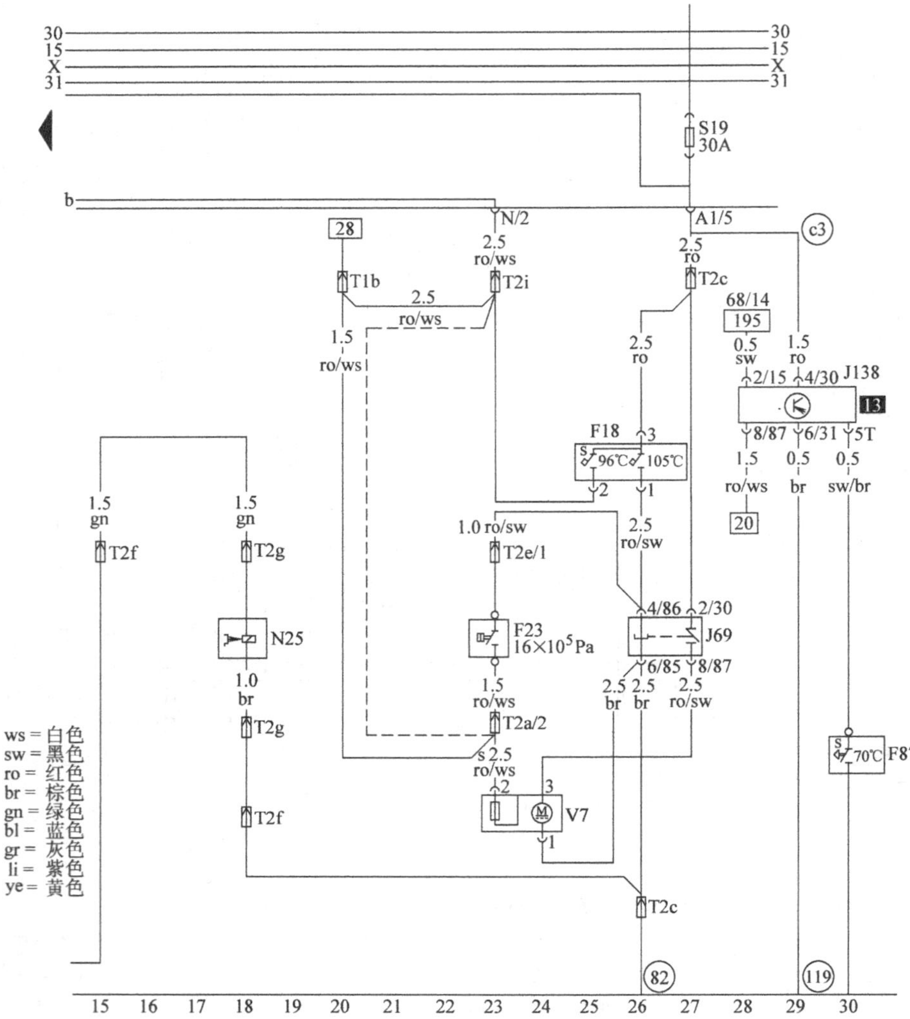

ws = 白色
sw = 黑色
ro = 红色
br = 棕色
gn = 绿色
bl = 蓝色
gr = 灰色
li = 紫色
ye = 黄色

图 2-20　捷达轿车散热器风扇控制电路的接线图

F18—散热器风扇热敏开关　F23—高压开关　J69—风扇二档继电器　J138—风扇控制单元　N25—空调器电磁离合器　T1b—单孔插接器　T2c—2 孔插接器　T2e、T2f、T2g、T2i—2 孔插接器　V7—散热器风扇　F87—风扇起动温度开关

（3）熟悉线路插接器的表示方法

汽车电路接线图中，通常将各条线路的颜色、器件插接器的颜色及端子号都明确标注，熟悉这些标注，接合汽车电路导线配色的特点，将有助于线路查寻和故障分析。

三、汽车电路线束图

在汽车电路中，将线路走向一致，布置在一起的导线包扎在一起，形成线束。线束的包扎对导线起到保护作用，并可使汽车电路的实际线路变得简明。汽车电路线束图用于表示汽车电路线束的结构与布置，以及各电气设备的具体布置，根据所表示的侧重点不同，汽车电路线束图可大致分为线束结构图、线束定位图和布线图三种。

1. 线束结构图的特点

汽车电路线束结构图用来表示电路线束的结构，汽车电路线束结构图实例如图 2-21 所示。

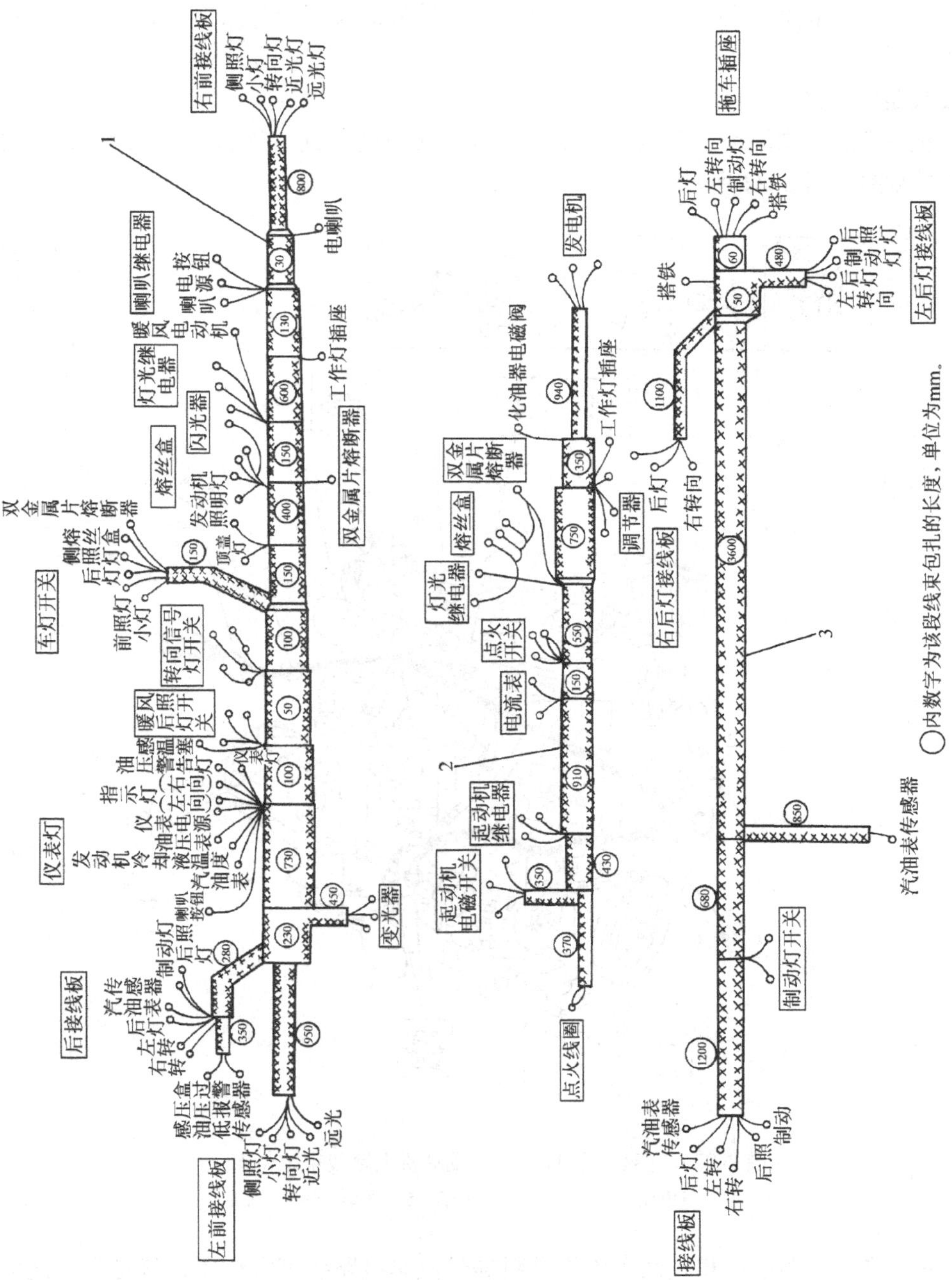

○内数字为该段线束包扎的长度，单位为mm。

图2-21　东风EQ1090汽车电路线束结构图

1—驾驶室线束　2—电源点火、起动线束　3—车架线束

汽车电路线束结构图完整地表示了该条线束的结构尺寸、分支情况及连接端子的分布情况等，对线路的连接、线束的修复有很大的帮助。由于现代汽车电路线束已从原来的整车电路线束转为分散的多条小型线束，导线出现了断路故障通常采用更换线束的方式修复，而连接也采用插接器的插接方式，因此，汽车电路线束结构图的作用已显得无关紧要。一些汽车维修资料中，汽车电路线束结构图通常只有线束备件号而没有结构尺寸信息，或不提供汽车电路线束结构图。

2. 线束定位图的特点

汽车电路线束定位图用于表达一条或几条电路线束的走向、连接点及线束固定等信息。线束定位图实例如图 2-22 所示。

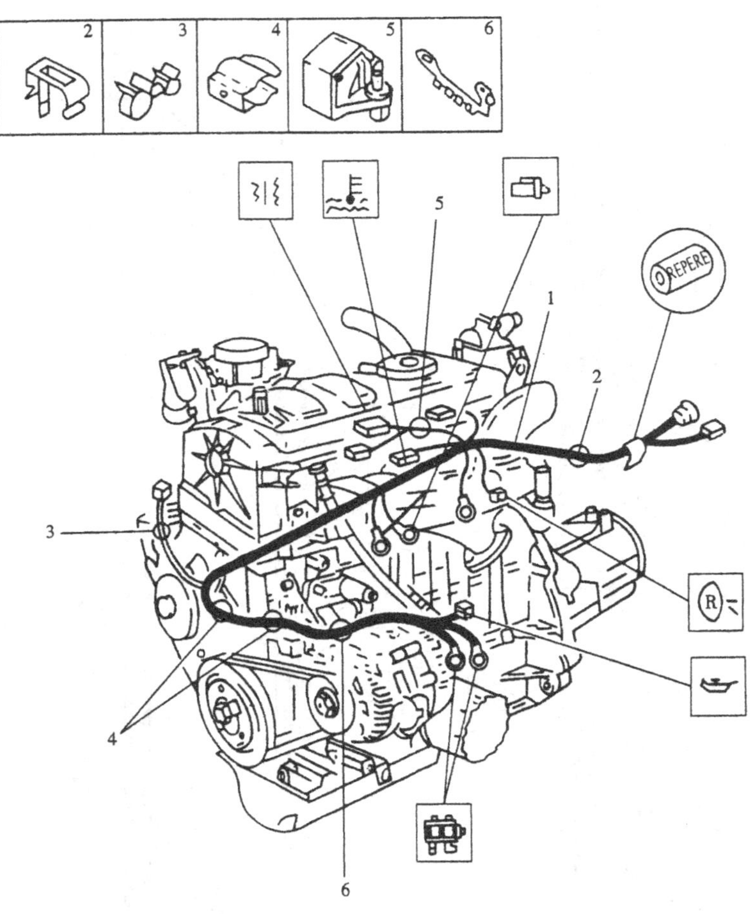

图 2-22　富康轿车 TU5JP/K 发动机电路线束定位图

1—发动机电路线束　2、3、4—卡子　5—支架　6—支承夹

从线束定位图实例中可知，汽车维修资料提供汽车电路线束定位图，就是为了适应现代汽车线束采用更换方式修复的变化，利用线束定位图，主要是方便汽车电路线束的更换。

3. 线束布线图的特点

汽车电路布线图用于表达某个电路系统的线束及所连接电气部件的分布情况。汽车电路线束布线图如图 1-23 所示。

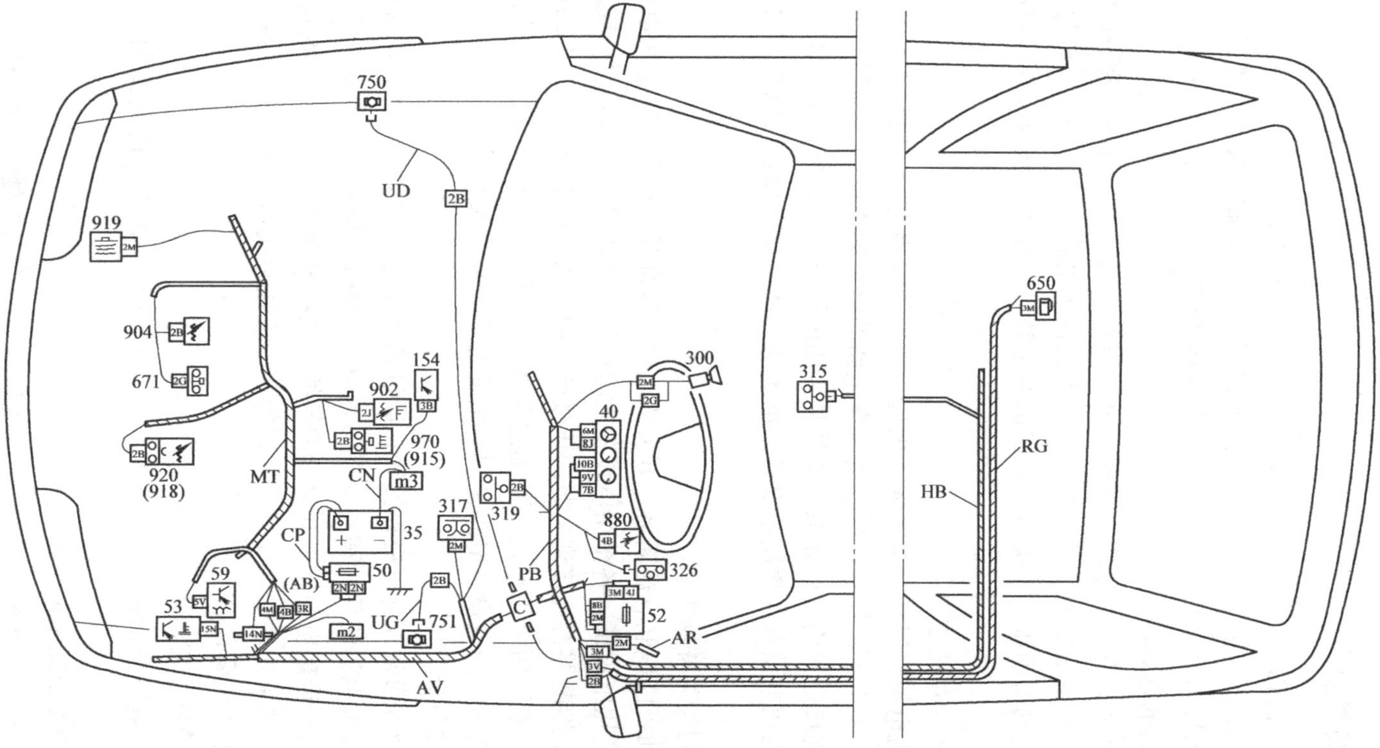

图2-23　富康988轿车仪表系统线束布线图

35—蓄电池　40—仪表板　50—发动机盖下熔断器盒　52—驾驶室内熔断器盒　53—冷却液温度控制盒　300—点火开关　315—驻车制动灯开关　317—液面开关　319—制动灯开关　326—阻风门开关　650—燃油表传感器　671—机油压力传感器　750—左前制动摩擦片　751—右前制动摩擦片　880—仪表照明变阻器　915,919—冷却液温度传感器　59,154,902,904,918,920,970—未装备

从汽车电路线束布线图实例可知，汽车电路布线图直观、清晰地反映了汽车电路线束的布置和线束所连接器件的具体位置。一些汽车电路线束图还给出了各插接器端子的排列情况，给查找汽车电器和线路故障提供了方便。

四、汽车电路图识图要点

无论是学习汽车电路原理还是对新车型汽车电路进行故障检修，都离不开阅读汽车电路图。熟悉并掌握如下汽车电路图识图要点，对识读电路图和汽车电路故障分析都十分重要。根据汽车电路图的特点和汽车电路的特点，总结汽车电路图识图要点如下。

1. 时刻牢记汽车电路的基本特点

汽车电路的基本特点是低电压、单线、并联、负极搭铁。当汽车电路图所要表达的汽车电路较多时，读者会感到电路很复杂。如果在识图中牢记汽车电路的基本特点，看起来较为复杂的汽车电路就不会感到有困难。根据汽车电路的基本特点，在读图和故障查寻时应明确如下几点：

（1）汽车电气系统采用单线连接

汽车电源中，发电机电枢接线柱与蓄电池正极桩用一根导线相连接，通常用蓄电池正极桩连接线或起动机电磁开关上的电源接线柱作为汽车电路的电源的正极端。汽车电路中每一个用电设备与电源正极连接都只用一根导线，如果某个用电设备的电源连接端子还连接着其他用电设备，则说明其他用电设备与该用电设备共电源线，所有用电设备与电源之间的连接均为单线。

（2）各用电设备之间均为并联关系

用电设备与电源之间可能串联有熔断器、开关或继电器等部件，但无论某个用电设备有多少个与之有连接关系的用电设备，各个用电设备之间仍然是并联关系。如果两个或两个以上的用电设备均通过某个熔断器再连接到电源的正极端，则说明这两个或两个以上的用电设备使用同一个保护元件；如果两个用电设备均通过某继电器触点（或开关触点）再连接到电源的正极端，则说明这两个用电设备电路受同一个继电器（或开关）控制。

（3）搭铁端是电源的负极

汽车电路中的电气设备通常只有正极连接线，通过其壳体连接发动机机体、车身或车架等金属连接电源的负极（蓄电池的负极和发电机的负极），即通过搭铁连接电源的负极；而有一些电器和电子装置则有连接电源正极和负极的导线，这些电器或电子装置壳体本身不搭铁，而是通过导线搭铁。如果这些电器或电子装置的负极连接导线均连接到某根导线，则这根导线就是这些电器或电子装置的公共搭铁线。

2. 充分了解电路图的特点与规定

要充分了解各种汽车电路图的特点及不同国家、不同汽车公司汽车电路图的不同表示方法。

（1）充分利用不同汽车电路图的特点

汽车电路的原理图、接线图及各种线束图，均有其优点与不足之处。一些汽车资料会同时提供两种或两种以上的汽车电路图，要充分利用各种电路图的特点，将其优势互补，以提高识图能力，方便汽车电路故障查寻。

（2）熟悉汽车电路的不同表示方法

汽车电路图的符号虽有相关的国际标准，但不同国家、不同的汽车公司都习惯于按自己的风格绘制汽车电路图。在阅读这些汽车电路图以前，必须对该电路图所具有的特点、各电器元件的表示方法、导线与接柱的标注含义等都十分了解，以免识图感到困难。

3. 熟悉电器及基本电路的结构与工作原理

（1）熟悉汽车电器与电子装置的结构原理

汽车电路中各个电器和电子控制装置部件是组成汽车电路的基本要素，熟悉各电器及电子控制装置的结构与基本工作原理，是分析电气系统的电路原理、理解线路的连接关系及进行电路故障诊断的基础。

（2）熟悉汽车各个系统的基本电路及类型

汽车电路中的一些电气系统均有几种基本的电路结构型式，例如，起动电路有起动开关直接控制、带起动继电器、具有驱动保护功能等结构型式。充分了解这些电路的基本组成、工作原理及特点，在阅读各种车型电路时，就不会感到困难。

4. 熟悉各种开关及继电器的功能与状态

汽车电路识图过程中，熟悉开关及继电器的功能状态也很重要。

（1）充分了解开关或继电器的功能

一些复合开关具有多个档位和多个连接端子，在读图时，首选要充分了解开关各个档位的作用及所连接的电路；必须熟悉继电器触点所连接的被控电路和继电器线圈所连接的控制电路，这样才能充分了解继电器的功能。

（2）熟悉开关和继电器不同状态下的电路情况

在进行汽车电路原理与故障分析时，需要充分了解开关或继电器在不同状态下的电路通路情况。在汽车电路图中，开关和继电器都是以初始状态表示，除了要清楚初始状态下开关或继电器触点的开合情况和受控电路的通断情况外，还要十分清楚对开关进行了操作、继电器线圈通电以后，其触点开合的变化情况及受控电路的通断情况。

5. 分清相互关联电路的关系

在汽车电路中，某个系统电路可能会有多个器件和多条支路，各个器件和电路之间存在着某种关联，当某一电路出现故障时，会影响到其他电路的工作。了解这些电路相互之间的关系，对理解汽车电路原理和电路故障分析都有很大的帮助。

（1）并联关系

例如，转向信号电路中同一侧的前后转向灯电路是一种并联关系，它们受同一个闪光器控制，当某个转向灯或其电路出现了断路或短路故障时，就会因回路的等效电阻改变而使闪光频率改变。清楚转向灯电路的这种并联关系，当出现单边转向灯闪光频率异常时，就会立即联想到该侧的转向灯电路有故障。

（2）控制与被控制关系

继电器线圈电路与继电器触点所连接的电路之间是控制与被控制的关系，清楚这一点，在分析触点所连接的电路不能正常工作时，除了想到该电路、该电路电器及继电器触点本身的故障可能性外，就一定不会忘记，继电器线圈电路（包括线路、继电器线圈及控制开关等）也是故障原因之一。

（3）控制目标关联关系

汽车电子控制系统的传感器电路和执行器电路都连接电子控制器，一个是为实现某种控制目标而提供被控对象状态参数的信息源电路，另一个是实施控制目标的控制执行电路，通过控制器相关联。传感器电路的异常会对控制执行电路的工作造成直接的影响。因此，某控制执行器不工作或工作异常，除执行器本身的原因外，故障的原因还应该包括所有相关的传感器及其电路。

6. 熟练掌握回路分析法

一个具有某种功能的汽车电路都是由电源正极通过保护装置（熔断器或易熔线）、控制装置（开关或继电器触点）、用电设备及相应的线路组成。因此。通过回路分析的方法，可帮助我们分析电路原理和电路故障原因。

（1）在识图中熟练运用回路分析法

在通过汽车电路图分析电路原理时，可用回路分析法来分析电路的通路情况。一般采用顺序分析法，即从电源的正极经熔断器（有的电路可能没有）、开关（或继电器触点）、用电设备到搭铁、再回到电源的负极。在电路图上表示的电路较多时，也可采用逆向法，即从用电设备的正极电源连接端开始，经开关（或继电器触点）、熔断器（如果有的话），到电源的正极连接端子。

（2）在汽车电路故障分析与诊断中运用回路分析

熟悉回路分析方法，不仅对理解电路原理有用，对电路故障分析和故障查寻也很重要。例如，某用电设备不工作，可通过回路分析法判断该电路是短路故障还是断路故障；在确定汽车电路为断路故障后，可在该汽车电路的回路中，从靠近电源正极端开始，通过逐点检查各连接点的电压来寻找断路之处；在确定汽车电路为短路故障后，可在该汽车电路的回路中，从电源正极最远端开始，通过各连接点逐点断开法（电压检测法）来寻找短路之处。

第三章

汽车电气设备电路原理与特点分析

本章主要介绍汽车电气设备及电路的工作原理及结构类型，典型电路的特点与分析方法，用以提高读者汽车电器知识水平和汽车电路图识读能力。

第一节　汽车电源电路

汽车电源由蓄电池和发电机及调节器组成，蓄电池和发电机并联，向汽车电路中的所有用电设备提供电能。汽车电源电路的主要器件包括蓄电池、发电机及调节器、充电指示灯、充电指示灯继电器及电源开关等，其中电源开关只是部分汽车有。

一、蓄电池

1. 蓄电池的基本组成

汽车上的蓄电池最主要的用途是用作起动电源，由于起动电流很大，因而采用内阻很小的铅酸蓄电池。蓄电池的核心部件是正极板、负极板和电解液，如图 3-1 所示。在充足电状态下，正、负极板上物质称之为活性物质，其中正极板上的物质是二氧化铅（PbO_2）呈棕红色，负极板上的则是纯铅（Pb），呈青灰色。电解液由纯净的硫酸与蒸馏水（$H_2SO_4+H_2O$）按一定的比例配制而成。

图 3-1　蓄电池的基本组成

2. 蓄电池的基本原理

（1）蓄电池电动势的建立

充足电的蓄电池之所以会有 2.1V 的电动势，是因为正负极板上的 PbO_2 和 Pb 在电解液中有少量处于溶解电离状态，如图 3-2a 所示。极板活性物质的熔解电离使得正极板留下了 4 价的铅离子（Pb^{4+} 正电荷）而电位升高，而负极板留下了电子（e 负电荷）而电位降低。于是，在蓄电池正负极板之间产生了电位差，即建立了电动势。

（2）蓄电池的放电过程

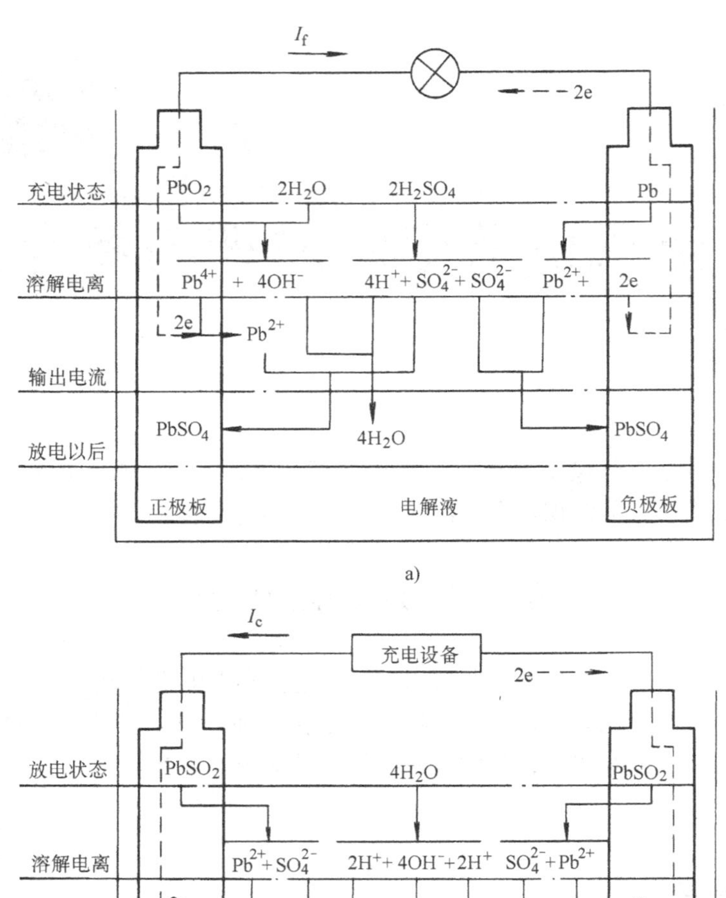

a)

b)

图 3-2　蓄电池的基本原理

a）电动势建立与放电原理　b）充电原理

在蓄电池正负极桩之间用导线连接负载后，就会在其电动势的作用下形成放电电流（图 3-2a），放电电流使正负极板上的电荷减少，这时，极板上的活性物质会继续溶解电离，以补充被消耗掉的电荷，使蓄电池的电动势得以保持。在放电过程中，正负极板上的活性物质逐渐减少，转化为硫酸铅（$PbSO_4$），并沉附于正负极板的表面，而电解液中的 H_2SO_4 减少，H_2O 增加，电解液的密度下降。

（3）蓄电池的充电过程

蓄电池放电后，需要通过充电恢复其供电能力。当蓄电池正负极桩之间连接充电电源后，就会形成充电电流（图 3-2b），在电源力的作用下，使放电后在正负极板上生成的硫酸

铅（$PbSO_4$）又逐渐还原为活性物质 PbO_2 和 Pb，而电解液中的 H_2SO_4 增加，H_2O 减少，电解液的密度上升。

3. 蓄电池的特性与常见故障

（1）蓄电池的充放电特性

铅酸蓄电池具有内阻小，可在短时间内迅速提供大电流，且电压稳定。因此，用作发动机的起动电源特别适合。蓄电池放电后，沉附在其正负极板表面上的 $PbSO_4$ 具有电阻的作用，且极板上沉附的 $PbSO_4$ 越多，蓄电池的内阻就越大。随着蓄电池放电程度的增加，蓄电池的内阻也会逐渐增大。因此，当蓄电池亏电时，起动时蓄电池的端电压会下降很多，导致蓄电池不能提供足够的电流而使起动机运转无力或不能转动。

当发动机起动后，发电机便正常发电，并可向蓄电池充电，直至蓄电池恢复到充足电状态。充电过程，蓄电池的电动势逐渐升高，充电电流逐渐减少（定压充电）。充电后期，充电电流会使电解液中的水分电解，变成氢气和氧气逸出，导致电解液的液量减少。

（2）蓄电池的电容特性

蓄电池的极板还具有电容的作用，在汽车电路中相当于并联了一个容量很大的电容器。当电路中出现瞬间高电压脉冲时，只是对蓄电池形成瞬间的充电电流，蓄电池的端电压不会有明显的变化。蓄电池的电容特性起到了稳定汽车电路电压的作用，可使汽车电路中电子元器件不受瞬间过电压的损害。正因为如此，现代汽车特别强调蓄电池的连接一定要可靠。

（3）蓄电池极板的硫化

蓄电池极板硫化是指其极板上放电时生成的 $PbSO_4$ 变成了粗晶体（称之为硫酸铅硬化），粗晶体硫酸铅在电解液中很难溶解电离，因而在蓄电池正常充电时，不能将其还原为极板的活性物质。因此，蓄电池极板硫化会使其容量下降、内阻增大，最终导致蓄电池“充不进电”而不能继续使用。

蓄电池使用寿命缩短最常见的原因就是其极板硫化，而极板硫化主要是因为 $PbSO_4$ 再结晶后形成了粗晶体结构。容易引起蓄电池极板再结晶最常见的原因主要有：

1）蓄电池放电后长时间没有将其充足电，极板上的 $PbSO_4$ 在较长的时间里，因其溶解度随温度变化而导致再结晶。

2）蓄电池电解液量不足，极板外露于电解液而氧化，也容易使极板硫化。

3）蓄电池电解液不纯或密度过高，蓄电池在未充足电状态下环境温度变化大等均容易引起 $PbSO_4$ 的再结晶。

可见，在汽车使用过程中，始终使蓄电池保持充足电状态，对延长蓄电池使用寿命至关重要。

（4）蓄电池的自放电

在没有接通用电设备的情况下，蓄电池的电量自行消失，这种现象称之为自放电。蓄电池轻度自放电是不可避免的，但是，蓄电池在一昼夜自行消失的电量超过了其额定电量的2%，则就属于自放电故障了。造成蓄电池自放电故障最常见的原因有：

1）蓄电池盖表面脏污（沉积了灰尘、油污等）而导致漏电。

2）蓄电池电解液不纯，其内部形成局部电池而自行放电。

蓄电池在平时使用过程中，保持蓄电池盖表面清洁及其电解液的纯净（蓄电池电解液的液面过低时，应补充纯净的蒸馏水），可有效防止蓄电池出现自放电故障。此外，汽车电路中的线路或开关等有漏电故障时，故障现象与蓄电池自放电故障相似，应注意检查判别。

二、发电机及调节器

1. 发电机的基本原理

车用发电机由转子、定子和整流器及其他辅件组成，其基本原理如图 3-3 所示。

（1）发电机的发电原理

现代汽车普遍采用同步交流发电机，发电机的转子是磁极，主要由两块爪形的铁心和绕在筒形磁轭上的励磁绕组构成；发电机的定子是电枢，由铁心和均匀分布的三个定子绕组构成。当发电机的转子在发动机的驱动下旋转时，通过电刷和集电环将直流电引入励磁绕组，产生一个旋转磁场，三个定子绕组分别切割磁力线而产生相位间隔 120°电角度的三相感应电动势（图 3-4b）。

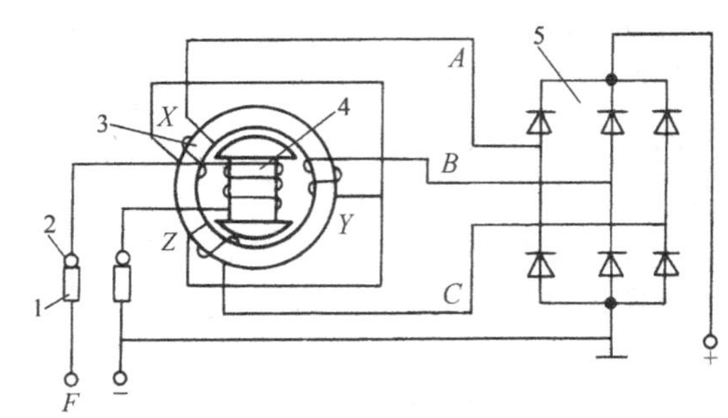

图 3-3　交流发电机的基本原理

1—电刷　2—集电环　3—定子　4—转子　5—整流器

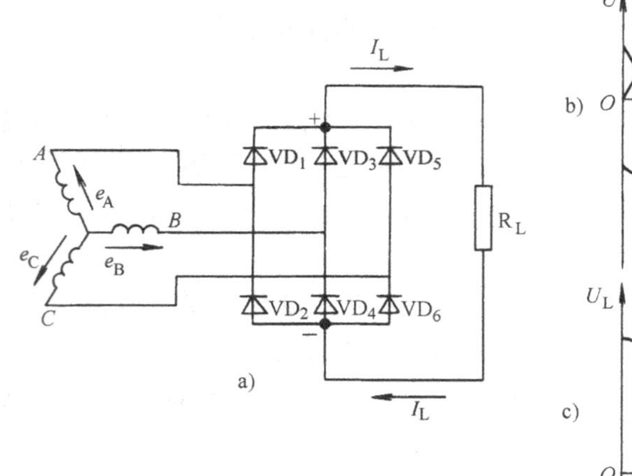

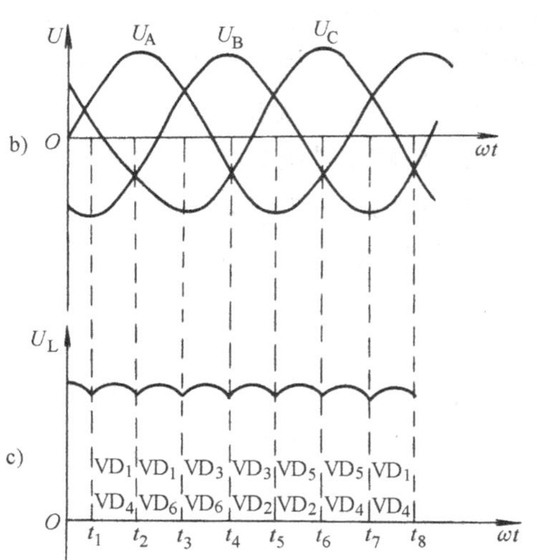

图 3-4　发电机的整流原理

a）发电机整流电路　b）定子三相交流电动势　c）整流后的电压波形

（2）发电机的整流原理

发电机电枢绕组产生的三相交流电需要通过整流电路将其转变为直流电，由 6 个二极管和定子绕组连接成的三相桥式整流电路如图 3-4a 所示。二极管的单向导电性，使得负极接在一起的 3 个二极管在每一瞬间只有正极电位最高（所连接的定子绕组电动势最高）的那个二极管导通，而正极接在一起的 3 个二极管中则只有负极电位最低（所连接的定子绕组电动势最低）的那个导通。因此，在每一瞬间，从发电机的电枢接线柱与搭铁之间就是两相定子绕组电动势之和，且总是上正下负，将定子绕组的交流电变成了直流电（图 3-4c）。

2. 发电机的结构型式

汽车用交流发电机的结构型式有多种，现按不同的分类方法予以概括。

（1）按定子绕组的结构型式分类

按发电机三相定子绕组的连接方式分，有三角形联结和星形联结两种形式，如图 3-5 所示。目前汽车用交流发电机采用星形联结方式的居多。

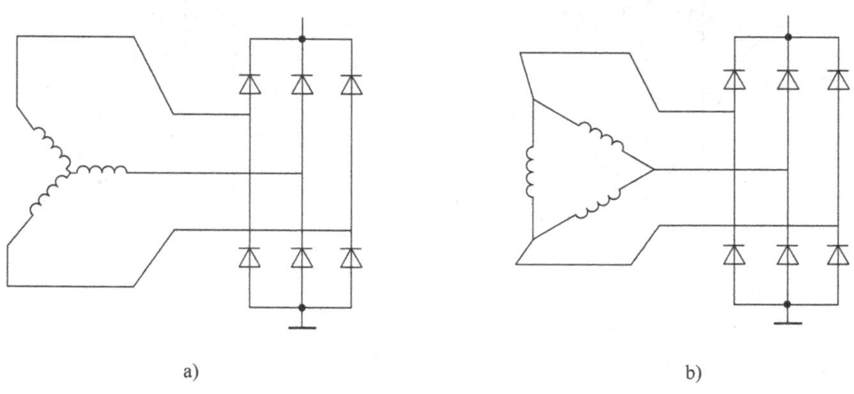

图 3-5　发电机定子绕组联结方式
a）星形联结　b）三角形联结

从发电机的外形看不出定子绕组的联结方式，定子绕组三角形联结方式的发电机其输出端瞬间电压是相电压（单相绕组产生的电动势），而定子绕组星形联结方式的发电机其瞬间电压为线电压（两相绕组电动势之和）。

（2）按转子绕组搭铁形式分类

按发电机励磁绕组的搭铁方式分类，车用发电机有内搭铁和外搭铁两种，如图 3-6 所示。内搭铁发电机其励磁绕组通过内部的搭铁电刷架直接搭铁，外搭铁型发电机的励磁绕组则是通过一个与壳体绝缘的接线柱，再经调节器或搭铁线路搭铁。

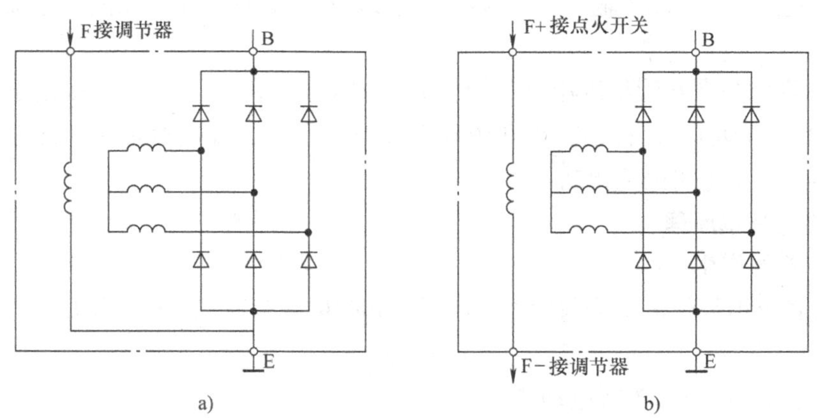

图 3-6　发电机励磁绕组搭铁方式
a）内搭铁　b）外搭铁

从发电机的外形看，这两种发电机很容易识别。内搭铁发电机有一个磁场接线柱（F），而外搭铁发电机有两个磁场接线柱（F1、F2 或 F +、F −）。需要注意的是，这两种发电机所配用的调节器其接线端子一样，但相互之间不能通用。

（3）按整流二极管的数量分

按发电机整流器的二极管数量分，有6管、8管、9管、11管等几种形式，如图3-7所示。

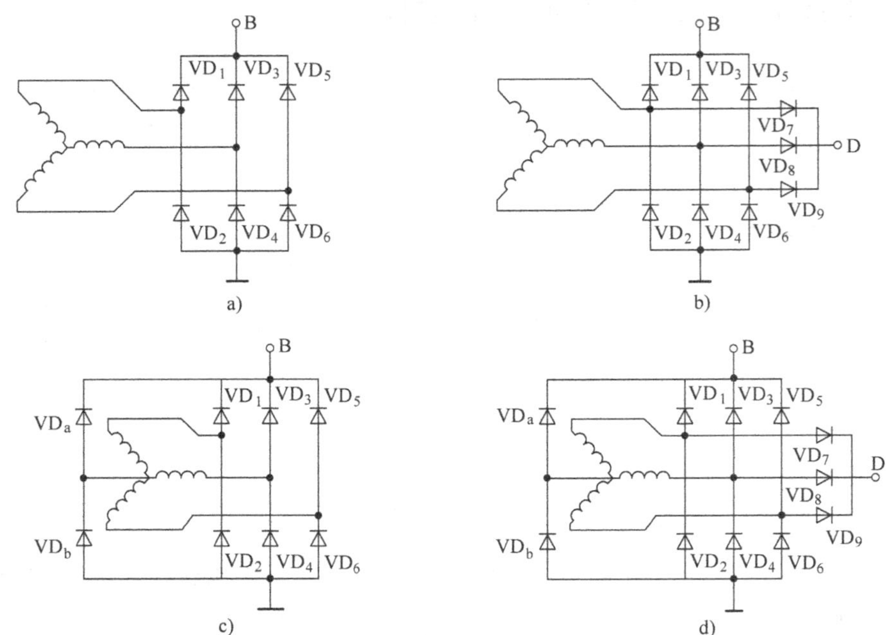

图3-7　发电机整流电路类型

a）6管整流　b）9管整流　c）8管整流　d）11管整流

6管是发电机整流器的基本型，9管整流器是在6管整流器的基础上又增加了一组二极管（VD_7、VD_8、VD_9），与VD_2、VD_4、VD_6组成三相桥式整流电路，其整流电压与基本整流器相同，并通过“D”端子输出，一般用于向发电机的励磁绕组提供励磁电流和充电指示灯控制。

8管和11管则是在6管整流器或9管整流器的基础上增设了两个连接定子绕组中性点的二极管（VD_a、VD_b），这样，就可在中性点瞬时电压高于发电机输出电压时，也向外输出电流，用以提高发电机的输出功率。

3. 调节器的基本原理

（1）调节器的作用

从发电机各电枢绕组电动势与发电机的转速和磁极的磁通成正比可推出

$$E = C_e\phi n$$

式中　E——交流发电机的等效电动势；

C_e——交流发电机的结构常数；

ϕ——交流发电机磁极磁通；

n——交流发电机的转速。

忽略发电机内阻电压降，就有

$$U \approx E = C_e\phi n$$

从上式可知，发电机的电压与其转速成正比，工作中，由发动机通过带轮传动的发电机

其转速会在很大的范围内变化，如果无稳压措施，发电机的电压将变化很大而无法正常使用。调节器的作用是当发电机转速变化时，根据发电机的电压变化情况调节发电机励磁绕组的励磁电流，通过改变磁极的磁通量调节发电机的电压，使发电机的电压保持稳定。

（2）调节器的工作方式

调节器的工作原理如图3-8所示。调节器串联在发电机励磁绕组电路中，在发电机电压低时，调节器接通发电机励磁绕组电路（B、F端子通路或电阻减小），这时通过励磁绕组的励磁电流大；当发电机的电压达到设定的上限 U_2 时，调节器使励磁绕组的励磁电流下降或断流（B、F端子之间断路或电阻增大），以迅速减弱磁极磁通量，从而使发电机的电压下降；当发电机的电压降至设定的下限 U_1 时，调节器使励磁绕组的励磁电流增大（B、F端子之间电阻减小或通路），磁极磁通量加强，发电机的电压又上升；当发电机的电压又上升至上限时则重复上述过程。调节器起作用时使发电机的电压始终在设定的范围内波动。

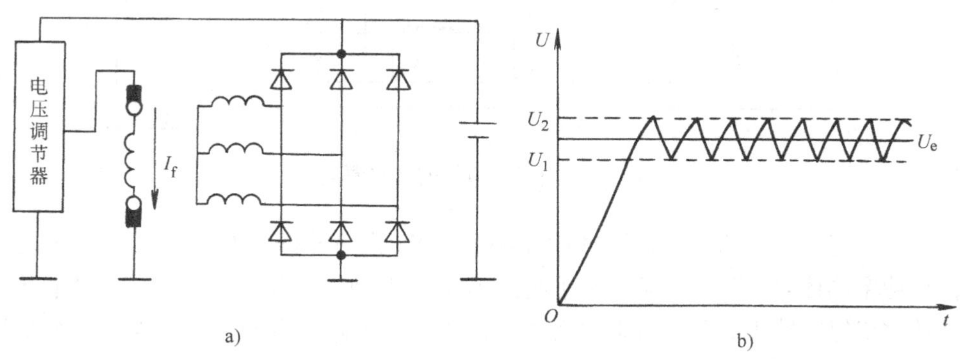

图3-8　发电机调节器的工作原理

a）调节器基本电路　b）工作电压波形

随着发电机转速的上升，发电机电压上升速率会增大、下降速率会减小（图3-9），使得调节器控制的平均磁场电流会随之减小，从而使发电机的平均电压保持稳定（图3-10）。

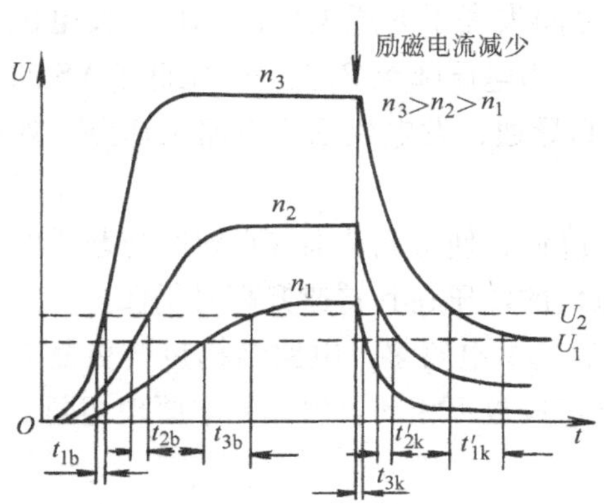

图3-9　不同转速下发电机电压升降曲线

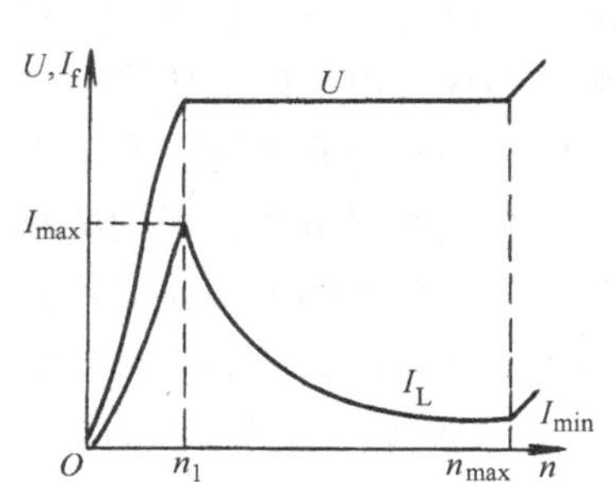

图3-10　发电机电压调节器的工作特性

n_1—调节器工作开始转速

n_{max}—调节器工作的极限转速

4. 电子调节器

发电机调节器有触点式和电子式两大类，触点式调节器由于其工作可靠性较低，已逐渐被电子式调节器所取代。

（1）电子调节器的基本原理

电子调节器利用晶体管的开关特性，通过其导通和截止的相对时间变化来调节发电机的励磁电流。电子调节器的基本原理如图3-11所示。

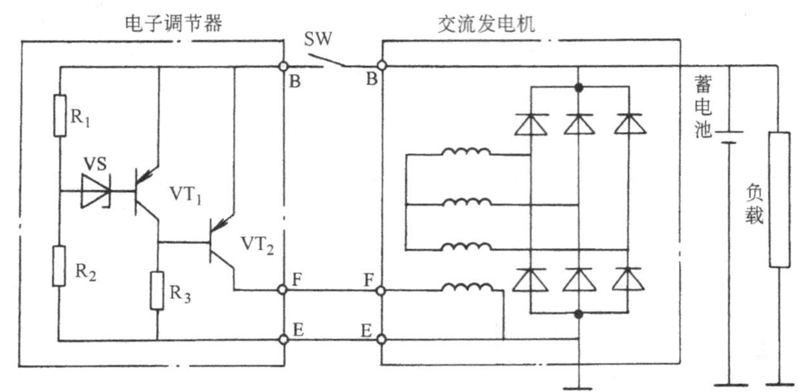

图3-11　电子调节器的基本原理

发电机电压通过R_1、R_2分压后施加于稳压管VS，使VS根据发电机电压的变化而导通或截止；小功率晶体管VT_1的导通或截止受控于VS，起放大的作用；大功率晶体管VT_2串联于发电机励磁绕组电路中，用于控制励磁电流的大小，电路参数的设置使VT_2工作在开关状态，在VT_2导通时，发电机励磁绕组电路通路，VT_2截止时发电机励磁绕组断电。

接通点火开关，蓄电池的电压在R_1上的分压低于稳压管VS的导通电压，VS不导通，VT_1截止；VT_1截止时其发射极与集电极之间有较高的电压，使VT_2饱和导通，发电机的励磁电路处于通路状态。

发动机工作时，当发电机的电压高于设定的高限值时，R_1上的分压使VS导通，VT_1也饱和导通；VT_1饱和导通后，使VT_2的发射极和基极之间失去了导通电压而截止，发电机励磁电路断电；发电机在无励磁电流时其电压迅速下降，当电压降至R_1上的分压低于VS的导通电压时，VS截止，VT_1也截止，VT_1截止后又使VT_2导通，发电机励磁电路又通路。如此循环，调节器使发电机的电压稳定在设定值。

在发电机的转速升高时，发电机电压上升快而下降慢，使得调节器VT_2导通与截止的比率减小，发电机励磁电流的平均值减小，从而使发电机的电压在其转速升高时仍保持稳定。

实际电子调节器的电子元器件要比图3-11所示的基本电路多，电路结构也要更复杂一些。虽然不同型号的电子调节器其电路结构和元器件组成也不相同，但其基本原理相同。

（2）电子调节器的结构类型

电子调节器有分立元器件式（电子元器件焊接在印制电路板并封装而成）和集成电路式（具有电压调节功能的芯片构成）两种结构型式。现代汽车发电机采用集成电路调节器的居多，这是因为集成电路调节器结构更紧凑、电压调节精度更高、故障率更低。

如果按配用的发电机搭铁形式分，电子调节器则有内搭铁式和外搭铁式两种。适用于内

搭铁发电机的电子调节器一例如图 3-12 所示，图 3-13 是与外搭铁发电机相配的电子调节器内部电路。

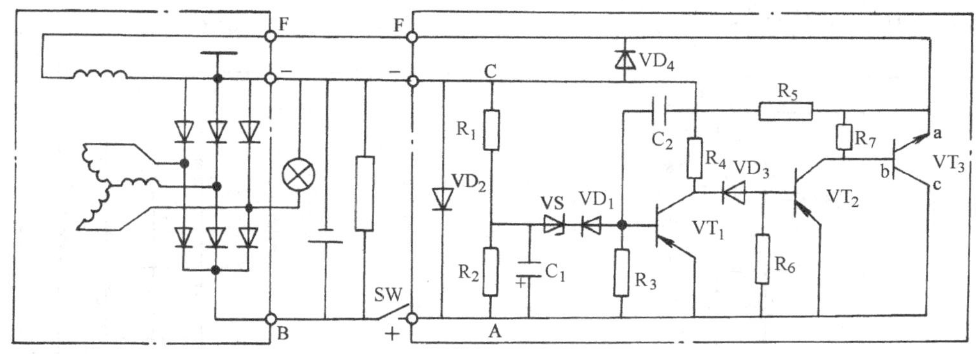

图 3-12　与内搭铁发电机相配的电子调节器

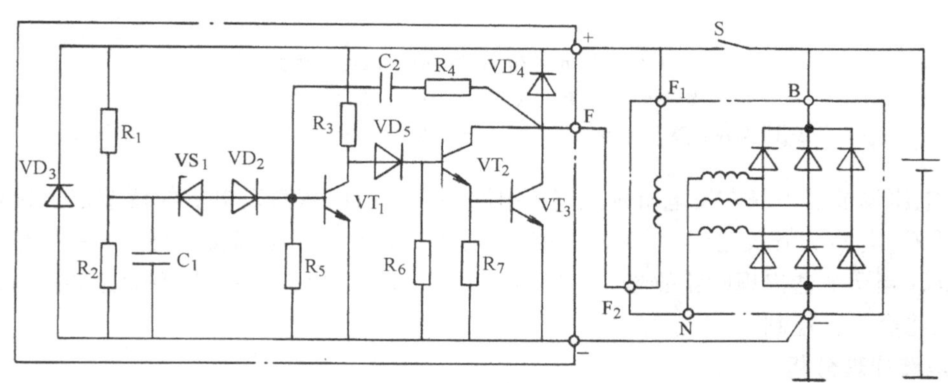

图 3-13　与外搭铁发电机相配的电子调节器

从图 3-12 和图 3-13 可知，两种电子调节器的接线端子一样，但是，内搭铁式调节器控制励磁电流的晶体管在“+”与“F”之间，而外搭铁式调节器则是在“F”与“−”之间。如果将这两种调节器换接，发电机的励磁绕组均不能通路，使发电机不能发电。在使用过程中，应注意内搭铁发电机和外搭铁发电机所配用电子调节器的这一不同，在应急使用时（内搭铁发电机用外搭铁式调节器，反之亦然），应将调节器的电路进行改接。

三、带充电指示灯继电器的电源电路

在载货汽车上较为常见的带充电指示灯继电器的电源电路如图 3-14 所示。

1. 电路特点分析

电源电路通常用充电指示灯来指示发电机是否正常工作，图 3-14 所示的两例电源电路均采用充电指示灯继电器来控制充电指示灯，电路特点如下。

1）发电机有中性点接线柱，在发电机正常工作时，中性点电压为发电机端电压的 1/2，它连接充电指示灯继电器线圈，用于控制充电指示灯继电器的触点。

2）充电指示灯继电器为常闭触点，串联在充电指示灯电路中，当充电指示灯继电器线圈通电时，触点打开，断开充电指示灯电路，充电指示灯熄灭。

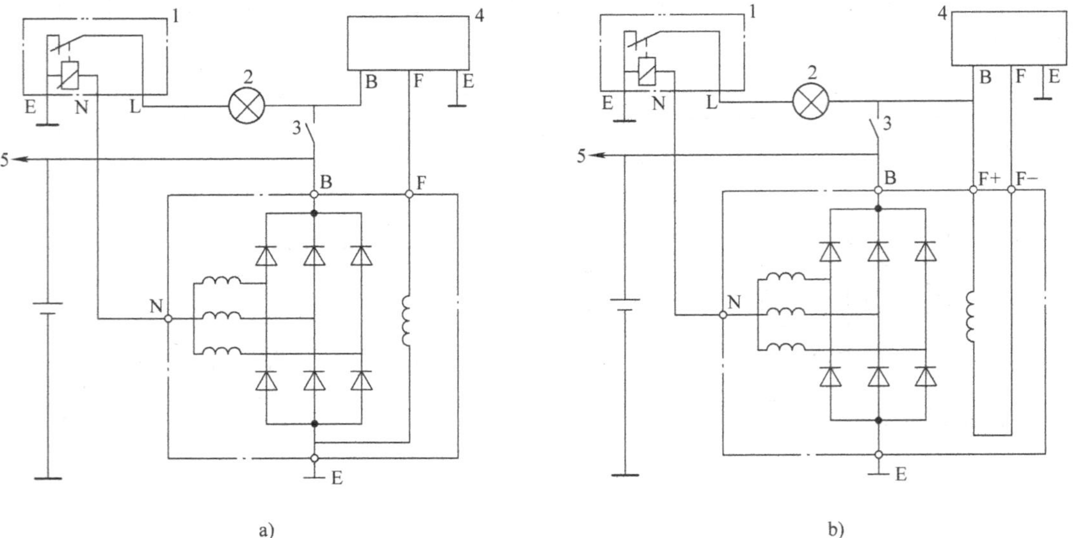

图 3-14　带充电指示灯继电器的电源电路

a）内搭铁发电机充电电路　b）外搭铁发电机充电电路

1—充电指示灯继电器　2—充电指示灯　3—点火开关　4—调节器　5—接用电设备

3）电压调节器串联在发电机励磁绕组电路中，其中内搭铁发电机的调节器连接在磁场接线柱“F”与点火开关之间，外搭铁发电机的调节器连接在磁场接线柱“F－”与搭铁之间。因此，当调节器出现断路故障时，发电机就不会发电，而当调节器有短路故障时，发电机的电压将会失去控制。

2. 电路原理分析

（1）发动机不工作时

在发动机未工作时，如果汽车电路中有车载用电设备需要工作，在该用电设备开关接通时，由蓄电池向外输出电流。如果接通点火开关（ON 位置），充电指示灯电路通路，其电流通路为：蓄电池＋→点火开关→充电指示灯→充电指示灯继电器触点→搭铁→蓄电池－，充电指示灯亮起，提示点火开关在接通位置（ON）。

点火开关在 ON 位置时，发电机励磁绕组也处在通电状态，其励磁电流的通路如下：

1）内搭铁发电机的励磁电流通路：蓄电池＋→点火开关→调节器 B 接线柱→调节器 F 接线柱→发电机 F 接线柱→发电机励磁绕组→搭铁→蓄电池－。

2）外搭铁发电机的励磁电流通路：蓄电池＋→点火开关→发电机 F＋接线柱→发电机励磁绕组→发电机 F－接线柱→调节器 F 接线柱→调节器 E 接线柱→搭铁→蓄电池－。

（2）发动机工作、发电机正常发电时

发动机工作时，发电机正常发电，发电机中性点电压使充电指示灯继电器线圈通电，产生磁力将触点断开，充电指示灯熄灭，指示发电机工作正常；这时，发电机励磁绕组的励磁电流受调节器控制，使发电机的端电压保持稳定；发电机通过电枢接线柱向蓄电池充电、向用电设备供电。

（3）发动机工作，发电机不能正常发电时

当发动机工作，出现发电机不发电或电压很低故障时，发电机的中性点电压为零或中性

点电压过低，使充电指示灯继电器线圈失去电流或电流过小，其触点在弹簧力作用下闭合，接通充电指示灯电路，充电指示灯亮起，指示发电机与调节器组成的充电电路出现了不充电故障。

3. 电路检测要点

（1）发电机电枢接线柱 B

在发动机不工作时，测发电机电枢接线柱 B 与搭铁之间的电压，应为蓄电池电压。如果电压低或为 0，则说明发电机与蓄电池之间的电路有断路或接触不良。

在发动机运转时，测发电机电枢接线柱与搭铁之间的电压，约为 13.5～14.5V。如果电压偏低或过高，说明发电机或调节器有故障。

（2）发电机磁场接线柱 F

1）内搭铁发电机磁场接线柱。接通点火开关时，测磁场接线柱 F 与搭铁 E 之间的电压，应为蓄电池电压。如果电压很低或为 0，则要检查调节器和发电机、调节器、点火开关之间的线路。

2）外搭铁发电机磁场接线柱。接通点火开关时，测磁场接线柱 F＋与 F－之间的电压，应为蓄电池电压。如果 F＋与 F－之间的电压为 0V，并测得 F＋与搭铁之间的电压也为 0，说明发电机 F＋至点火开关线路有断路；如果 F＋与 F－之间的电压为 0V，并测得 F－与搭铁之间的电压为蓄电池电压，则需检查发电机 F－接线柱与调节器之间的线路和调节器。

四、九管整流发电机的电源电路

现代汽车电源电路中，由充电指示灯继电器控制充电指示灯的充电电路逐渐减少，充电指示灯通常采用无继电器控制方式，典型的九管整流发电机电源电路如图 3-15 所示。

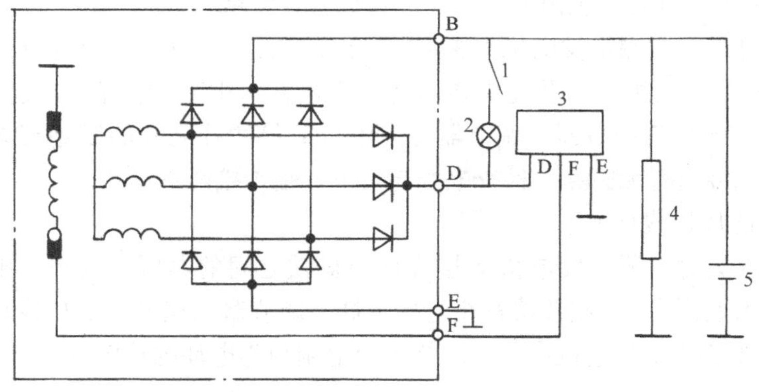

图 3-15　九管整流型发电机的电源电路

1—点火开关　2—充电指示灯　3—调节器　4—用电设备　5—蓄电池

1. 电路特点分析

1）发电机增设了接线柱 D，在发电机工作时，D 接线柱有与 B 接线柱相同的电压，用于向发电机励磁绕组提供励磁电流，并向调节器提供发电机的端电压。

2）充电指示灯连接在发电机的 D、B 两接线柱之间的电路上，使得充电指示灯可直接由 B、D 两端子输出的发电机的端电压控制。

3）充电指示灯、调节器及发电机励磁绕组连接成串联电路（在蓄电池提供励磁电流时）。

2. 电路工作原理

（1）发动机不工作时

当发动机还未工作时，接通点火开关，充电指示灯及发电机励磁绕组通电，其电流通路为：蓄电池 +→点火开关→充电指示灯→调节器 D 接线柱→调节器 F 接线柱→发电机 F 接线柱→发电机励磁绕组→搭铁→蓄电池 -，充电指示灯亮起。

（2）发动机工作，发电机正常发电时

发动机运转及发电机正常发电时，发电机 B、D 两接线柱的电压均高于蓄电池电压且相等，使充电指示灯两端的电压为 0 而使充电指示灯熄灭，指示发电机正常工作。这时，发电机 D 接线柱通过调节器向发电机励磁绕组提供励磁电流，而发电机 B 接线柱向蓄电池充电并向用电设备供电。

（3）发动机工作，但发电机不发电时

当发电机不能正常发电时，发电机 B 接线柱端为蓄电池电压，使充电指示灯又有电流通过而亮起，指示发电机或调节器有故障。

3. 电路检测要点

（1）发电机电枢接线柱 B

在发动机不工作时，测量发电机电枢接线柱 B 与搭铁之间的电压，应为蓄电池电压。如果电压低或为 0，则说明发电机与蓄电池之间的电路有断路。

在发动机运转时，测量发电机电枢接线柱与搭铁之间的电压，约为 13.5 ~ 14.5V。如果电压偏低或过高，说明发电机或调节器有故障。

（2）发电机 D 接线柱

在未接通点火开关时，测量发电机 D 接线柱与搭铁之间的电压，应为 0。如果 D 接线柱电压不为 0，则需要检查发电机内的整流二极管是否有短路。

在接通点火开关时，测量发电机 D 接线柱与搭铁之间的电压，应有较低的电压。如果电压为 0，则要检查充电指示灯及充电指示灯与发电机 D 接线柱之间的线路；如果电压高（蓄电池电压），则要检查调节器、调节器与发电机 F 接线柱之间的线路有无断路故障，检查发电机内部励磁绕组有无断路，检查电刷与集电环是否接触不良。

（3）发电机磁场接线柱 F

在接通点火开关时，测量发电机 F 接线柱与搭铁之间的电压，应有电压，但电压低于蓄电池电压。如果电压为 0，则要检查充电指示灯、调节器及充电指示灯线路；如果电压高（蓄电池电压），则要检查发电机内的励磁绕组及电刷与集电环的接触等。

五、整体式发电机的电源电路

集成电路调节器的体积很小，通常被安装在发电机的内部，构成整体式发电机。采用整体式发电机的电源电路一例如图 3-16 所示。

1. 电路特点分析

1）整体式发电机由于调节器内置，因而无磁场接线柱 F 和搭铁接线柱，但有一个充电指示灯接线柱 L（或插座），线路连接仪表板上的充电指示灯。

2）发电机 L 接线柱的内部连接九管整流器的 D 输出端，该端子向发电机励磁绕组提供励磁电流，因而当发电机正常发电时，L 接线柱的电压与 B 接线柱相同。

3）图3-16所示的整体式发电机，其内部励磁电路是先经励磁绕组，再经调节器到搭铁，相当于外搭铁发电机的电路结构型式。有的整体式发电机内部励磁电路是：L接柱→调节器→搭铁，与内搭铁发电机的电路结构型式相似。

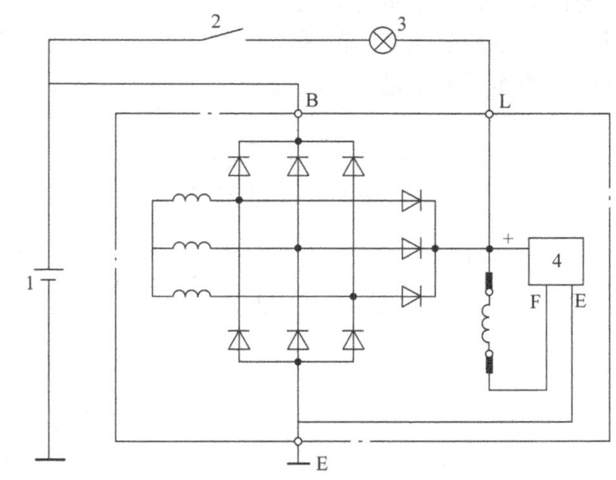

图3-16　整体式发电机的电源电路

1—蓄电池　2—点火开关　3—充电指示灯　4—电压调节器

2. 电路工作原理

（1）发动机不工作时

在发动机不工作时接通点火开关，充电指示灯及发电机励磁绕组通电，其电流通路为：蓄电池+→点火开关→充电指示灯→发电机L接线柱→发电机励磁绕组→调节器F端子→调节器E端子→搭铁→蓄电池-。这时，充电指示灯亮起。

（2）发动机工作，发电机正常发电时

发动机运转，发电机正常工作时，发电机B、L两接线柱的电压都升高，使充电指示灯两端的电压为0，因而充电指示灯熄灭，指示发电机正常工作。

3. 电路检测要点

（1）发电机电枢接线柱B

在发动机不工作时，测发电机电枢接线柱B与搭铁之间的电压，应为蓄电池电压。如果电压低或为0，则说明发电机与蓄电池之间的电路有断路。

在发动机运转时，测发电机电枢接线柱与搭铁之间的电压，约为13.5～14.5V。如果电压偏低或过高，说明发电机或调节器有故障。

（2）发电机充电指示灯接线柱L

在未接通点火开关时，测量发电机L接线柱与搭铁之间的电压，应为0。如果L接线柱电压不为0，则要检查发电机内的整流二极管是否有短路。

在接通点火开关时，测量发电机L接线柱与搭铁之间的电压，应有电压，但低于蓄电池的电压。如果电压为0，则要检查充电指示灯及充电指示灯与发电机L接线柱之间的线路；如果电压为蓄电池电压，则要拆检发电机，检查发电机内部的调节器、励磁绕组及电刷与集电环的接触等。

六、整体式发电机的电压检测方式

从调节器的工作原理可知，它是根据发电机的电压高低来控制励磁电流，并最终实现发电机电压在设定的范围内波动。整体式发电机根据调节器分压器电压信号输入的方式不同，可分为发电机电压检测方式和蓄电池电压检测方式。发电机电压检测方式直接从发电机整流器端引入发电机端电压，而蓄电池电压检测方式则是从蓄电池正极端引入电压。

1. 发电机电压检测方式

发电机电压检测方式电源电路一例如图3-17所示。发电机电压检测方式线路连接简单，发电机上通常只有两个接线柱，B 接线柱连接蓄电池和汽车电路的用电设备，L 接线柱连接仪表盘上的充电指示灯。这种形式的整体式发电机电源电路在汽车上应用较多，但其缺点是当发电机至蓄电池之间的线路出现了接触不良故障而有较大电压降时，就会导致蓄电池端的电压偏低而充电不足。

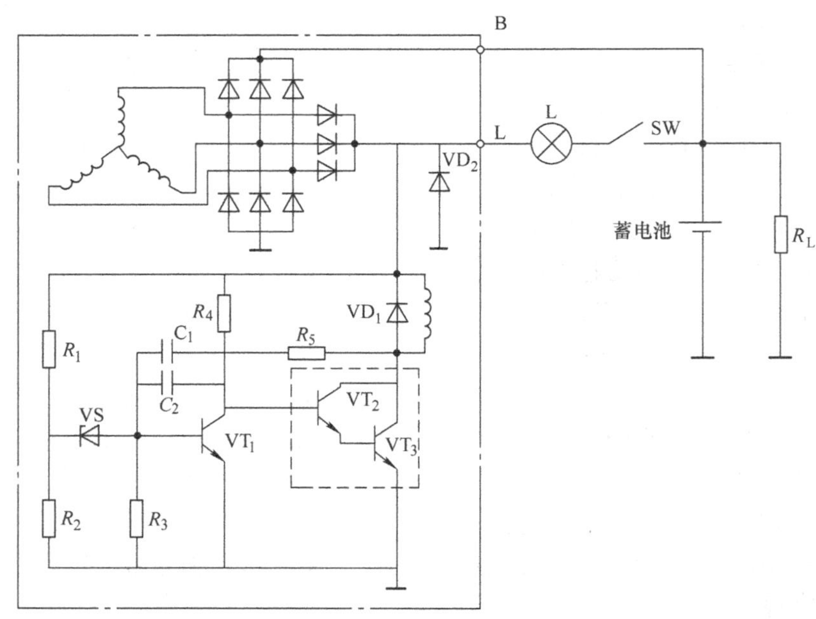

图 3-17　卢卡斯 14TR 型集成电路调节器内部电路

2. 蓄电池电压检测方式

为解决发电机电压检测方式的不足，一些整体式发电机采用了蓄电池电压检测方式，电路实例如图 3-18 所示。

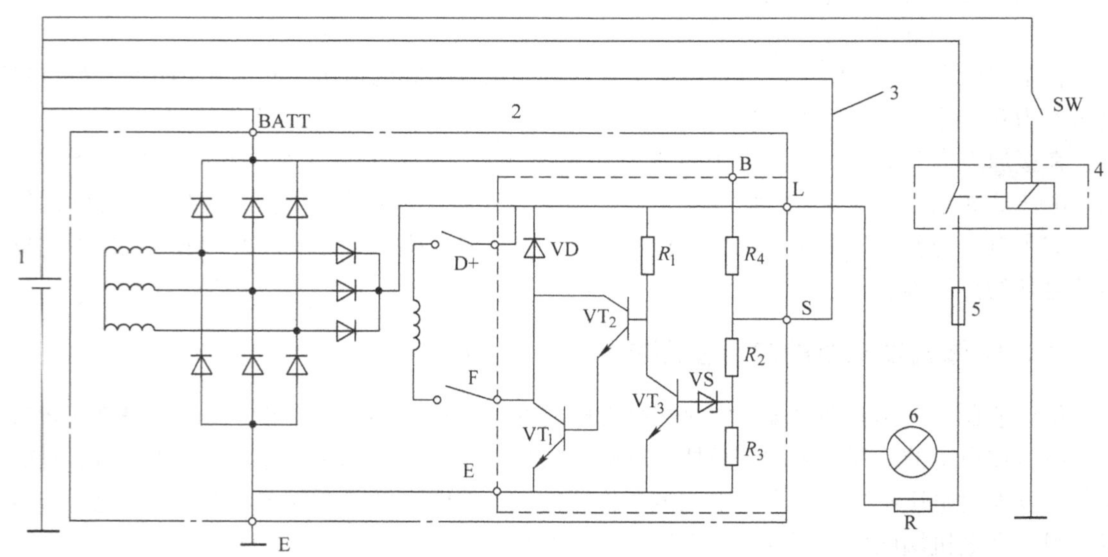

图 3-18　日本日立公司 LR160—708 型集成电路调节器

1—蓄电池　2—整体式发电机　3—电压检测线　4—点火继电器　5—熔断器　6—充电指示灯

蓄电池电压检测方式增加了一条电压检测线，通过发电机上的“S”端子引入其内部调节器的分压器（R_2、R_3）。因此，蓄电池电压检测方式的整体式发电机，除了向蓄电池充电和向用电设备供电的电枢接线柱“BATT”和连接充电指示灯的“L”接线柱外，还多了一个引入蓄电池端电压的“S”接线柱。

蓄电池电压检测方式的新问题是，如果电压检测线出现了断路故障，发电机内部调节器检测不到蓄电池端的电压，将会引起发电机的电压失控，导致蓄电池过充电和用电设备容易烧坏。因此，蓄电池电压检测方式的整体式发电机需要有电压检测线一旦断路的应对措施。图 3-18 所示的整体式发电机是将发电机整流器“B”端电压通过调节器的“B”连接点和 R4 引入分压器，这样，当发电机连接蓄电池的电压检测线出现断路故障时，调节器仍然可以检测到发电机的端电压，确保调节器能正常工作，从而避免了发电机电压失控的危险。

第二节　起动电路

起动电路由起动机和控制电路组成，其电源是蓄电池。起动电路的作用是在需要起动发动机时，使起动机工作，由起动机带动发动机运转而起动发动机。

一、起动机的组成与工作原理

起动机由直流串励式电动机、传动机构和电磁开关三大部分组成。汽车上广泛使用的电磁操纵强制啮合式起动机的组成如图 3-19 所示。

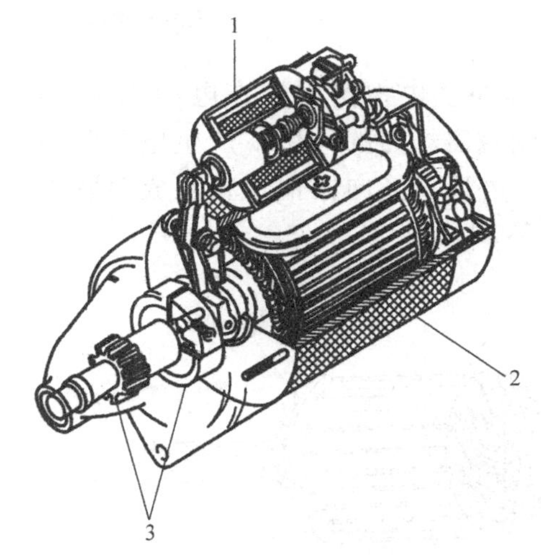

图 3-19　起动机的组成

1—电磁开关　2—直流串励式电动机　3—传动机构

1. 直流串励式电动机

（1）电动机基本组成

电动机的作用是通入电流后产生电磁转矩，将蓄电池输出的电能转变为电磁转矩。直流电动机主要由定子（磁极）、转子（电枢）、换向器、电刷与刷架及其他附件组成，如图 3-20 所示。

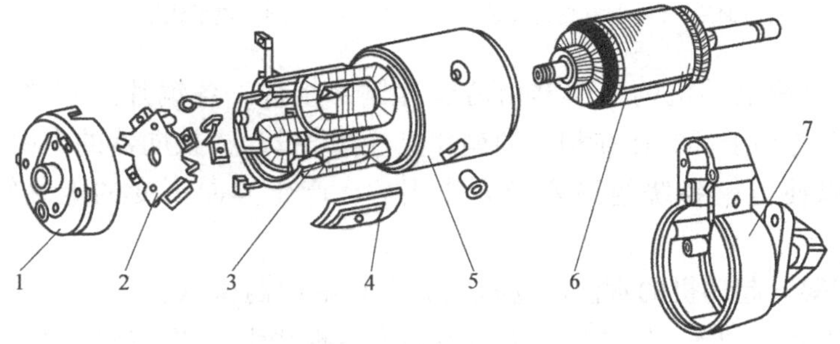

图 3-20　直流电动机的组成

1—前端盖　2—电刷与电刷架　3—励磁绕组　4—磁极铁心　5—机壳　6—电枢总成　7—后端盖

1）磁极。磁极由固定在电动机壳体上的铁心和励磁绕组组成，其作用是通入电流产生磁场。起动用直流电动机通常有2对磁极，一些大功率的起动机其电动机有3对磁极，增加磁极是为了增大电动机的电磁转矩。在电动机内部，具有2对磁极的励磁绕组连接方式有两种方式：一种是4个绕组串联；另一种是4个绕组两两串联后再与电枢绕组串联，如图3-21所示。

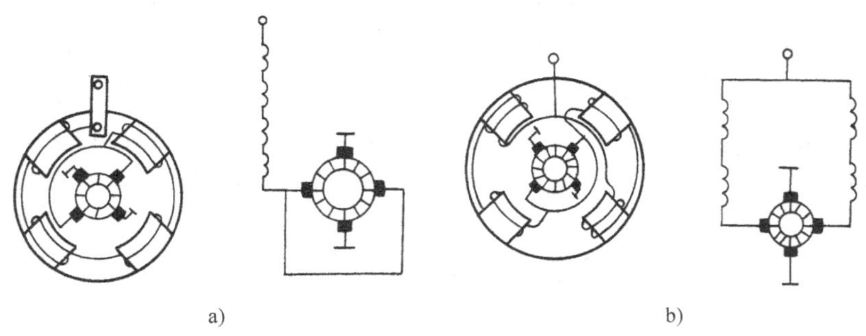

图3-21 励磁绕组的连接方式

a）四励磁绕组串联 b）励磁绕组两两串联后再串联

2）电枢。电枢由固定在电动机轴上的铁心和电枢绕组组成，其作用是通入电流后，在励磁磁场力的作用下产生电磁转矩。电枢绕组有多匝，按某种排列方式嵌入铁心槽内，并通过换向器铜片相互成串联关系。电枢总成及电枢绕组的内部电路连接方式如图3-22所示。

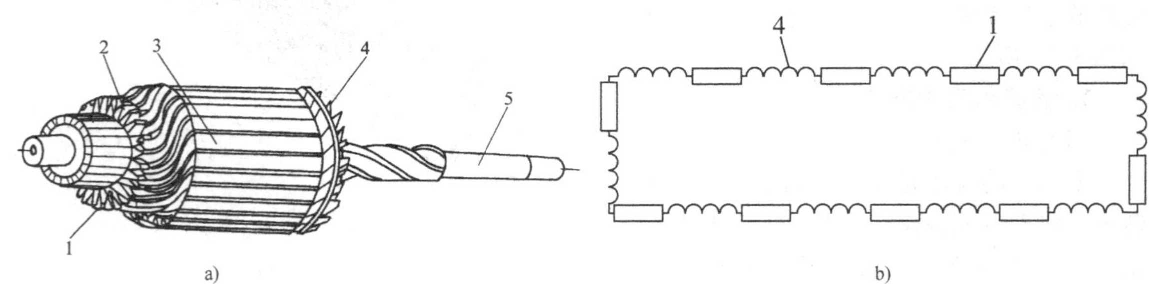

图3-22 电枢总成及电枢绕组连接方式

a）电枢总成 b）电枢绕组连接方式

1—换向器铜片 2—电枢绕组接线端 3—电枢铁心 4—电枢绕组 5—电枢轴

3）换向器。直流电动机的换向器由若干片铜片组成，各铜片互相之间通过云母片绝缘，每匝电枢绕组的端子都焊接在相应的铜片上（图3-23）。换向器的作用是将电枢绕组的电流及时换向，以使电枢各绕组受磁场力作用后，产生方向不变的电磁转矩而能够转动起来。

4）电刷与刷架。起动机的直流电动机电刷由石墨加铜粉压制而成，通过电刷架及弹簧紧压在换向器铜片上（图3-24），用以将电流引入电枢绕组。四个磁极的直流电动机有两对电刷，通常是其中一对电刷连接搭铁，另一对则与电动机壳体绝缘，并连接励磁绕组。

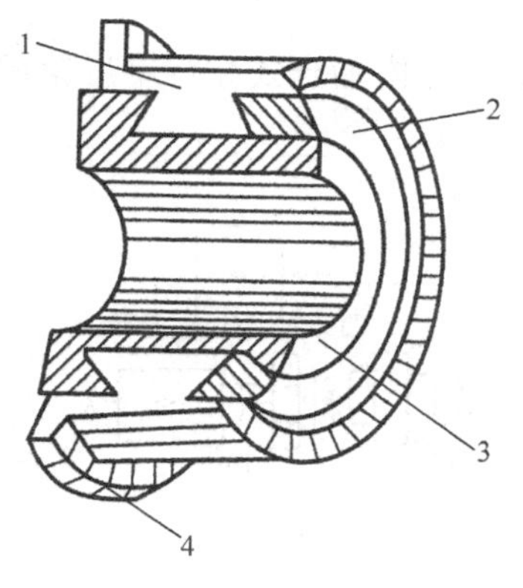

图 3-23　换向器的结构
1—换向器铜片　2—压环　3—轴套
4—换向器铜片焊接凸缘

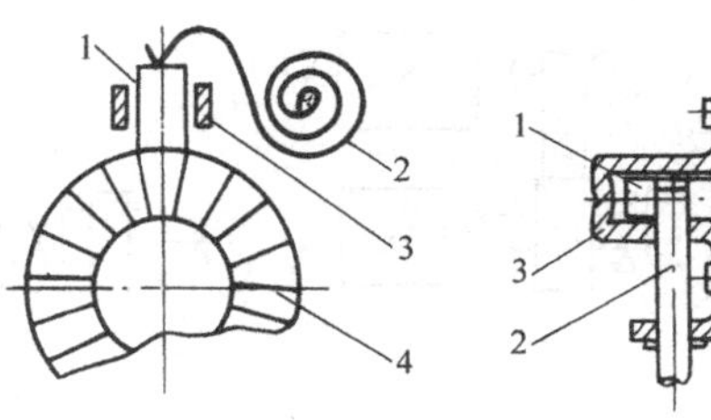

图 3-24　电刷与刷架
1—电刷　2—盘形弹簧　3—框式电刷架
4—换向器　5—起动机前端盖

(2) 电动机的电路原理

直流串励式电动机的内部电路如图 3-25 所示。

电动机接通电源后，励磁绕组和电枢绕组通电，励磁绕组通电后产生方向不变的磁场，通过电刷和换向器引入直流电的电枢绕组则在磁场中受磁场力的作用（称之为安培力），并形成一个电磁转矩，使电动机电枢转动起来。

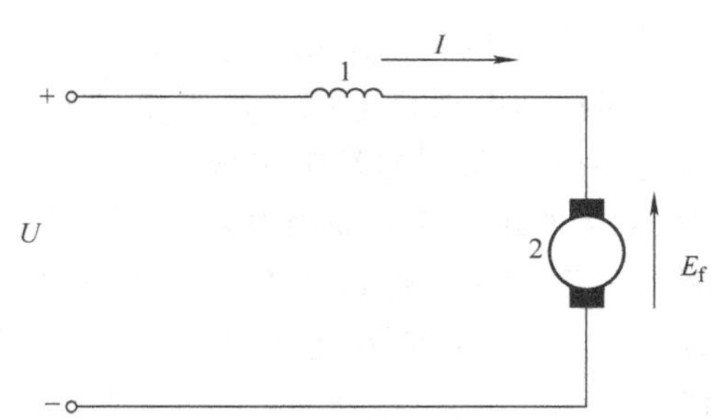

图 3-25　直流串励式电动机电路原理
1—励磁绕组　2—电动机电枢　E_f—电枢转动后产生的反电动势

2. 传动机构

起动机传动机构的作用是将电枢的电磁转矩传递给发动机飞轮，并在发动机起动后自动打滑，以防止发动机带动电动机高速旋转而损坏起动机。

(1) 传动机构的基本组成

普通的强制啮合式起动机的传动机构主要由传动套筒、单向离合器和驱动齿轮等（参见图 3-19）组成。

起动机传动机构中的单向离合器只是在起动时接合，将电动机电枢产生的电磁转矩传递给驱动齿轮，并带动发动机转动。一旦发动机起动，单向离合器便立刻打滑，以防止电动机转子被发动机带动而转速太高，造成飞散事故。

一些轿车上使用了减速起动机，这种起动机在电枢轴与驱动齿轮之间增设了一套减速齿轮。传动机构增设减速齿轮后，可使用高转速、低转矩的电动机，使得起动机的体积减小、重量减轻而便于安装。减速起动机具有良好的起动性能，在汽车上的使用已逐渐增多。

(2) 传动机构的类型

按单向离合器的结构型式不同分，有滚柱式、弹簧式、摩擦片式和惯性式等。滚柱式是中小功率起动机上普遍使用的单向离合器，弹簧式和摩擦片式则是在功率比较大的起动机上使用，惯性式单向离合器目前已很少使用。

减速起动机按减速齿轮的结构型式不同分，有外啮合式、内啮合式和行星齿轮式，不同减速齿轮的起动机结构型式如图 3-26 所示。

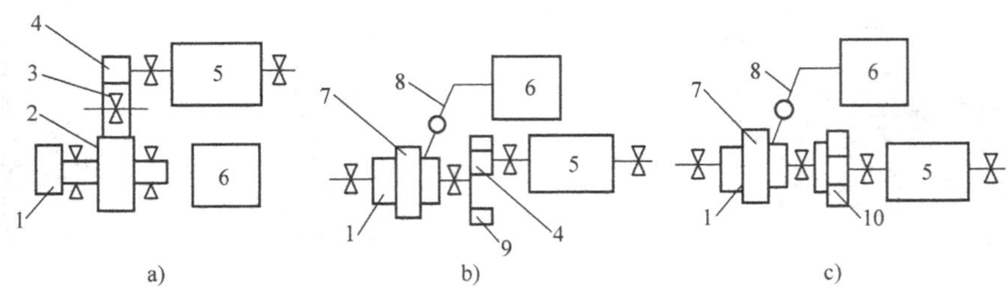

图 3-26　减速起动机的类型

a）外啮合式　b）内啮合式　c）行星齿轮式

1—驱动齿轮　2—带从动齿轮的单向离合器　3—惰轮　4—减速主动齿轮　5—电枢　6—电磁开关　7—单向离合器　8—拨叉　9—减速从动齿轮　10—行星齿轮机构

3. 电磁开关

（1）电磁开关的基本组成

电磁开关用于控制起动机的工作。在起动时，它使起动机驱动齿轮与发动机飞轮啮合，同时接通电动机电路，使得电动机产生电磁转矩，通过传动机构带动发动机转动。最常见的电磁开关的基本组成如图 3-27 所示，它主要由电磁线圈（吸引线圈、保持线圈）、活动铁心、接触盘及触点等组成。

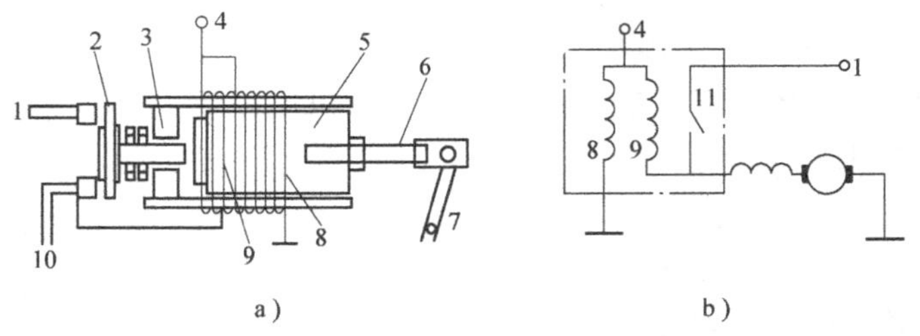

图 3-27　电磁开关的组成与内部电路

a）组成　b）内部电路

1—电源接柱与触点　2—接触盘　3—磁轭　4—电磁开关接柱　5—活动铁心　6—拉杆　7—拨叉　8—保持线圈　9—吸引线圈　10—接电动机　11—电磁开关触点

活动铁心在电磁线圈通电所产生的磁力作用下移动，通过与其连接的拉杆拉动拨叉而使驱动齿轮与飞轮啮合。与此同时，带动接触盘移动而使触点闭合，接通电动机电路。

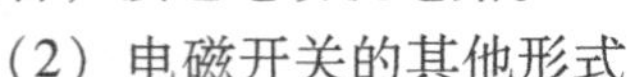

（2）电磁开关的其他形式

1）电枢移动式。电枢移动式起动机的电磁开关控制方式是通过使电枢的轴向移动带动驱动齿轮与飞轮啮合，并接通电动机电路。吸引线圈和保持线圈绕制在磁极上，所以，通常把它们称之为副励磁绕组。起动时，首先使磁极的副励磁绕组通电，产生的磁力使电枢作轴向移动，将固定在电枢轴上的驱动齿轮推向飞轮齿圈，并使连接电动机电路的触点闭合。

2）磁极移动式。磁极移动式起动机的电磁开关控制方式是通过某个磁极上的活动铁心的移动使驱动齿轮与飞轮齿圈啮合，同时接通电动机电路。吸引线圈和保持线圈也是绕制在磁极上，起动时，吸引线圈和保持线圈通电，所产生的磁力使磁极的活动铁心移动，通过拨叉将驱动齿轮推入飞轮齿圈，并接通电动机电路。

二、起动开关直接控制的起动电路

起动开关直接控制的起动电路如图3-28所示。

1. 电路特点分析

1）此起动电路由起动开关直接控制起动机电磁开关线圈的通断，因此，通过起动开关的电流就是电磁开关的电流。这种控制方式其起动机电磁开关内的电磁线圈电阻不能太小，对起动开关触点的要求相对较高。

2）起动机电磁开关中吸引线圈与电动机绕组串联相接，使得电动机在接通起动开关时就有一较小的电流，这样就可使驱动齿轮在慢慢转动中啮入飞轮齿圈，避免了啮合过程中的顶齿现象。

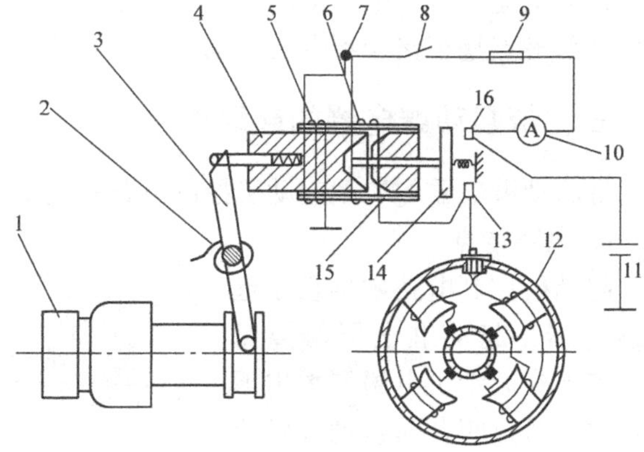

图3-28　起动开关直接控制式起动电路

1—驱动齿轮　2—回位弹簧　3—拨叉　4—活动铁心　5—保持线圈　6—吸引线圈　7—电磁开关接线柱　8—起动开关　9—熔断器　10—接触盘　11—蓄电池　12—电动机　13、16—触点及接线柱　14—接线盘　15—磁轭

2. 电路工作原理

（1）起动（起动开关接通）时

起动时，接通起动开关，电磁开关两线圈通电，其电流通路为：

蓄电池+→电源接柱16→起动开关→电磁开关接柱→吸引线圈→电动机接线柱13→电动机绕组→搭铁→蓄电池-。
（└→保持线圈─┘ 与吸引线圈→电动机接线柱13→电动机绕组并联，接至搭铁）

此时，吸引线圈与保持线圈产生的磁力吸动铁心，铁心右移时，带动拨叉转动，将驱动齿轮推向发动机飞轮；与此同时，接触盘被右移的铁心顶向触点，并在驱动齿轮与飞轮啮合时将触点接通。电动机通电后便产生正常的电磁转矩，通过传动机构带动发动机转动。触点接通时，吸引线圈被接触盘短路，由保持线圈所产生的磁力保持铁心在移动后位置。

（2）起动后（断开起动开关时）

发动机起动后，在断开起动开关的瞬间，接触盘还未退回，这时电磁开关线圈仍有电流：

蓄电池+→电源接线柱16→接触盘→电动机接线柱13→吸引线圈→保持线圈→搭铁→蓄电池-。

吸引线圈产生了与保持线圈相反的磁力，两线圈的磁力相消，活动铁心便在回位弹簧力的作用下回位，驱动齿轮和接触盘退回，电动机断电，起动机停止工作。

3. 电路检测要点

（1）起动机电源接线柱

用万用表直流电压档测量起动机上电源接线柱与搭铁之间的电压，应为蓄电池电压。如果无蓄电池电压，则需检查蓄电池极桩上线夹的连接是否良好。

（2）起动机电磁开关接线柱

用万用表欧姆档测量电磁开关接线柱与搭铁之间的电阻，应为通路（电阻很小）。如果不通或有较大电阻，则需检查电磁开关内两线圈的连接处是否有断脱或接触不良。

（3）起动机电磁开关通电试验

将电磁开关接线柱与起动机电源接线柱直接连接，起动机应能正常工作。如果起动机不动作，需检查电磁开关；如果起动机驱动齿轮能啮入飞轮齿圈，但不能转动或转速很低，则需检查蓄电池是否亏电、蓄电池极桩及起动机电源接线柱连接处是否连接不良、起动机电磁开关内部触点是否接触不良、电动机是否有故障。

三、带起动继电器的起动电路

带起动继电器的典型起动机控制电路一例如图3-29所示。

1. 电路特点

起动机控制电路中增设了起动继电器，起动继电器触点常开，串连在起动机电磁开关电源电路中，触点闭合时接通起动机电磁开关电路；起动继电器线圈电路由点火开关（起动档）控制其通断，起动继电器线圈通电时，起动继电器触点闭合。

该起动控制电路使较大的电磁开关电流（达35～45A）由起动继电器触点控制，点火开关起动档只是控制较小的继电器线圈电流，因此，点火开关（起动档触点）不容易烧蚀，延长了点火开关的使用寿命。

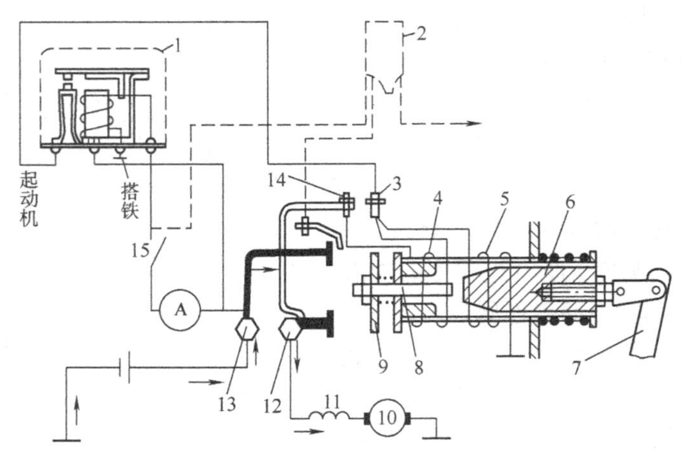

图3-29　QD124型起动机控制电路

1—起动继电器　2—点火线圈　3—电磁开关接柱　4—吸引线圈　5—保持线圈　6—活动铁心　7—拨叉　8—接触盘推杆　9—接触盘　10—电枢　11—励磁绕组　12—电动机接线柱　13—蓄电池接线柱　14—附加电阻短路接线柱　15—点火开关

2. 电路工作原理

起动时，将点火开关转动至起动档，起动继电器线圈通电，其电流通路为：蓄电池＋→蓄电池接柱13→电流表→点火开关（起动触点）→起动继电器SW接线柱→起动继电器线圈→搭铁→蓄电池－。起动继电器线圈产生的电磁力将触点吸合，接通起动机电磁开关电路，起动机便开始工作。

3. 电路检测要点

（1）起动机电源接线柱

测量起动机上电源接线柱与搭铁之间的电压，应为蓄电池电压。如果无蓄电池电压，则需检查蓄电池极桩上线夹的连接是否良好。

（2）起动机电磁开关接线柱

测量电磁开关接线柱与搭铁之间的电阻，如果不通或有较大电阻，则需检查电磁开关内两线圈的连接处是否有断脱或接触不良。

（3）起动继电器通电试验

用一根导线将蓄电池电压直接连接到起动继电器的“SW”接线柱，起动机应能正常工作。如果起动机不工作，再进行起动机电磁开关通电试验，以诊断故障在起动机、起动电源

还是在其控制线路。

四、具有驱动保护作用的起动电路

起动机驱动保护电路的作用是：在起动时，发动机一旦着车，起动机便会立刻自动停止工作，以避免起动机较长时间高速空转而造成起动机传动装置的磨损和蓄电池电能的无谓消耗；在发动机工作时，即使接通起动开关，起动机也不会工作，以防止因误接通起动开关而使起动驱动齿轮与发动机飞轮齿圈发生碰撞，造成驱动齿轮和飞轮齿圈的损坏。

一些汽车通过增设安全继电器或利用充电指示灯继电器使起动机控制电路具有驱动保护功能。通过充电指示灯继电器实现驱动保护作用的起动电路一例如图 3-30 所示。

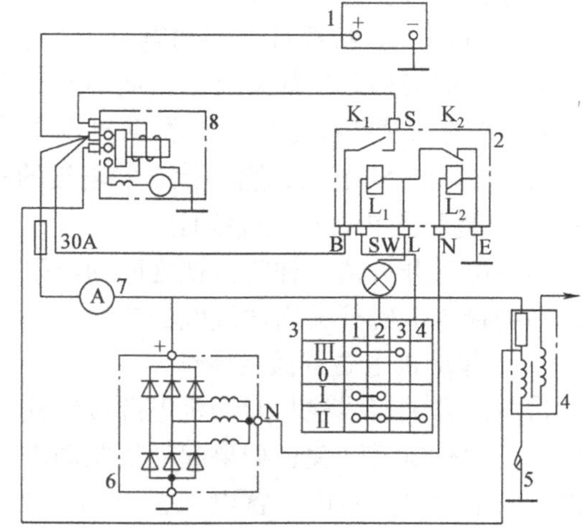

图 3-30　具有驱动保护功能的起动电路

1—蓄电池　2—组合继电器　3—点火开关　4—点火线圈　5—断电器触点　6—发电机　7—电流表　8—起动机

1. 电路特点分析

该起动电路应用于解放 CA1091、东风 EQ1090 等载货汽车上，配用了一个起动继电器与充电指示灯继电器组成的组合式继电器。起动继电器触点 K_1 常开，闭合时接通起动机电磁开关电路；起动继电器线圈 L_1 由点火开关控制，在点火开关拨至Ⅱ档（起动档）时通电。

充电指示灯继电器触点 K_2 常闭，充电指示灯和起动继电器线圈 L_1 均通过 K_2 搭铁，线圈 L_2 连接发电机中性点接线柱，在发电机正常发电时 L_2 通电，所产生的磁力可使触点 K_2 断开。

充电指示灯继电器触点 K_2 断开时，不仅断开了充电指示灯的搭铁通路，同时也使起动继电器线圈 L_1 的搭铁通路断路。组合继电器这样一种电路连接方式，就使充电指示灯继电器具有起动机驱动保护的作用。

2. 电路工作原理

（1）起动开关接通时

起动时，点火开关拨至Ⅱ档（起动档），起动继电器线圈 L_1 通电，其电流通路为：

蓄电池 +→起动机电源接线柱→30A 熔断器→电流表→点火开关（1—4）→组合继电器 SW 接线柱→线圈 L_1→K_2→搭铁→蓄电池 −。

起动继电器线圈 L_1 通电产生的磁力将触点 K_1 吸合，接通了起动机电磁开关电路，起动机通电工作。

（2）发动机起动后

发动机起动后，发电机正常发电，发电机的中点电压加在充电指示灯继电器线圈 L_2 上，使 L_2 产生的磁力吸开触点 K_2。K_2 断开后，充电指示灯熄灭，同时使起动继电器线圈 L_1 断电，触点 K_1 断开，起动机电磁开关断电，起动机自动停止工作。

（3）发动机运行时

在发动机工作时，K_2 保持在断开状态，若误将点火开关拨至Ⅱ档位，起动继电器线圈 L_1 因 K_2 断开而不会通电，因此，起动机不会通电工作。

3. 电路检测要点

（1）发电机电枢接线柱

测发电机电枢接线柱“+”与搭铁之间的电压，应为蓄电池电压。如果电压低或为0，则需检查熔断器盒中30A熔断器、起动机电源接线柱线路连接处、电流表线路连接处、蓄电池极桩与线夹连接处等。

（2）组合继电器各接线柱

1）测量B接线柱的电压。在发动机不工作时，测量组合继电器B接线柱对搭铁电压，应为蓄电池电压。如果无电压，则需检查B接线柱与起动机电源接线柱之间的线路及连接处、蓄电池的极桩与线夹连接处等。

2）测量L、E接线柱之间的电阻。在未接通点火开关时测量组合继电器L、E接线柱之间的电阻，应为通路。如果有电阻或不通，说明组合继电器中K_2触点接触不良。

3）测量N接线柱电压。在发动机不工作时测量组合继电器N接线柱对地电压，应为0V。如果有蓄电池电压，则需检查发电机的整流二极管是否有短路。

（3）起动机电磁开关接线柱

测量电磁开关接线柱与搭铁之间的电阻，应为通路（电阻很小）。如果不通或有较大电阻，则需检查电磁开关内两线圈的连接处是否有断脱或接触不良。

（4）起动机电磁开关通电试验

将电磁开关接线柱与起动机电源接线柱直接连接，起动机应能正常工作。如果起动机不动作，需检查电磁开关；如果起动机驱动齿轮能啮入飞轮齿圈，但不能转动或转速很低，则需检查蓄电池是否亏电、蓄电池极桩与线夹的连接及起动机电源接线柱连接处是否连接不良、起动机电磁开关触点是否接触不良、电动机是否有故障。

第三节　点 火 电 路

一、点火系统的基本组成与工作原理

1. 点火系统概述

汽油发动机点火电路的作用是适时地提供电火花，点燃可燃混合气，使发动机工作。点火系统经历了传统的触点式点火系统、晶体管辅助电子点火系统、无触点的电子点火系统和电子控制点火系统的发展过程。

传统的触点式点火系统依靠触点的闭合和张开通断点火线圈初级电流，使次级产生高压。这种结构型式和工作方式，使得其存在着最高次级电压不稳定、点火能量低、对火花塞积炭敏感、对无线电设备干扰大等许多缺点，现已被淘汰。无触点电子点火系统克服了触点式点火系统的缺点，但机械式的点火提前调节方式也不能适应现代汽车发动机对点火系统的要求。电子控制点火系统由微处理器来控制点火时间，可实现最佳的点火时间控制，已在汽车汽油发动机上得到了广泛的应用。

本节介绍电子点火系统的组成、部件结构及典型电路，电子控制点火系统的内容在第四章相关的章节中介绍。

2. 电子点火系统的基本组成

传统的触点式点火系统主要由点火线圈、带触点的分电器、火花塞等组成；电子点火系

统所配用的分电器内无触点，而是设有点火信号发生器，并增加了电子点火器。电子点火系统的基本组成如图3-31所示。

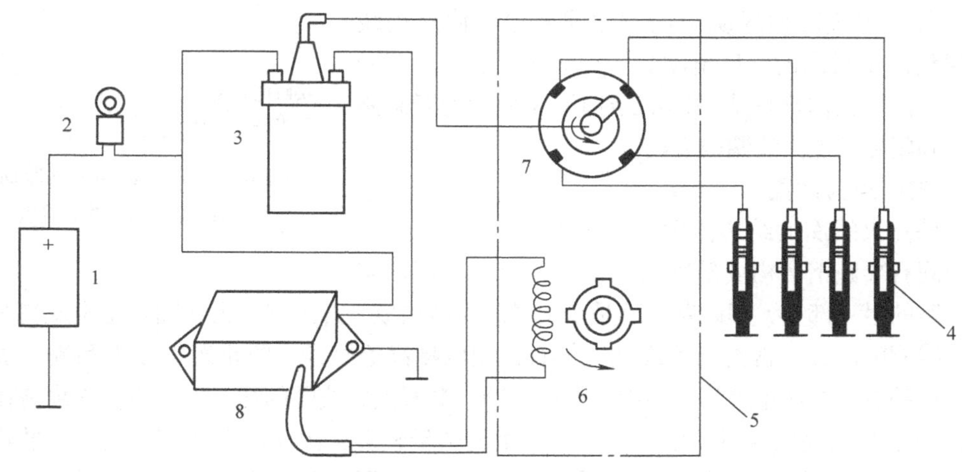

图3-31　电子点火系统的基本组成

1—蓄电池　2—点火开关　3—点火线圈　4—火花塞　5—无触点分电器　6—点火信号发生器　7—配电器　8—电子点火器

3. 电子点火系统的工作原理

电子点火系统的工作原理如图3-32所示。发动机凸轮轴驱动分电器轴转动时，分电器内的点火信号发生器产生与发动机曲轴位置相对应的电压脉冲，并输入电子点火器，经电子点火器内信号处理电路的信号处理、直流放大后，控制大功率开关晶体管的导通和截止，使点火线圈初级电流适时地通断。当点火线圈初级通路时，点火线圈初级电流增大，储存点火能量；当点火线圈初级断路时，初级电流迅速下降，点火线圈次级绕组产生高压，并通过配电器及高压导线将高压送至需点火气缸的火花塞。

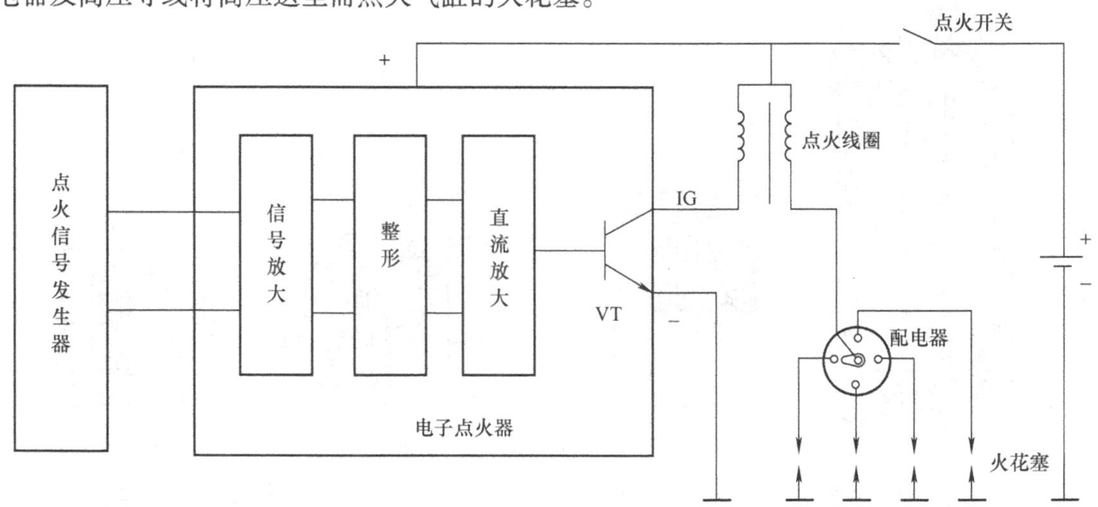

图3-32　电子点火系统基本工作原理

二、点火线圈

点火线圈实际上就是一个自耦变压器，其内部电路如图3-33所示。点火线圈的作用是将电源的低压转变为足以使火花塞跳火的高压。点火线圈的次级绕组相对于初级绕组有很高的匝数比，点火电路通过控制点火线圈初级绕组适时地通断电，使点火线圈次级绕组产生很高的互感电动势。

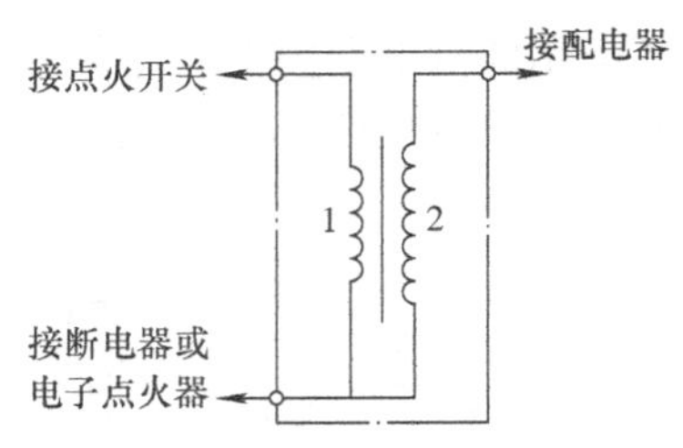

图 3-33　点火线圈电路原理
1—初级绕组　2—次级绕组

点火线圈按其内部形成磁路的结构不同可分为开磁路点火线圈和闭磁路点火线圈两大类。

1. 开磁路点火线圈

开磁路点火线圈的结构简图如图 3-34a 所示。这种点火线圈中间有导磁钢套构成磁路的一部分，上下两端由空气构成磁路的另一部分，即磁路并不是全由导磁材料构成，开磁路点火线圈正是由此得名。开磁路点火线圈的内部通常充满绝缘油或沥青，用以提高绝缘性、防止潮气侵入和提高散热效果，因而这种点火线圈也被称之为湿式点火线圈。湿式点火线圈的初、次级绕组均绕制在棒形铁心上，由于初级绕组通过的电流较大，产生的热量较多，故而绕在外面，以利于散热。

开磁路点火线圈的初级绕组通电时所形成的磁路如图 3-34b 所示。由于开磁路中有较多的空气磁路，其磁阻大，漏磁损失较多，因此，这种类型的点火线圈其初、次级能量转换效率较低，通常只有 60% 左右。

2. 闭磁路点火线圈

闭磁路点火线圈也称干式点火线圈，采用日字形或口字形铁心，初级绕组通电后所形成的磁通路均由导磁率极高的铁心构成。一种铁心呈日字形闭磁路点火线圈如图 3-35 所示。由于这种类型的点火线圈磁路的磁阻小，漏磁少，点火线圈初次级能量转换效率高，通常可达到 70% 或更高。磁路铁心中留有一个小空隙，其作用是减小铁心的磁滞。

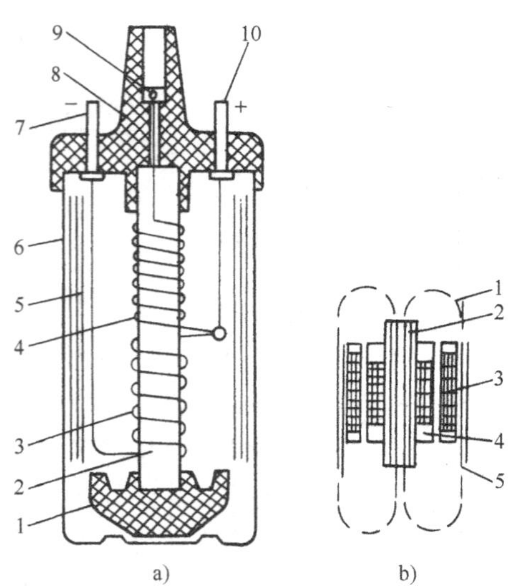

图 3-34　开磁路点火线圈
a）结构简图　b）磁路
1—绝缘座　2—铁心　3—初级绕组　4—次级绕组　5—导磁钢套　6—外壳　7—低压接柱（－）　8—胶木盖　9—高压接柱　10—低压接柱（＋）

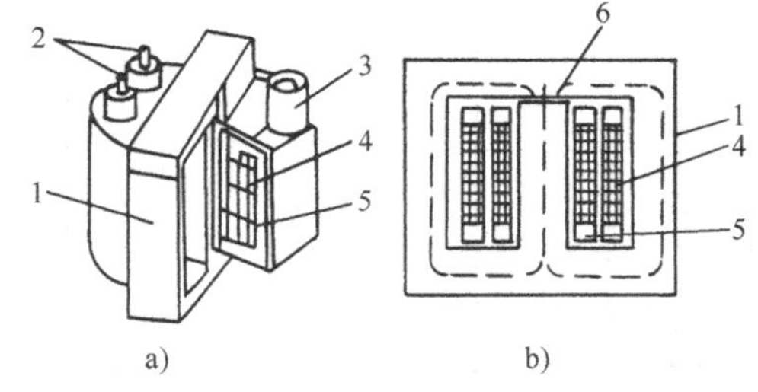

图 3-35　闭磁路点火线圈
a）闭磁路点火线圈结构　b）闭磁路点火线圈磁路
1—日字形铁心　2—低压接柱　3—高压接柱　4—初级绕组　5—次级绕组　6—空气隙

三、分电器总成

电子点火系统配用的是无触点分电器，分电器总成由点火信号发生器、配电器、点火提前调节器等组成，如图3-36所示。

1. 点火信号发生器

点火信号发生器由信号触发转子和产生信号的定子组成，目前常见的点火信号发生器有磁感应式、光电式和霍尔效应式，图3-36所示的无触点分电器中，点火信号发生器为霍尔效应式。

（1）磁感应式点火信号发生器

磁感应式点火信号发生器的组成及工作原理如图3-37所示。导磁转子是信号触发转子，转子有与发动机气缸数相同的叶片；产生信号的定子部分由永久磁铁、导磁铁心、感应线圈等组成。

由永久磁铁产生磁动势，经导磁铁心、空气隙和导磁转子构成磁路。分电器轴转动时，通过离心点火提前调节器驱动导磁转子转动，使导磁转子与铁心之间的气隙发生变化，磁路的磁阻随之改变，致使通过感应线圈的磁通量发生变化而产生感应电压，该电压脉冲与发动机曲轴位置相对应，用于触发电子点火器工作。

磁感应式点火信号发生器还有另一种结构型式，如图3-38所示。不同结构型式的磁感应式点火信号发生器其主要组成部件及工作原理均相同。

磁感应式点火信号发生器结构简单、工作可靠，无需电源，但其信号电压幅值会随发动机转速而变。因此，设计磁感应式点火信号发生器结构参数和电子点火器电路时，需要兼顾发动机低速时能有足够强的信号电压，发动机高速时不会因信号电压过高而损坏电子点

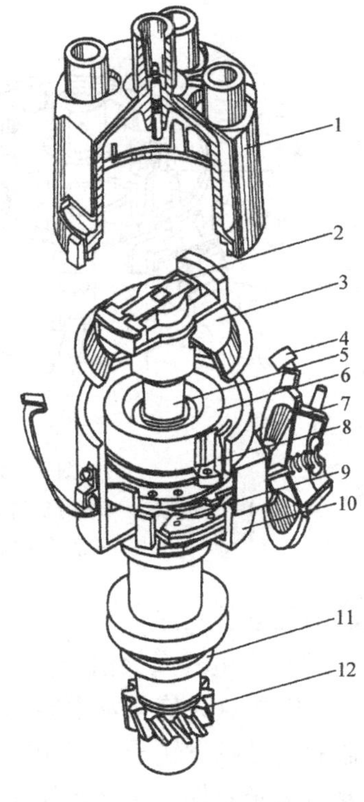

图3-36　电子点火系统用无触点分电器

1—分电器盖　2—分火头　3—防尘罩　4—分电器盖弹簧夹　5—分电器轴　6—点火信号触发转子　7—真空点火提前调节器　8—点火信号发生器定子及托架　9—离心点火提前调节器　电子点火器　10—分电器外壳　11—密封圈　12—驱动斜齿轮

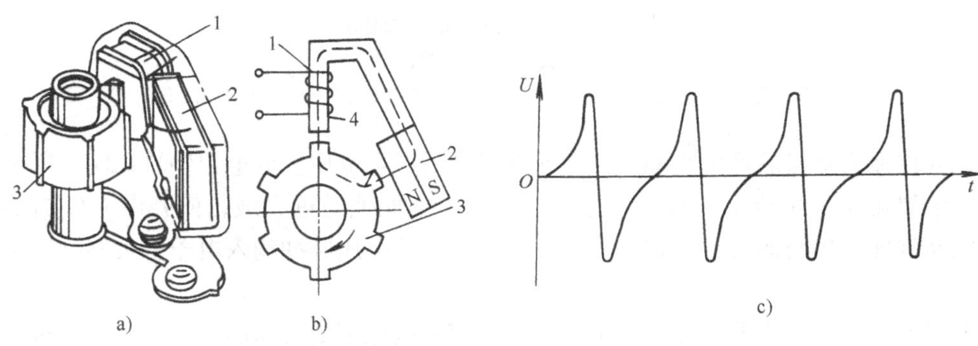

图3-37　磁感应式点火信号发生器

a）结构简图　b）工作原理　c）点火信号波形

1—感应线圈　2—永久磁铁　3—导磁转子　4—导磁铁心

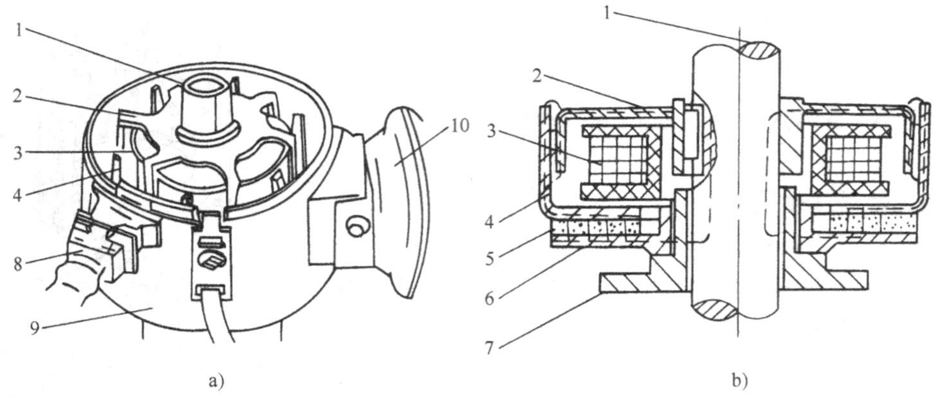

图3-38　盘形永久磁铁的磁感应式点火信号发生器
1—分电器轴　2—导磁转子　3—感应线圈　4—定子（导磁铁心及感应线圈）　5—永久磁铁
6—活动底板　7—固定底板　8—插头　9—分电器　10—连接软管

火器中的电子元件。

（2）光电式点火信号发生器

光电式点火信号发生器的主要组成部件及工作原理如图3-39所示。光电式点火信号发生器的信号触发转子是遮光转子，遮光转子有与气缸数相对应的缺口；产生信号的定子部分主要由发光元件、光电元件和相应的电子电路组成。

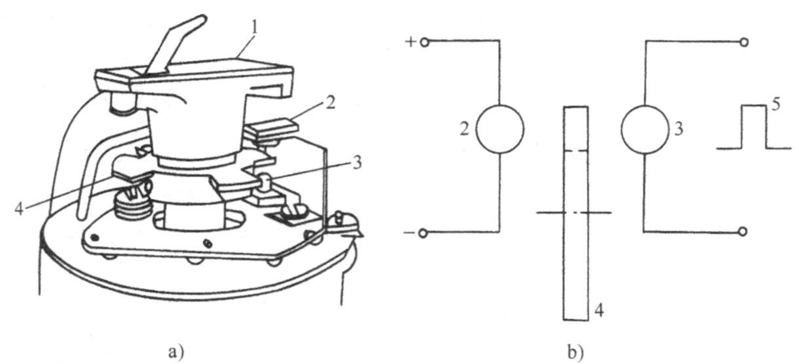

图3-39　光电式点火信号发生器
a）结构简图　b）原理简图
1—分火头　2—发光元件　3—光敏元件　4—遮光转子　5—信号电压波形

发光元件通入电流后产生光源，光电元件受光后产生电压。分电器轴转动时，通过离心点火提前装置驱动遮光转子转动，遮光转子缺口周期性地通过光线，使光电元件周期性受光，光电元件便产生与曲轴位置相对应的电压脉冲，该电压脉冲输入电子点火器，用于触发点火。

光电式点火信号发生器的优点是结构简单，信号电压不受转速影响。其缺点是抗污能力较差，发光元件和光电元件上沾灰或油污就会影响正常的信号电压的产生，因此，光电式无触点分电器其密封性要求很高。由于发光元件工作时需要有直流电源，因此，这种分电器的

低压插接器中除信号端子外，还有输入电流的电源端子。

（3）霍尔式点火信号发生器

霍尔式点火信号发生器依据霍尔效应产生电压信号。霍尔效应是指置于磁场中的霍尔元件（一种半导体），当通入电流（通常将电流方向垂直磁场方向）后，就会在垂直于电流和磁场的两侧产生一个与电流和磁感应强度成正比的电压，这个电压被称之为霍尔电压。

霍尔式点火信号发生器的组成如图3-40所示。信号触发转子是一个导磁转子，有与气缸数相同的叶片；产生信号（霍尔电压）的定子也称信号触发开关，由霍尔集成块、导磁板及永久磁铁组成。霍尔集成块除外层的霍尔元件外，同一基层的其他部分为集成电路（图3-41），用于对霍尔元件产生的微弱信号进行放大、整形及温度修正等。

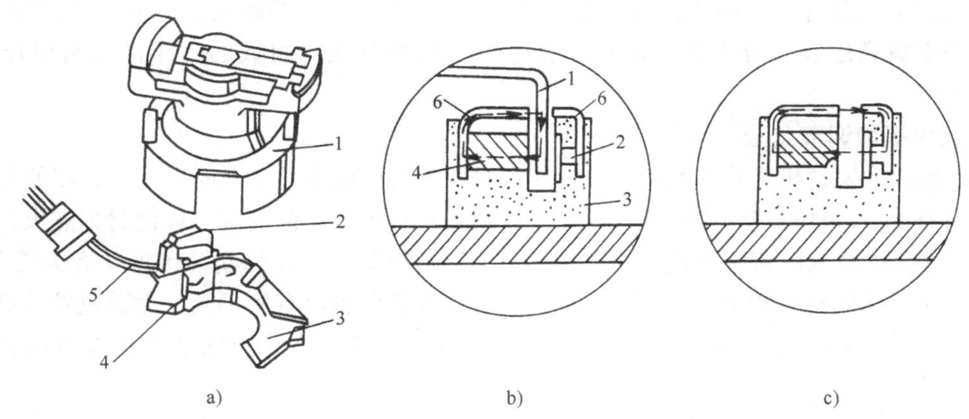

图3-40　霍尔效应式点火信号发生器

a）结构　b）转子叶片插入时　c）转子叶片离开时

1—导磁转子　2—霍尔集成块　3—信号触发开关　4—永久磁铁　5—导线　6—导磁板

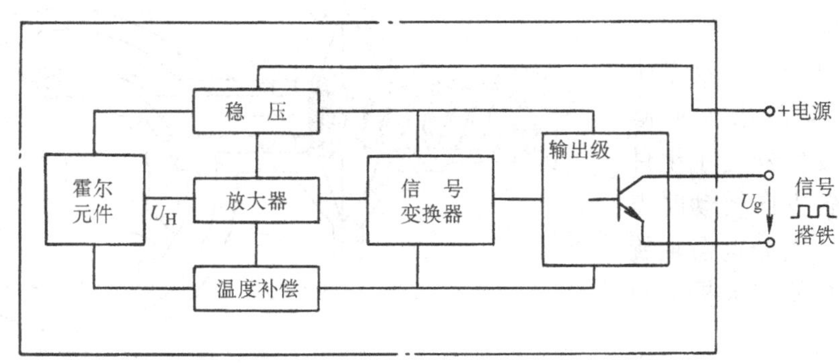

图3-41　霍尔集成电路框图

接通点火开关时，就有一个定值电流通过霍尔元件。在分电器轴转动时带动导磁转子转动，当导磁转子的叶片插入信号触发开关的缝隙时，以永久磁铁为磁动势的磁路经导磁叶片形成磁路（经霍尔元件的磁路被短路），霍尔元件因无磁通量而不产生霍尔电压；当导磁转子的缺口通过缝隙（叶片离开）时，磁路经空气隙、导磁板、霍尔元件形成闭合回路，霍尔元件上有较强的磁通量而产生霍尔电压。脉动的霍尔电压经集成电路的整形、放大后输出与之反相且电压幅值大很多的方波电压脉冲，这个与发动机曲轴位置相对应的电压脉冲即为点火信号。

霍尔式点火信号发生器的优点是精度高、耐久性好、信号电压稳定；霍尔式点火信号发生器结构稍显复杂，并与光电式点火信号发生器一样，也需要电源。

2. 配电器

配电器的作用是将点火线圈次级产生的高压按点火顺序送至各缸火花塞，它由套在信号触发转子上的分火头和分电器盖组成（参见图3-36）。分电器盖的中央插孔内有一弹簧和一个接触电刷（小炭柱），接触电刷靠其小弹簧压在分火头的导电片上。分电器盖中央插孔的周围有与气缸数相同的旁插孔，旁插孔内部连接着旁电极，通过插入旁插孔的高压分线与各缸火花塞相连。工作时，分火头和信号触发转子一起旋转，在点火信号发生器产生点火信号脉冲、电子点火器断开点火线圈初级电流的瞬间，点火线圈次级产生高压，经中央高压线、分火头导电片、旁电极、高压分线等组成的高压回路将电压加于火花塞电极。

3. 点火提前调节装置

四冲程汽油发动机为确保其做功行程中混合气的燃烧能迅速、及时、完全，以使发动机的功率充分发挥，且排气污染最小，就需要在压缩行程上止点前的某一最佳时刻点火，这一提前于上止点的点火时刻通常用火花塞点火至活塞运行到上止点的曲轴转角（点火提前角）来表示。在发动机转速和负荷改变时，最佳的点火提前角也会有所不同。为适应发动机转速和负荷变化对点火时间不同的需要，分电器总成配置了离心点火提前装置和真空点火提前装置。

（1）真空点火提前调节器

无触点分电器的真空点火提前调节器实例如图3-42所示。

当发动机的负荷改变时，真空点火提前调节器内的膜片1移动，通过拉杆2拉动定子组件相对于分电器轴转动某个角度，使点火提前增大或减小。点火信号发生器定子组件顺分电器轴旋转方向转动时点火提前角减小，逆分电器轴旋转方向转动则会使点火提前角增大。

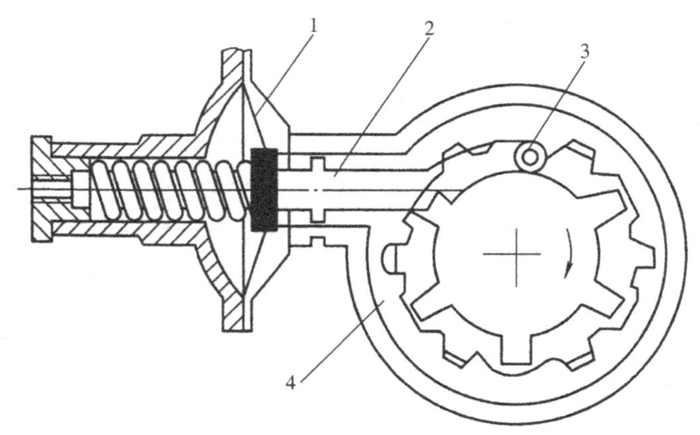

图3-42　真空点火提前调节器结构与工作原理

1—膜片　2—拉杆　3—拉杆销　4—定子组件

不同类型的点火信号发生器其定子组件也不同，磁感应式点火信号发生器的定子组件由永久磁铁、导磁板及铁心、感应线圈组成；光电式点火信号发生器的定子组件主要是光电耦合器；霍尔效应式点火信号发生器的定子组件则是由永久磁铁、导磁板、霍尔元件及集成电路组成的信号触发开关。

（2）离心点火提前调节器

无触点分电器的离心点火提前调节器一例如图3-43所示。

当发动机转速变化时，离心重块7与弹簧5配合，使信号转子1相对于分电器轴转动某个角度，从而使点火提前角增大或减小。信号转子顺分电器轴转动点火提前角增大，逆分电器轴转动则会使点火提前角减小。

对于磁感应式和霍尔效应式点火信号发生器，信号转子就是导磁转子；光电式点火信号发生器的信号转子则是遮光转子。

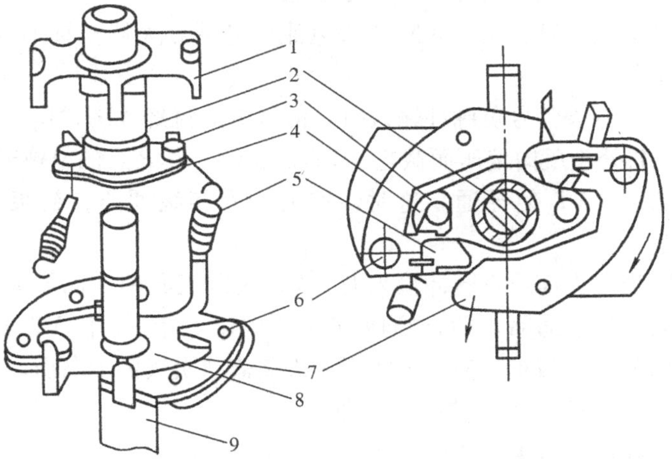

图3-43　离心点火提前调节器结构与工作原理
1—信号转子　2—转子轴　3—销钉　4—底板　5—弹簧　6—销轴
7—离心重块　8—托板　9—分电器轴

四、电子点火器

电子点火器的基本功能是在输入的点火信号触发下工作，通过其晶体管的导通和截止及时通断点火线圈初级电流，使点火线圈次级绕组适时地产生高压。为进一步提高点火系统点火性能及工作的安全可靠性，一些电子点火系统的电子点火器增加了闭合角可控功能电路、初级回路电阻控制电路、停车断电保护电路、过压断电保护电路、低速推迟点火功能电路等。

不同汽车上使用的电子点火器其功能不完全一致，结构型式则有分立元件式和集成电路式两种。

1. 分立元件的电子点火器

以如图3-44所示的典型电子点火器为例，说明电子点火器的基本工作原理及主要控制功能。

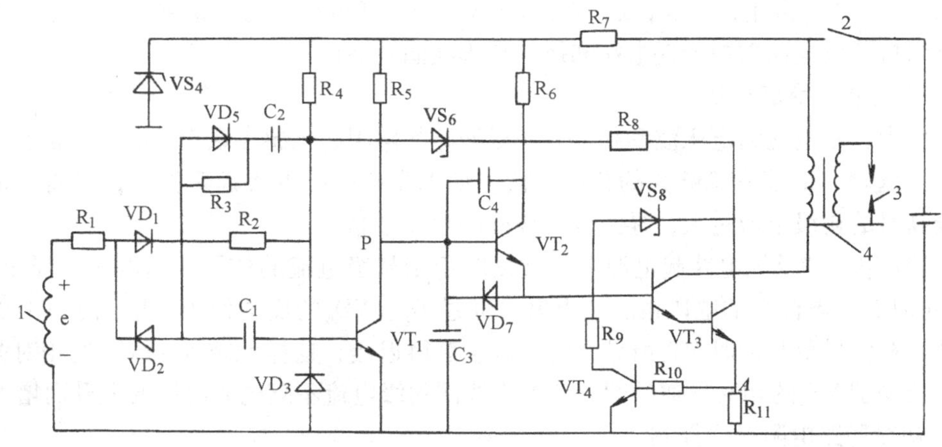

图3-44　典型的电子点火器电路原理
1—点火信号感应线圈　2—点火开关　3—火花塞　4—点火线圈

（1）点火控制工作过程

本例的点火信号发生器为磁感应式，VT_1为触发管，VT_2起放大作用，复合管VT_3为大功率开关晶体管，用于通断初级电流。电子点火器根据输入的点火信号脉冲控制点火的原理如下：

当点火信号负脉冲输入时，信号电流流经VD_3、R_2、VD_2、R_1，VD_3的正向导通电压降使VT_1处于反向偏压而截止。VT_1截止时，其P点的电位升高，使VT_2导通，给VT_3提供了正向偏压，VT_3便导通。这时，点火线圈初级通路，初级电流增长，此为点火线圈的储能过程。

当点火信号正脉冲输入时，VT_1获得正向偏压而导通，信号电流经R_1、VD_1、R_2、VT_1发射结形成通路。VT_1导通后使P点电位下降，并使VT_2失去正向偏压而截止，VT_3也随之无正向偏压而截止，使点火线圈初级断流，次级产生高压。

（2）闭合角可控电路原理

在电子点火系统中，闭合角是指点火线圈初级通路的相对时间（初级通路时间/初级通断周期）。闭合角可控的目的是使点火线圈初级通路的相对时间能随发动机转速的升高而增大，以使点火线圈的初级电流在发动机低速时不致过大，而在发动机高速时点火线圈初级绕组仍有时间能形成足够大的初级电流。

闭合角可控电路由VD_5、C_2、R_3组成。在点火信号正脉冲时，信号电流同时对电容C_2充电，充电电路为：e+→R_1→VD_1→VD_5→C_2→VT_1发射结→e-。

而当信号正脉冲消失时，C_2放电，放电电路为：C_2+→R_3→VD_2→R_1→点火信号发生器感应线圈→VD_3→C_2-。

在C_2放电时，放电电流使VT_1处于反向偏压而保持截止、VT_2和VT_3保持导通、使初级线圈保持通路。发动机转速升高时，信号正脉冲电压随之升高，C_2的充电电压也随之升高，正信号脉冲消失后C_2的放电时间延长，VT_1的截止时间也就相对增加了，也即增加了点火线圈初级通路的相对时间。

（3）发动机停转断电保护

当发动机熄火时，如果点火开关仍然接通，这时电源通过R_4向VT_1提供正向偏压而使VT_1导通，VT_2、VT_3截止，于是，点火线圈初级回路处于断路状态，消除了蓄电池向点火线圈初级绕组持续放电而白白消耗电能和烧坏点火线圈及晶体管的可能性。

（4）初级电流稳定控制

在工作中，蓄电池的电压波动很大。初级回路的电阻、电感参数设计必须保证在蓄电池电压较低（起动）时能有足够大的初级电流，如果没有初级电流稳定控制，必将造成蓄电池电压较高时的初级电流过大，导致点火线圈的温度过高。

R_8、VD_6组成的反馈电路起电源电压波动时稳定初级电流的作用。当电源电压上升时，VT_3在截止时其集电极上的电压也随之上升，通过R_8、VD_6的反馈作用，增加了VT_1的饱和导通深度，在信号负脉冲时VT_1由导通转向截止变得迟缓，这样就减少了VT_1的相对截止时间，也即减少了VT_3的相对导通时间，使点火线圈初级电流不随电源电压的上升而增大。

（5）初级回路电阻可变控制

初级回路的等效电阻可变控制也是用来实现初级电流的稳定控制，它与闭合角可控电路结合，可实现初级电流恒定控制。

初级回路等效电阻可变控制电路由VT_4、R_8、R_9组成。当点火线圈初级电流增大到某一限定值时，A点的电位上升至VT_4的导通电压时，VT_4导通，使VT_3的基极电位下降，其基极电流减小，集电极电流（即点火线圈初级电流）的增大就受到了一定的限制。初级电流越大，A点的电位就越高，VT_4的导通深度就增加，使VT_3的基极电流下降得就更多，点火线圈初级回路的等效电阻就越大，对初级电流的限制作用也就越大。

由于是通过电流反馈的形式来实现初级回路等效电阻的控制，因此，不仅可使初级电流不因电源电压的上升而过大，还可以在发动机转速变化时起稳定初级电流的作用。

2. 集成电路电子点火器

集成电路电子点火器是将大功率晶体管以外的电子电路用集成块代替，配以所需的外围电路组成电子点火器。这种专用的点火集成模块一般功能较全，性能良好，工作可靠性好，且体积小，价格较低，在汽车上的应用已较为广泛。现以典型的L497点火集成模块所组成的电子点火器为例，介绍集成电路电子点火器的结构型式与工作原理。

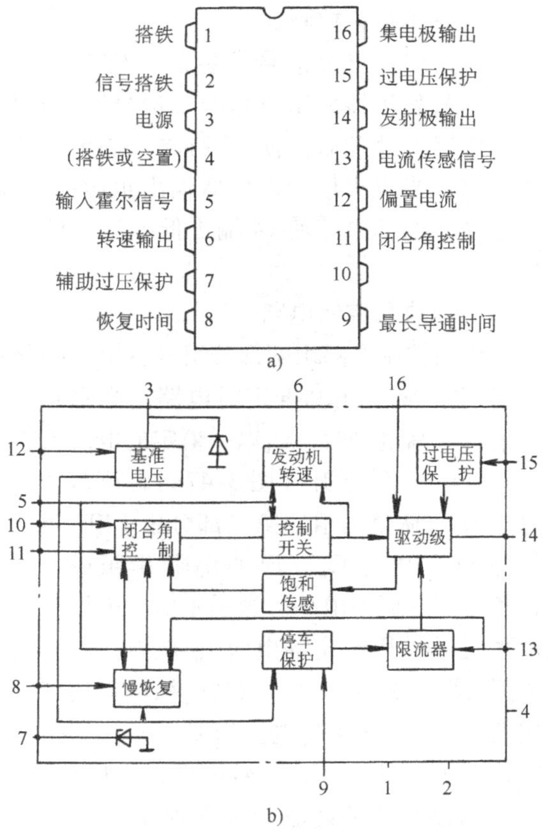

图3-45　L497点火集成模块
a）引出脚排列　b）内部电路框图

L497集成块的内部电路及引出脚的排列如图3-45所示，国产桑塔纳轿车的电子点火系统采用L497集成块所组成的电子点火电路如图3-46所示。

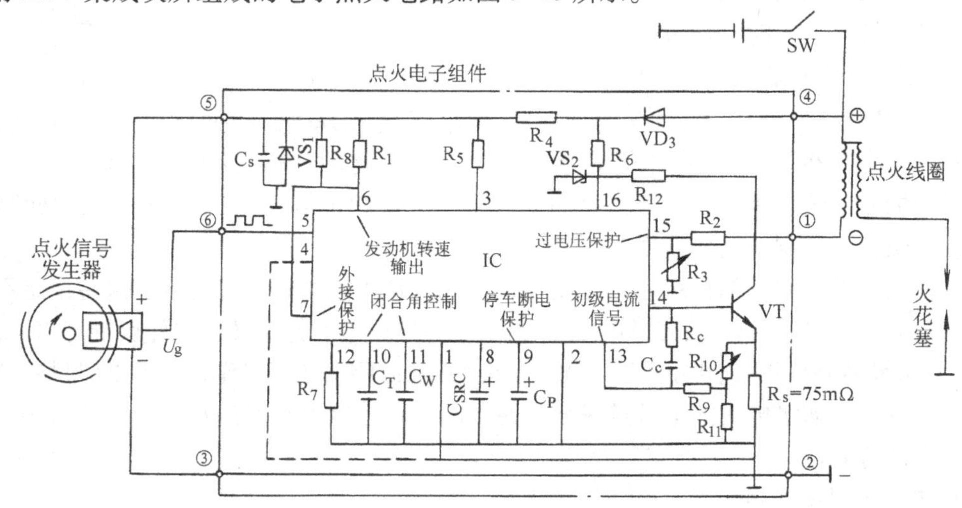

图3-46　桑塔纳轿车用L497集成块组成的电子点火器电路

（1）基本点火控制

霍尔效应式点火信号发生器产生的点火触发脉冲从电子点火器的⑥、③端子输入。当点火信号发生器输出正脉冲（信号转子叶片插入缝隙）时，集成电路的5脚为高电位，经内部电路的处理后，使14脚输出高电平，大功率开关晶体管VT导通，接通点火线圈初级回路。当点火信号发生器输出负脉冲（信号转子叶片离开缝隙）时，集成电路5脚为低电位，内部电路使14输出低电位，VT截止，点火线圈初级回路断路，次级绕组产生高压。

（2）闭合角控制电路

闭合角控制电路由两部分组成，第一部分由L497集成块与10脚电容C_T、12脚偏流电阻R_7组成一闭合角基准定时电路。当霍尔电压信号为高电平时，C_T以一恒定的电流I_T充电，其电压U_T上升（图3-47b），调节偏流电阻R_7可调整I_T值。第二部分由L497集成块与11脚电容C_W、12脚电阻R_7组成一闭合角控制和调整电路。当霍尔信号电压为低电平时，C_W以恒定的电流I_W放电，其电压U_W下降（图3-47b），而当初级电流达到限定值时C_W则开始充电。当C_T、C_W的充、放电达到$U_T=U_W$（图3-47b两曲线相交）时，内部控制开关使驱动级立即工作，VT立即导通，接通初级电路。可见，点火线圈初级通路的起始点由C_T、C_W的充、放电电压达到一致的时间控制。C_W的电压取决于发动机的转速和集成块的工作电压，于是，该电路可在发动机转速变化和电源电压波动时，起初级电流稳定的作用。

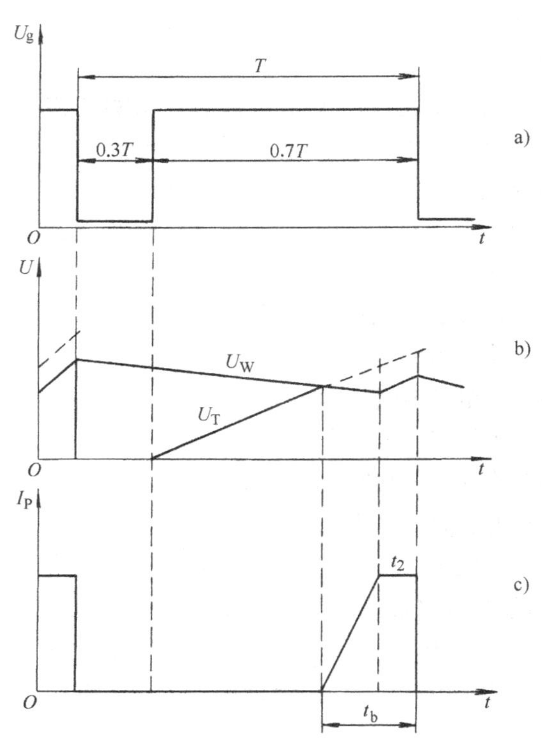

图3-47 闭合角控制波形图

a）霍尔信号发生器输出电压波形 b）C_T、C_W充放电电压波形 c）初级电流波形

t_2—初级电流达限定值的持续时间 t_b—初级通路的时间

当发动机转速上升时，初级电流达到限定值后的限流时间t_2缩短，C_W的充电电压降低，C_W放电时达到$U_T=U_W$点提前（U_W曲线下移），使初级通路提前（闭合角增大）；当发动机转速下降时，则有相反的变化。因此，闭合角控制电路根据发动机转速的变化自动调整下一周期的初级通路起始点，从而使初级通路时间t_b基本上保持稳定不变。

当电源电压升高时，C_W的充电电压也会升高，C_W放电时达到$U_T=U_W$点推迟（U_W曲线上移），使初级通路推迟（闭合角减小）；当电源电压下降时，则作出相反的调整。因此，当电源电压变化、初级电流的上升速率变化时，闭合角控制电路通过自动调整闭合角，使初级电流基本保持稳定。

（3）电流上升率控制

电流上升率控制电路由L497集成块与8脚电容器C_{SRC}、偏值电阻R_7组成，该电路可

调整点火线圈初级电流由 0 上升到峰值的速率。当电路检测到初级电流小于额定值的 94% 时，控制电路会在输入信号正脉冲消失前将初级电流的上升速率加大，以增大初级电流。

（4）发动机停转断电保护

当接通点火开关（发动机未工作）或发动机停转但点火开关未关断时，如果点火信号发生器输出高电平（霍尔效应式和光电式均有这种可能），就会使点火线圈持续通路而对点火线圈、蓄电池及电子点火器等不利。为此，设置了发动机停转断电保护电路。该电路由 L497 集成块、9 脚的 C_P及 R_7等元件组成，基准导通时间为

$$t_P = 16C_P R_7$$

工作时，保护电路不停地检测输入的点火信号电压，信号脉冲高电平时对 C_P充电，信号脉冲低电平时 C_P放电。如果在发动机停转时霍尔电压为高电平，C_P充电持续时间超过了 t_P时，C_P上的电压就会达到限流回路模块的阈值工作电压，控制回路就会使点火线圈初级电流逐步下降为 0。

（5）初级电流限制

该电路由 L497 和 R_S、R_{10}、R_{11}等组成。R_S为点火线圈初级电流采样电阻，通过 R_S的电流除初级电流外，还有 VT 的基极电流（14 脚电流），当初级电流上升至限定值（桑塔纳轿车为 7.5A），R_S上的电压降达到 L497 内部限流电路的比较电压时，控制回路就使 VT 的基极电流减小，使之从饱和导通进入放大导通状态，从而限制了初级电流。调整 R_{10}、R_{11}的比值，可改变初级电流的限流值。

3. 电子点火器的安装形式

电子点火器的安装形式有单独安装、与分电器一体和与点火线圈一起 3 种安装形式。

（1）单独安装方式

电子点火器有自身的外壳，单独安装在汽车的某个位置，通过导线分别与点火信号发生器和点火线圈连接，构成电子点火系统电路。

（2）与分电器一体式

电子点火器安装在分电器的壳体上或分电器的内部，电子点火器与分电器内的信号发生器通过导电片或内部线路连接，与点火线圈通过导线连接。

（3）与点火线圈一体式

电子点火器安装在点火线圈的外壳上，电子点火器与点火线圈通过内部线路连接，与分电器通过导线连接。

五、火花塞

火花塞的作用是将高压引入气缸燃烧室，并产生电火花，点燃混合气。

1. 火花塞的结构

（1）火花塞的组成

火花塞主要由中心电极、侧电极、钢壳、瓷绝缘玻璃等组成，但其结构型式有多种，常见的有标准型、绝缘体突出型、细电极形、锥座型、多极型、沿面跳火型等。图 3-48 是使用最广泛的绝缘体突出型火花塞结构图。

火花塞的钢质壳体内部固定有高氧化铝陶瓷绝缘体，绝缘体的中心孔装有金属杆和

中心电极，金属杆和中心电极之间用导体玻璃密封。铜制内垫圈起密封和导热作用，壳体的下端是弯曲的旁电极，火花塞通过壳体上的螺纹装在气缸盖上。

（2）火花塞电极间隙

适用于电子点火电路的火花塞其电极间隙一般为0.8～1.2mm。火花塞电极间隙过大，所需的击穿电压（也称点火电压）就高，火花塞的跳火可靠性就较差，特别是在发动机高转速时，由于点火系统最高次级电压较低，易发生断火现象；过高的击穿电压还会使点火系统高压线路的工作负担加大而容易出现故障。如果火花塞的电极间隙过小，火花塞电极放电时的火焰核小，火花与周围混合气的接触面积小，传给混合气的有效热能相对较少，而电极吸热相对较多。电极吸收的热量通过气缸盖和高压导线散发掉了，这是一种热传导损失。因此，火花塞电极间隙小，虽然跳火相对容易，但电极的热传导损失增加了，有效的点火能量相对减少了，使得火花塞跳火后点燃混合气的可靠性降低。

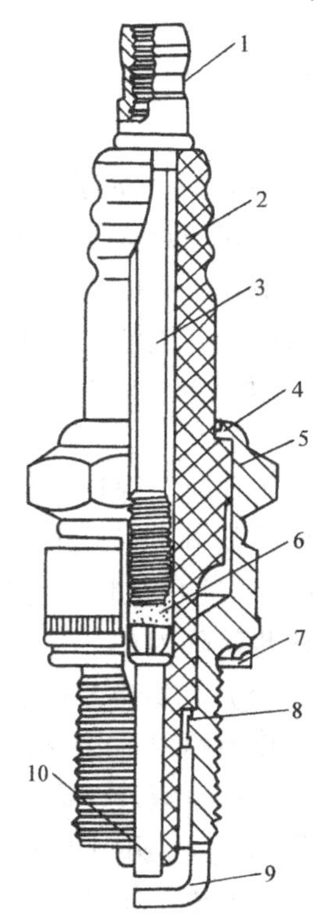

图3-48 火花塞的结构
1—插线螺母 2—绝缘瓷体 3—金属杆 4、8—内垫圈 5—壳体 6—导体玻璃 7—密封垫圈 9—旁电极 10—中心电极

2. 火花塞的热特性

（1）火花塞的自洁温度

火花塞绝缘体裙部（图3-48中内垫圈以下部分）的温度对火花塞的工作良好与否有很大的影响。发动机工作时，如果火花塞绝缘体裙部的温度过低，粘上去的汽油粒或机油不能自行烧掉，就容易形成积炭而漏电，导致点火不良或不点火；如果绝缘体温度过高，则易产生炽热点火，即绝缘体炽热的表面会点燃混气。

如果火花塞绝缘体上的温度保持在500～700℃，落在绝缘体上的油粒能自行烧掉，又不会引起炽热点火，这个温度称之为火花塞的自洁温度。

（2）火花塞绝缘体裙部长度与热特性

火花塞绝缘体的温度取决于它的受热情况和散热条件。火花塞的绝缘体裙部较长，受热面积就大，吸热容易，而传热距离相对较长，散热困难，因此，火花塞裙的部长，其表面温度升高容易。此类火花塞称之为“热型”火花塞（图3-49a）。火花塞绝缘体裙部较短，其受热面积小，吸热少，而其传热距离相对较短，散热容易，因此，这类火花塞其裙部的温度不易升高。这种类型的火花塞称为“冷型”火花塞（图3-49b）。介于热型和冷型之间的为“中型”火花塞。

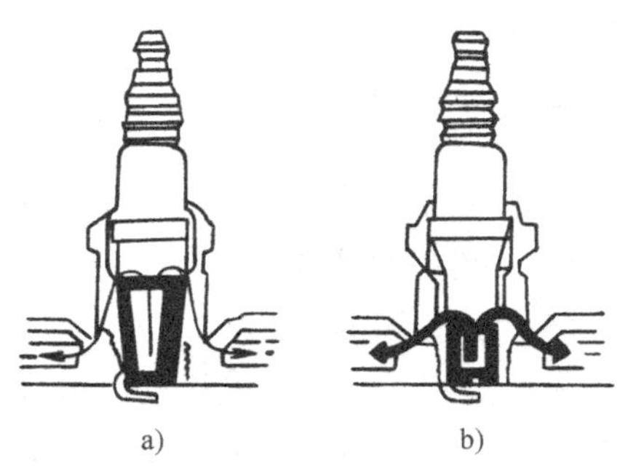

图3-49 热特性不同的火花塞
a）热型火花塞 b）冷型火花塞

热型火花塞适用于压缩比小、转速低、功率小的发动机，因为这些发动机的燃烧室温度较低；冷型火花塞则适用于高压缩比、高转速、大功率的发动机。

不同类型的发动机应该配用其热特性相适应的火花塞，否则发动机就不能正常工作。比如，燃烧

室温度较低的发动机，错用了偏冷型的火花塞，火花塞就会因为其绝缘体的温度过低而很容易积炭；燃烧室温度高的发动机如装用了偏热型的火花塞，则会使其绝缘体的温度过高，容易造成炽热点火而引起发动机爆燃。

（3）热特性与热值

国内生产的火花塞热特性是以绝缘体裙部长度来标定的，并分别用热值（以 3 ~9 的自然数划分）表示，如表 3-1 所示。

表 3-1　火花塞裙部长度与热值

裙部长度/mm	16.5	13.5	11.5	9.5	7.5	5.5	3.5
热值	3	4	5	6	7	8	9
热特性	热 ←———						———→ 冷

六、传统的触点式点火电路

传统的触点式点火系统在现代汽车上已被淘汰，现只是在一些老旧汽车上还会见到。触点式点火电路如图 3-50 所示。

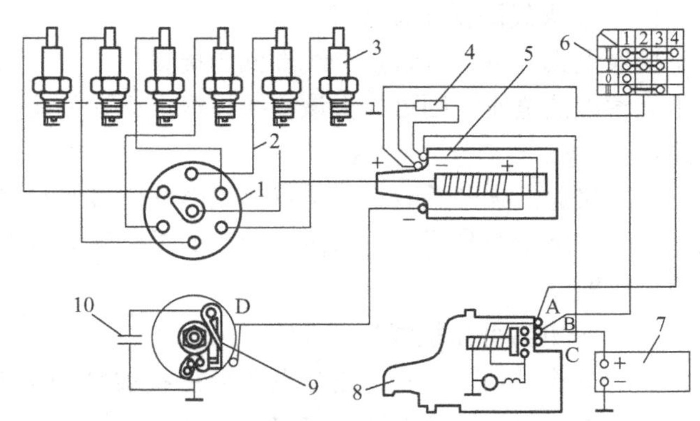

图 3-50　触点式点火电路

1—配电器　2—高压导线　3—火花塞　4—点火线圈附加电阻　5—点火线圈　6—点火开关　7—蓄电池　8—起动机　9—断电器　10—电容器

1. 电路特点分析

点火开关和断电器触点均串联在点火线圈初级回路中，因此，接通点火开关后，初级绕组是由断电器触点控制其通电和断电。

起动机电磁开关连接导线的接线柱除了电源接线柱 B、电磁开关接线柱 A 外，还有一个附加电阻短路接线柱 C。在起动时，电磁开关接通电动机主电路的同时，该接线柱也接通蓄电池，使得起动时的点火线圈初级电流不经过点火线圈附加电阻。附加电阻的作用是在发动机转速变化时，自动调节点火线圈初级电流，以改善点火特性。在起动时短路附加电阻，其目的是在起动时蓄电池电压较低的情况下，点火线圈仍有足够大的初级电流，以使起动时点火可靠。

一些使用传统点火系统的汽车，在起动机电磁开关上并没有点火线圈附加电阻短路接线柱，而是直接由点火开关的起动档触点来短路点火线圈附加电阻。

2. 电路工作原理

工作时，分电器轴在发动机凸轮轴驱动下转动，并通过离心点火提前调节装置带动断电器凸轮转动，使断电器触点不断地闭合和张开。

（1）触点闭合，点火线圈储存点火能量

触点闭合时，点火线圈初级绕组通路，其初级电流的回路是：

蓄电池 + →起动机电源接线柱 B→点火开关→点火线圈附加电阻→点火线圈初级绕组→

分电器低压接线柱 D→断电器触点→搭铁→蓄电池 -。

在触点闭合瞬间，点火线圈初级绕组产生阻碍初级电流增长的自感电动势，使得初级电流缓慢增长，点火线圈铁心中磁通量的变化速率也较低，因此，次级绕组产生的互感电动势也不大，约 1500V 左右，此电动势不能用于点火，但点火线圈的磁场能量随着初级电流的上升而逐渐增加，因此，触点闭合的这段时间是点火线圈的储能过程。

（2）触点张开，点火线圈产生高压

触点张开时，点火线圈初级回路断路，点火线圈初级电流突然减小，引起点火线圈铁心中的磁通量的迅速减小，点火线圈次级绕组便产生一个很高的互感电动势。此时，与断电器凸轮同步旋转的分火头正好转到对着分电器盖某一旁电极，使需要点火那个缸的火花塞电极电压迅速升高而跳火。火花塞电极跳火时形成的次级放电电流通路为：

点火线圈次级 +→点火线圈附加电阻→点火开关→起动机电源接线柱 B→蓄电池→搭铁→火花塞电极→高压分线→分电器盖旁电极→分火头→中央高压线→点火线圈次级 -。

火花塞电极间的电弧放电（电火花）点燃混合气，使发动机气缸内混合气燃烧做功。

3. 电路检测要点

（1）点火线圈低压接线柱“+”

接通点火开关，测量点火线圈低压接线柱“+”与搭铁之间的电压，应为蓄电池电压。如果无蓄电池电压，则需检查该接线柱至点火开关及点火开关至起动机电源接线柱之间的线路连接。

在不接通点火开关时，测量点火线圈低压接线柱“+”与低压接线柱“-”之间的电阻，应为初级绕组与附加电阻值之和。如果电阻无穷大，则需检查附加电阻和点火线圈初级绕组是否断路。

（2）分电器低压接线柱

在断电器触点闭合时，测分电器低压接线柱 D 与搭铁之间的电阻，应为通路。如果不通或有电阻，则说明断电器触点接触不良。

在断电器触点张开时，测分电器低压接线柱 D 与搭铁之间的电阻，应为不通路。如果电阻不为无穷大，则需检查电容器是否短路或漏电。

（3）中央高压线跳火试验

在发动机不能起动时，通常采用中央高压线跳火试验来检验点火系统正常与否。将分电器盖上的中央高压线拔出，使线端离缸体 5～8mm，然后接通点火开关，并用起动机转动发动机，看高压线端的跳火情况。应该是火花线较粗，呈蓝白色，且可听到清晰的“叭、叭、叭”跳火声。如果火花弱（火花线细，呈暗红色），需检查断电器触点是否脏污、烧蚀、间隙不当，若触点正常，则需检查电容器和点火线圈；如果无火花，则需检查断电器触点是否接触不良、断电器活动触点有无搭铁、电容是否短路、点火线圈及其低压电路有无断路或接触不良等。

（4）高压分线跳火试验

中央高压线跳火试验结果正常时，可进一步做高压分线跳火试验。将中央高压线插回分电器盖，并从火花塞上拔出高压分线，使线端离缸体 5～8mm，然后接通点火开关，用起动机转动发动机时看高压线端的跳火情况。如果火花仍强，但发动机不能起动，需检查火花塞和发动机的油路；如果火花弱，则需检查分电器盖、分火头或高压分线有无不良。

七、磁感应式电子点火电路

采用磁感应式点火信号发生器的电子点火电路典型实例如图 3-51 所示。

1. 电路特点分析

该电子点火电路应用于东风 EQ1092 等汽车上，其电子点火器有 4 个线路连接端子：电源端子连接点火线圈的“+”接线柱；输出端子连接点火线圈的“-”接线柱，使点火线圈初级回路的通断由电子点火器内复合式晶体管 VT3 控制；信号端子连接分电器的磁感应式信号发生器的信号输出端；搭铁端子使电子点火器与电源及与信号源均形成电路回路。

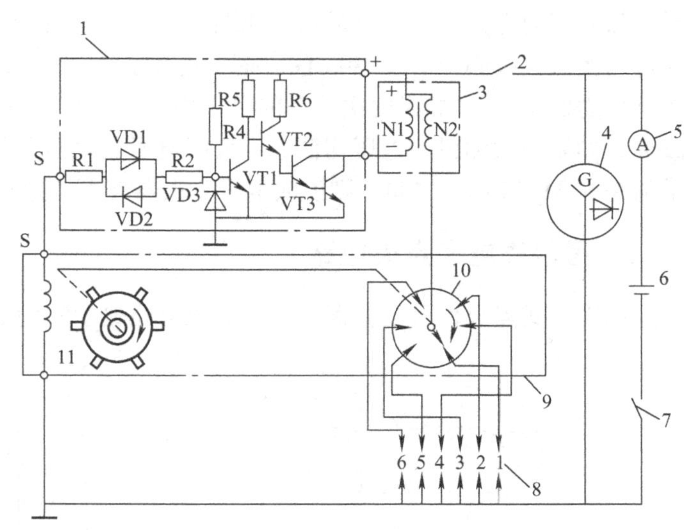

图 3-51　磁感应式电子点火电路

1—电子点火器　2—点火开关　3—点火线圈　4—发电机　5—电流表　6—蓄电池　7—电源开关　8—火花塞　9—分电器　10—配电器　11—磁感应式点火信号发生器

2. 电路工作原理

发动机工作时，通过凸轮轴驱动分电器轴转动，磁感应式点火信号发生器产生交变的电压脉冲，并输入电子点火器，控制大功率晶体管 VT_3 适时地导通和截止。

当电子点火器的信号输入端为信号电压负时，VT_1 截止、VT_2 及 VT_3 导通，点火线圈初级回路通路。此时为点火线圈储存点火能量过程，初级电流的通路为：

蓄电池 +→电流表→点火开关→点火线圈初级绕组（N_1）→电子点火器的 VT_3→搭铁→蓄电池 -。这时，点火线圈初级绕组的电流逐渐增大。

当电子点火器的信号输入端转变为信号电压正时，VT_1 导通、VT_2、VT_3 截止，点火线圈初级回路断路，点火线圈次级绕组产生很高的互感电动势，并使火花塞电极两端的电压迅速上升到跳火电压而使电极跳火，点燃发动机气缸内的可燃混合气。

3. 电路检测要点

（1）点火线圈低压接线柱

接通点火开关，测量点火线圈低压接线柱“+”与搭铁之间的电压，应为蓄电池电压。如果无蓄电池电压，则需检查该接线柱至点火开关及点火开关至起动机电源接线柱之间的线路连接。

接通点火开关，测量点火线圈低压接线柱“-”与搭铁之间的电压，应为蓄电池电压。如果无蓄电池电压，则需检查点火线圈初级绕组是否断路、电子点火器是否有故障。

（2）分电器信号端子 S

用起动机带动发动机转动，用交流电压表测量分电器上的信号端子 S 与搭铁之间的电压，应在 0.3V 以上。如果无电压，则为磁感应式点火信号发生器有故障。

用欧姆表测量分电器上的信号端子 S 与搭铁之间的电阻，应与其规定值相符。如果与正常值相差较大，则为信号发生器感应线圈故障。

（3）模拟点火信号法检查

用一节 1.5V 的干电池，电池正极接电子点火器输入端子，电池负极接电子点火器搭铁端子，然后接通点火开关，测量点火线圈“—”接线柱对搭铁电压；将电池的正负极交换，再测量一次点火线圈“—”接线柱对搭铁电压。应该是第一次测量的电压为 12V 左右，第二次测量为低于 2V。如果两次测得的电压均高（12V 左右），则说明电子点火器有不能导通的故障；如果两次测得的电压均低，则说明电子点火器有不能截止的故障；如果两次测得的结果都是在 2V 和 12V 之间，则说明电子点火器有不能饱和导通和完全截止的故障。

八、霍尔式电子点火电路

采用霍尔式点火信号发生器的电子点火电路典型实例如图 3-52 所示。

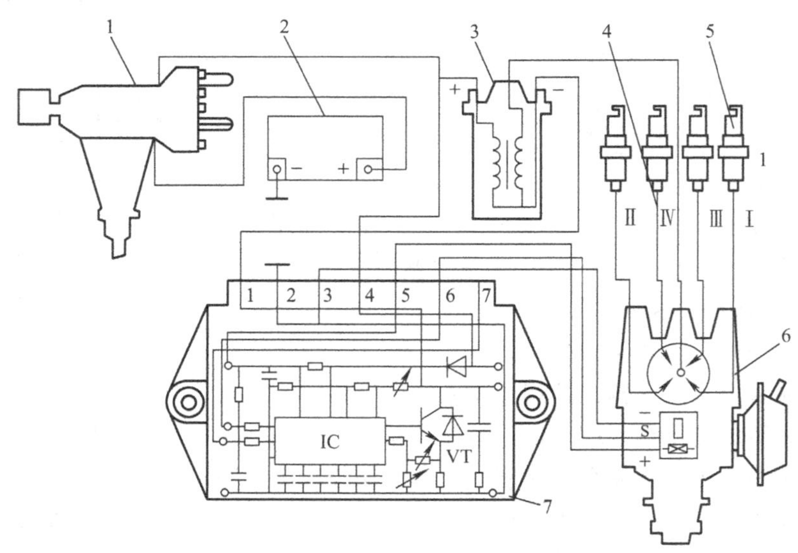

图 3-52　霍尔式电子点火电路

1—点火开关　2—蓄电池　3—点火线圈　4—高压分线　5—火花塞

6—分电器　7—电子点火器

1. 电路特点分析

该电子点火电路应用于奥迪、桑塔纳等轿车，采用集成电路电子点火器，霍尔式点火信号发生器的电源由电子点火器提供。电子点火器的 7 个线路连接端子分别为：

1 号端子，电子点火器的输出端子，连接点火线圈“-”接线柱，其内部经大功率晶体管 VT 与搭铁（2 号端子）相连接。

2 号端子，电子点火器的搭铁端子，当电子点火器内部晶体管 VT 导通时，点火线圈初级绕组通过 2 号端子与搭铁相通。

3 号、5 号端子，电子点火器向霍尔式点火信号发生器输出的电源端子，工作时向点火信号发生器提供 10V 左右的稳定电压；3 号端子同时也是霍尔式点火信号发生器信号电压的负极端子。

4 号端子，电子点火器的电源端子，连接点火线圈的“+”接线柱，在点火开关接通时

通电。

6 号端子，霍尔式点火信号发生器向电子点火器输出的信号电压（正极）端子。

7 号端子，该电子点火电路 7 号端子未使用。

2. 电路工作原理

接通点火开关后，电子点火器内部电子电路通过 4 号、2 号端子接通了电源，并通过 5 号、3 号端子向霍尔式点火信号发生器输出 10V 电压。当分电器轴转动时，分电器中霍尔式点火信号发生器所产生的脉冲电压信号（0.4～10V 之间跃变）通过 6 号、3 号端子输入电子点火器的 IC，控制晶体管 VT 的导通和截止，使点火线圈初级绕组适时地通断，点火线圈次级产生高压。

该电子点火电路初级电流通路为：

蓄电池 +→点火开关→点火线圈初级绕组→电子点火器 1 号接线柱→电子点火器内 VT→电子点火器 2 号接线柱→搭铁→蓄电池 -。

3. 电路检测要点

（1）点火线圈低压接线柱

接通点火开关，测量点火线圈两低压接线柱“+”、“-”对地电压，应为蓄电池电压。如果“+”接线柱无蓄电池电压，则需检查该接线柱至点火开关及点火开关至起动机电源接线柱之间的线路连接；如果 只是“-”接线柱无蓄电池电压，则需检查点火线圈初级绕组是否断路、电子点火器是否有故障。

（2）电子点火器 1 号端子

接通点火开关，测量 1 号端子与搭铁之间的电压，应为蓄电池电压。如果电压低或无，而点火线圈“-”接线柱电压正常，则需检查 1 号端子与点火线圈之间的连接线路，若线路连接正常，则说明电子点火器有故障。

接通点火开关，并确认从电子点火器的 6 号、3 号端子输入 9V 左右的电压，测量 1 号端子与搭铁之间的电压，应接近于 0V。如果 1 号端子电压没有变化或电压较高，则说明电子点火器有故障。

（3）电子点火器 2 号、3 号端子

接通点火开关，测量 2 号、3 号端子与搭铁之间的电压，不应超过 0.5V。如果电压偏高或为蓄电池电压，则需检查电子点火器的搭铁线路有无连接不良或断路。

（4）电子点火器 4 号端子

接通点火开关，测量 4 号端子与搭铁之间的电压，应为蓄电池电压。如果无蓄电池电压，而点火线圈“+”接线柱电压正常，则需检查 4 号端子与点火线圈之间的线路连接。

（5）电子点火器 5 号端子

接通点火开关，测量 5 号端子与搭铁之间的电压，应为 10V。如果电压低或无，说明电子点火器有故障。

（6）电子点火器 6 号端子

接通点火开关，慢慢转动分电器，测量 6 号端子与搭铁之间的电压，应在 0.4～9V 之间跃变。如果电压不正常，则需检查电子点火器与分电器之间的线路连接是否良好、点火信号发生器是否正常。

九、电子点火器与分电器一体式电子点火电路

电子点火器与分电器安装在一起的电子点火电路实例图 3-53 所示。

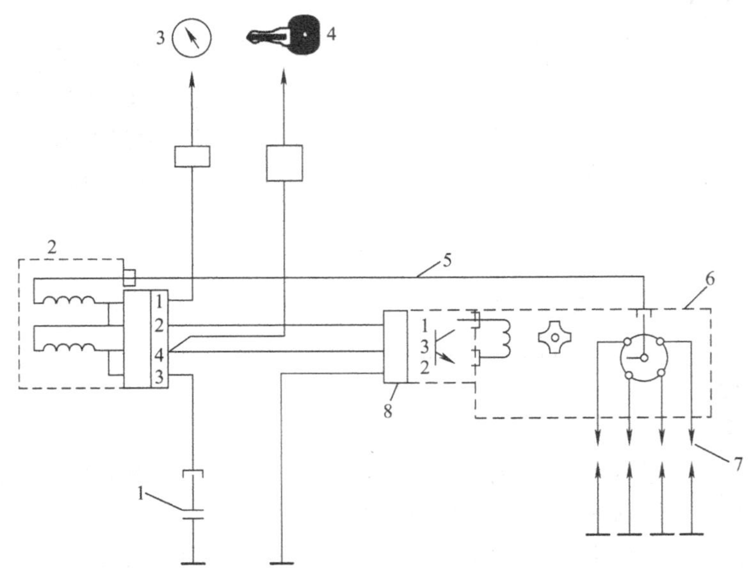

图 3-53　富康轿车电子点火电路

1—防干扰电容器　2—点火线圈　3—接转速表　4—接点火开关　5—中央高压线　6—分电器　7—火花塞　8—电子点火器

1. 电路结构特点

该电子点火电路应用于化油器发动机的富康系列轿车，其电子点火器安装在分电器上，与磁感应式点火信号发生器直接连接，因此，点火电路的线路连接比较简单。分电器与点火线圈的连接线路实际上就是电子点火器的电源线和控制点火线圈初级回路通断的线路。

点火线圈初级电流的通路为：蓄电池 + →点火开关→点火线圈 4 号端子→点火线圈初级绕组→点火线圈 2 号端子→分电器 1 号端子→分电器 2 号端子→搭铁→蓄电池 - 。

点火线圈 3 号端子连接了一个电容器，其作用是抑制点火系统工作时对无线电的干扰。

点火线圈 1 号端子输出与点火频率一致的脉冲电压，用作发动机转速表的信号。

2. 电路检测要点

（1）点火线圈低压接线端子

接通点火开关，测量点火线圈各端子与搭铁之间的电压，应为蓄电池电压。如果 4 号端子无蓄电池电压，则需检查点火线圈至点火开关之间的线路连接有无断路处；如果只是 1 号、2 号端子无蓄电池电压，则需检查点火线圈初级绕组是否断路、端子连接是否良好。

（2）分电器低压接线端子

接通点火开关，测量分电器各端子与搭铁之间的电压，1 号、3 号端子应为蓄电池电压，2 号端子电压应为 0V。如果分电器的 1 号、3 号端子无蓄电池电压，则需检查与点火线圈之间的线路连接有无断路；如果 2 号端子电压高于 0.5V，则说明电子点火器的搭铁不良。

十、整体式分电器的电子点火电路

一些汽车将点火线圈、电子点火器等都安装在分电器中，这种分电器也被称之为整体式分电器。整体式分电器的电子点火电路一例如图 3-54 所示。

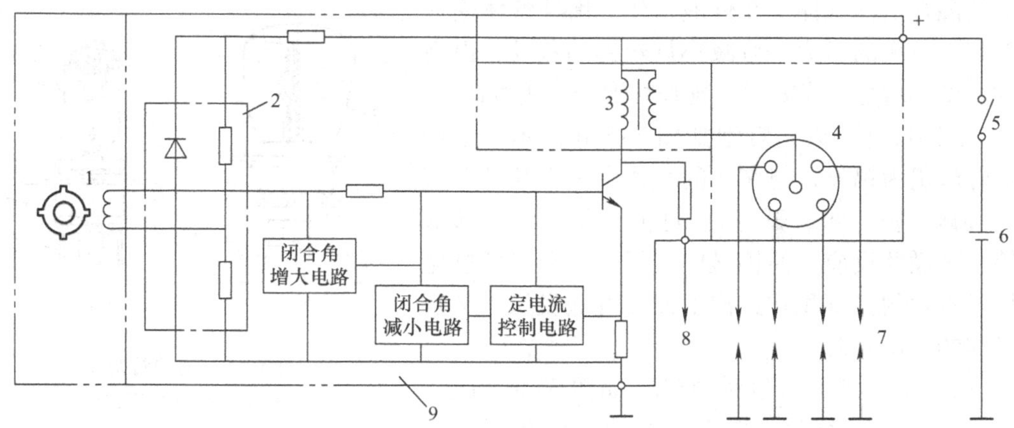

图 3-54　整体式分电器的电子点火电路

1—点火信号发生器　2—固定偏置电路　3—点火线圈　4—配电器　5—点火开关　6—蓄电池　7—火花塞　8—转速信号输出　9—电子点火器

1. 电路结构特点

分电器集装了点火线圈、点火信号发生器、电子点火器及中央高压线，因此，分电器外部的点火电路的线路连接很简单。分电器低压线路连接端子有电源端子和转速信号输出端子，分别连接点火开关、搭铁和发动机转速表。

2. 电路检测要点

（1）分电器电源端子

接通点火开关，测量分电器“+”、“-”端子与搭铁之间的电压，“+”端子应为蓄电池电压，“-”端子电压应为 0V。如果“+”端子无蓄电池电压，则需检查分电器与点火线圈之间的线路连接有无断路；如果“-”端子电压高于 0.5V，则需检查分电器的搭铁。

（2）分电器的转速信号端子

接通点火开关，测量分电器的转速信号输出端子，应为蓄电池电压，如果电压低或无，则需检查点火线圈初级绕组和电子点火器。

第四节　照 明 电 路

汽车照明电路用于夜间行车的道路照明、车内照明及其他特殊照明。汽车照明电路主要由各照明灯具和相应的控制开关组成。

一、前照灯的结构

1. 前照灯的光学组件

前照灯的光学组件有灯泡、反射镜和配光镜三部分。

（1）灯泡

灯泡是前照灯的光源，汽车上使用的前照灯灯泡有充气灯泡和卤钨灯泡，最近几年弧光灯在汽车上的应用逐渐增多。

1）充气灯泡。普通的充气灯泡如图3-55a所示。充气灯泡用钨丝作灯丝，灯泡内充以氩和氮的混合惰性气体。在灯泡工作时惰性气体受热膨胀而产生较大的压力，可减小灯丝钨的蒸发、提高灯丝的温度、增加发光效率、延长灯泡的使用寿命。

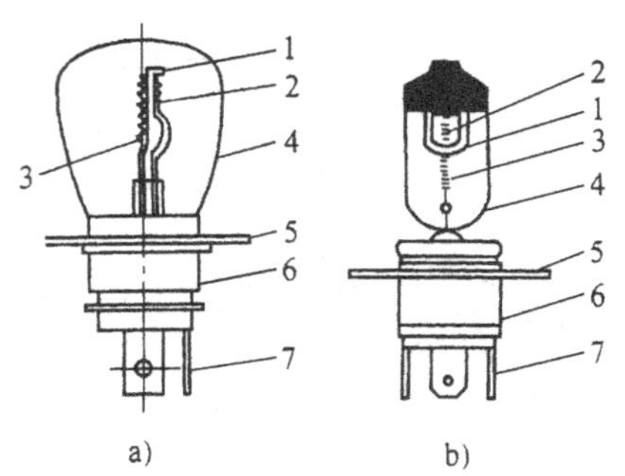

图3-55　前照灯灯泡

a）充气灯泡　b）卤钨灯泡

1—配光屏　2—近光灯丝　3—远光灯丝　4—泡壳　5—定焦盘　6—灯头　7—插片

2）卤钨灯泡。卤钨灯泡如图3-55b所示。这种灯泡的灯丝仍为钨丝，但充入的气体中参有某种卤族元素（如碘、溴、氯、氟等）。灯泡工作时，内部形成卤钨再生循环反应，使钨又回到了灯丝上，既避免了从灯丝蒸发的钨沉积在灯泡上而使灯泡发黑，又延长了灯泡的使用寿命。

3）弧光灯。弧光灯也称氙灯，如图3-56所示。弧光灯灯泡内没有灯丝，取而代之的是装在石英管内的一对电极，管内充有氙或金属卤化物。弧光灯的发光原理是：电子控制电路将电源电压升高（约为5000~12000V），再经功率放大器放大后加在电极上，使电极产生电弧放电而发光。弧光灯可发射出近似于日光的光线，亮度高达卤钨灯泡的2.5倍，寿命可达普通前照灯灯泡的5倍，而电能消耗不及普通灯泡的一半。因此，弧光灯是很有发展前景的汽车前照灯。

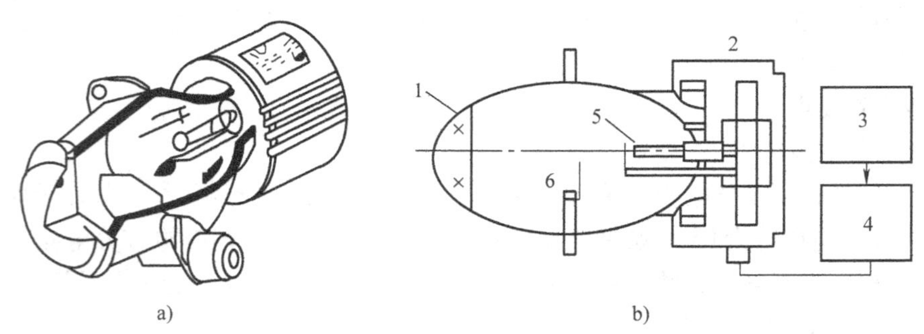

图3-56　弧光灯

a）外形图　b）原理示意图

1—适镜　2—引燃及稳弧部件　3—电子控制电路　4—功率放大电路

5—弧光灯电极　6—遮光板

（2）反射镜

反射镜的作用是使灯泡的光线聚合，并导向前方，半封闭式前照灯的反射镜如图3-57所示。

反射镜可将前照灯灯泡发出的光照亮度增强至几百倍甚至上千倍。前照灯的灯泡如果不用反射镜聚光，其光度只能照清周围6m左右的距离。而前照灯配备反射镜后，其照明距离可增至150m以上。反射镜有少量的散射光线，其中朝上的完全无用，朝下的散射光线则有助于照明近距离路面和路缘。

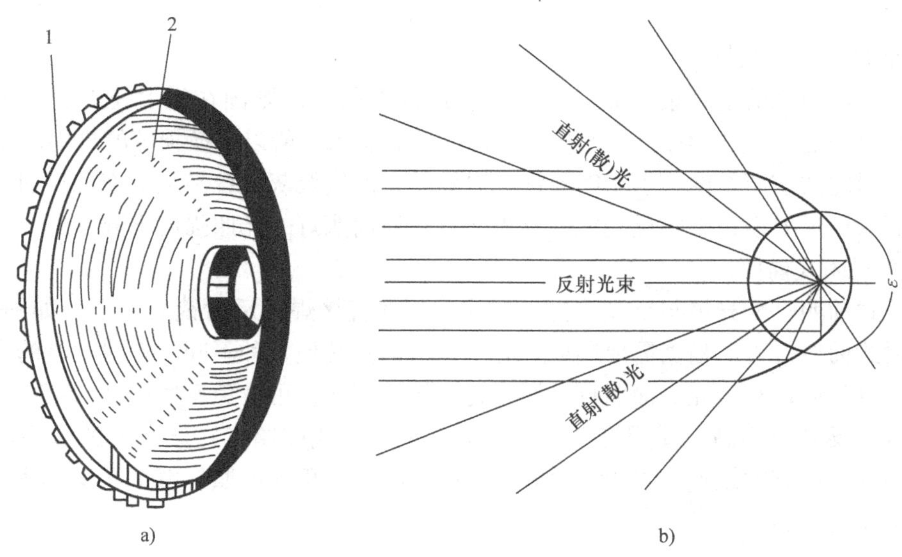

图 3-57　反射镜

a）半封闭式前照灯反射镜　b）反射镜的反射作用

1—边齿　2—反射镜的反射镜面

（3）配光镜

前照灯配光镜也被称之为散光玻璃，配光镜由透明玻璃压制而成，其外表面平滑，内侧是凸透镜和棱镜的组合体。前照灯配光镜的结构与原理如图 3-58 所示。

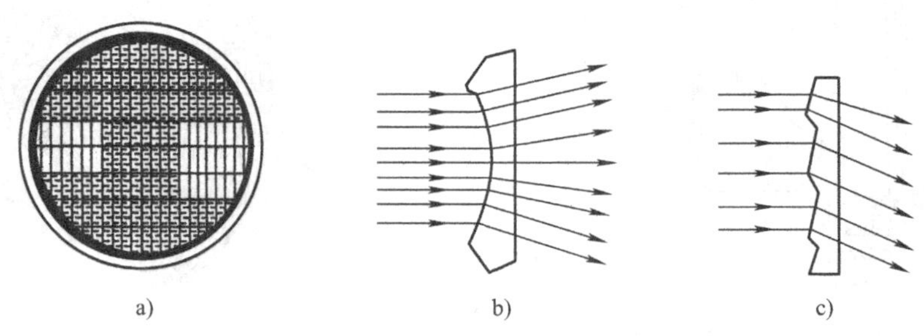

图 3-58　配光镜的结构与原理

a）配光镜的结构　b）水平部分（散射）　c）垂直部分（折射）

前照灯配光镜的作用是将反射镜反射出的光线进行折射，以扩大光照范围（图 3-59），使车前 100m 以内的路面和路缘均有前照灯光线的照明。

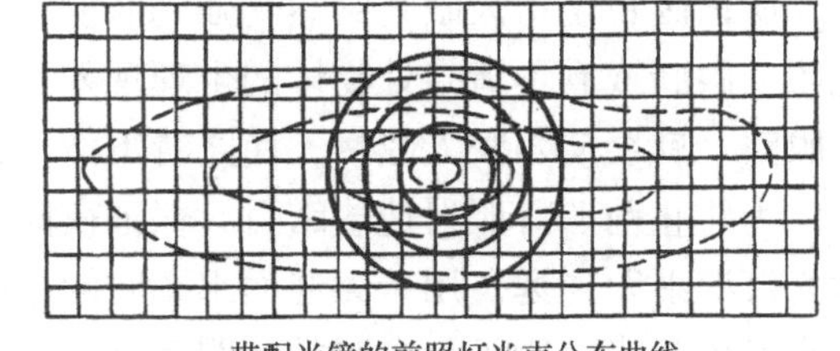

—— 带配光镜的前照灯光束分布曲线

—— 无配光镜的前照灯光束分布曲线

图 3-59　配光镜的作用

2. 前照灯的结构

前照灯按其结构型式分有可拆式、半封闭式和全封闭式三种，可拆式前照灯的光学组件全部可解体，密封性差，反射镜容易被湿气和灰尘等污染，因此在汽车上已很少使用。目前在汽车上所使用的前照灯主要有半封闭式和全封闭式两种。

（1）半封闭式前照灯

半封闭式前照灯的配光镜靠卷曲在反射镜边缘上的牙齿紧固在反射镜上，用橡胶圈密封，再用螺钉固定（图3-60）。灯泡从反射镜的后面装入，所以更换损坏的灯泡时不必拆开配光镜。半封闭式前照灯的缺点是密封性相对较差，湿气及灰尘容易从灯泡和反射镜之间的缝隙进入而污染反射镜，影响反光镜的反光效率，使前照灯的光照强度下降。

（2）全封闭式前照灯

全封闭式前照灯配光镜与反光镜为一整体，灯丝直接焊在反射镜底座上，如图3-61所示。全密封式前照灯可以根据需要制成长方形、梯形及其他各种不同的形状。有的全封闭式前照灯只有灯丝而没有泡壳。前照灯采用全封闭结构型式，可避免反射镜被污染，因而全封闭式前照灯的反光效率高、使用寿命长。目前，全封闭式前照灯在汽车上的应用已十分普遍。全封闭式前照灯的缺点是当出现灯丝烧断故障时，需更换前照灯整个光学总成，前照灯的维修成本相对较高。

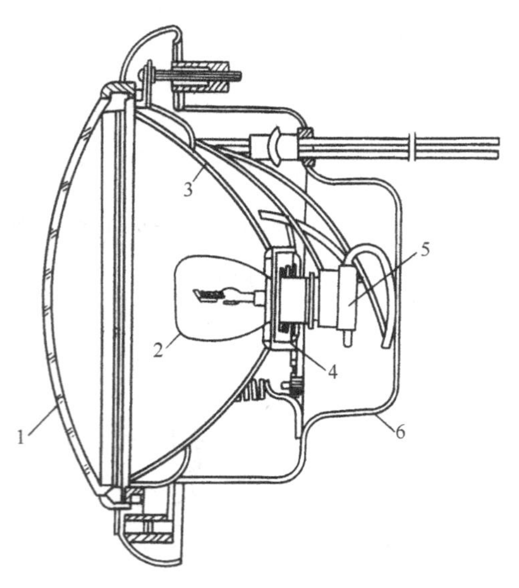

图3-60　半封闭式前照灯

1—配光镜　2—灯泡　3—反射镜　4—插座

5—接线盒　6—灯壳

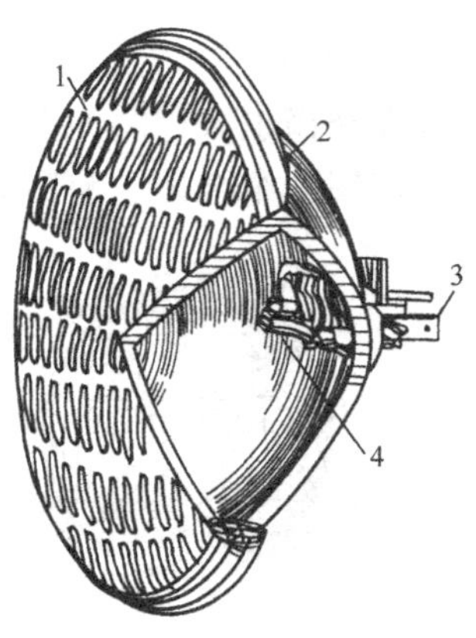

图3-61　全封闭式前照灯

1—配光镜　2—反射镜

3—插片　4—灯丝

3. 前照灯的防眩目

所谓眩目是指人眼睛突然受强光照射，由于视觉神经受刺激而失去对眼睛的控制，本能地闭上眼睛或看不清暗处物体的生理现象。夜间行车时，前照灯光线照射到对方汽车驾驶人的眼睛，就会使驾驶人眩目，使之看不清前方道路情况而容易造成交通事故。

为防止前照灯照射造成眩目，保证夜间汽车行驶安全，汽车上使用了远光灯和近光灯。远光灯照射距离远，用于无迎面来车时的道路照明，以提高车速；近光灯照射距离较近，但不会产生眩光，用于会车时的照明。远、近光的切换由驾驶人通过变光开关控制。

目前汽车上的前照灯普遍采用具有远光灯丝和近光灯丝的双丝灯泡，双丝灯泡有不同的结构型式，其防眩目的效果有一些差别。

（1）普通双灯丝灯泡

普通双丝灯泡的光束如图3-62所示，其中远光灯丝位于反光镜旋转抛物面的焦点，并与光轴平行，远光灯丝通电时，产生的光线由反射镜反射后与光轴平行而射向远方，可获得较远的照射距离和较小的散射光束。近光灯丝位于焦点的前上方，通电时，其光线经反射镜反射的主光束倾向于路面，因而会使迎面来车驾驶人的眩目大为减弱。

（2）具有配光屏的双灯丝灯泡

普通双丝灯泡近光灯丝通电时，会有一部分反射光线偏上照射，使防眩目作用不太理想。在近光灯丝的下方装一配光屏（图3-63），将近光灯丝射向反射镜下半部的光线挡住，就可消除向上的反射光线，使防眩目作用明显提高。

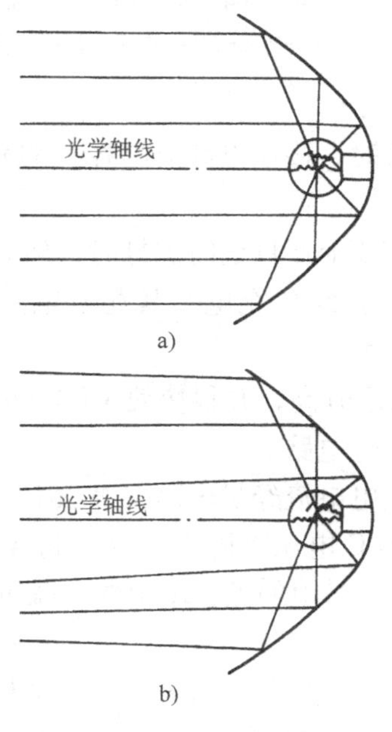

图3-62　普通双丝灯泡工作情况

a）远光灯光束　b）近光灯光束

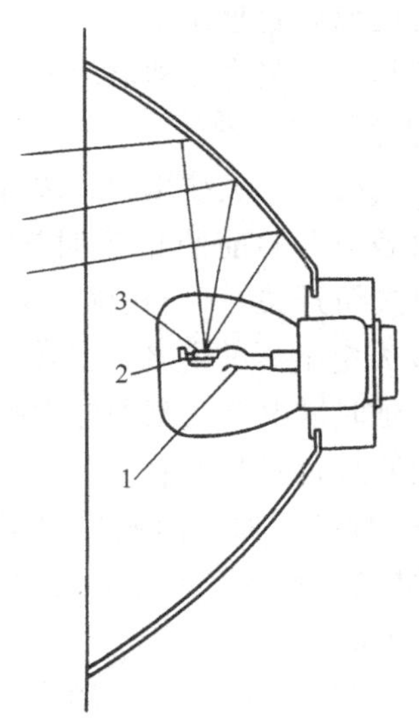

图3-63　具有配光屏的双丝灯泡

1—远光灯丝　2—配光屏　3—近光灯丝

（3）非对称型配光的双灯丝灯泡

为使近光灯既有良好的防眩目效果的同时，又有较远的近光照明距离，出现了非对称型配光的双丝灯泡。这种灯泡将配光屏单边倾斜15°，使近光灯丝发出的光线经反射镜和配光镜后形成非对称的近光光形，即迎面来车侧灯光下偏而照射较近，另一侧光线照射较远。这种配光符合联合国经济委员会制定的ECE标准，被称之为ECE形配光，根据其光形特征，也被称之为L形配光。

二、前照灯的自动控制电路

在一些汽车上设置了前照灯和灯开关自动控制电路，以达到某种自动控制功能。

1. 前照灯延时控制电路

前照灯延时控制是使已关闭了点火开关及灯开关的前照灯能继续亮一段时间后自动熄灭，以便给离开黑暗停车场所的驾驶人提供一段时间的照明。

（1）电路特点分析

前照灯延时控制电路一例如图3-64所示。

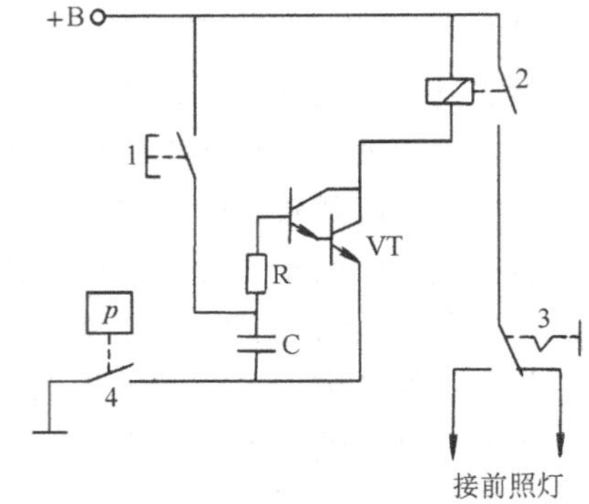

图3-64　前照灯延时控制电路
1—前照灯延时按钮　2—延时继电器
3—变光开关　4—机油压力开关

该前照灯延时继电器触点常开，与前照灯开关并联，因此，关闭前照灯开关后，通过电子电路控制继电器的触点闭合，使前照灯点亮。前照灯延时继电器线圈在晶体管VT导通时通电。

延时电路由晶体管VT、电阻R、电容C组成，利用电容C的充放电特性，使晶体管VT导通后能延时截止。

机油压力开关在无机油压力时闭合，将其串联在延时控制电路与搭铁之间，其作用是使前照灯延时控制只在发动机熄火后起作用。

前照灯延时开关为自动复位的按钮开关，按下开关时，接通电源对电容C的充电电路。

（2）电路工作原理

发动机熄火后，机油压力开关处于闭合状态，当需要前照灯延时关灯时，驾驶人在离车前按一下仪表板上的前照灯延时按钮，电源就开始对电容C充电。其充电电路为：蓄电池+→延时按钮开关→C→机油压力开关→搭铁→蓄电池-。

随着C充电电压的上升，晶体管VT基极的电位随之升高，并很快使VT导通。VT的导通使前照灯延时继电器线圈通电而吸合触点，接通前照灯电路。

松开前照灯延时开关后，电容C开始放电，C的放电电流经过电阻R和晶体管VT的发射结，使VT保持导通，前照灯保持通电照明，一直到C电压下降至不能维持VT导通时，VT截止，继电器断电，前照灯熄灭。调整前照灯延时电路中的C、R参数，就可改变前照灯延时关闭的时间。

前照灯延时控制的另一种形式无灯光延时按钮，取而代之的是灯开关的自动档。将灯开关拨至自动档，前照灯可根据车外环境的明暗控制前照灯亮起和熄灭。夜间延时关灯控制方式是在夜间关闭点火开关时，发动机熄火，但前照灯仍然点亮，持续一段时间后自动熄灭。这种延时控制方式的延时控制继电器触点串联在前照灯电路中，继电器线圈由前照灯自动控制电路控制其通断电。

2. 前照灯自动变光控制电路

前照灯自动变光控制电路的作用是在会车时能自动变为近光，这可避免下述不安全因素：夜间会车时，驾驶人通过手或脚操纵变光开关时容易分散驾驶人的注意力；驾驶人忘了变光或变光不及而造成对方驾驶人眩目；一些不文明驾驶人为抢道或高速行驶而强行用远光灯会车。

（1）电路特点分析

前照灯自动变光控制电路一例如图3-65所示。

变光继电器有一个常闭触点和一个常开触点。常闭触点连通远光灯，常开触点连接近光灯，因此，在继电器线圈不通电时，是远光灯处于接通状态。继电器线圈由VT_1、VT_2、VT_3、VT_4等元件组成的放大电路控制其通断电。

VD_1、VD_2为光敏二极管，安装在汽车风窗玻璃左上角，其电阻值与感光强度成反比，

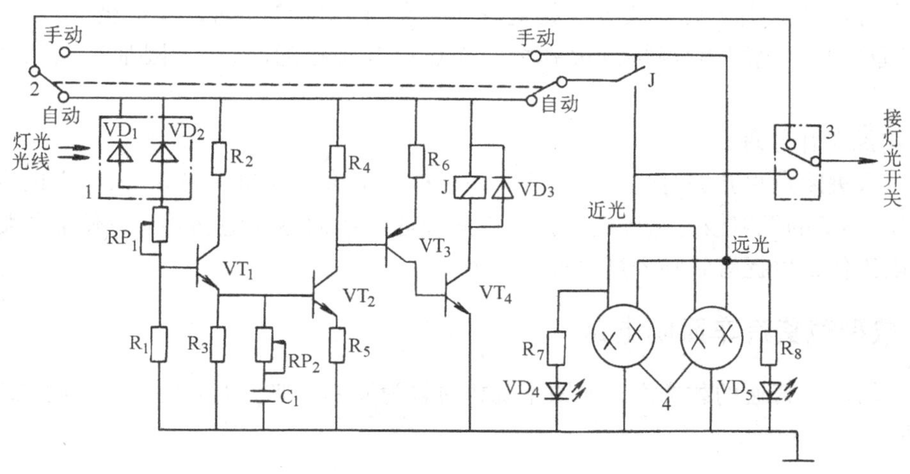

图 3-65　前照灯自动变光控制电路

1—灯光传感器　2—手动/自动变光转换开关　3—变光开关　4—前照灯　J—变光继电器

连接于晶体管 VT_1 的偏置电路中，使 VT_1、VT_2、VT_3、VT_4 等元件组成的放大电路的工作受风窗玻璃处的光强控制。

自动/手动转换开关可以让驾驶人选择自动或手动变光，在自动变光器失效的情况下，通过此开关仍可以实现人工操纵变光。

2. 电路工作原理

在夜间行车无迎面来车灯光照射时，感光器（VD_1、VD_2）内阻较大，使得 VT_1 基极没有导通所需的正向电压而截止，于是 VT_2、VT_3、VT_4 的基极也都因无正向导通电压而截止，变光继电器线圈不通电，其常闭触点接通远光灯。

当有迎面来车或道路有较好的照明度时，VD_1、VD_2 的电阻下降，这使 VT_1 基极电电位升高而导通，VT_2、VT_3、VT_4 的基极也随之有正向偏置而导通，使继电器线圈通电，其常闭触点打开，常开触点闭合，前照灯由远光自动切换为近光。

会车结束后，VD_1、VD_2 因无强光照射而电阻增大，使 VT_1 又截止。此时，由于 C 的放电，使 VT_2、VT_3、VT_4 仍保持导通，约 1 ~ 5s 后，待 C 放电至 VT_2 不能维持导通状态时，继电器线圈才断电，前照灯恢复远光照明。延时恢复远光可避免会车过程中由于光照突变而引起的频繁变光，以提高近光会车的可靠性。延时的时间可通过电位器 RP_2 来调整。

3. 灯开关未关警告电路

在关闭点火开关时，如果灯开关未关，灯开关未关警告电路会使车灯未关警告灯亮起，并使蜂鸣器鸣响，以示警告。

（1）电路特点分析

车灯未关警告电路一例如图 3-66 所示。

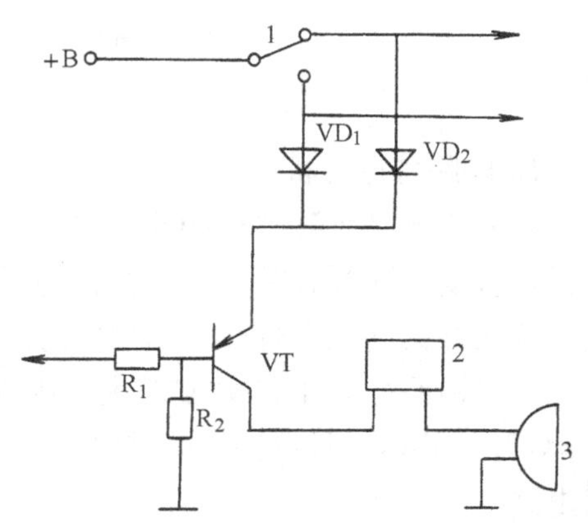

图 3-66　车灯开关未关警告装置电路

1—灯开关　2—蜂鸣器控制器　3—蜂鸣器

晶体管 VT 导通时车灯未关警告灯和蜂鸣器工作。VT 为 PNP 型晶体管，其发射极连接于车灯开关之后的车灯电路，当车灯开关处于接通（前照灯或示廓灯）时，发射极连接汽车电源；VT 的基极通过偏置电阻 R_1 连接点火开关，在点火开关接通时，VT 因基极电位高而不能导通。

（2）电路工作原理

当驾驶人关闭点火开关时，晶体管 VT 基极电位下降，如果车灯未关，VT 的发射极为蓄电池电压，VT 的发射极与基极之间就有正向导通电压而迅速饱和导通，使警告灯与蜂鸣器电路通电工作，以提醒驾驶人灯关掉灯开关。

三、典型载货汽车照明电路

相比于轿车，普通的载货汽车照明系统相对较为简单，典型的载货汽车照明系统电路如图 3-67 所示。

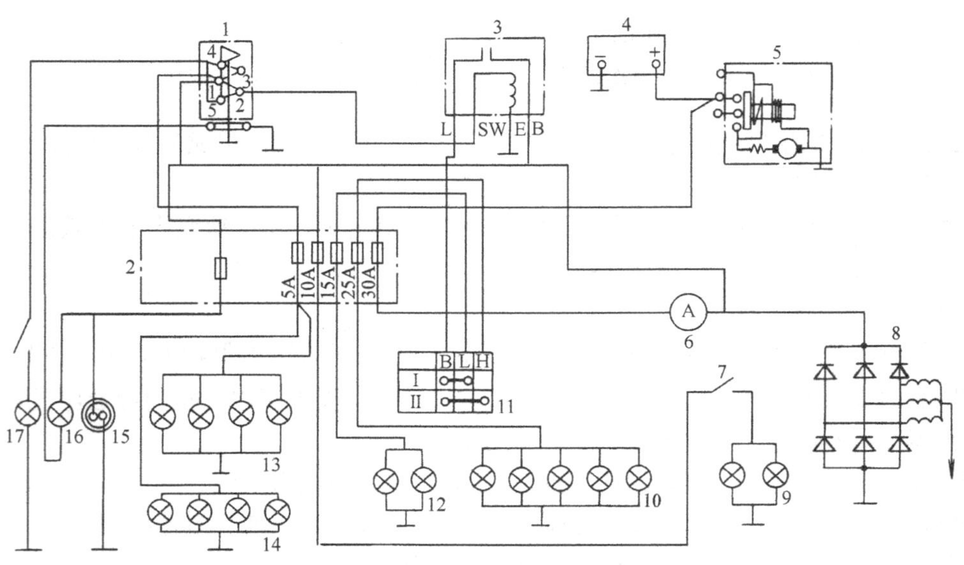

图 3-67　典型的载货汽车照明系统电路

1—车灯开关　2—熔断器盒　3—前照灯继电器　4—蓄电池　5—起动机　6—电流表　7—雾灯开关　8—发电机　9—雾灯　10—前照灯远光灯　11—前照灯变光开关　12—前照灯近光灯　13—示廓灯/尾灯　14—仪表照明灯　15—工作灯插座　16—顶灯　17—工作灯（发动机罩下灯）

1. 电路特点分析

该照明电路在解放 CA1091 载货汽车上应用，照明电路中的车灯开关通常采用复合式，该推拉式复合开关有两档，Ⅰ档接通示廓灯、尾灯、仪表照明灯等，Ⅱ档则同时接通前照灯；旋钮开关（在车灯开关不拉出的位置时旋转拉钮）接通顶灯。

由于前照灯的工作电流较大，因而该前照灯电路中设置了保护继电器。前照灯开关（车灯开关Ⅱ档）控制前照灯继电器线圈通断电，继电器触点为常开，触点闭合时接通前照灯电路。

机械式变光开关用于前照灯的远光和近光切换，开关按压一次，前照灯就切换一次远近光。

2. 电路工作原理

（1）车灯开关电路原理

车灯开关拉至Ⅰ档时，示廓灯、尾灯、仪表照明灯等均通电亮起，其电流通路为：蓄电池＋→30A熔丝→电流表→车灯开关Ⅰ档触点→5A熔断器→示廓灯/尾灯、仪表照明灯→搭铁→蓄电池－。

车灯开关拉至Ⅱ档时，前照灯继电器线圈同时通电，其电流通路为：蓄电池＋→30A熔断器→电流表→车灯开关Ⅱ档触点→前照灯继电器线圈→搭铁→蓄电池－。

前照灯继电器线圈通电后，使触点闭合，接通前照灯电路，前照灯亮起，其电流通路为：蓄电池＋→30A熔断器→电流表→前照灯继电器接柱B→前照灯继电器触点→前照灯继电器接柱L→前照灯变光开关→前照灯远光灯或近光灯→搭铁→蓄电池－。

在发动机工作、发电机正常发电时，上述电流通路的电源是发电机。由发电机供电时的前照灯电流通路为：发电机＋→前照灯继电器接柱B→前照灯继电器触点→前照灯继电器接柱L→前照灯变光开关→前照灯远光灯或近光灯→搭铁→发电机－。

（2）雾灯开关电路原理

接通雾灯开关时，雾灯电路通电亮起，其电流通路为：蓄电池＋→30A熔断器→电流表→10A熔断器→雾灯开关→雾灯→搭铁→蓄电池－。

3. 照明电路检测要点

（1）前照灯继电器电源接线柱B

用直流电压表测量前照灯继电器电源接线柱B与搭铁之间的电压，应为蓄电池电压。如果无蓄电池电压，需检查熔断器盒内的30A熔断器熔丝是否熔断、继电器B接线柱（经电流表、熔断器盒）到起动机电源接线柱之间的线路连接有无断路或接触不良。

（2）前照灯继电器开关接线柱SW和灯接线柱L

将车灯开关拉至Ⅱ档，分别测量“SW”和“L”接线柱与搭铁之间的电压，应为蓄电池电压。如果“SW”接线柱电压正常，而“L”接线柱无电压，则需检查前照灯继电器；如果“SW”接线柱无蓄电池电压，则需检查继电器与车灯开关的线路有无断路、车灯开关是否已损坏；如果“SW”和“L”接线柱与搭铁之间的电压均正常，但前照灯不亮（只远光灯不亮、只近光灯不亮、远近光灯均不亮），则需检查熔断器盒内的熔丝（25A熔断器熔丝断时远光灯不亮，15A熔断器熔丝断时近光灯不亮）是否已烧断、变光开关是否有故障、前照灯灯泡是否烧坏、前照灯继电器至前照灯之间的线路有无断路或连接不良。

四、典型轿车照明电路

轿车的车内照明灯具配备比较多，其照明系统电路相对于载货汽车要复杂一些。典型的轿车照明系统电路如图3-68所示。

1. 电路特点分析

该照明系统电路应用于桑塔纳轿车，前照灯由车灯开关2档接通，车灯开关在2档时，通过变光开关进行远近光切换。此外，远光灯还可由自动复位的超车灯开关直接控制，在汽车超车时使用。

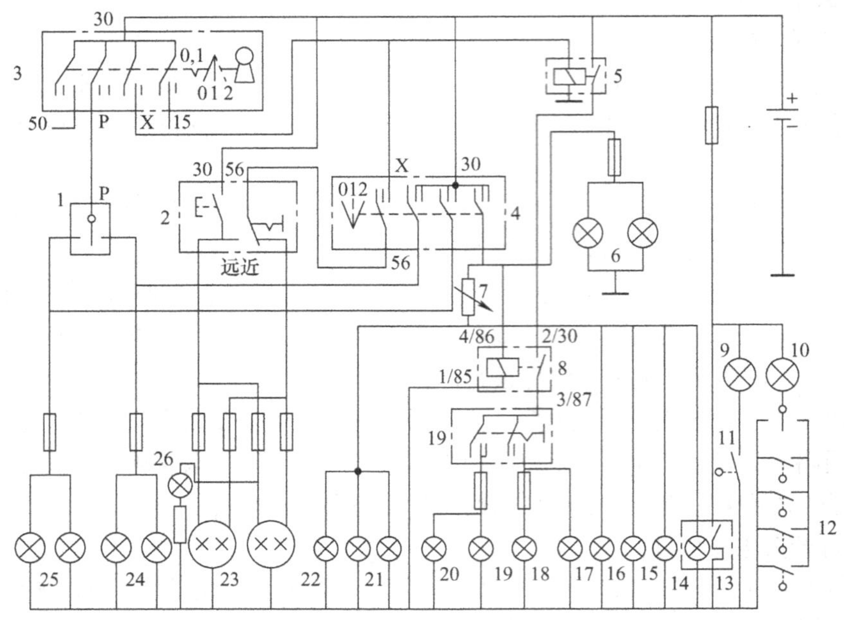

图 3-68　典型的轿车照明系统电路

1—停车灯开关　2—变光和超车灯开关　3—点火开关　4—车灯开关　5—中间继电器　6—牌照灯　7—仪表灯调光电阻　8—雾灯继电器　9—行李箱灯　10—前顶灯　11—行李箱灯开关　12—前顶灯门控开关　13—点烟器照明灯　14—前后雾灯开关照明灯　15—后风窗除霜器开关照明灯　16—暖气开关照明灯　17—雾灯指示灯　18—后雾灯　19—前后雾灯开关　20—前雾灯　21—仪表灯　22—时钟照明灯　23—前照灯　24—右前后示廓灯　25—左前后示廓灯　26—远光指示灯

该轿车照明电路中的雾灯开关电路中连接了中间继电器和雾灯继电器，中间继电器在点火开关处于点火档时接通，雾灯继电器是在车灯开关Ⅰ档时接通。因此，该照明电路只有在点火开关接通且车灯开关也接通时，才能用雾灯开关Ⅰ档接通前雾灯，用雾灯开关Ⅱ档同时接通前后雾灯。

牌照灯由车灯开关控制，在车灯开关Ⅰ档和Ⅱ档时均接通。

顶灯和行李箱灯由门控开关控制，当行李箱或车门打开时，其门控开关就会接通行李箱灯或顶灯电路。

仪表板、时钟、点烟器、后除霜器开关、空调开关、雾灯开关等的照明灯也均由车灯开关控制。当车灯开关在Ⅰ档或Ⅱ档时，上述照明灯均被接通，其亮度可通过仪表调光电阻调节。

在停车（点火开关断开）时，前后示廓灯可由停车灯开关控制，这时示廓灯当作停车灯使用。

与其他汽车一样，该轿车的电路熔断器都集中安装在中央接线板处，各继电器基本上也都安装于此处，中央接线板通过插接方式连接各个用电设备及控制开关的线束插接器。了解中央接线板的结构和各接线端子所连接的部件，会给电路原理分析、电路故障查寻带来极大的方便。

2. 电路工作原理

（1）车灯开关电路原理

当车灯开关拨至1档时，示廓灯、牌照灯、仪表及各种开关照明灯等通电亮起，电流通路为：蓄电池+→车灯开关1档触点→仪表灯调光电阻→仪表及各开关照明灯→搭铁→蓄电池-。

└→示廓灯、牌照灯——————————┘

当车灯开关拨至2档时，则同时接通前照灯电路，并可通过变光开关进行远光和近光切换，前照灯亮起时的电流通路为：蓄电池+→车灯开关2档触点→变光开关→远光灯/近光灯→搭铁→蓄电池-。

变光和超车灯开关中的超车开关为无锁止的手动开关，在未开前照灯或前照灯处于近光灯状态下，驾驶人均可通过超车开关接通远光灯，以示超车。

（2）雾灯电路原理

接通点火开关（1档），中间继电器线圈通电使其触点闭合，雾灯继电器电源端子接通电源；接通车灯开关（1档或2档），雾灯继电器线圈通电，其触点闭合，使前后雾灯开关电源端子接通电源。此时，驾驶人就可通过前后雾灯开关接通前雾灯或前后雾灯。雾灯亮起时的电流通路为：蓄电池+→中间继电器触点→雾灯继电器触点→雾灯开关→后雾灯或前后雾灯→搭铁→蓄电池-。

（3）顶灯电路原理

车厢内的顶灯控制开关由手动控制和门开关控制。用手动开关可接通顶灯电路（开关拨至左侧位置）而使顶灯亮起；手动开关关闭（开关拨至右侧位置）时，只要四扇车门有一扇门未关闭，门控灯开关就将顶灯电路接通，顶灯亮，用以提醒驾驶人车门未关。

3. 电路检测要点

（1）车灯开关电源连接端子30

用直流电压表测量车灯开关电源连接端子30与搭铁之间的电压，应为蓄电池电压。如果电压为0V，需检查车灯电源线路连接；如果电压正常，只是仪表照明灯不亮，则需检查仪表照明灯调光电阻及仪表灯电路；如果电压正常只是示廓灯或牌照灯不亮，则需检查示廓灯电路或牌照灯电路；如果电压正常，只是前照灯不亮，则要检查变光开关、前照灯电路及前照灯等。

（2）变光及超车灯开关连接端子30、56

用直流电压表测量变光与超车灯开关电源端子30，应为蓄电池电压。如果电压不正常，检量其电源线路连接；如果电压正常，但操纵超车灯开关时，前照灯不亮，则需检查超车灯开关、前照灯线路及前照灯等。

将车灯开关拨至2档，用直流电压表测量变光与超车灯开关端子56，应为蓄电池电压。如果电压为0V，检查车灯开关、车灯电源线路；如果电压正常，但前照灯不亮，检查变光开关、前照灯连接线路及前照灯。

第五节　信 号 电 路

汽车信号电路由声响信号装置、灯光信号装置和控制开关组成，用于向其他车辆和行人发出警告，以引起注意，确保行车安全。

一、电喇叭

1. 电喇叭的类型

目前汽车上使用的电喇叭有触点式和电子式两大类。

触点式电喇叭内部的电磁铁电路串联了触点，工作时，通过触点的开闭循环，使电喇叭电路形成脉动电流，使喇叭膜片振动发声。触点式电喇叭的触点在工作中会产生触点火花，使触点容易烧蚀而影响其工作的可靠性。

电子式电喇叭也称无触点电喇叭，用电子振荡电路来产生脉动电流。无触点电喇叭避免了触点火花问题，其工作可靠性较高。因此，现代汽车使用逐渐增多。

2. 触点式电喇叭

（1）触点式电喇叭的结构特点

触点式电喇叭有筒形、螺旋形和盆形等不同的结构型式，其工作原理基本相同。触点式电喇叭主要由铁心、衔铁、电磁线圈、触点、膜片等组成。盆形电喇叭的结构与原理如图3-69所示。

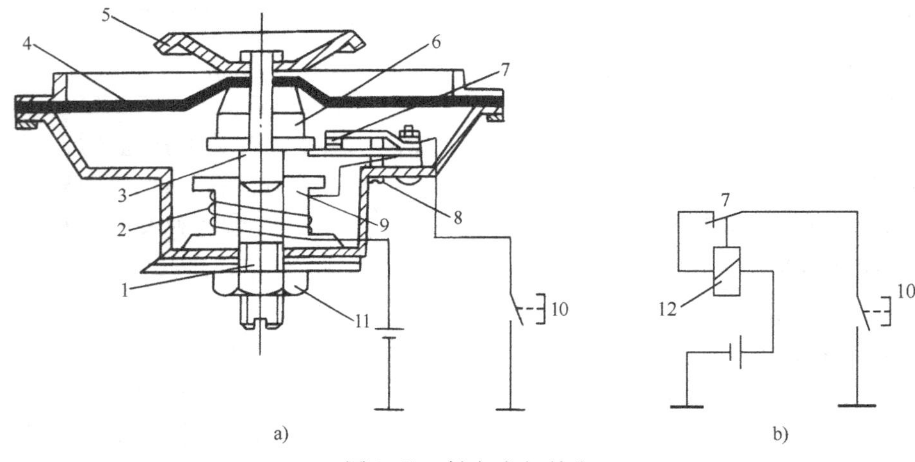

图3-69　触点式电喇叭

a）结构简图　b）等效电路

1—下铁心　2—电磁线圈　3—上铁心　4—膜片　5—共鸣板　6—衔铁　7—触点　8—调整螺钉　9—铁心　10—按钮　11—锁紧螺母　12—喇叭线圈、铁心及衔铁

膜片、共鸣板、衔铁与活动的上铁心固定在一起，管式铁心上绕有电磁线圈，电磁线圈通过触点与外电路相通；电磁线圈通电时产生磁力可将上铁心吸下，衔铁随上铁心下移中会将原闭合的触点顶开。触点式电喇叭可等效为线圈通断电受自身触点控制的常闭式继电器（图3-69b）。

（2）触点式电喇叭的工作原理

按下喇叭按钮，电喇叭内电磁线圈通电，其电流通路为：蓄电池+→电磁线圈→触点→喇叭按钮→搭铁→蓄电池-。电磁线圈产生磁力，吸动上铁心及衔铁下移，使膜片下拱；衔铁下移中将触点顶开，电磁线圈断电而磁力消失，上铁心、衔铁及膜片又在触点臂和膜片自身弹力的作用下复位，触点又闭合；触点闭合后，电磁线圈又通电，产生磁力吸下上铁心和衔铁，如此循环，使膜片振动，产生较低频的基频振动，并促使共鸣板产生一个比基本频振强、分布较集中的谐振。基音和谐音混合成音量适中、和谐悦耳的声音。

3. 无触点电喇叭

（1）无触点电喇叭的结构特点

无触点电喇叭也称电子式电喇叭，主要由电子电路和扬声器组成。电子式电喇叭用晶体管代替触点，避免了触点式电喇叭其触点容易烧蚀和氧化，使电喇叭的工作可靠性不稳定，故障率较高的缺点。

无触点电喇叭电路原理一例如图 3-70 所示。电子电路由振荡电路和功率放大电路两部分组成。晶体管 VT_1、VT_2、VT_3 和电容 C_1、C_2 及电阻 R_1 ~ R_9 组成多谐振荡电路，VT_3、VT_4、VT_5组成功率放大电路。

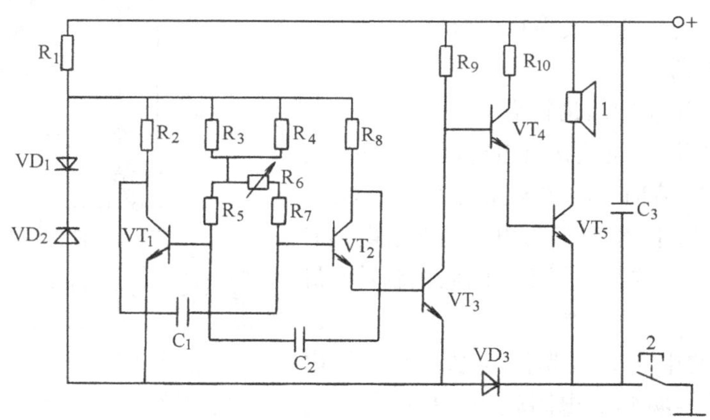

图 3-70　无触点电喇叭电路原理

1—扬声器　2—喇叭按钮

（2）无触点电喇叭的工作原理

按下喇叭按钮后，电子电路接通电源。VT_1、VT_2工作在放大区，刚通电时，VT_1和 VT_2得到正向偏压，但由于两晶体管参数必定存在微小的差别，使得它们的导通程度不可能完全一致。假设在电路接通的瞬间 VT_1先于 VT_2导通，VT_1的集电极电位 u_{c1}首先下降，于是，多谐振荡电路通过 C_1、C_2正反馈电路有如下的正反馈过程：

$$\longrightarrow u_{c1}\downarrow \rightarrow u_{b2}\downarrow \rightarrow i_{b2}\downarrow \rightarrow i_{c2}\downarrow \rightarrow u_{c2}\uparrow \rightarrow u_{b1}\uparrow \rightarrow i_{b1}\uparrow \rightarrow i_{c1}\uparrow —$$

这一反馈过程使 VT_1迅速饱和导通而 VT_2则迅速截止，VT_3也截止，电路进入暂稳态。暂稳态期间，C_1充电使 u_{b2}升高，当 u_{b2}达到 VT_2的导通电压时，VT_2开始导通，VT_3也随之导通。这时，又产生如下正反馈过程：

$$\longrightarrow u_{b2}\uparrow \rightarrow i_{b2}\uparrow \rightarrow i_{c2}\uparrow \rightarrow u_{c2}\downarrow \rightarrow u_{b1}\downarrow \rightarrow i_{b1}\downarrow \rightarrow i_{c1}\downarrow \rightarrow u_{c1}\uparrow —$$

这一反馈过程又使 VT_2迅速饱和导通而 VT_1则迅速截止，电路进入新的暂稳态。这时，C_2的充电又使 u_{c1}升高，当 u_{c1}上升至 VT_1的导通电压时，VT_1又导通，电路又产生前一个正反馈过程，又使 VT_1迅速饱和导通而 VT_2、VT_3则迅速截止。如此周而复始，形成振荡。此振荡电流信号经 VT_4、VT_5的直流放大，控制喇叭线圈电流的通断，从而使电喇叭发出声音。

电路中，电容 C_3是对喇叭电源滤波，以防止其他电电路瞬变电压的干扰。VD_2、R_1为多谐振荡器的稳电压电路，其作用是使振荡频率稳定。VD_1用作温度补偿，VD_3起电源反接保护作用。R_6可用于调节喇叭的音量。

二、转向信号装置

1. 转向信号装置的组成与类型

转向信号装置主要由转向灯、闪光器、转向灯开关等组成。转向灯的闪烁是由闪光器控制的，闪光器有热丝式、电容式、翼片式和电子式等不同类型。热丝式闪光器由于其工作可靠性较差，闪光频率不稳定，已经被淘汰。目前在汽车上使用的闪光器有电容式、翼片式及电子式等几种形式。

2. 电容式闪光器

（1）电容式闪光器的结构特点

电容式闪光器实际上是连接有电容器的特殊继电器。电容式闪光器的结构及内部电路有不同的形式，但其工作原理基本相同，都是通过电容的充放电延时特性，控制继电器触点按某一频率开闭而控制转向灯闪烁。

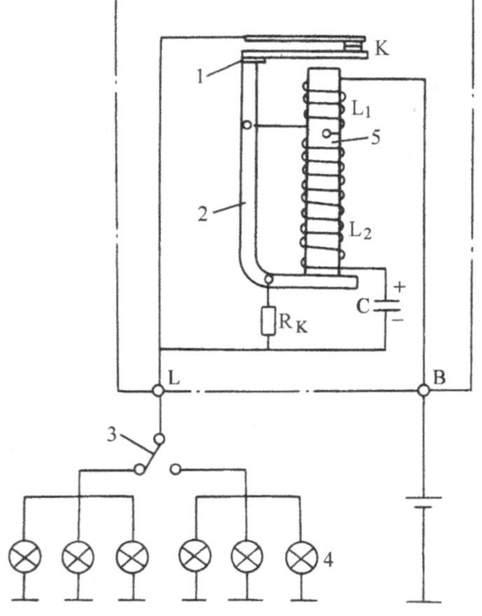

图 3-71　电容式闪光器

1—弹簧片　2—磁轭　3—转向灯开关　4—转向灯及转向指示灯　5—铁心

图 3-71 所示的电容式闪光器其触点常闭，串联于转向灯电路的线圈 L_1 其电阻较小；L_2 的一端通过铁心和磁轭与触点 K 相连，另一端串接电容 C 后与触点相接，L_2、C 与触点并联（图 3-51b），线圈 L_2 的电阻较大。

（2）电容式闪光器工作原理

接通转向灯开关后，L_1 通电，电流由蓄电池 +→L_2→触点→转向灯开关→转向灯及转向指示灯→搭铁到蓄电池 -。此时，L_2 和 C 电路被触点短路，无电流通过，但 L_1 通过的电流较大，所产生的磁力足以克服弹簧片的弹力而使触点张开，因此，转向灯一闪亮立即变暗。

触点断开后，电源便向 C 充电，其充电电流通路为：蓄电池 +→L_1→磁轭及铁心→L_2→C→转向灯开关→转向灯及转向指示灯→搭铁→蓄电池 -。由于 L_2 的电阻较大，其充电电流较小，故灯暗。这时，两线圈产生磁场的方向相同，所以其合成磁力能使触点保持在张开状态，从而使转向灯保持暗的状态。

电容 C 在充电过程中，其端电压逐渐升高，充电电流随之减小。当 C 的充电电流减小至 L_1 和 L_2 两线圈的磁力不足以克服弹簧片的弹力时，触点又闭合。这时，通过转向灯的电流增大，灯变亮。与此同时，C 通过触点放电，其放电电流通路为：C +→L_2→铁心及磁轭→K→C -。由于 C 的放电电流使 L_2 产生的磁场与 L_1 相反，削弱了 L_1 的磁力，因而此时不能使触点张开，转向灯保持亮的状态。

电容 C 放电过程中，其放电电流逐渐减小，L_2 产生的磁场逐渐减弱。当 L_2 产生的磁场减弱至削弱 L_2 的磁场作用基本消失时，L_1 产生的磁力又使触点张开，灯光又变暗。接着又是 C 充电，如此反复，C 不断地充电放电，使触点定时地打开和闭合，从而使转向灯按一定的频率闪光。

电容充放电回路的 R、C 参数决定了转向灯的频率，工作中，R、C 参数变化不大，因此转向灯的闪光频率也就比较稳定。电阻 R_K 与触点并联，起减小触点火花的作用。

3. 翼片式闪光器

（1）翼片式闪光器的结构特点

翼片式闪光器是通过其热胀条通断电时的热胀冷缩，使翼片产生变形动作来开闭触点，使转向灯闪烁。翼片式闪光器有直热式和旁热式两种形式，图 3-72 所示的是直热翼片闪光器。

翼片为弹性钢片，热胀条是热胀系数较大的合金钢带。热胀条在冷却状态时，将翼片绷紧成弓形，使触点处于闭合状态。

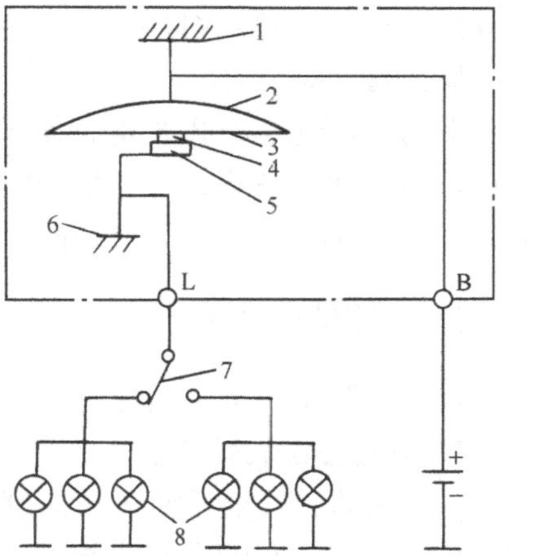

（2）直热翼片式闪光器工作原理

接通转向灯开关时，转向灯通电，其电路为：蓄电池 +→接线柱 B→翼片→热胀条→触点→接线柱 L→转向灯开关→转向灯和转向指示灯→搭铁→蓄电池 -，转向灯亮。

图 3-72　直热翼片式闪光器
1、6—支架　2—翼片　3—热胀条　4—动触点　5—静触点　7—转向灯开关　8—转向灯及转向指示灯

这时，热胀条通电而受热伸长，当热胀条伸长至一定长度时，翼片在其自身弹力作用下突然绷直，使触点断开，转向灯电流被切断，转向灯熄灭。

触点断开后，热胀条因断电而冷却收缩，最终又使翼片弯曲成弓形，触点又闭合。触点闭合又接通了转向灯电路，转向灯又亮起。如此交替变化，使转向灯闪烁。

还有一种旁热翼片式闪光器，与直热翼片式闪光器不同的是热胀条由绕在其上的电热丝通电后产生的热量加热。

翼片式闪光器其翼片在工作时的突然伸直和弯曲所发出的弹跳声，可以从声音上给驾驶人以“转向灯开着”的提示。

4. 电子闪光器

（1）电子闪光器的结构特点

目前汽车使用的电子闪光器种类繁多，但大体可分为有触点和无触点两种类型。有触点电子闪光器仍以电磁继电器触点的开闭来控制转向灯闪烁，但继电器线圈电流的通断则由电子电路来控制。无触点电子闪光器则由电子电路控制晶体管的导通和截止使转向灯闪光。

电子闪光器具有性能稳定和工作可靠的特点，已被现代汽车广泛使用。

图 3-73 所示的是国产 SG131 型无触点闪光器。晶体管 VT_3 由 VT_1、VT_2、R_1、R_2、C 组成的电子电路控制其按一定时间间隔导通和截止，使转向灯闪光。

（2）电子闪光器工作原理

接通转向灯开关后，电源通过 R_2 和 R_1、C 向 VT_1 提供正向偏压，VT_1 导通，使 VT_2 无基极电压而截止，VT_3 随之截止。由于 VT_1 的集电极电流很小，所以 VT_1 导通时转向灯是暗的。

电源通过 R_1 对 C 充电，使 C 的电压逐渐增大，VT_1 的基极电位则逐渐下降。当 VT_1 基极电位降至

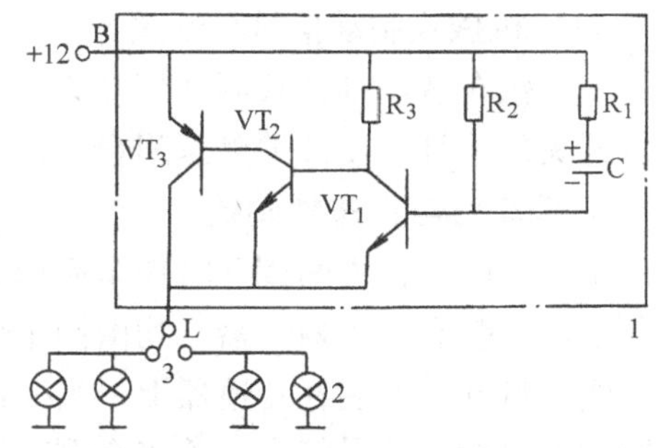

图 3-73　国产 SG131 型无触点闪光器
1—闪光器　2—转向灯　3—转向灯开关

其导通电压以下时，VT_1截止。VT_1截止后，VT_2通过 R_3得到正向偏压而导通，VT_3也随之导通，转向灯变亮。

此时，C 经 R_1、R_2放电，使 VT_1的截止保持一段时间，转向灯也保持亮的状态。随着 C 放电电流的逐渐减小，VT_1基极电位又开始升高，当达到其正向导通电压时，VT_1又导通，VT_2、VT_3又截止，转向灯又变暗。如此循环，使转向灯闪烁。

三、其他信号装置

汽车上除了电喇叭和转向信号装置，还设有危险警告、制动、倒车示廓等信号装置。

1. 危险警告信号装置

危险警告信号通过两边转向灯的同时闪光发出，在汽车出现故障或其他紧急情况下使用，用于向其他车辆和行人报警。危险警告信号电路通常与转向信号电路共用一个闪光器，其控制电路如图 3-74 所示。

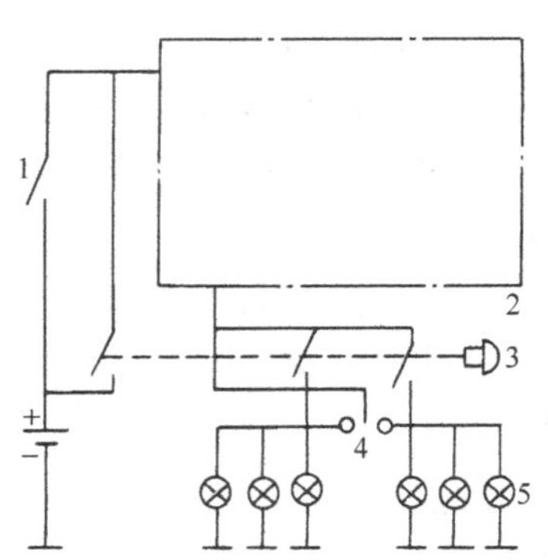

图 3-74　危险警告信号电路
1—点火开关　2—闪光器　3—危险警告开关　4—转向开关　5—转向灯及转向指示灯

危险警告开关内的两个触点可同时接通两侧的转向灯电路，另一个触点（转向灯不经点火开关控制的无此触点）则是将闪光器直接与蓄电池连接，以使危险警告信号在点火开关关闭（停车）时也可使用。有些汽车的危险警告信号由专用的闪光器控制，不与转向信号共用闪光器。

2. 制动信号装置

汽车的制动信号由车尾的制动信号灯亮起表示，制动信号灯由制动灯开关控制。控制制动信号灯的制动灯开关有液压式、气压式及机械式等不同的形式。

（1）液压式制动灯开关

液压式制动灯开关在采用液压制动系统的汽车上使用，通常安装在液压制动主缸的前端。汽车制动时，制动系中液压力增大，液压力推动制动开关内的膜片克服弹簧力移动，带动接触桥将开关触点接通，使制动信号灯电路通电。

除了在车尾灯处的制动灯外，有的汽车还装有高位制动灯，以使制动信号更加醒目。

（2）气压式制动灯开关

气压式制动灯开关在采用气压制动的汽车上使用，安装在制动系气压管路上。制动时，制动压缩空气推动开关内橡皮膜片克服弹簧力移动，使开关触点闭合，接通制动灯电路。

（3）机械式制动信号灯开关

一些汽车装用推杆式制动灯开关，安装在制动踏板处。制动时，直接由制动踏板推动制动灯开关的推杆，使开关触点闭合，接通制动信号灯电路。

3. 倒车灯与倒车蜂鸣器

倒车灯除了在夜间倒车时作车后场地照明外，还起倒车警告信号的作用。有些汽车在其后部还同时装有倒车蜂鸣器，均由倒车灯开关控制。

倒车灯开关安装在变速器上，当变速杆拨至倒档时，倒车灯开关触点闭合，倒车信号灯电路通电，倒车信号灯亮。若接有倒车蜂鸣器，倒车蜂鸣器同时间歇发声，以警告行人和其他车辆的驾驶人注意。

4. 示廓灯

示廓灯用于夜间行车时，标志汽车的宽度和高度，因此，也有人将其称之为“示宽灯”和“示高灯”。示廓灯一般采用单丝的小型灯泡，有的示廓灯与转向灯和制动灯共用一个灯泡。示廓灯一般由车灯开关控制，在车灯开关的Ⅰ档和Ⅱ档时均点亮。

在一些汽车上，示廓灯还可用其他的开关控制。比如桑塔纳轿车，当点火开关处在关断位置时，停车灯开关与电源接通，可用停车开关接通一侧的示廓灯。这时的示廓灯被当作停车灯使用。

四、典型载货汽车信号电路

载货汽车的信号电路的设置基本一致，信号电路的结构型式差别也不大。典型的载货汽车信号电路如图 3-75 所示。

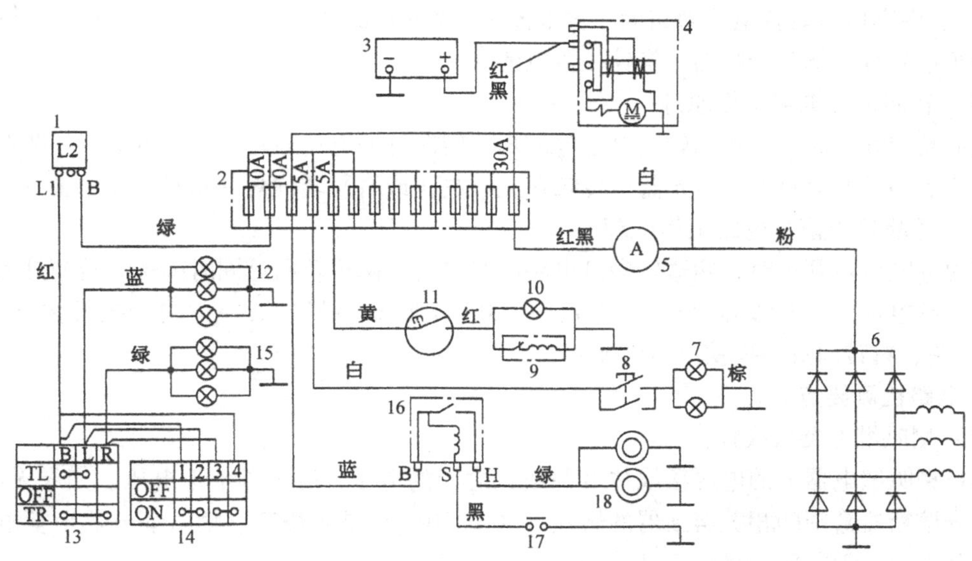

图 3-75　典型的载货汽车信号电路

1—闪光器　2—熔断器盒　3—蓄电池　4—起动机　5—电流表　6—发电机　7—制动灯　8—制动灯开关　9—倒车蜂鸣器　10—倒车灯　11—倒车灯开关　12—左转向灯及转向指示灯　13—转向灯开关　14—危险警告灯开关　15—右转向灯及转向指示灯　16—喇叭继电器　17—喇叭按钮　18—电喇叭

1. 电路特点分析

该信号电路应用于解放 CA1091 载货汽车，各信号装置独立工作，均由各自的控制开关控制。

在喇叭电路中，喇叭继电器的触点为常开，在继电器线圈通电时触点闭合，接通喇叭电路。喇叭继电器线圈一端连接电源，另一端通过喇叭按钮搭铁，在喇叭按钮按下时通电。设置喇叭继电器是为了保护喇叭按钮，延长其使用寿命。因为该车型信号系统采用了双音喇叭，所需的电流较大，若直接由喇叭按钮控制，按钮触点容易烧蚀。

危险警告开关的 1、4 端子连接闪光器，2、3 端子分别连接左转向灯和右转向灯。当按下危险警告开关时，开关内部触点将 1、2 端子和 3、4 接通，使左右转向灯均闪光。

2. 电路工作原理

（1）喇叭电路工作原理

驾驶人按下喇叭按钮时，喇叭继电器线圈通电，喇叭继电器触点闭合，电喇叭通电发声。电喇叭的电流通路为：蓄电池+→30A熔断器→电流表→10A熔断器→喇叭继电器触点→电喇叭→搭铁→蓄电池-。

（2）制动信号电路工作原理

驾驶人踩下制动踏板时，制动开关闭合，制动信号灯通电亮起。制动信号灯电流通路为：蓄电池+→30A熔断器→电流表→5A熔断器→制动灯开关→制动信号灯→搭铁→蓄电池-。

（3）倒车信号电路工作原理

驾驶人将变速器挂入倒档时，倒档开关闭合，倒车信号装置通电工作（蜂鸣器响、倒车灯亮）。倒车信号装置电流通路为：蓄电池+→30A熔断器→电流表→5A熔断器→倒档开关→倒车信号灯、倒车蜂鸣器→搭铁→蓄电池-。

（4）转向信号电路工作原理

接通转向开关时，一边的转向灯通电闪烁。转向灯的电流通路为：蓄电池+→30A熔断器→电流表→10A熔断器→闪光器→转向开关→左（或右）转向灯→搭铁→蓄电池-。

（5）危险警告信号电路工作原理

接通危险警报开关时，两边转向灯电路同时接通，两边转向灯同时闪烁。转向灯的电流通路为：蓄电池+→30A熔断器→电流表→10A熔断器→闪光器→危险警报开关（1—2、3—4）→左、右转向灯→搭铁→蓄电池-。

3. 电路检测要点

（1）喇叭继电器接线柱

测量喇叭继电器上的电源接线柱B与搭铁之间的电压，应为蓄电池电压。如果无电压，则需检查熔断器盒中的相关熔断器的熔丝（30A、10A）是否烧断、喇叭继电器至蓄电池之间的线路连接有无断脱或接触不良。

测量喇叭继电器上的按钮接线柱S与搭铁之间的电压，应为蓄电池电压。如果B接线柱电压正常而S接线柱无电压，则为线圈电路有断路故障，需更换喇叭继电器。

测量喇叭继电器上的喇叭接线柱H与搭铁之间的电阻，应为通路（电阻很小）。如果不通或电阻较大，则需检查电喇叭的线路连接是否有断脱或接触不良、电喇叭是否有故障。

（2）闪光器接线柱

测量闪光器电源接线柱B与搭铁之间的电压，应为蓄电池电压。如果无电压，则需检查熔断器盒中的相关熔断器的熔丝（30A、10A）是否烧断、闪光器至蓄电池之间的线路连接有无断脱或接触不良。

测量闪光器上的转向灯接线柱L与搭铁之间的电压，应为蓄电池电压。如果无电压，则为闪光器内部有断路，需更换闪光器。

五、典型轿车信号系统电路

一些轿车的信号电路与载货汽车有所不同，典型的轿车信号系统电路一例如图3-76所示。

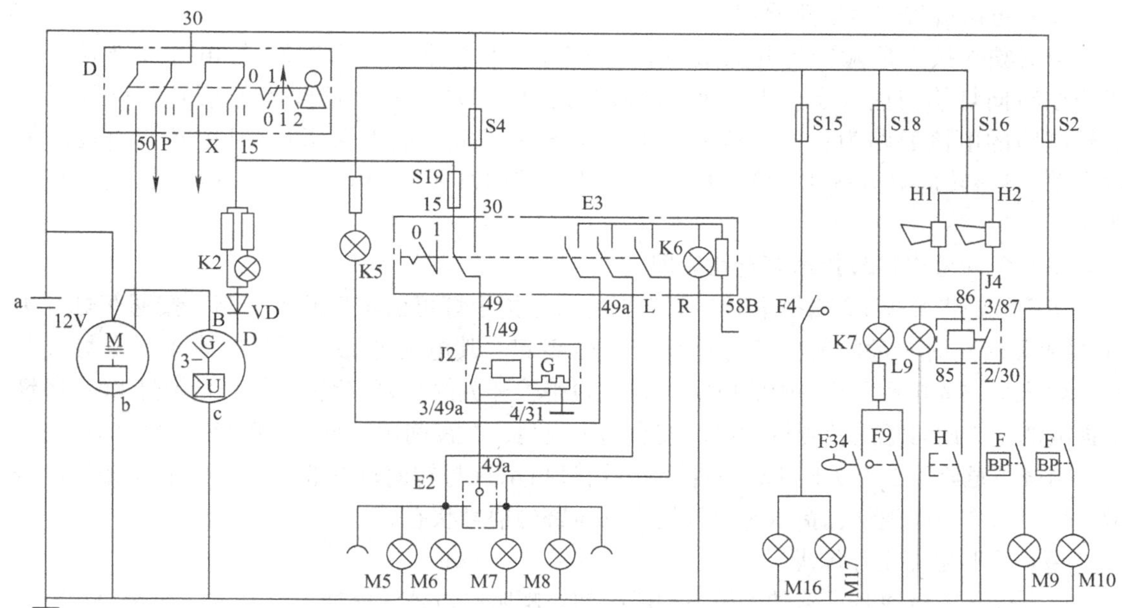

图 3-76　典型轿车信号系统电路原理

K2—充电指示灯　E2—转向灯开关　E3—危险警告开关　F—制动灯开关　F4—倒车灯开关　F9—驻车制动开关　F34—制动液液面警告开关　H—喇叭按钮　H1、H2—电喇叭　J2—闪光器　J4—喇叭继电器　J59—中间继电器　K5—转向指示灯　K6—危险警告指示灯　K7—双回路和驻车制动灯　M9、M10—制动灯　M5、M6、M7、M8—转向信号灯　M1、M2、M3、M4—示廓灯　M16、M17—倒车灯　L9—灯光开关照明灯

1. 电路特点分析

该信号系统电路应用于桑塔纳轿车，电路中配用了双电喇叭，电喇叭的工作电流较大，因而也配备了喇叭继电器。该信号电路中的电喇叭自身并不搭铁，而是通过喇叭继电器的触点闭合接通搭铁。

闪光器至电源的电路中串接了危险警告开关、点火开关，在危险警告开关“0”位、点火开关“1”时闪光器连通蓄电池。因此，在点火开关关闭（发动机熄火）时，即使接通转向灯开关，转向灯也不会工作。

危险警告开关中有一个与点火开关并联的触点，危险警告开关在“1”位时，将闪光器直接接通蓄电池，使危险警告信号装置在停车时也可使用。

转向指示灯 K5 与闪光器 J2 并联，与转向灯串联。因此，转向指示灯与转向灯交替闪亮，即转向灯亮（闪光器通路）时转向指示灯不亮，转向灯熄灭（闪光器断路）时转向指示灯亮。

2. 电路工作原理

（1）转向信号电路原理

在危险警告开关 E3 未按下时，闪光器 J2 电源接线柱通过危险警告开关连接 15 号电源线。点火开关接通时，15 号电源通电，此时，驾驶人将转向开关拨向一边时，一边的转向灯通电闪烁，其电流通路为：蓄电池 + →点火开关→熔断器 S19→危险警告开关 E3→闪光

器 J2→转向灯开关 E2→左侧转向灯 M5、M6（或右侧转向灯 M7、M8）→搭铁→蓄电池 -

（2）危险警告信号电路原理

当驾驶人按下危险警告开关 E3 时，闪光器 J2 电源接线柱与 30 号电源线连接，并使两边转向灯均与闪光器连接，两边转向灯同时闪烁，发出危险警告信号。危险警告信号电路的电流通路为：蓄电池 + →熔断器 S4→危险警告开关 E3→闪光器 J2→危险警告开关 E3→转向灯开关 E2 接线柱→左右两侧转向灯 M5、M6、M7 和 M8→搭铁→蓄电池 - 。

（3）危险警告信号指示灯电路原理

在危险警告开关 E3 未按下时，危险警告信号指示灯可由车灯开关控制，接通车灯开关（1 档或 2 档）时，危险警告信号指示灯通电亮起，其电流通路为：蓄电池 + →车灯开关 E1→仪表灯调光电阻 E20→限流电阻（在危险警告开关内）→危险警告信号指示灯 K6→搭铁→蓄电池 - 。此时危险警告灯因电流较小而不很亮，在夜间用于显示危险警告开关的位置。

当按下危险警告开关时 E3，危险警告信号指示灯与转向灯并联，此时，危险警告信号指示与转向灯一起闪烁，指示转向灯处于危险警告信号状态。

（4）喇叭电路工作原理

在点火开关接通时，驾驶人按下喇叭按钮，喇叭继电器线圈通电，其电流通路为：蓄电池 + →点火开关→熔断器 S18→喇叭继电器线圈→喇叭按钮 H→搭铁→蓄电池 - 。喇叭继电器线圈通电后吸合喇叭继电器触点，电喇叭通电发声。电喇叭的电流通路为：蓄电池 + →点火开关→熔断器 S16→电喇叭→喇叭继电器触点→搭铁→蓄电池 - 。

3. 电路检测要点

（1）喇叭继电器接线柱

接通点火开关，测量喇叭继电器上的电源接线柱 86 与搭铁之间的电压，应为蓄电池电压。如果无电压，则需检查熔断器盒中的 S18 熔断器的熔丝是否烧断、喇叭继电器至点火开关之间的线路连接有无断脱或接触不良。

在接通点火开关的情况下，测量喇叭继电器上的按钮接线柱 85 与搭铁之间的电压，应为蓄电池电压。如果 86 接线柱电压正常而 85 接线柱无电压，则为喇叭继电器线圈有断路故障，需更换喇叭继电器。

按下喇叭按钮，再测量喇叭继电器 85 接线柱与搭铁之间的电压，应为 0V。如果电压不为 0V，则需检修喇叭按钮触点。

在接通点火开关的情况下，测量喇叭继电器上的喇叭接线柱 87 与搭铁接线柱 2/30 之间的电压，应为蓄电池电压。如果无电压，需检查熔断器 S16、电喇叭及喇叭继电器搭铁线路。

（2）闪光器接线柱

接通点火开关，测量闪光器 J2 电源接线柱 1/49 与搭铁之间的电压，应为蓄电池电压。如果无电压，则需检查熔断器盒中的熔断器 S19 的熔丝是否烧断、危险警告开关内部触点是否接触不良。

接通点火开关，测量闪光器上的转向灯接线柱 3/49 与搭铁之间的电压，应为蓄电池电压。如果无电压，则为闪光器内部有断路，需更换闪光器。

第六节　仪表与指示灯电路

汽车仪表及指示灯电路由各仪表、指示灯和传感器组成，用于向驾驶人指示汽车行驶情况和发动机运行状况，以便于驾驶人正确使用汽车，及时发现异常，提高行车安全。

一、发动机机油压力表

1. 机油压力表的组成与类型

发动机机油压力表用于指示发动机润滑系统的工作压力，由装在发动机主油道的机油压力传感器和仪表板上的油压指示表两部分组成。

机油压力表有双金属片式、电磁式和动磁式几种，其中双金属片式的使用最为广泛。机油压力表的传感器也有双金属式和电位计式等不同的结构型式。

2. 双金属片式机油压力表

双金属片式机油压力表也称电热式机油压力表，指示表和传感器均为双金属式的机油压力表电路原理如图3-77所示。

（1）双金属片式机油压力表结构特点

机油压力表传感器内部膜片的下腔与发动机主油道相通，机油压力可通过膜片、带触点的弹簧片作用到触点上。机油的压力高，触点的接触压力就大。

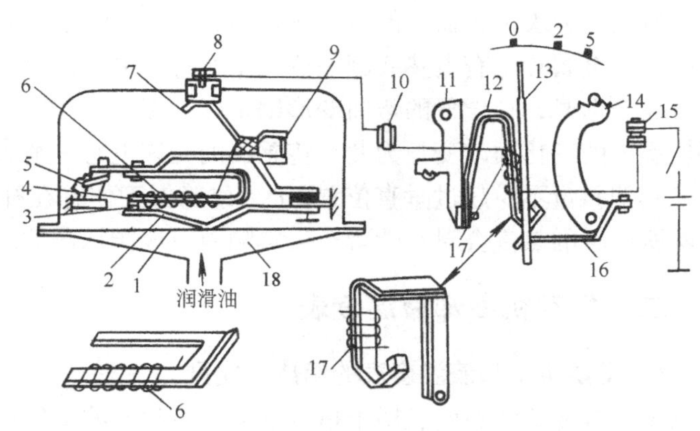

图3-77　双金属片式机油压力表电路

1—膜片　2—带触点弹簧片　3—触点　4、12—双金属片　5、11、14—调节齿轮　6、17—加热线圈　7—接触片　8、10、15—接线柱　9—校正电阻　13—指针　16—弹簧片　18—机油压力腔

机油压力表传感器内的双金属片上绕有加热线圈，加热线圈经触点与搭铁相连。加热线圈不通电时，双金属片自然伸直，使触点处于闭合状态。加热线圈通电时，其产生的热量使双金属片温度上升而向上弯曲，并最终会使触点张开。触点张开时，加热线圈的搭铁通路就被断开。

机油压力指示表中的双金属片也绕有加热线圈，其加热线圈通电产生的热量会使双金属片弯曲，并带动指针偏摆。

（2）双金属片式机油压力表的工作原理

接通点火开关（或电源开关）时，机油压力表电路通路，机油压力指示表和传感器内部的加热线圈均通电，其电流通路为：

蓄电池＋→点火开关（或电源开关）→接线柱15→指示表加热线圈→接线柱10→连接导线→接线柱8→接触片→传感器加热线圈→触点→带触点弹簧片→搭铁→蓄电池－。

传感器中的加热线圈通电产生的热量使双金属片受热向上弯曲，并最终使触点断开。触点断开后，加热线圈电路被切断，双金属片逐渐冷却而伸直，使触点重新闭合。触点闭合后，加热线圈再次通电发热，使双金属版再次弯曲而触点分开，如此循环，触点处于开闭交替状态，形成一个脉动的电流，如图3-78所示。

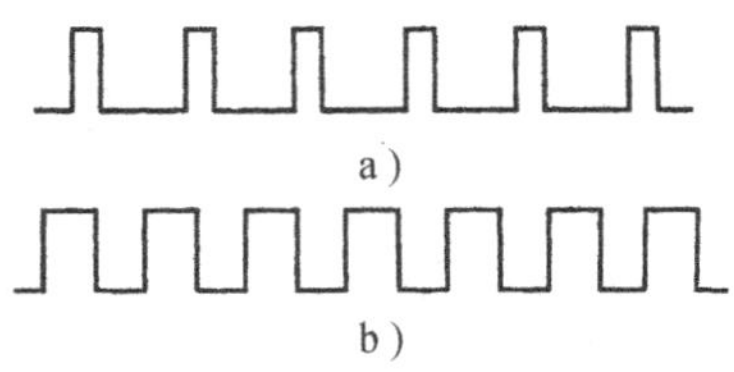

图3-78 双金属片式机油压力表工作电压波形
a）机油压力低的电流波形
b）机油压力高时电流波形

当机油压力很低时，由于此时机油压力腔的压力低，使触点的接触压力很小，双金属片稍有受热弯曲就会使触点断开。此时触点闭合时间很短，分开的相对时间则较长，使得电路中的有效电流值较小，故指示表内的双金属片受热弯曲变形也小，指针的偏摆角度较小，指示低的油压值。

当机油压力升高时，传感器机油压力腔内的压力也增大，通过膜片使触点的接触压力增大。此时电热线圈需经过较长时间通电，使双金属片得到较大的弯曲才能将触点分开，触点分开后则只需较短的时间又可闭合，使得电路中的有效电流增大。流过指示表加热线圈的电流增大后，其双金属片受热弯曲变形也大，带动指针偏摆较大的角度，指示的油压示值相应增大。

机油压力表传感器中的双金属片制成“U”形是为了使机油压力的示值不受外界温度的影响。双金属片绕有电热线圈一侧为工作臂，另一侧为补偿臂。当因外界温度升高而使工作臂弯曲变形时，补偿臂的弯曲变形则正好补偿了工作臂的变形，使得指示表的油压示值不因环境温度的变化而改变。为此，传感器的壳体上有一箭头作为安装标记。安装时，箭头应向上，其偏斜量不应超过垂直位置30°，以确保工作臂在补偿臂的上方。否则，工作臂上加热线圈所产生的热量会对补偿臂产生影响而造成指示误差。

二、发动机冷却液温度表

1. 发动机冷却液温度表的组成与类型

发动机冷却液温度表用于指示发动机冷却液的工作温度，它由安装在仪表板上的温度指示表和安装于发动机气缸盖水套的温度传感器组成。

发动机冷却液温度表的指针式指示表有双金属片式和电磁式两类，传感器也有双金属片式和热敏电阻式两种。

2. 双金属片式冷却液温度表

双金属片式冷却液温度表也称电热式温度表。温度指示表和传感器均为双金属片式的冷却液温度表电路如图3-79所示。

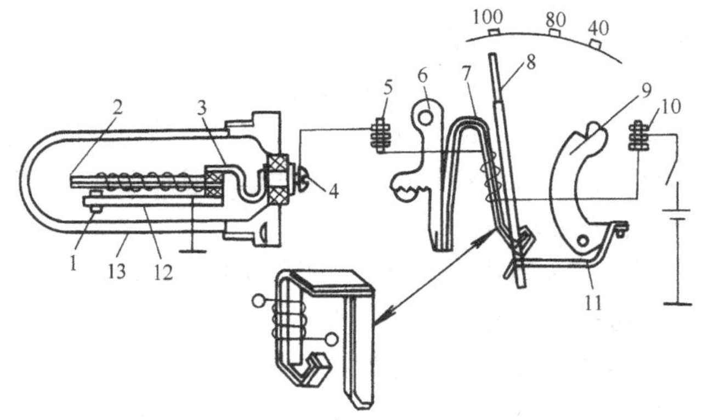

图3-79 双金属片式冷却液温度表
1—触点 2、7—双金属片 3—连接片 4、5、10—接线柱
6、9—调节齿轮 8—指针 11—弹簧片
12—底板 13—传热套筒

双金属片式传感器的传热套筒置入发动机冷却液中，发动机冷却液的热量通过传热套筒传入传感器中，会使传感器中双金属片的温度上升而向上弯曲，因此，其触点的接触压力会随发动机冷却液温度的上升而减小。

传感器内双金属片上所绕的加热线圈也是通过触点搭铁，加热线圈通电产生的热量也会加热双金属片，也使双金属片向上弯曲，并最终使触点断开。因此，当接通点火开关后，传感器内的触点会不断地张开闭合，使发动机冷却液温度表电路中形成脉动电流。

双金属片式温度指示表与双金属片式机油压力指示表的结构相同，其工作原理也相似，仅示值刻度不同，双金属片式冷却液温度指示表指针偏摆角度大的一侧，其温度示值小。

3. 电磁式发动机冷却液温度表

电磁式发动机冷却液温度表的组成与等效电路如图 3-80 所示。

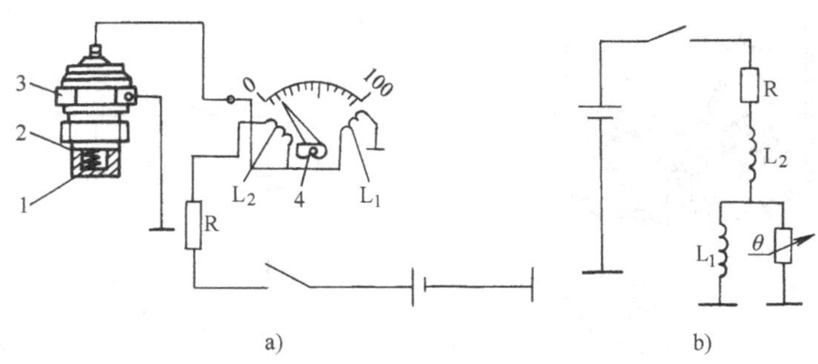

图 3-80　电磁式发动机冷却液温度表

a）发动机冷却液温度表组成　b）发动机冷却液温度表等效电路

1—热敏电阻　2—弹簧　3—传感器壳体　4—衔铁

（1）电磁式发动机冷却液温度表的结构特点

电磁式温度指示表内装有互成一定角度的两个铁心，铁心上分别绕有电磁线圈，其中 L_2 匝数较少，与传感器串联，L_1 匝数较多，与传感器并联，两个铁心的下端设置能绕转轴转动的衔铁，衔铁上带有指针。两电磁线圈通电产生的磁力吸动衔铁转动，带动指针偏摆。

温度传感器内有一个温度系数为负的热敏电阻，其电阻值随温度的上升减小时，会使与之并联的线圈 L_1 电流减小，与之串联的线圈 L_2 电流则稍有增大。串联电阻 R，用以限制流经线圈 L_2 的电流。

（2）电磁式发动机冷却液温度表的工作原理

当发动机冷却液的温度低时，传感器热敏电阻的阻值较大，流经 L_1 和 L_2 线圈的电流相差不多，但由于 L_1 匝数多，产生磁场强，两线圈合成磁场吸引衔铁使指针向低温指示方向偏，指示低温。

当发动机冷却液的温度升高时，传感器的热敏电阻阻值减小，其分流作用增强，使流经 L_1 的电流减小，其磁力减弱，这时两线圈合成磁场的方向变化，使衔铁转动，带动指针向右偏转指向较高温度。

有些汽车上的冷却液温度表传感器为热敏电阻式，而指示表则采用电热式。

三、燃油表

1. 燃油表的组成与类型

燃油表用于指示燃油箱中所储存的燃油量。燃油表装在油箱中的油面传感器和仪表盘上的燃油指示表两部分组成。

指针式燃油指示表也有电磁式和电热式两种，燃油表的传感器一般都是用滑片电阻式传感器。

在一些汽车上，使用电子式燃油表。电子式燃油表用发光二极管显示油箱存油量，或直接用数字显示存油量。

2. 电磁式燃油表

电磁式燃油表的组成与等效电路如图3-81所示。

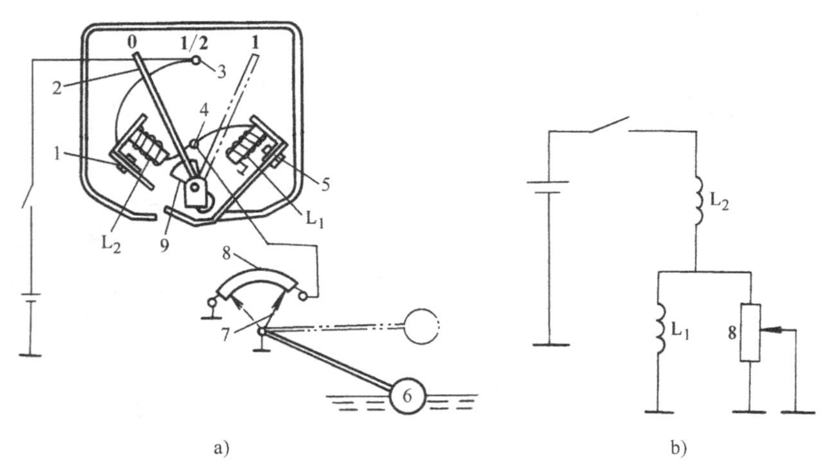

图3-81　电磁式燃油表

a）燃油表组成　b）燃油表等效电路

1—左导磁片　2—指针　3、4—指示表接线柱　5—右导磁片

6—可变电阻　7—传感器接线柱　8—滑片　9—浮子

（1）电磁式燃油表的结构特点

电磁式燃油表的指示表结构和工作与电磁式冷却液温度表相似，也是通过左右两电磁线圈产生的磁力吸引衔铁转动，带动指针摆动。

传感器是一个滑片式可变电阻，当浮子随燃油箱内油面上下移动时，带动滑片滑动，使串入燃油表电路中的电阻值随之改变。

（2）电磁式燃油表的工作原理

当油箱中无油时，浮子就会下沉至最低位置，可变电阻被滑片短路。此时接通点火开关（燃油表电路通电）后，由于右线圈L_1被短路，无电流通过，而左线圈L_2此时的电流达到最大，其产生的电磁力吸动衔铁转动，带动指针指示在“0”的位置。

当油箱装满燃油时，浮子在最高位置，可变电阻串入电路的电阻值最大。此时接通燃油表电路后，L_1、L_2两线圈的电流相差不多，两线圈所产生的合成磁场吸引衔铁转动，带动指针指向“1”的位置。

随着油箱油面下降，随油面下移的浮子带动滑片滑动，使可变电阻的阻值减小，右线圈L_1电流减小，左线圈L_2的电流则稍有增大，两线圈产生的合成磁场吸引衔铁转动的角度减小，使指针向示值低的一侧偏转，燃油表指针指示的值减小。

四、发动机转速表

1. 发动机转速表的作用与类型

在轿车上一般都装有发动机转速表，其作用是监测发动机的转速，为检查和调整发动机、监视发动机的工作状况提供方便。驾驶人通过发动机转速表所指示的发动机转速，可更好地掌握换档时机、利用经济车速。

发动机转速表有机械式和电子式两种。电子式发动机转速表具有指示平稳、结构简单、安装方便等优点，所以被广泛采用。

电子式发动机转速表的转速信号有取自发动机转速传感器、点火线圈初级绕组脉动电压、发电机脉动电压等不同的形式。

2. 单稳态多谐振荡式转速表

一种转速信号取自点火线圈初级绕组脉动电压的单稳态多谐振荡式转速表如图 3-82 所示。

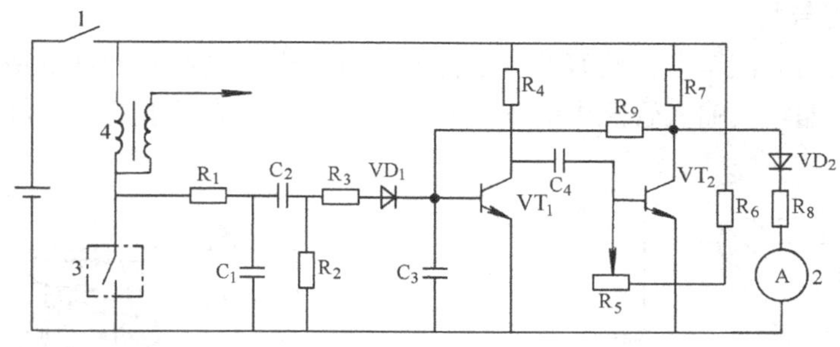

图 3-82　单稳态多谐振荡式电子转速表

1—点火开关　2—转速表　3—电子点火器或断电器触点　4—点火线圈

（1）单稳态多谐振荡式转速表电路结构特点

VT_1、VT_2及相应的电阻和电容组成单稳态多谐振荡电路，R_1、R_3、C_1、C_2组成滤波电路。振荡电路由点火线圈初级回路的通断脉冲触发，产生的振荡脉冲幅度和脉宽一定，振荡频率与点火线圈初级绕组脉动频率相同。

这种转速表实际上是示值标定为转速的电流表。

（2）单稳态多谐振荡式转速表工作原理

接通点火开关但发动机未转动时，VT_2通过 R_5处于正向偏置而导通，VT_2饱和导通后 VT_1和 VD_2就不能导通，因此，转速表无电流通过而读数为零。

发动机转动后，当第一个点火脉冲经滤波电路到达 VT_1的基极而使 VT_1导通后，C_4放电，VT_2的基极电位下降而截止（非稳态），VT_2的集电极电位迅速升高，通过 R_9反馈到 VT_1的基极，使 VT_1迅速饱和导通。在 VT_2截止这段时间内，VD_2导通，转速表有电流通过。VT_2的截止时间取决取 C_4的放电时间，随着 C_4放电流的逐渐减小 VT_2基极电位升高，当达到其导通电压时，VT_2导通，其集电极电位下降，又通过 R_9反馈使 VT_1迅速截止、VT_2饱和导通（稳态）。当第二个断电器脉冲经滤波电路到达 VT_1的基极时，VT_1才第二次导通。

由于经单稳态多谐振荡电路输出的脉冲幅度和脉冲宽度一定，因此，通过转速表的有效电流只与电流脉冲频率（发动机转速）成正比。发动机的转速上升，单稳态多谐振荡电路输出脉冲的频率增加，通过转速表的有效电流增大，转速表的示值相应增大。

五、指示灯/警告灯

指示灯/警告灯电路由各灯和相应的控制开关组成。

1. 机油压力过低指示灯

机油压力过低指示灯电路由仪表板上的红色指示灯和安装在发动机润滑主油道上的压力开关组成。机油压力开关有多种结构型式，薄膜式压力开关机油压力过低指示灯电路如图3-83 所示。

压力开关内的弹簧片使触点保持在闭合状态，因此，接通点火开关（未起动）时，机油压力过低指示灯亮起。

当发动机起动后，发动机润滑系统主油道内的机油压力达到正常时，机油压力将薄膜向上推动，通过推杆将触点顶开，指示灯熄灭。当出现机油压力过低时，推动薄膜的压力减小，触点在弹簧力作用下闭合，使红色指示灯亮起，以示警告。

2. 气压过低警告灯

一些采用气制动的汽车上，装有气压过低警告灯。气压过低警告灯电路由安装在制动系储气筒或制动阀压缩空气输入管路中的气压开关和安装在仪表板上的警告灯组成，如图3-84 所示。

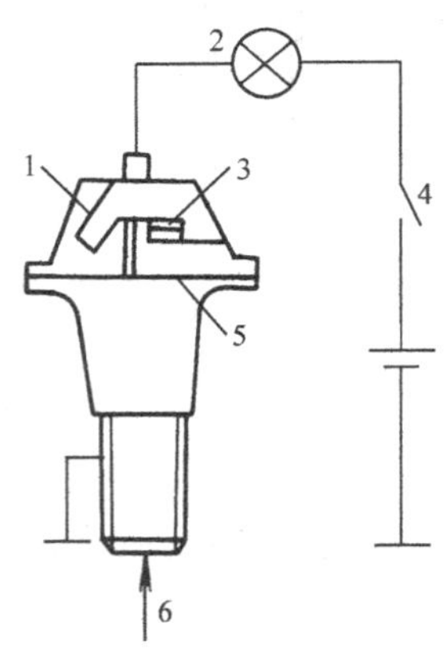

图 3-83　机油压力过低指示灯开关

1—弹簧片　2—指示灯　3—触点

4—点火开关　5—薄膜

6—润滑主油道油压

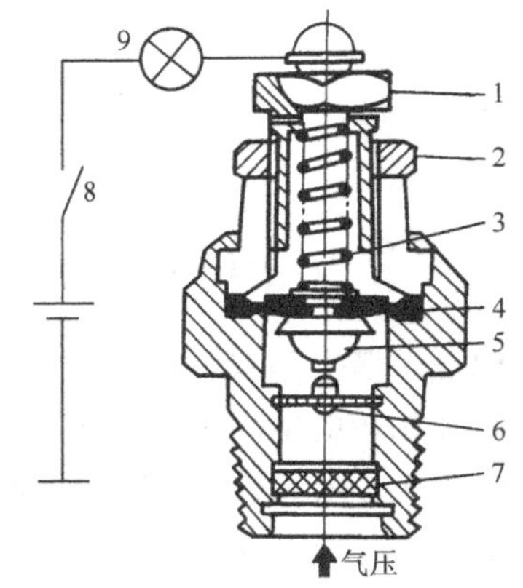

图 3-84　气压过低警告灯电路

1—调整螺栓　2—锁紧螺母　3—回位弹簧　4—膜片　5—动触点　6—固定触点　7—滤清器　8—点火（电源）开关　9——警告灯

气压开关内的触点也是由弹簧力使其保持闭合状态，在正常的气压下，压力推动膜片上移，使触点断开，气压过低警告灯不亮。

当制动系储气筒内的气压降低到 0.34～0.37MPa 时，作用在气压开关膜片上的压力减小，膜片便在回位弹簧力的作用下向下移动，使触点闭合，接通了警告灯电路，警告灯亮起报警。

3. 制动液液面过低警告灯

制动液液面过低警告电路的作用是当制动液液面低于设定值时，红色警告灯亮起，以示

报警。制动液液面过低警告电路由仪表板上的警告灯和安装在制动液储液罐中的传感器组成，图3-85所示的制动液液面过低警告灯电路所用的液面传感器为舌簧开关式。

漂浮在制动液液面上的浮子固定有永久磁铁。在制动液液面正常时，固定在浮子上的永久磁铁离传感器壳体内的舌簧开关距离较远，对舌簧开关的磁力较弱，舌簧开关保持在张开状态，制动液液面过低警告灯不亮。当浮子随着制动液液面下降到设定的低限时，永久磁铁离舌簧开关的距离较近，其磁力作用可使舌簧开关闭合，接通警告灯，以发出警告。

4. 燃油箱液面警告灯

现代汽车上装有燃油箱液面警告灯，用于在燃油箱内燃油快要耗尽时发出警报，以提醒驾驶人及时加油。燃油箱液面警告灯电路由仪表板上的警告灯和安装在燃油箱内的液面传感器组成。采用热敏电阻式液面传感器的燃油箱液面报警电路如图3-86所示。

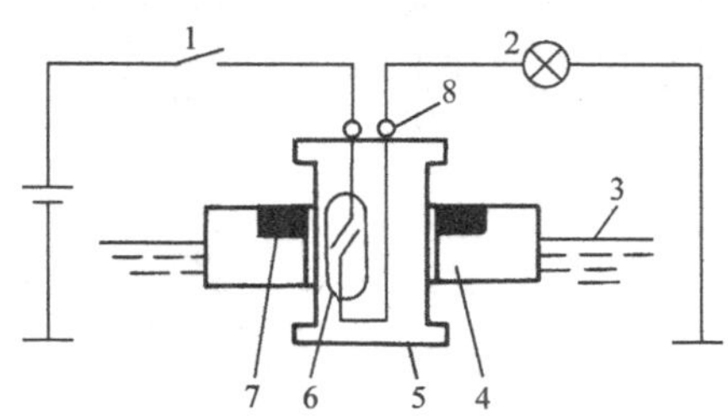

图3-85　制动液液面过低警告灯

1—点火开关　2—警告灯　3—制动液液面
4—浮子　5—传感器外壳　6—舌簧开关
7—永久磁铁　8—接线柱

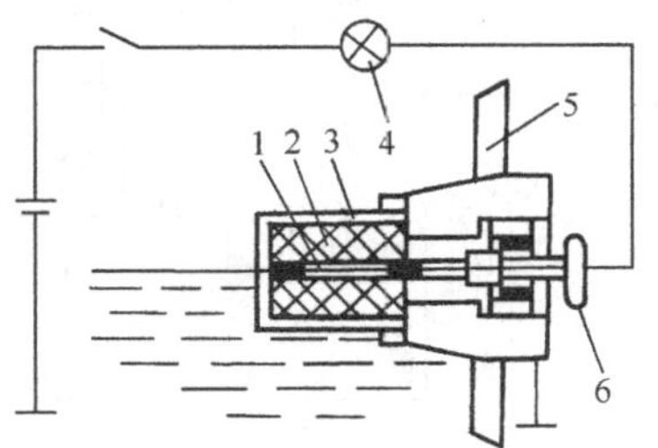

图3-86　热敏电阻式燃油箱液面警告灯电路

1—热敏电阻　2—防爆金属网　3—外壳
4—警告灯　5—油箱外壳　6—接线柱

当燃油箱内燃油量多时，负温度系数的热敏电阻浸没在燃油中散热快，其温度较低，电阻值大，所以电路中电流很小，燃油液面警告灯不亮。当燃油箱油面降到设定的最低限时，热敏电阻露出油面，散热减慢，温度升高，电阻值减小，使电路中电流增大，燃油液面警告灯亮起，以示警告。

六、典型的汽车仪表与指示灯电路

1. 仪表与指示灯电路概述

不同类型、不同使用要求的汽车，其仪表与指示灯电路的配置会有所不同。

发动机冷却液温度表、燃油表及车速里程表是现代汽车都装备的仪表。一些中型或大型汽车上都装有发动机机油压力表和电流表，在一些采用气压制动的汽车上，还装有气压表。轿车上大都装有发动机转速表。

安装在仪表板上的各种指示灯用来指示汽车的一些参数的极限情况和非正常情况的报警。现代汽车常见的指示灯有冷却液温度过高指示灯、机油压力过低指示灯、气压过低警告灯（气压制动汽车）、充电指示灯、燃油箱液面过低警告灯、制动液液面过低警告灯、驻车制动器未松警告灯等。在一些汽车上还装有制动蹄片磨损警告灯、空气滤清器警告灯等。使用了电子控制装置的汽车上，则还装有与所装备的电子控制装置相适应的指示灯和警告灯。

典型的仪表与指示灯电路如图3-87所示。

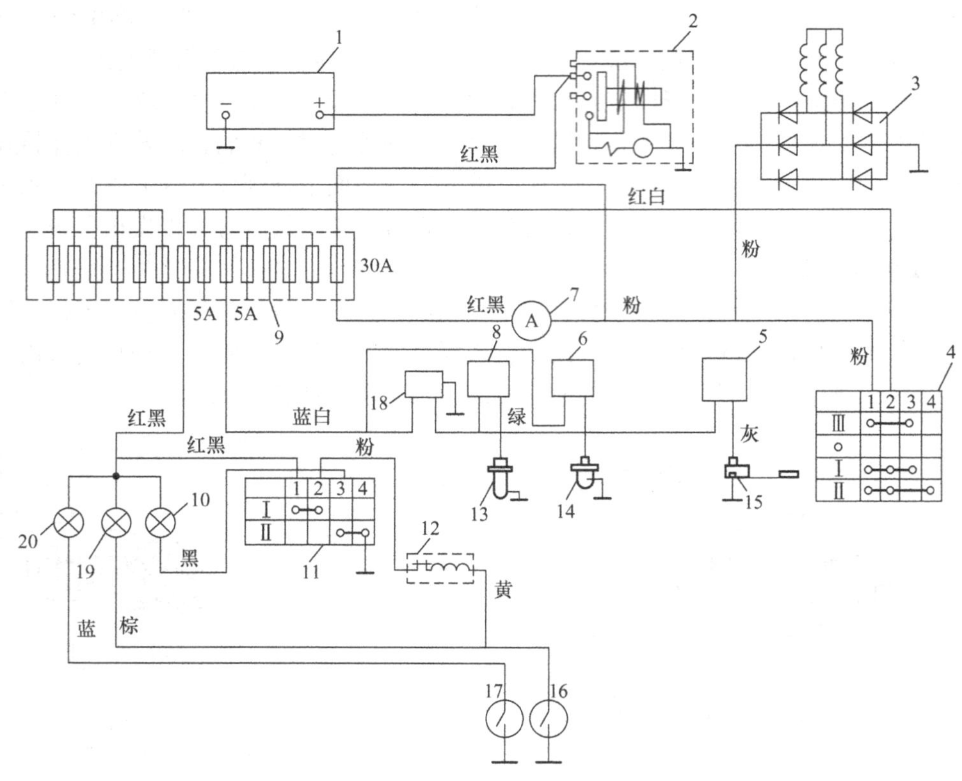

图 3-87 典型汽车仪表与指示灯电路

1—蓄电池 2—起动机 3—发电机 4—点火开关 5—燃油指示表 6—油压指示表 7—电流表 8—温度指示表 9—熔断器盒 10—驻车制动警告灯 11—驻车制动开关 12—气压警告蜂鸣器 13—温度表传感器 14—油压表传感器 15—燃油表传感器 16—气压警告开关 17—油压警告开关 18—稳压器 19—气压警告灯 20—油压警告灯

2. 仪表与指示灯电路分析

图 3-87 所示的是应用于解放 CA1091 载货汽车上的仪表与指示灯电路，该车为气压制动，因而配置了气压警告灯和气压警告蜂鸣器。

仪表电路和指示灯电路均通过点火开关与蓄电池或发电机正极连接，接通点火开关后，仪表电路和指示灯电路便接通电源，各种仪表和指示灯均进入工作状态。

燃油表和冷却液温度表与点火开关之间都串联了稳压器，其作用是避免燃油表和冷却液温度表的示值受电源电压波动的影响。

驻车制动开关有两档，拉紧驻车制动时，驻车制动开关在Ⅱ档位，接通驻车制动未松警告灯的搭铁电路；放松驻车制动器时，驻车制动开关在Ⅰ档位，接通气压警告蜂鸣器电源电路。

3. 仪表与指示灯电路工作原理

接通点火开关后，机油压力表、燃油表、发动机冷却液温度表各自独立工作。

燃油表的电流通路为：蓄电池 + →30A 熔断器→电流表→点火开关→5A 熔断器→稳压器→燃油表→燃油传感器→搭铁→蓄电池 - 。

机油压力表的电流通路为：蓄电池 + →30A 熔断器→电流表→点火开关→5A 熔丝→机油压力表→机油压力传感器→搭铁→蓄电池 - 。

发动机冷却液温度表的电流通路为：蓄电池 + →30A 熔断器→电流表→点火开关→5A 熔断器→稳压器→冷却液温度表→温度传感器→搭铁→蓄电池 - 。

发动机运转（点火开关处于接通状态），如果机油压力无或未达到正常值，机油压力开关在闭合状态，机油压力警告灯通电亮起。机油压力警告灯的电流通路为：蓄电池 + →30A 熔断器→电流表→点火开关→5A 熔断器→机油压力警告灯→机油压力开关→搭铁→蓄电池 - 。

发动机运转（点火开关处于接通状态），如果制动系统气压低于正常值，气压警告开关在闭合状态，气压警告灯通电亮起。气压警告灯的电流通路为：蓄电池 + →30A 熔断器→电流表→点火开关→5A 熔断器→气压警告灯→气压警告开关→搭铁→蓄电池 - 。

接通点火开关时，如果驻车制动器未松开，驻车制动开关在 II 档位，驻车制动未松警告灯通电亮起。驻车制动未松警告灯的电流通路为：蓄电池 + →30A 熔断器→电流表→点火开关→5A 熔断器→驻车制动警告灯→驻车制动开关（3 - 4）→搭铁→蓄电池 - 。

接通点火开关时，制动系统的气压低于正常值，如果此时松开驻车制动器，驻车制动开关在 I 档位，气压警告蜂鸣器便会发出声响，向驾驶人发出更加明确的警告。气压警告蜂鸣器的电流通路为：蓄电池 + →30A 熔断器→电流表→点火开关→5A 熔断器→驻车制动开关（1 - 2）→气压警告蜂鸣器→搭铁→蓄电池 - 。

第四章 汽车电子控制系统电路原理与特点分析

现代汽车上装备了多种电子控制装置，使得汽车电路变得更为复杂，阅读汽车电路图难度也更大了。本章介绍几种汽车电子控制装置的组成、原理及电路特点，帮助读者熟悉汽车电子控制系统电路的原理与结构类型，以提高汽车电路图的识读能力。

汽车上的电子控制系统按其作用与安装部位分，有发动机电子控制系统、底盘电子控制系统和车身电子控制系统三大类，无论哪一类电子控制系统，均由传感器、控制器和执行器三大部分组成，如图 4-1 所示。

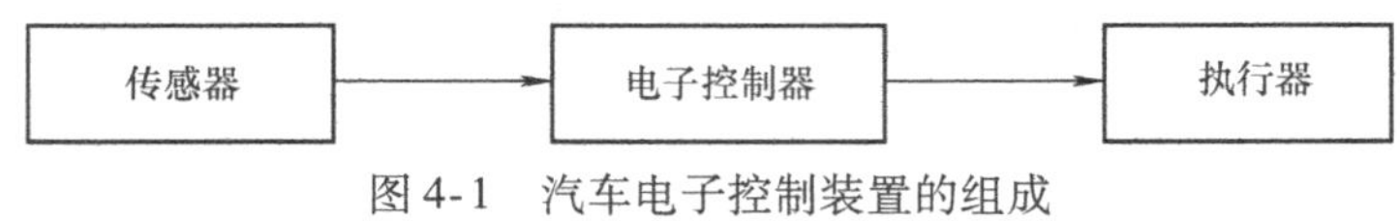

图 4-1 汽车电子控制装置的组成

第一节 汽车发动机电子控制系统电路

现代汽车发动机电子控制系统通常具有燃油喷射控制、点火控制、怠速控制等控制功能。为进一步控制汽车排放，一些汽车发动机电子控制系统还增加了废气再循环控制系统、燃油蒸发排放控制系统和三元催化转化器等汽车排放控制装置。

一、发动机电子控制系统用传感器

1. 发动机转速与曲轴位置传感器

（1）发动机转速与曲轴位置传感器的作用与类型

1）作用。发动机转速与曲轴位置传感器产生脉冲式电信号，通常情况下，传感器产生两个脉冲信号，分别表示发动机转速和曲轴位置，但也有只产生一个特殊的脉冲信号，从中可同时获得发动机转速和曲轴位置参数的。发动机电子控制器根据该传感器的信号进行燃油喷射控制、点火时间控制、怠速控制、废气再循环控制、炭罐清污量控制等。

2）类型。根据其结构原理的不同，发动机转速与曲轴位置传感器可分为磁感应式、光电式和霍尔效应式三种。

（2）磁感应式发动机转速与曲轴位置传感器

磁感应式发动机转速与曲轴位置传感器的基本组成与工作原理参见第二章中的磁感应式

点火信号发生器，结构型式则有导磁转子触发和齿圈触发两种。

1）导磁转子触发的磁感应式传感器。安装于分电器内的磁感应式发动机转速与曲轴位置传感器典型实例如图 4-2 所示。

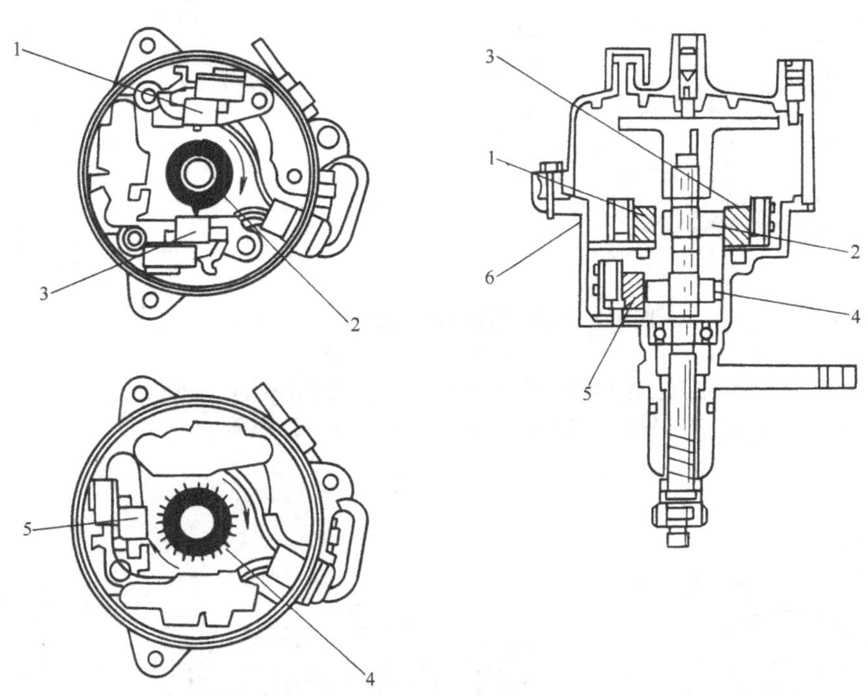

图 4-2　导磁转子触发的磁感应式传感器

1—G_1感应线圈　2—G 转子　3—G_2感应线圈　4—Ne 转子　5—Ne 感应线圈　6—分电器壳

用于触发产生转速信号和曲轴位置信号的导磁转子 Ne 和 G 在分电器轴上为上下布置，导磁转子随分电器轴转动时，使 Ne、G_1及 G_2线圈产生交变的感应电压。电子控制器根据感应线圈 G_1和 G_2产生的电压脉冲确定发动机的曲轴的位置，根据 Ne 线圈产生的脉冲频率计算得到发动机的转速参数。

现代汽车大都无分电器，由专门的传感器轴来驱动发动机转速与曲轴位置传感器的 Ne 和 G 转子，传感器一般安装在凸轮轴前端或曲轴的前端。

2）齿圈触发的磁感应式传感器。越来越多的汽车发动机转速与曲轴位置传感器安装在发动机的飞轮处，利用飞轮的齿圈和飞轮上的正记号来触发感应线圈产生电压信号。这种磁感应式传感器如图 4-3 所示。

当发动机转动时，飞轮的轮齿和飞轮上的正时记号使通过传感器铁心的磁路空气隙变化，磁阻随之变化，导致通过感应线圈的磁通量发生变化，从而使传感器的两个感应线圈产生相应的电压脉冲信号。

一些汽车的发动机转速与曲轴位置传感器只有一个感应线圈，如图 4-4 所示。与飞轮一起旋转的是一个有 58(60－2) 个齿的信号触发齿圈，齿圈的两个缺齿位置与 1、4 缸上止点后 114°的位置相对应。当发动机曲轴转动时，信号触发齿圈触发感应线圈产

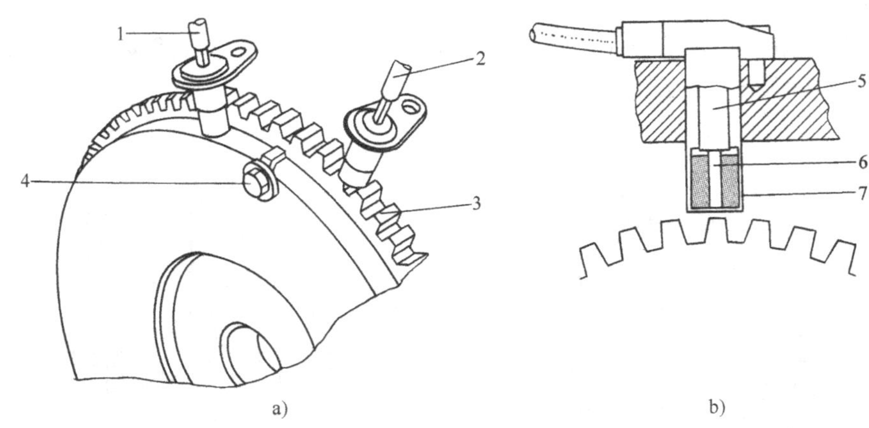

图 4-3 飞轮齿圈触发的磁感应式传感器

a）安装位置 b）内部结构

1—曲轴位置传感器 2—转速传感器 3—飞轮齿圈 4—曲轴位置标记 5—永久磁铁 6—铁心 7—感应线圈

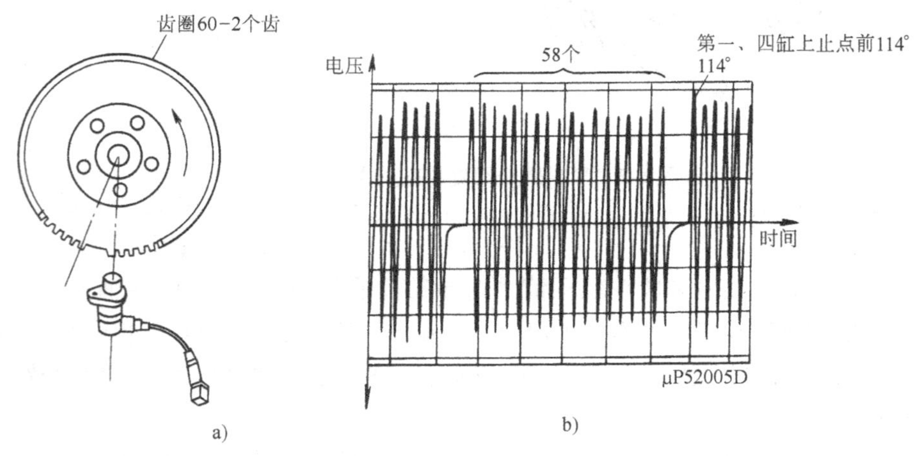

图 4-4 信号齿圈触发的磁感应式传感器

a）传感器原理 b）传感器信号电压波形

生如图 4-4b 所示的信号电压波形，电子控制器根据此信号计算发动机转速和确定曲轴位置。

（3）光电式发动机转速与曲轴位置传感器

安装在分电器内的光电式发动机转速与曲轴位置传感器实例如图 4-5 所示。传感器的基本组成及工作原理与光电式点火信号发生器相同。

本例光电式传感器的遮光转子其外圆均布有 360 道很细的缝隙，内圆有与发动机气缸数相对应的缺口。相应的光耦合元件也有两组，分别对应外圆的缝隙和内圆的缺口。分电器轴每转一圈，外圆的缝隙使所对应的光敏管产生 360 个脉冲信号，内圆的缺口则使

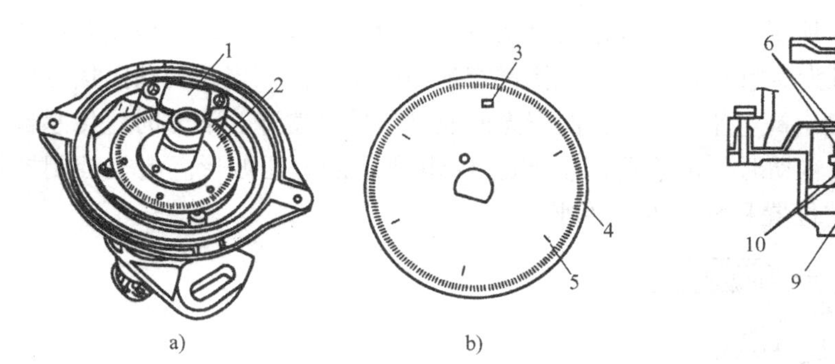

图 4-5　光电式发动机转速与曲轴位置传感器

a）分电器内的光电式传感器　b）遮光盘　c）结构简图

1—光电组件　2—遮光转子　3—第一缸 120°信号缺口　4—　1°信号缝隙　5—120°信号缺口　6—发光管　7—分火头　8—密封盖　9—整形电路　10—光敏管

所对应的光敏管产生与气缸数相同的脉冲信号。两光敏管产生的脉冲信号经整形电路整形后，变成控制器容易接收的矩形波，输入电子控制器后，用来确定发动机的转速与曲轴的转角。

（4）霍尔效应式发动机转速与曲轴位置传感器

霍尔效应式发动机转速与曲轴位置传感器的基本组成和工作原理与霍尔效应式点火信号发生器相同，但结构型式则有导磁转子触发和齿圈或齿槽触发两种。

1）导磁转子触发的霍尔效应式传感器。安装在分电器内的霍尔效应式传感器的组成如图 4-6 所示。由分电器轴驱动的两导磁转子上下布置，两个导磁转子的叶片数不同，分别对应一个信号触发开关。

无分电器的发动机电子控制系统，其霍尔效应式传感器的结构型式有三种：一种与安装在分电器内的结构型式完全一样，传感器轴上两个导磁转子上下布置；另一种是传感器轴上两个导磁转子内外布置（图 4-7），在内外导磁转子的侧面各设置一个信号触发开关；还有一种是两个导磁转子和相应的触发开关分开安装，分别由发动机的曲轴和凸轮轴驱动。

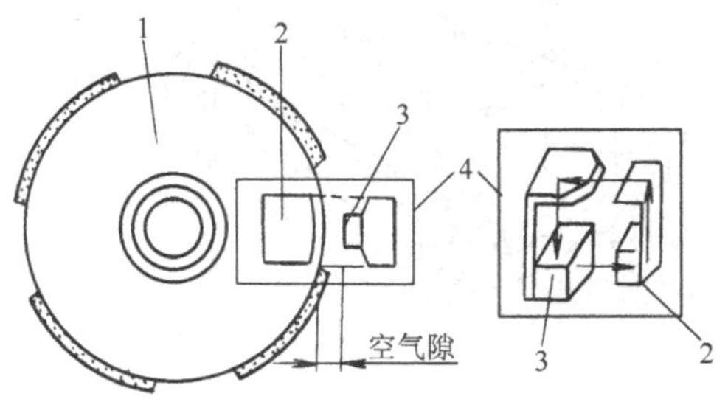

图 4-6　霍尔效应式传感器的基本组成

1—导磁转子　2—带导磁板的永久磁铁　3—霍尔元件及集成电路　4—信号触发开关

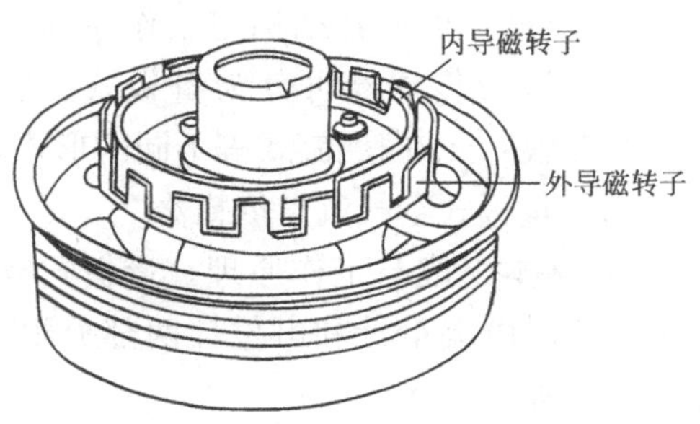

图 4-7　导磁转子内外布置的霍尔效应式传感器

2）安装于飞轮处的霍尔效应式传感器。安装于飞轮处的霍尔效应式发动机转速与曲轴位置传感器实例如图 4-8 所示。该传感器触发开关安装之处，其飞轮齿圈与驱动盘的边缘有对称的 2 组（6 缸发动机为 3 组）槽，每一组槽都有均布的 4 个槽。当槽转动至信号触发开关的正下方时，传感器输出高电平（5V）；而当光面通过信号触发开关下方时，传感器输出低电平（0.3V）。发动机转动时，传感器产生如图 4-8b 所示的电压波形。电子控制器根据此脉冲信号可确定曲轴的位置和发动机的转速。

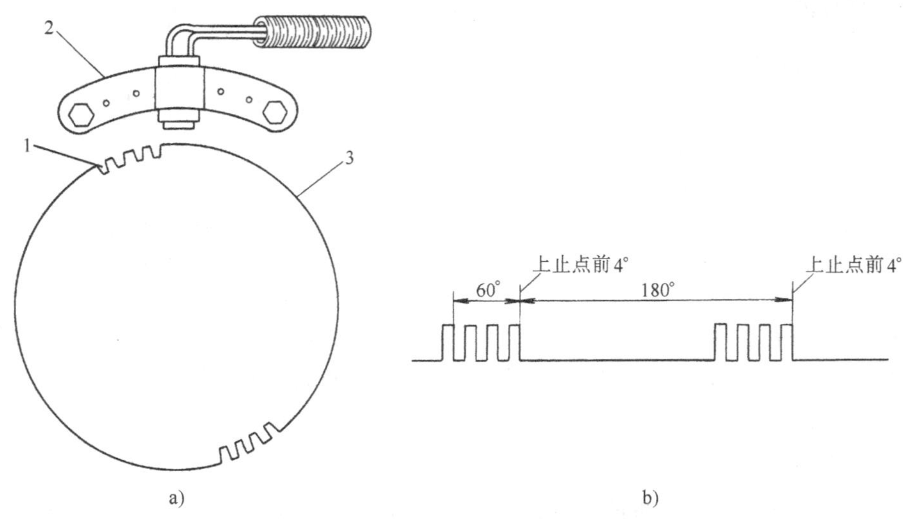

图 4-8　安装于飞轮处的霍尔效应式传感器
a）传感器原理　b）传感器信号电压波形
1—槽　2—信号触发开关　3—飞轮

2. 空气流量传感器

（1）空气流量传感器的作用与类型

1）作用。空气流量传感器将发动机的进气流量转变为相应的电信号，电子控制器根据空气流量传感器及发动机转速传感器的信号控制喷油器喷油时间和点火提前角等。

2）类型。根据其结构与工作原理的不同，空气流量传感器可分为量板式、热式（热丝/热膜）、卡门涡旋式等不同的形式。

（2）量板式空气流量传感器

1）基本组成与工作原理。量板式空气流量传感器由流量计和电位计两部分组成，如图 4-9 所示。

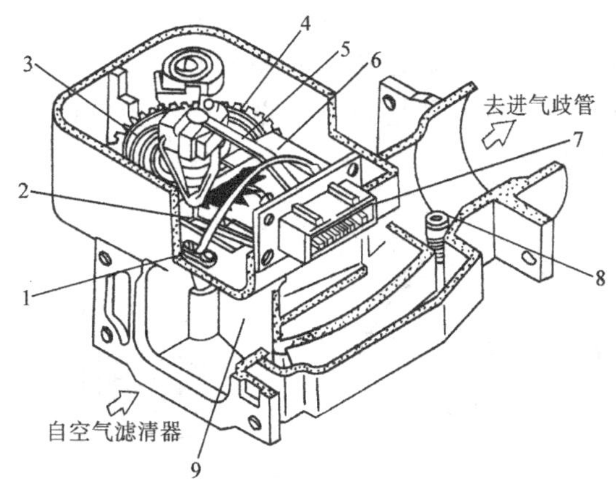

图 4-9　量板式空气流量传感器
1—进气温度传感器　2—燃油泵触点　3—同位弹簧　4—调节齿轮　5—电位计滑片　6—印制电路板　7—插接器　8—怠速 CO 调节螺钉　9—流量计量板

流量计的量板与电位计的滑片通过转轴联动。无进气时，转轴回位弹簧使测量板保持在初始的位置。当有空气进入时，进气气流推动量板转动一个角度，空气流量大，量

板转动的角度也大。电位计滑片随量板转动相应的角度，并输出与空气流量相对应的电压信号。

2）内部电路。量板式空气流量传感器通常以相对电压来反映进气流量，其内部电路实例如图 4-10 所示。

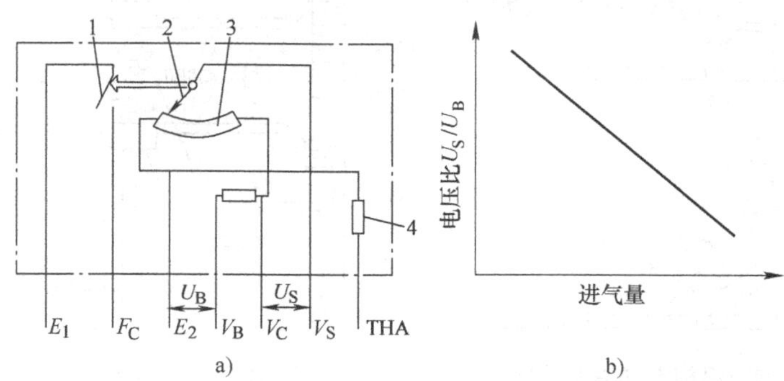

图 4-10　量板式空气流量传感器内部电路及工作特性

a）内部电路　b）工作特性

1—燃油泵开关　2—电位计滑片　3—电位计电阻　4—进气温度传感器

在电源电压波动时，电位计的输出绝对电压 U_S会随之变化，影响测量的精度。用相对电压 U_S/U_B表示空气流量，在电源电压波动时，U_S、U_B同时成比例地变化，其比值仍然保持不变，从而可减小电源电压波动对传感器信号准确度的影响。

空气流量传感器内部电路中的进气温度传感器 4 用于检测进气温度，电子控制器根据进气温度传感器的电信号对进气流量进行温度修正；空气流量传感器中的燃油泵开关串联在燃油泵电路中，用于在无进气（发动机不工作）时，断开燃油泵电路，使燃油泵在发动机停机时立即停止工作。一些量板式空气流量传感器无燃油泵开关，由发动机电子控制器直接控制燃油泵工作。

3）量板式空气流量传感器的特点。量板式空气流量传感器结构简单、价格便宜、工作可靠、输出线性变化的模拟电压信号且测量精度稳定；其缺点是进气阻力大、信号的反应比较迟缓，且信号反映的是体积流量，需要根据大气压力及进气温度变化对信号进行修正。

（3）涡旋式空气流量传感器

1）涡旋式空气流量传感器的测量原理。在进气通道中设置一锥形涡流发生器，当空气通过锥形体后，空气会产生旋涡，且空气的涡旋数与进气流速成正比。因此，只要能测出涡旋的频率，就可知道空气的流速，再乘以进气通道的截面积，便可获得瞬时的进气体积流量。目前，汽车上使用的涡旋式空气流量传感器通常采用反光镜检测法和超声波检测法来检测进气涡旋频率。

2）反光镜检测式。反光镜检测式空气流量传感器的原理如图 4-11 所示。

反光镜检测式是利用涡流发生器产生涡旋时，其两侧空气压力会发生变化的这一特点，用导压孔将空气作用于涡流发生器的压力振动引向用薄金属制成的反光镜，使反光镜产生振动。反光镜将发光管投射的光反射给光敏管，反光镜振动时，光敏管产生与涡旋频率相对应的电信号。

3）超声波检测式。超声波检测式空气流量传感器的原理如图 4-12 所示。

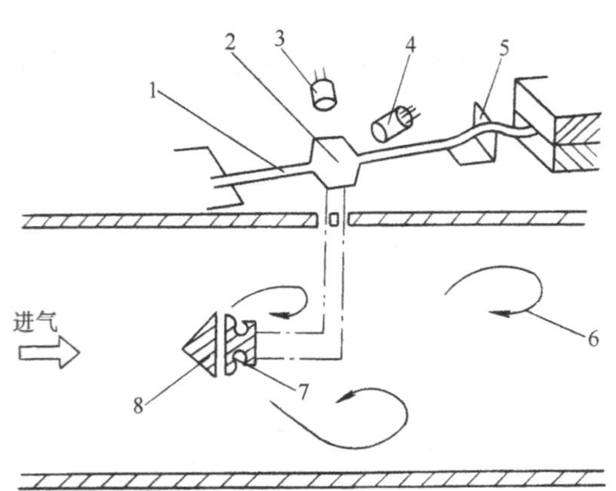

图 4-11 反光镜式卡门涡旋空气流量传感器

1—支撑片 2—镜片 3—发光二极管 4—光敏管 5—板簧 6—卡门涡旋 7—导压孔 8—涡流发生器

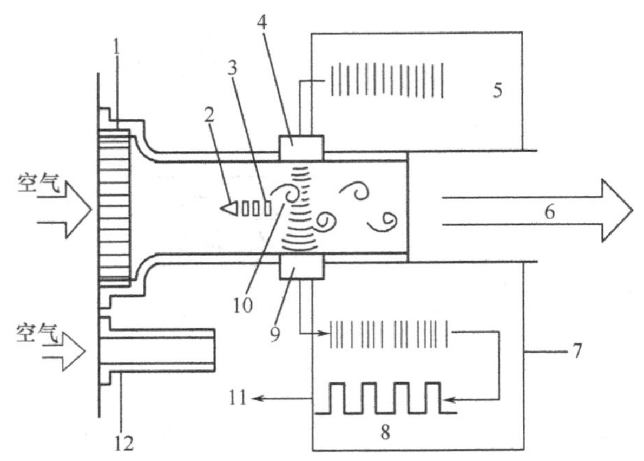

图 4-12 超声波检测式卡门涡旋空气流量传感器

1—整流器 2—涡旋发生器 3—涡流稳定板 4—信号发射器 5—超声波发生器 6—送往进气管的空气 7—超声波接收回路 8—整形后矩形波 9—接收器 10—卡门涡旋 11—接电子控制器 12—空气旁通管路

超声波检测式是利用空气涡旋会引起空气疏密变化的特点，用超声波发生器发出超声波，并通过发射器向空气涡旋的垂直方向发射超声波。另一侧的超声波接收器接收到随空气的疏密变化而变化的超声波，此波经接收回路滤波等信号处理后，便成了与涡旋频率相对应的矩形脉冲信号。

4）涡旋式空气流量传感器的特点。涡旋空气流量传感器输出的以脉冲个数计量的数字式信号，所以输入到电子控制器后无需进行模/数转换。此外，由于无运动部件，信号反应灵敏，测量精度也比较高。

（4）热式空气流量传感器

1）热式空气流量传感器的测量原理。在进气通道中放一个电热体，当空气通过时，空气将会带走热量而使电热体的温度下降，电热体的电阻下降，流过电热体的电流就会增加。通过电热体的空气流量越大，带走的热量就越多，流经电热体的电流也就越大。热式空气流量传感器就是利用空气流量与电热体电流之间这样一种对应关系来检测空气流量。

2）热式空气流量传感器的电路原理。热式空气流量传感器的电路原理如图 4-13 所示。

置于进气通道中的电热体电阻 R_H和空气温度补偿电阻 R_K与测量电路中的常值电阻 R_A、R_B组成惠斯顿电桥。接通电源后，控制电路使电热体通电，电桥处于平衡状态。发动机工作时，随着进气管空气流量的增大，电热体的冷却作用加剧而使其电阻减小，通过 R_H的电流 I_H增大，使电阻 R_A上输出一个反映空气流量增大的电压信号。

3）热式空气流量传感器的结构类型。根据电热体放置的位置不同，热式空气流量传感器有主流式和旁通式两种形式。根据电热体的结构型式不同，又有热丝式和热膜式之分。

热丝主流式空气流量传感器的结构如图 4-14 所示。电热体是用铂丝制成，热丝的工作

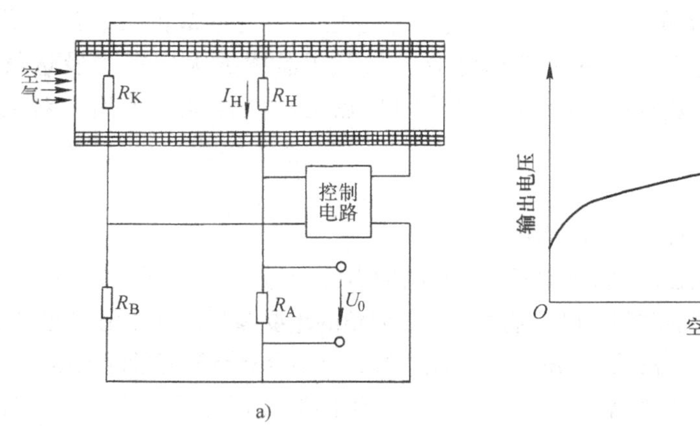

图 4-13　热式空气流量传感器电路原理

a）电路原理　b）工作特性

R_K—温度补偿电阻　R_H—电热体电阻　R_A、R_B—常值高精度电阻　U_0—输出信号

温度一般在 100～120℃。为防止进气气流的冲击和发动机回火对热丝造成损伤，在其两端都有金属网加以保护。由于热丝上有任何沉积物都会对传感器信号的准确度有很大的影响，因此，这种传感器必须具有自洁功能，即在每次关闭点火开关而使发动机熄火时，控制器会输出一自洁信号，使热丝通过一个较大的电流，时间约 1s，使热丝迅速升温至 1000℃左右，以烧掉热丝上的沉积物。

热膜式空气流量传感器的电热体由固定在树脂薄膜上的铂片构成。这种结构型式可使铂片免受进气气流的直接冲击，提高了传感器的工作可靠性和使用寿命。

热丝旁通式空气流量传感器如图 4-15 所示。冷丝（空气温度补偿电阻）和热丝均绕在螺线管上，安装在旁通的空气通道上，热丝的工作温度一般在 200℃左右。采用旁通空气通道检测进气流量，可以使主空气通道的进气阻力减小。

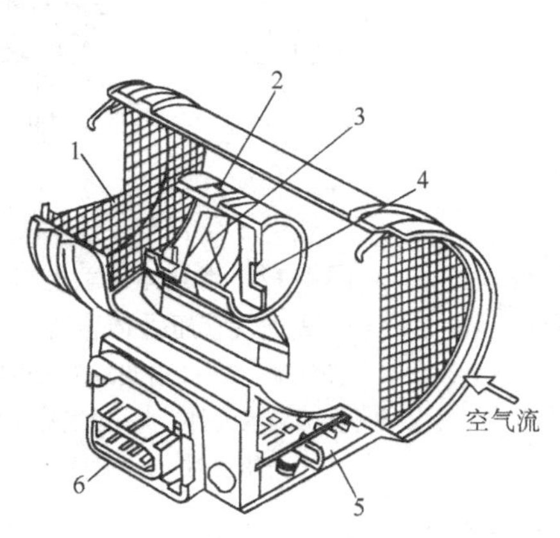

图 4-14　热丝主流式空气流量传感器

1—金属网　2—取样管　3—热丝　4—温度传感器　5—控制电路　6—接线端子

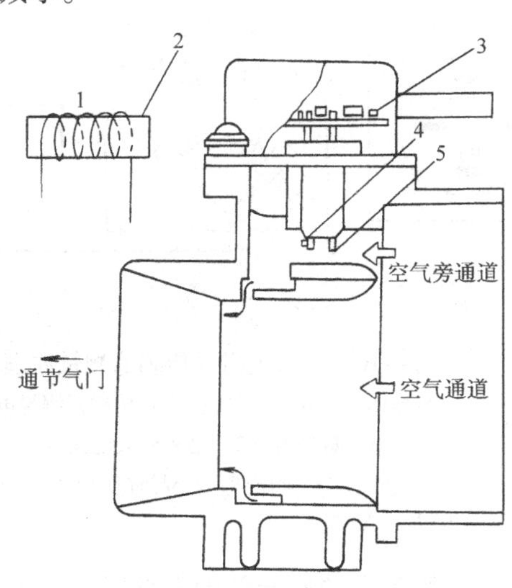

图 4-15　热丝旁通式空气流量传感器

1—冷丝或热丝　2—陶瓷螺线管　3—控制电路　4—冷丝　5—热丝

4）热式空气流量传感器的特点。热式空气流量传感器的测量范围大、反应灵敏、体积小。由于所获得的信号与空气质量流量相对应，因而无需根据大气压力及进气温度的变化对进气流量进行修正。热式空气流量传感器的缺点是电热体受污染后，对测量精度影响较大。

3. 进气管压力传感器

（1）进气管压力传感器的作用与类型

1）作用。进气管压力传感器是将发动机进气管的压力转变为相应的电信号，进气压力是发动机电子控制系统计算基本喷油时间、确定基本点火提前角的重要参数，其作用如同空气流量传感器。因此，装备进气压力传感器的发动机电子控制系统，就不会有空气流量传感器。

2）类型。压力传感器有多种型式，根据其信号产生的原理可分为压电式、半导体压敏电阻式、电容式、差动变压器式及表面弹性波式等。由于半导体压敏电阻式进气管压力传感器具有线性度好、结构尺寸小、精度高、响应特性好等优点，因而已被汽车发动机电子控制系统广泛采用。

（2）半导体压敏电阻式进气管压力传感器

1）半导体压敏电阻式传感器测量原理。半导体压敏电阻式传感器是利用半导体的压阻效应将压力转换为相应的电压信号，其原理如图 4-16 所示。

半导体应变片是一种受拉或受压变形时，其电阻值会相应改变的敏感元件。将应变片贴在硅膜片上，并连接成惠斯顿电桥，当硅膜片受力变形时，各应变片受拉或受压而发生电阻变化，致使电桥输出相应的电压。由于电桥输出的电压很低，需经集成放大电路放大后输出。

2）压敏电阻式进气管压力传感器的组成与原理。半导体压敏电阻式进气管压力传感器的组成如图 4-17 所示。

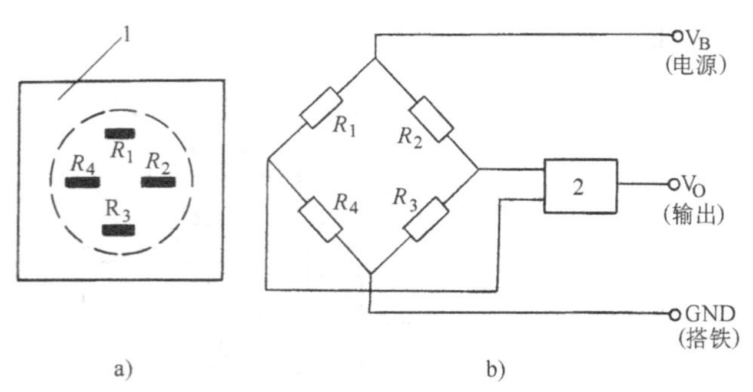

图 4-16　压敏电阻式传感器测量原理

a）半导体应变片贴片位置　b）传感器测量电路

1—硅膜片　2—集成放大电路

R_1、R_2、R_3、R_4—半导体应变片

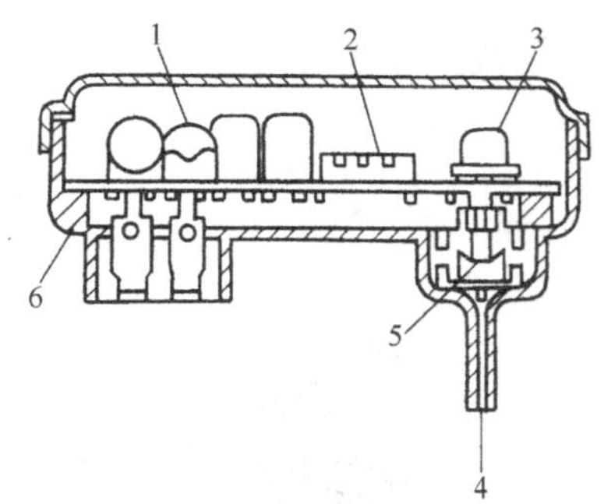

图 4-17　半导体压敏电阻式进气管压力传感器

1—滤波器　2—混合集成放大电路

3—压力转换元件　4—进气管压力

5—滤清器　6—外壳

传感器的压力转换元件中有硅膜片，硅膜片受压变形会产生相应的电压信号。硅膜片的一面是真空，另一面导入进气管压力，当进气管压力变化时，硅膜片的变形量就会随之改变，硅膜片上的敏感元件产生与进气管压力相对应的电压信号。进气管压力越大，硅膜片的变形量也越大，传感器的输出的电压也就越高。

（3）进气管压力传感器的特点

相比于起相同作用的空气流量传感器，进气压力传感器的优点是安装位置灵活，可利用真空管的引导，将进气压力传感器安装在远离发动机进气管的适宜之处，有的汽车发动机电子控制系统还将进气压力传感器安装在发动机电子控制器的内部。

4. 温度传感器

（1）温度传感器的作用与类型

1）作用。温度传感器的作用是通过其温度敏感元件将被测对象的温度变化转换为电阻的变化，并通过测量电路转变成电压或电流信号输入电子控制器。

2）类型。温度传感器根据其结构与工作原理分有热敏电阻式、线绕式、半导体扩散电阻式、半导体晶体管式、金属芯式和热电偶式等。目前在汽车电子控制系统中广泛采用热敏电阻式温度传感器。在发动机电子控制系统中，所用的温度传感器有发动机冷却液温度传感器、进气温度传感器、燃油温度传感器、排气温度传感器等。

（2）热敏电阻式温度传感器的结构与原理

1）半导体的电阻特性。半导体具有电阻特性，且其电阻会随温度的变化而改变。半导体对温度的灵敏度比金属材料高，变化也比较复杂，可归为三种情况：电阻随温度的上升而增大，电阻随温度的上升而减小，在某一临界温度下电阻跃变，如图 4-18 所示。

热敏电阻就是利用半导体的这种温度特性，制成正温度系数热敏电阻（PTC）、负温度系数热敏电阻（NTC）和电阻突变的热敏开关（CTC）。

2）热敏电阻式传感器的测量原理。热敏电阻式传感器的测量原理如图 4-19 所示。

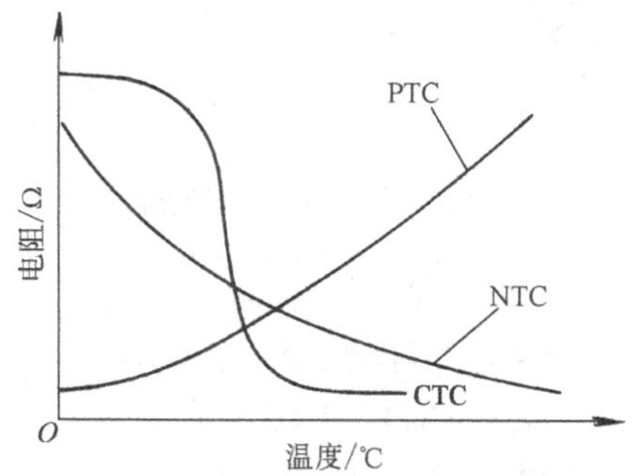

图 4-18　半导体热敏电阻的温度特性

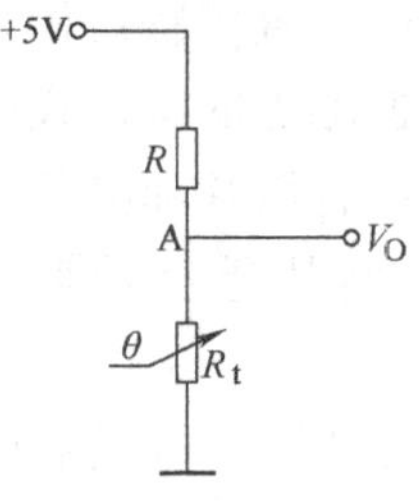

图 4-19　热敏电阻式传感器测量原理

R—常值电阻　R_t—传感器热敏电阻

当传感器的热敏电阻阻值因温度变化而改变时，热敏电阻上的电压降就会随之改变，从 A 点输出一个与温度相对应的电压信号。

3）热敏电阻式传感器的结构。热敏电阻式温度传感器主要由热敏电阻、引线及壳体组成，其结构如图 4-20 所示。

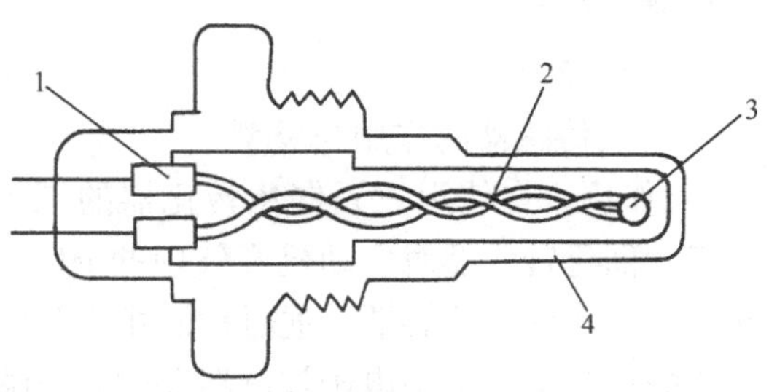

图 4-20　热敏电阻式温度传感器

1—接线端子　2—引线　3—热敏元件　4—传热套筒

热敏电阻式温度传感器的核心元件为热敏电阻，传感器传热套筒内的热敏电阻通过内部引线连接分电器的接线端子。

（3）半导体热敏电阻式温度传感器的特点

与其他类型的温度传感器相比，半导体热敏电阻式温度传感器具有灵敏度高，响应特性好的特点。此外，半导体热敏电阻式温度传感器可以适用于不同温度段的测量，比如：用于测量发动机冷却液温度的热敏电阻，在 -20 ~ 130℃ 的范围内都有良好的线性度；而用于测排气温度的热敏电阻，则是在 600 ~ 1000℃ 的高温范围内有较高的灵敏度和线性度。

要得到适用于不同工作温度测量的热敏电阻，只需选择不同的氧化物、控制掺入氧化物的比例和烧结温度即可。

5. 节气门位置传感器

（1）节气门位置传感器的作用与类型

1）作用。节气门位置传感器将进气管中的节气门开度转变为相应的电信号，并输送给电子控制器。电子控制器根据节气门位置传感器的信号判断节气门开度、节气门开启速度、怠速状态等，用以进行点火时间、燃油喷射、怠速、废气再循环、炭罐清污量等控制。

2）类型。节气门位置传感器有线性式和开关式两种类型。开关式节气门位置传感器只检测节气门关闭和全开状态，不能反映节气门开度信息，因此，在现代汽车电子控制系统中很少应用。

（2）线性节气门位置传感器

1）线性节气门位置传感器的结构。线性式节气门位置传感器的结构与内部电路如图 4-21所示。

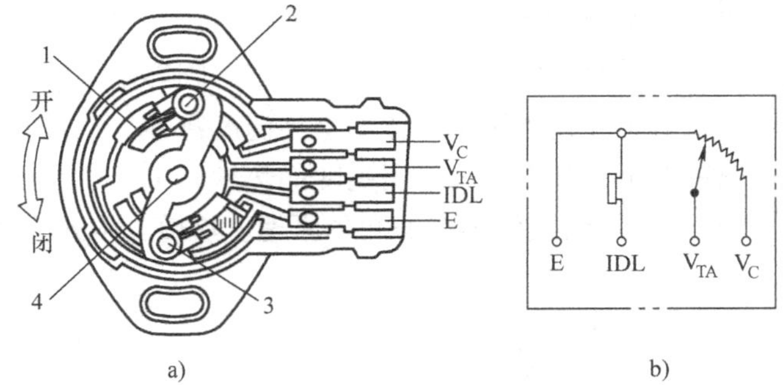

图 4-21　线性节气门位置传感器

a）结构　b）内部电路

1—滑片电阻　2—测节气门位置滑片　3—测节气门关闭滑片　4—传感器轴　V_C—电源

V_{TA}—节气门位置输出信号

IDL—怠速触点　E—搭铁

线性式节气门位置传感器相当于一个加设了怠速触点的滑片式电位计，测节气门位置滑片和测节气门关闭（怠速）滑片通过转轴与节气门联动。

2）线性节气门位置传感器的原理。节气门开度变化时，节气门位置滑片在电阻上作相应的滑动，电位器从 V_{TA} 端输出与节气门位置相对应的电压信号。在节气门关闭时，节气门关闭滑片使怠速触点 IDL 处于接通状态，向电子控制器输出节气门关闭（怠速）信号。

6. 氧传感器

（1）氧传感器的作用与类型

1）作用。在使用三元催化转化器的汽车发动机上，当混合气的浓度偏离理论空燃比时，三元催化转化器对发动机废气中的 HC、CO、NOx 等有害气体的转化效果会急剧下降。因此，必须使用氧传感器，通过检测排气管中氧的含量，向电子控制器提供进入气缸混合气空燃比的反馈信号，使电子控制器及时修正喷油量，将混合气浓度控制在理论空燃比附近。

2）类型。目前在汽车上应用的氧传感器有氧化锆式和氧化钛式两种，氧化锆式氧传感器居多。

（2）氧化锆型氧传感器

1）测量原理。氧化锆型氧传感器用于检测排气中氧含量的敏感元件是二氧化锆（ZrO_2），二氧化锆具有这样的特性：在高温下，其两侧的气体中的氧含量有较大的差异时，氧离子会从氧含量高的一侧向氧含量低的一侧扩散，使两侧电极间产生电动势。氧化锆型氧传感器就是利用了氧化锆的这一特性来检测流经排气管废气中氧的含量。

2）结构与工作原理。氧化锆型氧传感器的结构如图4-22所示。

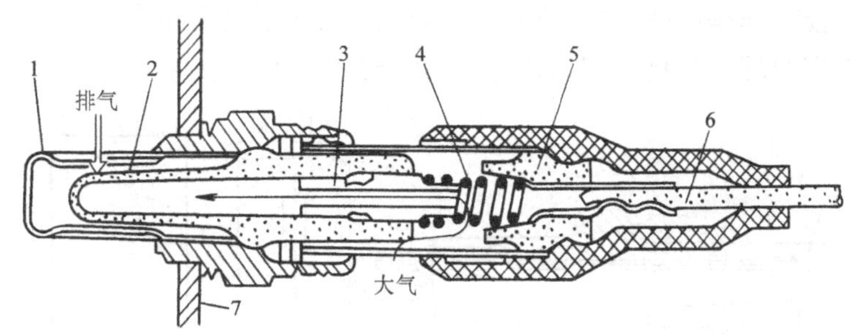

图4-22　氧化锆型氧传感器

1—导入排气孔罩　2—锆管　3—电极　4—弹簧　5—绝缘支架　6—接线端子　7—排气管壁

试管状的锆管内侧通大气（氧含量高），外侧通过发动机的排气（氧含量低）。这样，在混合气偏浓时，排出的废气中的氧含量极少，氧化锆内外两侧氧的含量差较大，因而产生一个较高的电压，向电子控制器提供混合气过浓的电信号；当混合气偏稀时，排出的废气中含有较多的氧，氧化锆内外侧的氧浓度差较小，产生的电压较低，向电子控制器提供混合气过稀的电信号。

3）涂铂的作用。二氧化锆的内外表面都涂有铂，铂的外表面有一层陶瓷，起保护铂电极的作用。氧化锆表面涂铂的作用如图4-23所示，利用铂催化排气中的O_2与CO反应，使混合气偏浓时废气中的氧含量几乎为零，而混合气偏稀时，废气中的氧含量较多，铂的催化作用对氧含量的影响不大，这样就明显提高了氧传感器的灵敏度（图4-23b）。

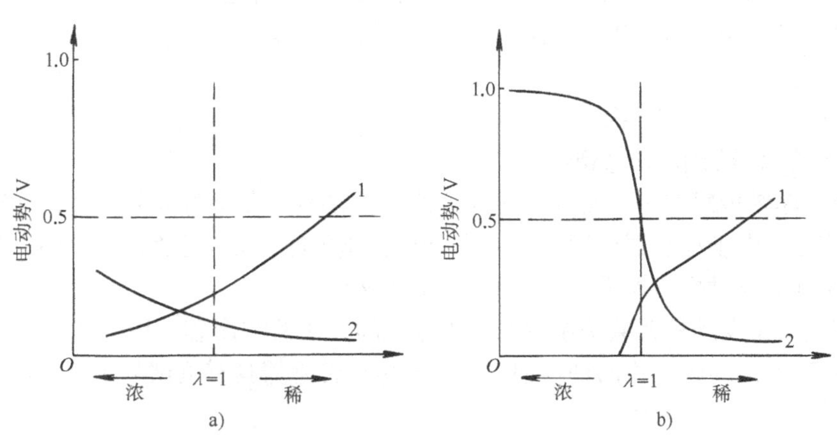

图4-23　氧化锆型氧传感器输出特性

a）无铂催化作用　b）有铂催化作用

1—废气中氧含量　2—氧传感器输出的电动势　λ—过量空气系数

4）氧传感器加热器的作用。氧化锆型氧传感器中一般设有加热器，其作用是在发动机冷机起动后，排气管温度尚未达到氧传感器正常工作温度（400℃以上）时通电，以加热氧传感器，使氧传感器能迅速达到正常工作温度。

（3）氧化钛型氧传感器

1）测量原理。二氧化钛（TiO_2）在室温下具有高电阻性，但当其周围气体中的氧含量较少时，TiO_2中的氧分子将逃逸而使其晶格出现缺陷，电阻随之下降。氧化钛型氧传感器就是利用二氧化钛的这一电阻特性，用于监测发动机废气中氧的含量。

2）结构与工作原理。氧化钛型氧传感器的结构如图4-24所示。

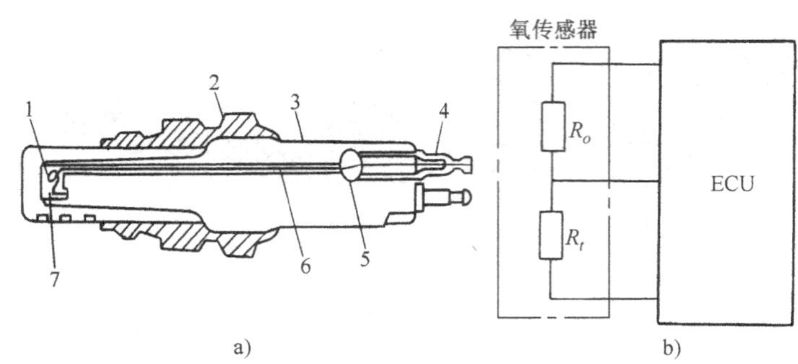

图4-24　氧化钛型氧传感器

a）结构　b）电路连接

1—二氧化钛元件（Ro）　2—金属壳　3—瓷体　4—接线端子

5—陶瓷粘结　6—引线　7—热敏电阻（Rt）

将二氧化钛敏感元件置于排气管中，当混合气偏稀时，废气中氧含量较高，传感器的电阻较大；而当混合气偏浓时，废气中氧的含量很低，传感器的电阻相应减小。二氧化钛的这一电阻变化通过传感器内部电路转变成相应的电压信号，并输送给发动机ECU。

3）氧传感器内加温度补偿电阻的作用。温度补偿电阻Rt的作用是消除温度变化对测量精度的影响。因为二氧化钛的电阻值会随温度的变化而改变，这样就会使其信号电压受温度变化的影响。在传感器中增设温度系数与Ro相似的Rt，并连接成如图4-24b所示的电路后，在温度改变时，由于Ro和Rt的电阻值有相同变化，就使传感器信号端子的电压不再受温度改变的影响。

7. 爆燃传感器

（1）爆燃传感器的作用与类型

1）作用。爆燃传感器用于监测发动机是否发生爆燃，当发动机爆燃时，传感器便产生相应的电压信号，电子控制器根据爆燃传感器的信号判断发动机是否产生爆燃。当发动机爆燃时，电子控制器通过推迟点火的方法迅速消除发动机爆燃。

2）类型。汽车发动机普遍采用测发动机振动的方法监测爆燃。用于监测发动机爆燃的爆燃传感器有压电式和磁电式两种类型。压电式爆燃传感器具有测试频率高、灵敏度高等特点，因此，得到了广泛的应用。

（2）压电式爆燃传感器

1）压电式爆燃传感器的测量原理。压电式爆燃传感器检测振动的敏感元件是压电元件。由石英晶体、钛酸钠等晶片制成的压电元件在受力变形时，因内部产生极化现象而在其

两个表面分别产生正负两种电荷。当力消失时，元件变形恢复，电荷也立即消失。从有正、负电荷的两个表面可引出电压信号，电压的大小与所受力成正比。在压电式传感器内设置一个振子，用以在传感器随被测物体振动时给压电元件施加力。被测物体振动越大，传感器振子作用于压电元件的振动力也越大，压电元件产生的电压信号幅值也就越大。压电式发动机爆燃传感器就是依据这样的原理制成的。

2）压电式爆燃传感器的结构与工作原理。压电式发动机爆燃传感器有共振型和非共振型两种，其结构如图 4-25 所示。

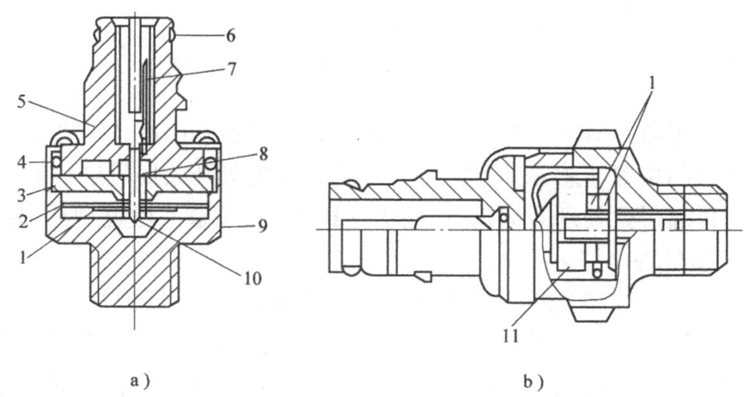

图 4-25　压电式爆燃传感器

a）共振型　b）非共振型

1—压电元件　2—振荡片　3—基座　4、6—O 形环　5—连接器

7—接线端子　8—密封剂　9—外壳　10—引线　11—配重

共振型传感器的自振频率在发动机爆燃的特征频带内，当发动机产生爆燃时，振荡片产生共振而使紧贴的压电元件变形加剧，产生的电压信号比平常大许多倍，因而信噪比高，测量电路对爆燃信号的识别和处理比较容易。

非共振型传感器由振子随发动机的振动而对压电元件施加压力，使压电元件产生电压。非共振型传感器在发动机爆燃时产生的电压信号并无特别明显的增大，因此，需要有专门的滤波器来鉴别爆燃信号。

二、发动机电子控制系统电子控制器

电子控制器（Electric Control unit 简称 ECU），是发动机电子控制系统的核心。传感器及开关信号输入发动机 ECU 后，经输入电路预处理，再送入微处理器进行计算、分析，然后输出控制信号，通过输出电路控制执行器工作，将发动机控制在目标状态下工作。

电子控制器主要由微处理器、输入电路、输出电路等组成，如图 4-26 所示。

1. 输入电路

电子控制器中输入电路的作用是将各传感器及开关信号进行预处理，转换为计算机可接受的数字信号。根据信号形式和信号处理方式的不同，可分为数字信号预处理电路和模拟信号预处理电路两种。

（1）数字信号预处理电路

输入发动机 ECU 的数字信号是指脉冲信号和开关信号，这些数字信号不能被微处理器

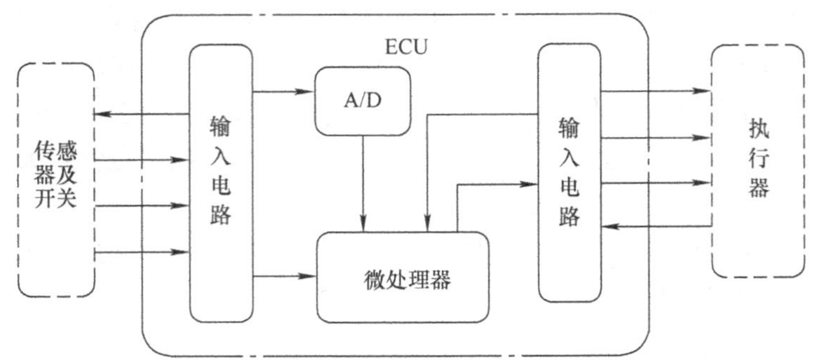

图 4-26　电子控制器（ECU）的基本组成

接受。数字信号预处理电路对发动机转速与曲轴位置传感器、涡旋式空气流量传感器等脉冲式电信号，以及节气门位置传感器的怠速开关、点火开关等开关信号进行滤波、整形、电压匹配等预处理后，再通过微处理器的输入/输出（I/O）接口输入微处理器内部。

（2）模拟信号预处理电路

输入发动机 ECU 的模拟信号以信号的幅值反映被测参量，模拟信号也不能被微处理器接受。模拟信号预处理电路就是对输入的节气门位置传感器、温度传感器、量板式或热式空气流量传感器等模拟信号进行模/数（A/D）转换，成为计算机能接受的数字信息。

（3）传感器电源电路

输入电路中还包括传感器电源电路，其作用是通过稳压电路向有关的传感器提供一个稳定的电压，以确保传感器能正常工作。对于诸如热敏电阻式传感器（如发动机温度传感器、进气温度传感器等）、电位计式传感器（如节气门位置传感器、量板式空气流量传感器等），电子控制器提供的电源电压还是信号的基准电压（图 4-27）。

2. 微处理器

微处理器是 ECU 的核心，它接受输入电路送来的各传感器及开关电信号，并按照存储器中的控制程序和标准数据进行运算、分析与判断后，输出控制指令，通过输出电路控制执行器工作。微处理器主要由中央微处理器（CPU）、存储器、输入/输出接口（I/O）等组成，各组成部件用总线连接，如图 4-28 所示。

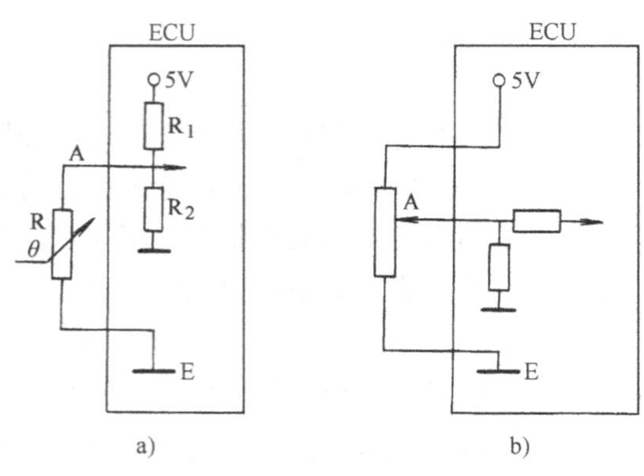

图 4-27　传感器电源电路

a）热敏电阻式传感器　b）电位计式传感器

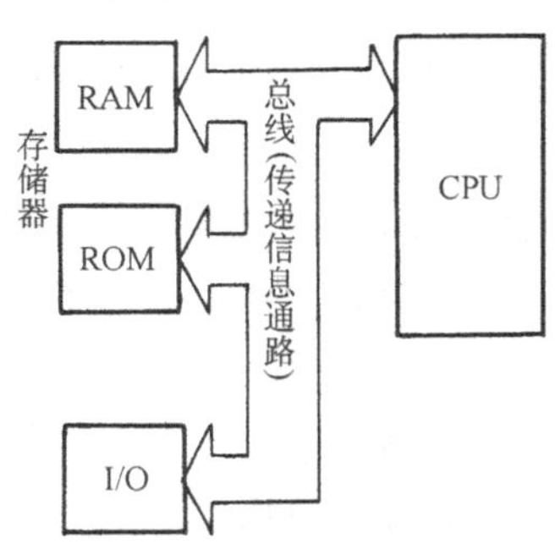

图 4-28　微处理器的基本组成

(1) 中央微处理器

中央微处理器 (Central Processing Unit) 简称 CPU，包含运算器、控制器、寄存器等部件，这些部件也是通过总线连接，如图 4-29 所示。

运算器：在微处理器内部用于对数据的算术运算和逻辑运算。

控制器：按事先编排的程序发出控制脉冲，控制计算机系统各部自动协调地工作。

寄存器：用于暂时存储微处理器工作过程的信息和运算器的中间运算数据。

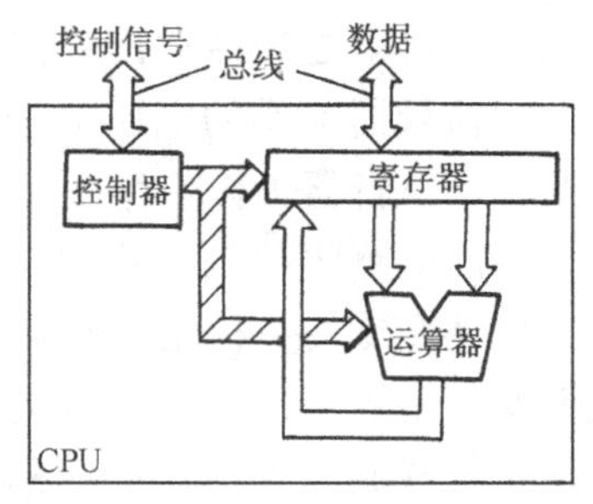

图 4-29　中央微处理器 (CPU) 的基本组成

CPU 按控制器时钟脉冲的频率 (节拍) 自动协调地进行数据的运算、寄存、传送等操作。

(2) 存储器

微处理器中有只读存储器 (ROM) 和随机存储器 (RAM)，用于储存数据和程序。

1) 只读存储器。只读存储器 (Read Only Memory，简称 ROM) 也称程序存储器，用于存储发动机电子控制系统的控制程序，以及实施各项控制所需的标准参数，在制造芯片时写入后不能更改。工作时只供读取，电源切断时其储存的信息不会消失。近年来在汽车电子控制系统中使用了 PROM、EPROM、EEPROM 等新型只读存储器。

① PROM：可编程只读存储器 (Programable ROM)，这种只读存储器可由用户根据需要自行编程，一次写入。PROM 给用户根据需要写入不同的信息资料，以使微处理器适用于不同车型、不同控制项目提供了方便。

② EPROM：可擦除可编程只读存储器 (Erasable Programable ROM)，与 PROM 不同的是，存储的信息可用紫外线照射 (在芯片顶部窗口) 的方法全部清除，然后再通过编程器写入新的信息。EPROM 是可反复擦写使用的只读存储器。

③ EEPROM：电可擦只读存储器 (Electrically Erasable Programable ROM)，可在通电的情况下改写部分信息，使微处理器的使用更为方便灵活。汽车电子控制系统中使用了 EEPROM，就可通过专用的诊断仪器对 EEPROM 中的程序和数据进行修改，用以实现汽车电子控制系统的技术升级。

2) 随机存储器。随机存储器 (Read Access Memory，简称 RAM) 在计算机工作时可随时存入或读取信息，电源切断后，RAM 中的信息随即消失。汽车电子控制系统的故障信息 (故障码) 和自适应学习修正参数均用 RAM 储存，这些信息需要在发动机熄火时仍然保留，为此，ECU 需要有一个不经点火开关控制的常电源。

(3) 输入/输出接口

输入/输出接口 (Input/Output) 简称 I/O，它是 CPU 与外部设备进行数据传送的纽带，从输入电路送来的传感器、开关信号及某些执行器的反馈信号经 I/O 送入 CPU；CPU 的控制指令则是通过 I/O 传送到输出电路。I/O 在 CPU 与外围设备之间起着数据的缓冲、电平和时序的匹配等多种作用。

3. 输出电路

微处理器经 I/O 输出的控制信号是一个二进制代码，不能直接控制执行器。输出电路的作用就是将微处理器输出的控制信号转换为控制执行器工作的电压信号，再经驱动电路驱动执行器工作。

输出电路驱动执行器的方式大致有两种（图4-30），一种是执行器直接连接车载电源，由控制器驱动电路提供搭铁通路而使执行器通电工作；另一种是执行器本身连接搭铁，由控制器内部电源向执行器提供电流。

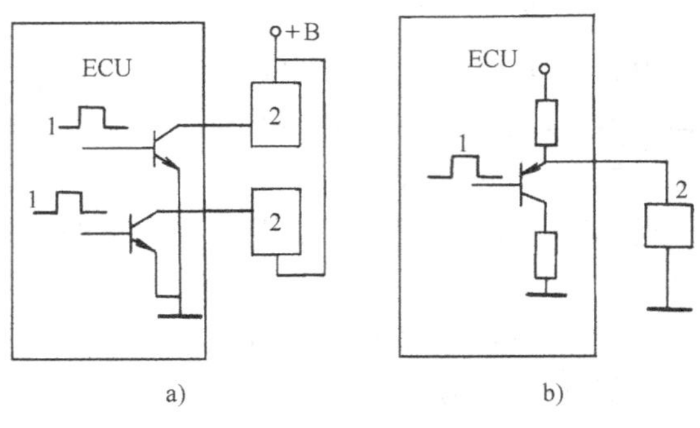

图4-30　控制器的驱动电路

a）向执行器提供搭铁通路　b）向执行器提供电压脉冲

1—控制信号　2—执行器

三、发动机电子控制系统执行器

发动机ECU输出的控制信号通过驱动电路驱动执行器工作，以实现控制目标。作出动作响应的执行器有普通直流电动机、步进电动机、直动式电磁阀和转动式电磁阀等电动装置，继电器类执行器只产生触点开闭动作，点火线圈等执行器则不产生任何动作。

1. 喷油器

喷油器是汽油喷射电子控制系统的执行器，其作用是在电子控制器喷油脉冲信号的作用下迅速打开与关闭，将适量的汽油喷入进气歧管或气缸内。喷油器的电动主体部分是直动式电磁阀。

（1）直动式电磁阀的组成与工作原理

直动式电磁阀通电后使其阀体产生直线运动，除喷油器外，开关式怠速控制阀、废气再循环电磁阀、炭罐通气电磁阀等均为此类电磁阀。直动式电磁阀主要由线圈、铁心和弹簧等组成，如图4-31所示。

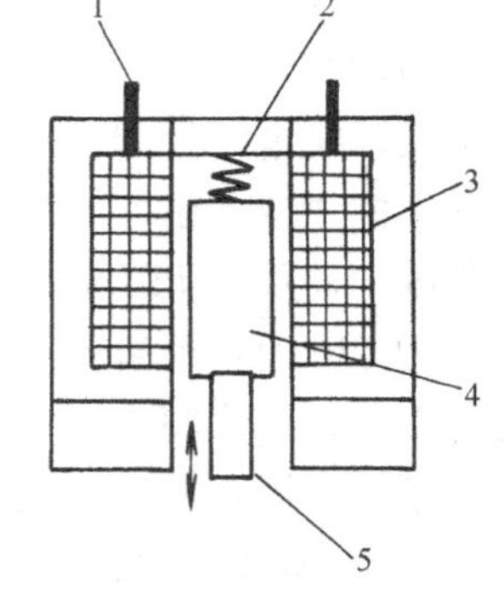

图4-31　直动式电磁阀

1—接线端子　2—弹簧

3—线圈　4—铁心

5—连接阀体

线圈通电后产生电磁力，铁心在电磁力的作用下克服弹簧力而轴向移动，带动阀芯、滑阀等作出相应的控制动作，使阀打开或关闭。

（2）喷油器的组成与结构类型

1）喷油器的组成。喷油器基本组成如图4-32所示。具有一定压力的汽油经滤网进入喷油器，当电磁阀线圈通电时，其电磁力使铁心克服弹簧力而移动，带动阀体上移而使阀开启，汽油从喷口喷出。当电磁线圈断电时，其电磁力消失，铁心及阀体在弹簧力作用下迅速回位，阀关闭。

2）喷油器的类型。喷油器按阀体的结构不同分，有针阀式、球阀式和片阀式等不同的结构型式；按阀的喷孔数量分，又有单喷口、双喷口和多喷口等不同的喷油器；按电磁阀线圈的电阻大小分，有高电阻型（13～17Ω）和低电阻型（2～3Ω）两种。

2. 点火线圈

电子点火控制系统通过点火控制模块（ICM）控制点火线圈初级绕组的通断，实现点火时间控制。一些汽车发动机电子控制系统将ICM安装在ECU内部，作为ECU输出电路的一部分。这些发动机ECU直接控制点火线圈。现代汽车采用电子高压配电，因此，这些汽车

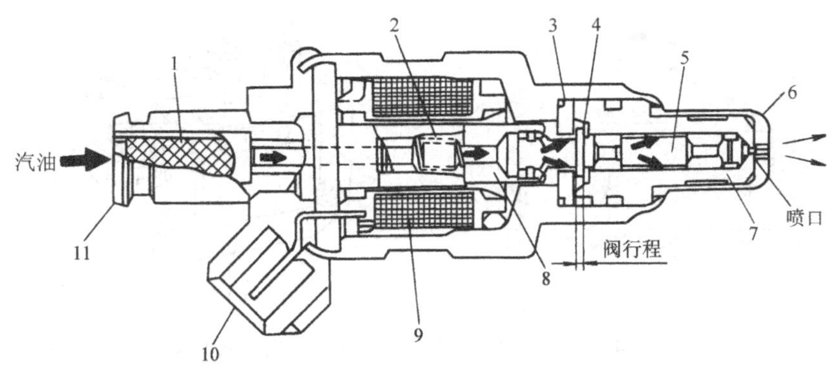

图 4-32　喷油器的结构

1—滤网　2—弹簧　3—调整垫片　4—凸缘部　5—针阀　6—壳体
7—阀体　8—铁心　9—电磁线圈　10—接线端子　11—油管接头

发动机无分电器。电子高压配电方式有点火线圈分配同时点火、二极管分配同时点火和点火线圈分配单独点火等。为适应不同的电子高压配电方式，点火线圈的结构型式也有多种。

（1）组合式点火线圈

组合式点火线圈是指有两个或两个以上的点火线圈组装在一起，每个点火线圈都有一个初级绕组和一个次级绕组，次级绕组的两端各连接一缸火花塞。组合式点火线圈适用于点火线圈分配同时点火的高压配电方式。图 4-33 所示的组合式点火线圈由三个小点火线圈组成，适用于六缸发动机。

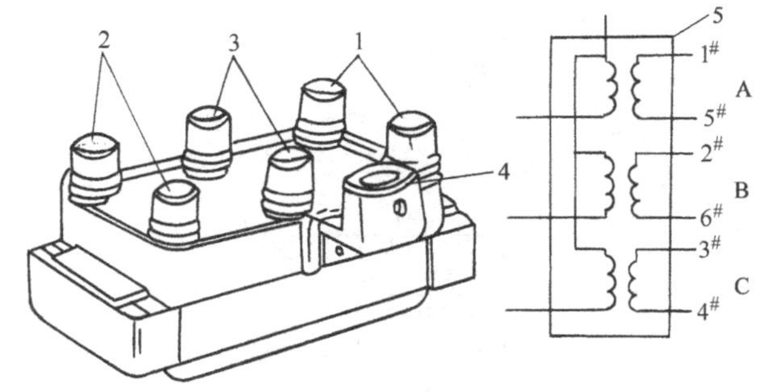

图 4-33　点火线圈分配式点火线圈

1—点火线圈 A 高压线插座　2—点火线圈 B 高压线插座　3—点火线圈 C 高压线插座　4—点火线圈低导线插座　5—点火线圈内部电路

（2）内装二极管分配方式的点火线圈

图 4-34 所示的点火线圈其初级绕组分为两个，由各自的驱动电路控制其通断，次级绕组的两端各并联连接两个高压二极管，形成四个高压端子。这种点火线圈的高压配电方式属于二极管分配式。

（3）外接二极管分配方式的点火线圈

有的二极管分配式点火线圈内部无高压二极管，点火线圈只有两个高压端子，通过外接高压二极管形成高压配电电路。这种点火线圈一例如图 4-35 所示。

（4）带二极管适用于点火线圈分配方式的点火线圈

一些点火线圈分配式点火线圈的内部也有高压二极管，其作用是防止在点火线圈初级通路瞬间次级产生的电压造成误点火（图 4-36）。

无分电器的点火系统其点火线圈的次级绕组与火花塞之间没有了配电器的间隙，因此，在初级通路瞬间，次级产生的电压（约 1.5kV 左右）就直接加在了火花塞电极的两端，如果该火花塞所处的气缸又恰好是进气行程终了或压缩行程开始等气缸压力较低、又有可燃混合气的行程，就可能会产生误点火。串联高压二极管后（图 4-37），利用二极管的单向导电

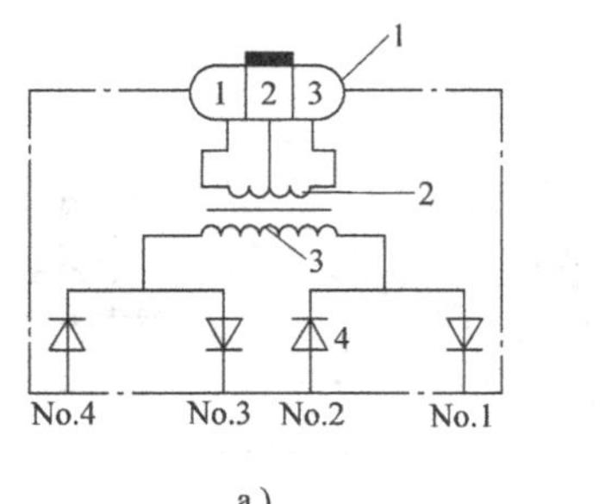

a)

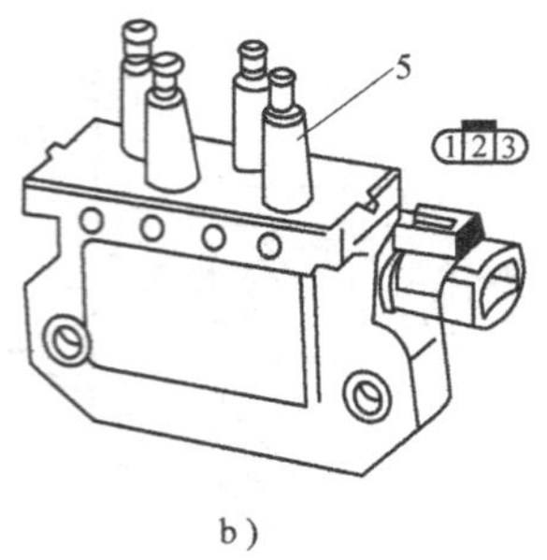

b)

图 4-34 二极管分配式点火线圈（内装式）

a）点火线圈内部电路 b）点火线圈外形

1—低压插接器端子 2—初级绕组 3—次级绕组

4—高压二极管 5—高压接线柱

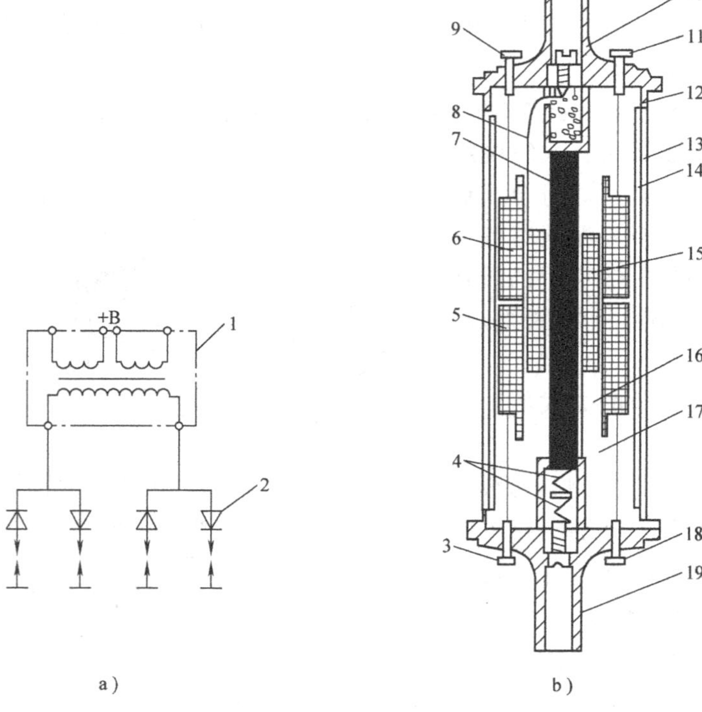

a) b)

图 4-35 二极管分配式点火线圈（外接式）

a）点火线圈连接线路 b）点火线圈内部结构

1—点火线圈 2—高压二极管 3、11—接电子点火器 4—弹簧

5—初级绕组Ⅰ 6—初级绕组Ⅱ 7—铁心 8、16—高压导电片

9、18—电源接线柱 10、19—高压线插座 12—外壳

13—导磁板 14—衬纸 15—次级绕组 17—变压器油

性，使点火线圈初级绕组通路的瞬间，其次级绕组产生的电压不能加在火花塞电极上，从而消除了误点火可能。

在一些无分电器电子控制点火系统中，点火线圈与火花塞的连接电路中，有一个 3 ~

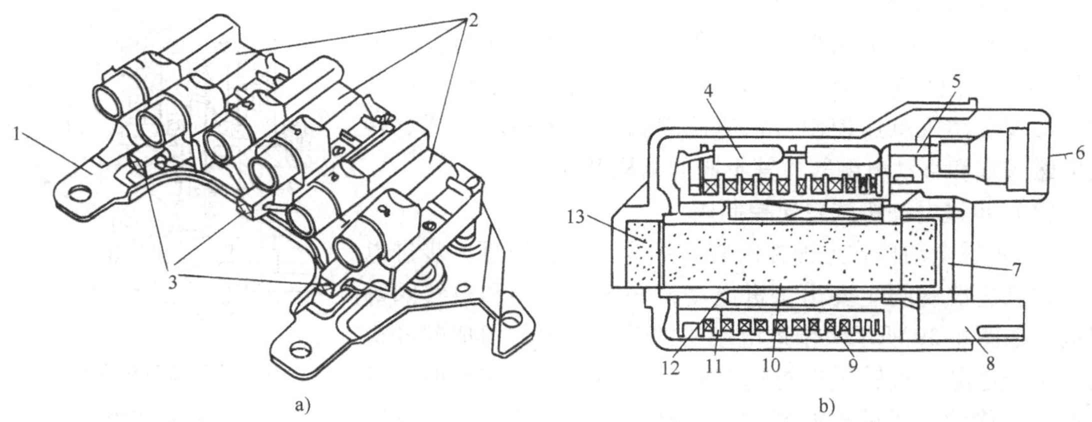

图 4-36　带二极管适用于点火线圈分配方式的点火线圈

a）点火线圈外形　b）点火线圈内部结构

1—支座　2—点火线圈　3—点火线圈低压插座　4—高压二极管　5—高压引线
6—盖　7—填充材料　8—低压接线柱　9—外壳　10、13—铁心
11—次级绕组　12—初级绕组

4mm 的间隙，其作用也是防止点火线圈初级通路瞬间的误点火。

（5）与火花塞装在一起的点火线圈

单独点火方式的点火线圈只供给一个火花塞点火，通常是将点火线圈直接安装在火花塞上端，如图 4-38 所示。这种形式的点火线圈，省去了高压导线，可使点火能量的损失进一步降低，点火系统高压回路的故障率也可大幅度地降低。

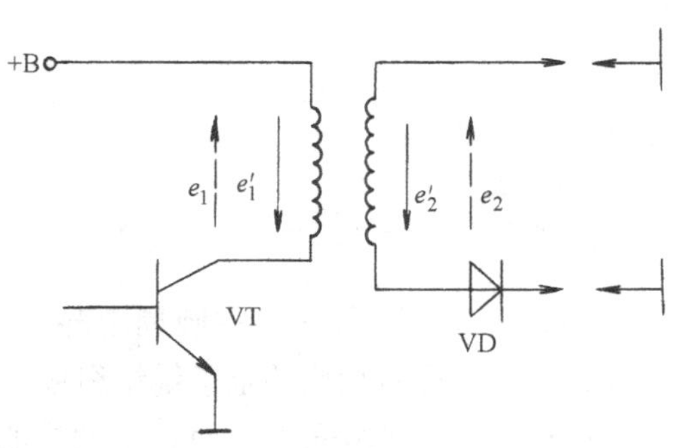

图 4-37　点火线圈分配式点火线圈的高压二极管作用

e_1、e_2—初级通路瞬间初、次级绕组的感应电动势

e_1'、e_2'—初级断路瞬间初、次级绕组的感应电动势

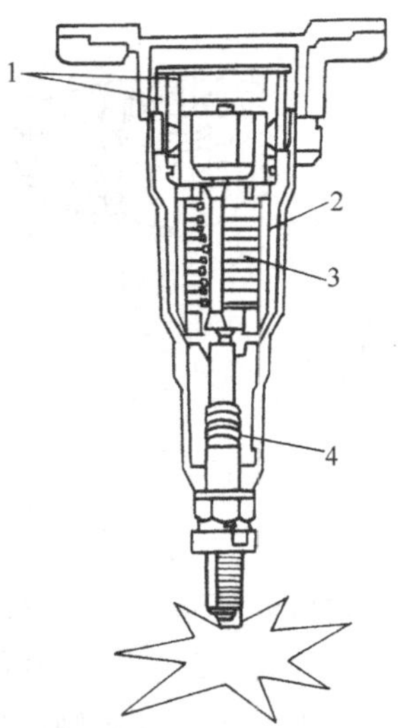

图 4-38　与火花塞装在一起的点火线圈

1—接 ECU　2—初级绕组
3—次级绕组　4—火花塞

3. 怠速控制阀

发动机怠速控制阀是发动机怠速控制系统的执行器，发动机 ECU 通过控制怠速控制阀改变怠速辅助空气通道的进气量，实现发动机怠速控制。怠速控制阀有步进电动机式、转动电磁阀式和直动电磁阀式等不同的结构型式。

（1）步进电动机式怠速控制阀

1）步进电动机式怠速控制阀的组成与工作原理。步进电动机式怠速控制阀主要由步进电动机、丝杆机构和空气阀等组成，如图 4-39 所示。步进电动机的转子与丝杆组成丝杆机构，当步进电动机转子在怠速控制信号的控制下转动时，丝杆作直线移动，通过阀杆带动空气阀上、下移动，使空气阀开启或关闭。

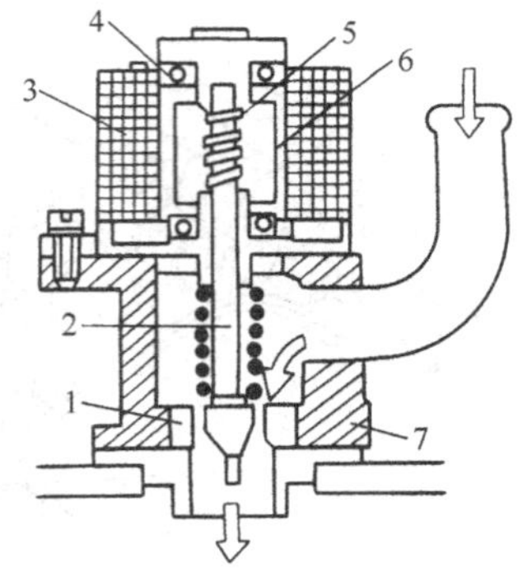

图 4-39 步进电动机式怠速控制阀
1—空气阀阀座 2—阀杆 3—定子绕组 4—轴承 5—丝杆 6—转子 7—空气阀阀体

2）步进电动机的结构特点。步进电动机按步转动，其结构型式及工作方式与普通直流电动机相比有较大的差别。步进电动机的主要组成及内部电路如图 4-40 所示。

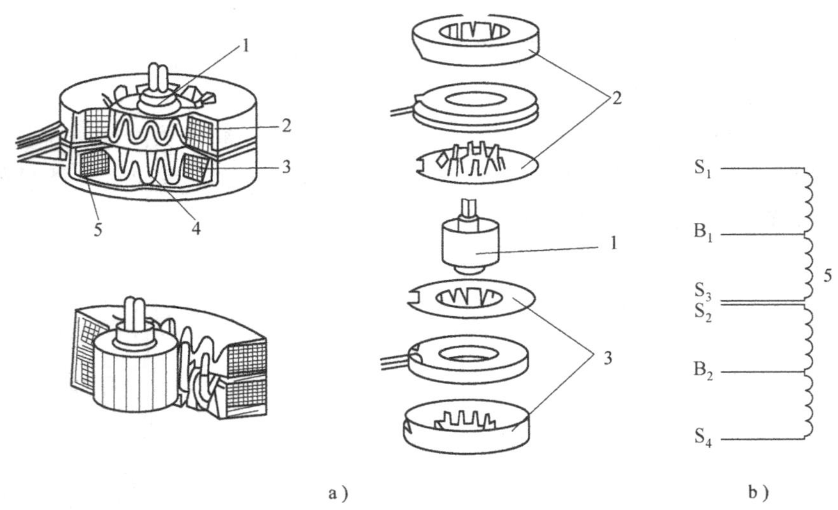

图 4-40 步进电动机的组成与内部电路
a）转子与定子 b）内部电路
1—转子 2—定子 A 3—定子 B 4—爪极 5—定子绕组

步进电动机的转子由永久磁铁构成，有 8 对磁极，其 N 极和 S 极在圆周上相间排列。定子有 A、B 两个，每个定子由具有 8 对爪极的铁心和两组绕向相反的定子绕组组成。

当定子绕组通入转动控制脉冲时，A、B 两定子各有一个绕组通电，两定子的铁心被磁化，形成 16 对（32 个）磁极（图 4-41）。当 A 或 B 定子中的两个绕组交换通断电状态时，该定子铁心磁化极性反向，使定子 32 个磁极的极性排列会向前或向后移动一格（1/32 圈）。

3）步进电动机的工作原理。步进电动机转动前，转子的位置使其磁极与定子磁极异性相对应（图 4-42a）。当定子 A 或 B 中换成另一个绕向相反的绕组通电时，定子的 32 个磁极极性排列发生改变，形成了与转子磁极同性相拆、异性相吸的磁力作用（图 4-42b），使转

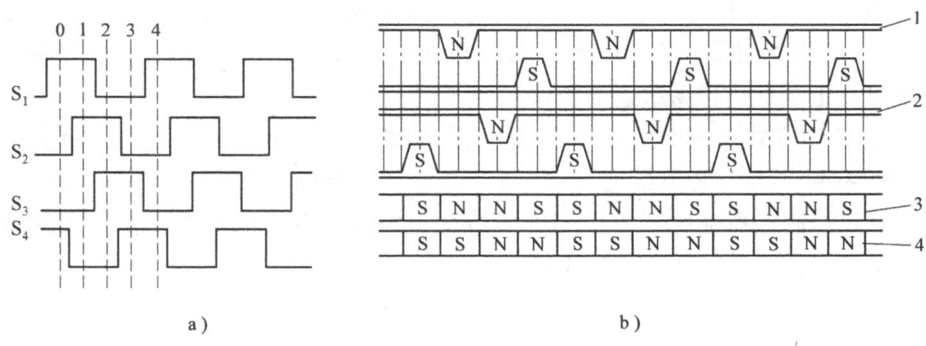

图 4-41 步进电动机定子磁极的形成

a）定子线圈转动控制脉冲（正转） b）定子磁极的排列

1—定子 A 2—定子 B 3—S_1、S_2通电定子磁极排列 4—S_2、S_3通电定子磁极排列

子又转动至其 N、S 极与定子的异性磁极相对应的位置（图 4-42c）。定子的 4 个绕组按 S_1、S_2、S_3、S_4的顺序输入通电脉冲，就可使电动机按正方向逐步（1/32 圈）转动。如果要使电动机反方向转动，则使 4 个绕组按 S_4、S_3、S_2、S_1的顺序通电即可。

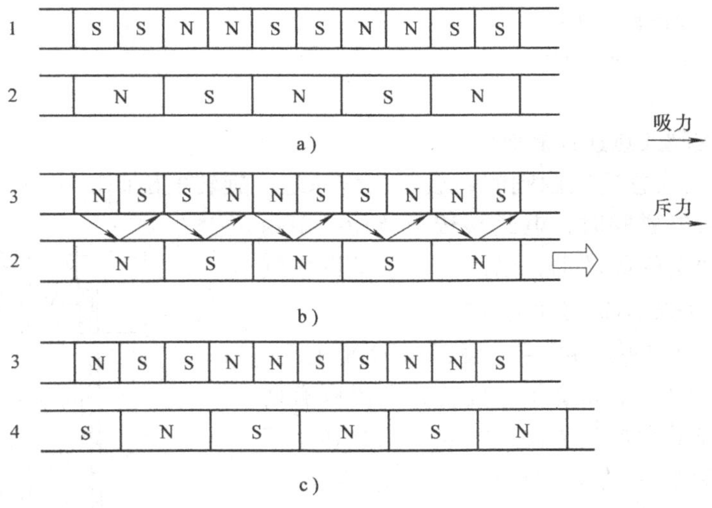

图 4-42 步进电动机的工作原理

a）转动一步前 b）开始转动 c）转动一步后

1—转动前定子磁极排列 2—转动前转子磁极排列 3—转动一步定子磁极排列 4—转动后转子磁极排列

（2）开关电磁阀式怠速控制阀

1）开关电磁阀式怠速控制阀的组成与原理。开关电磁阀式怠速控制阀的基本组成与工作原理与喷油器相似，所不同的是怠速控制阀控制的是空气通道。开关电磁阀式怠速控制阀的结构如图 4-43 所示。当电磁线圈通电时，电磁力使空气阀打开；当电磁线圈断电时，弹簧力又使阀迅速关闭。

2）开关电磁阀式怠速控制阀的工作方式。开关电磁阀有开关工作方式和占空比工作方式两种。

① 开关工作方式：开关工作方式下，电磁阀线圈通电时空气阀打开，发动机在高怠速下运转；电磁阀线圈断电时空气阀关闭，发动机在正常怠速下运转。因此，在开关工作方式下，发动机只有正常怠速和高怠速两种状态。

② 占空比工作方式：占空比信号是一种信号的频率（周期）固定不变，脉宽可变的脉冲信号，如图4-44所示。控制器通过输出不同的占空比脉冲，就可控制阀的不同开关比率，实现不同的怠速控制。占空比可从0～100%改变，因此，占空比工作方式可控制发动机从正常怠速到最高怠速之间的任一种怠速状态。

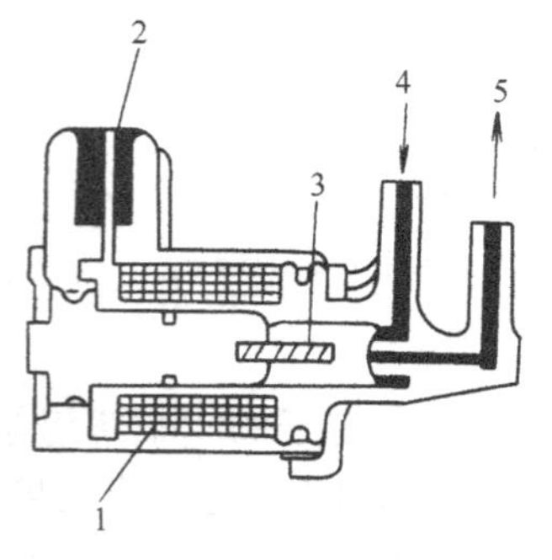

图4-43　开关电磁阀式怠速控制阀
1—电磁线圈　2—接线端子　3—阀
4—来自空气滤清器　5—至进气管

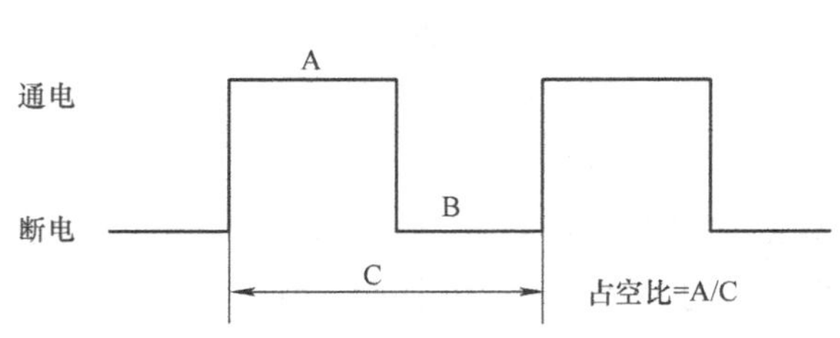

图4-44　占空比信号

（3）旋转电磁阀式怠速控制阀

1）旋转电磁阀式怠速控制阀的组成与工作原理。旋转电磁阀的组成一例如图4-45所示。控制信号输入电磁阀时，电磁阀转子转动一个角度，通过阀杆带动空气阀转动，以改变怠速辅助空气通道的截面积，实现发动机怠速的调整。

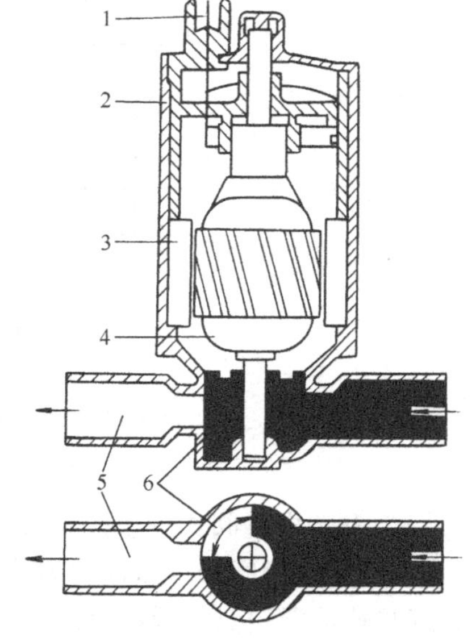

图4-45　转动电磁阀式怠速控制阀
1—接线端子　2—壳体　3—定子
4—转子　5—辅助空气
通道　6—旋转空气阀

2）旋转式电磁阀的结构特点。旋转电磁阀的主要部件是带动阀转动的转子和定子。旋转式电磁阀有两种型式：一种是转子为永久磁铁，电磁线圈绕在定子上；另一种定子为永久磁铁，转子上绕有电磁线圈，通过电刷和滑片将电流引入电磁阀线圈。旋转电磁阀的两个电磁线圈匝数相同，对称布置，通电后其电磁力对转子的作用方向相反。

3）旋转式电磁阀的工作原理。转子为永久磁铁的旋转式电磁阀电路原理如图4-46所示。发动机ECU输出占空比信号，此控制信号通过VT_1、VT_2组成的驱动电路控制电磁阀线圈L_1、L_2的通断电。由于控制信号到VT_1基极经反相器反相，因此，晶体管VT_1集电极输出控制脉冲与VT_2集电极输出的控制脉冲相位相反。

当控制信号占空比为50%时，一个信号周期中VT_1、VT_2的导通相位相反，但导通时间相同。L_1、L_2

的通电时间各占一半，两线圈的平均电流相同，产生相同大小的电磁力，对转子的作用力互相抵消，所以这时的转子在原来的位置保持不动（图 4-47a）；当控制信号占空比大于 50% 时，L_2通电时间大于 L_1，两线圈产生的磁场合力使转子逆时针转动（图4-47b）；当控制信号占空比小于 50% 时，L_1的通电时间大于 L_2，两线圈产生的磁场合力则使转子顺时针转动（图 4-47c）。

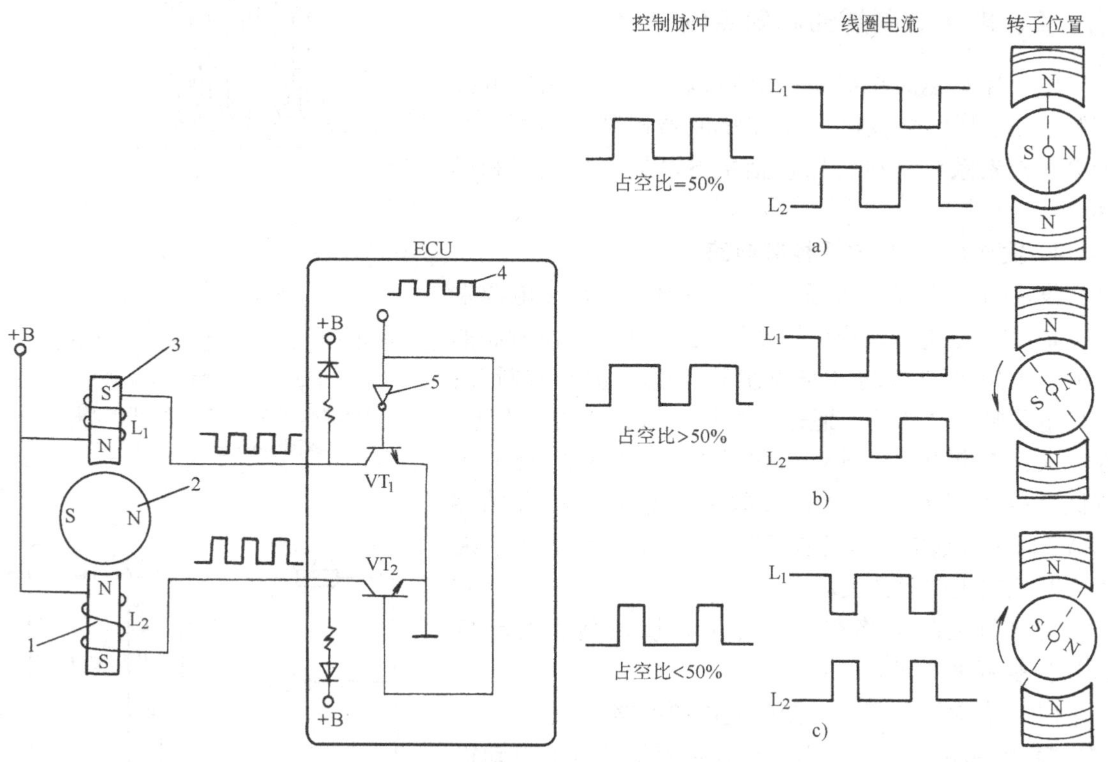

图 4-46　旋转式电磁阀电路原理

1、3—定子　2—转子（永久磁铁）　4—控制信号（占空比信号）　5—反相器

图 4-47　旋转式电磁阀转动控制原理

a）不转动的控制过程　b）逆时针转动过程　c）顺时针转动控制过程

控制器通过输出占空比不同的脉冲信号，即可实现对转动电磁阀的旋转角度及转动方向的控制。

定子是永久磁铁的旋转式电磁阀，则是在其转子铁心上绕有匝数相同、绕向相反的两个线圈，这种结构型式的旋转电磁阀，需要通过电刷和导电片将电流引入线圈，其工作原理与转子是永久磁铁的旋转电磁阀完全相同。

4. 二位三通电磁阀

与开关电磁阀一样，二位三通电磁阀只有通电和断电两种状态，但连接着三个空气通道。废气再循环控制系统中的废气再循环（EGR）电磁阀，炭罐清污量控制系统中的炭罐清污电磁阀均为二位三通电磁阀。

二位三通电磁阀的组成如图 4-48 所示。电磁线圈不通电时，阀体将通大气口关闭，进气歧管与膜片阀真空室相通，真空室压力降低（真空度增大）；电磁线圈通电时，阀体下移，将通进气歧管口关闭，膜片阀真空室通大气，真空室压力上升（真空度减小）。电子控制器通过占空比信号来控制二位三通电磁阀线圈的通断电比率，实现对膜片阀真空室真空度的控制，使膜片阀作出相应的动作。

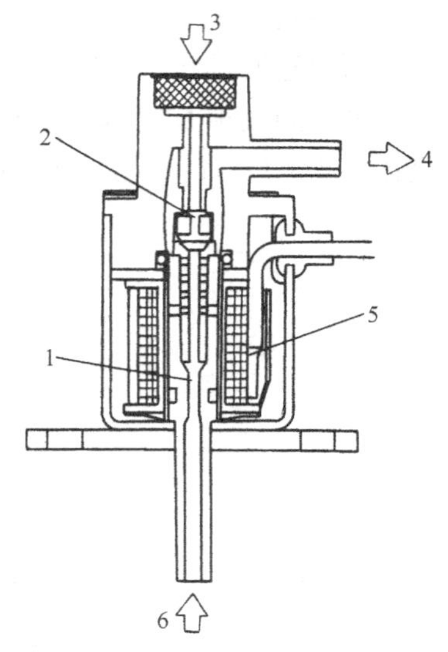

图 4-48　二位三通电磁阀的结构
1—空气通道　2—阀体　3—通大气　4—通膜片阀真空室　5—电磁阀线圈　6—通进气歧管

四、电子控制燃油喷射系统电路

电子控制燃油喷射系统电路包括电子控制器电源控制电路、燃油泵控制电路和喷油器控制电路等。燃油喷射控制系统的执行器包括主继电器、喷油器和燃油泵。

1. 发动机 ECU 电源控制电路

发动机 ECU 有主电源端子“+B”和常接电源端子“BAT”，主电源端子“+B”提供 ECU 工作所需的电源，由主电源控制电路控制其与电源接通或断开；常接电源端子“BAT”通过一根导线直接连接蓄电池，在点火开关断开时，该端子仍处在通电状态，使 ECU 内储存故障码或学习修正参数等信息的随机存储器（RAM）保持通电，以确保 RAM 中的有用信息不会因点火开关的关闭而消失。

主电源控制电路有点火开关直接控制和发动机 ECU 控制两种形式。

（1）点火开关直接控制的主电源电路

1）电路特点分析。由点火开关直接控制的发动机 ECU 主电源电路如图 4-49 所示。该 ECU 的主电源电路通过主继电器的触点接通，主继电器线圈则由点火开关直接控制其通断。

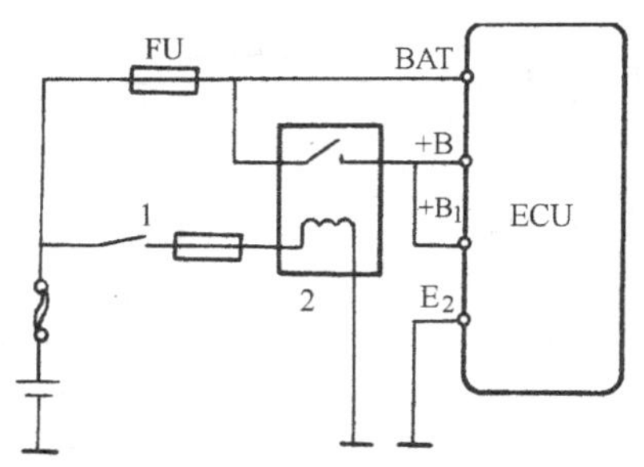

图 4-49　点火开关直接控制的主电源控制电路
1—点火开关　2—主继电器

2）电路原理。接通点火开关时，主继电器线圈通电，产生的磁力使主继电器触点闭合，发动机 ECU 的主电源电路接通（ECU 主电源端子通电）。断开点火开关，主继电器线圈断电，继电器触点立刻分离，ECU 主电源端子立刻断电。

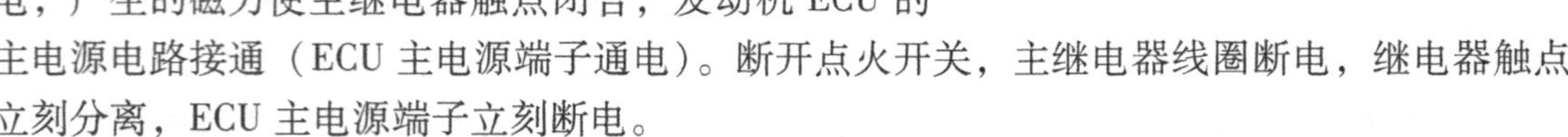

3）电路检测要点。该电路的检测要点如下：

① 发动机 ECU 的 BAT 端子：用直流电压表测量 BAT 端子与搭铁之间的电压，应为蓄电池电压。如果电压为 0V，需检查常接电源线路及熔断器 FU。

② 发动机 ECU 的 +B 端子：接通点火开关（ON），用直流电压表测量 +B 端子与搭铁之间的电压，应为蓄电池电压。如果电压为 0V，则需检查主继电器、继电器线圈及触点的连接线路、线路中的熔断器等。

（2）具有延时关断功能的主电源电路

1）电路特点分析。具有延时关断功能的主电源电路如图 4-50 所示。与点火开关直接控

制的电源电路的区别：主继电器线圈电路由ECU内部的主继电器控制电路通过MREL端子控制，点火开关则是通过ECU的IGSW端子控制ECU内部主继电器控制电路的通断电。内部主继电器控制电路具有延时关断功能，可使ECU在点火开关断开后延时断电约2s的时间，以完成一些必要的工作，比如，对热丝式空气流量传感器输出脉冲电流，用以清洁热丝；对步进电动机式怠速控制阀输出控制脉冲，使阀打开至全开位置。

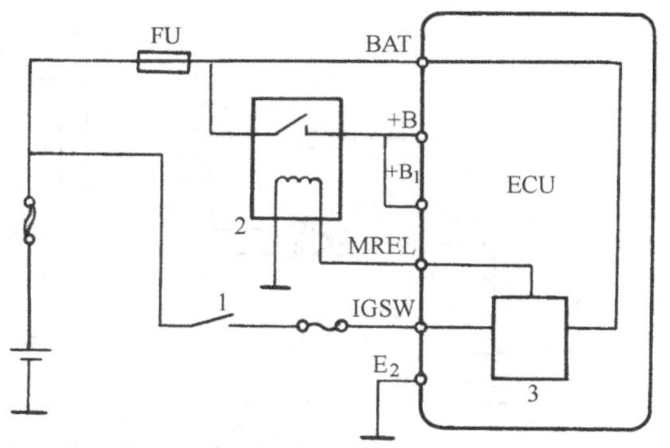

图4-50　具有延时关断功能的主电源控制电路
1—点火开关　2—主继电器　3—主继电器控制电路

2）电路工作原理。接通点火开关时，ECU的IGSW端子通电，并通过ECU内部的主继电器控制电路使MREL端子建立高电位，主继电器线圈通电，继电器触点闭合，接通ECU主电源电路。断开点火开关时，ECU内主继电器控制电路使MREL端子高电位延续2s，使主继电器线圈保持通电，从而使ECU的主电源电路在点火开关断后仍能保持2s左右的通电时间。

3）电路检测要点。该电路的检测要点如下：

① 发动机ECU的BAT端子：用直流电压表测量其与搭铁之间的电压，应为蓄电池电压。如果电压为0V，需检查常接电源线路及熔断器FU。

② 发动机ECU的+B端子：接通点火开关（ON），用直流电压表测量+B端子与搭铁之间的电压，应为蓄电池电压。如果电压为0V，则需检查ECU的MREL、IGSW端子对E2端子的电压。若IGSW端子电压正常，而MREL端子无电压输出，说明ECU内部有故障；若IGSW端子无电压，检测点火开关连接线路及熔断器；若MREL端子电压也正常，则需检查主继电器及连接线路。

2. 燃油泵控制电路

燃油泵控制电路的基本控制功能：在发动机起动和运转时，使燃油泵通电工作，一旦发动机异常熄火，就立即使燃油泵停止工作；发动机不工作时，即使点火开关保持接通状态，燃油泵也不会通电工作。

（1）由燃油泵开关控制的燃油泵控制电路

由量板式空气流量传感器中的燃油泵开关控制的燃油泵控制电路如图4-51所示。

1）电路特点分析。主继电器控制ECU主电源电路，同时也连接燃油泵继电器的电源接柱，控制着燃油泵电源电路。燃油泵继电器为常开触点，控制燃油泵的通断电；燃油泵继电器有两个线圈，其中L_1由空气流量传感器中的燃油泵开关控制其通断电，L_2则是在点火开关拨至起动档时通电；L_1、L_2其中有一个线圈通电时，就可使燃油泵继电器触点K_2闭合。

2）电路工作原理。该电路的工作原理如下：

起动时，点火开关拨至起动档，起动开关接通燃油泵继电器线圈L_2电路，使触点K_2闭合，燃油泵通电工作。

起动后，起动开关断开，由于发动机正常运转，空气流量传感器内的燃油泵开关处于闭

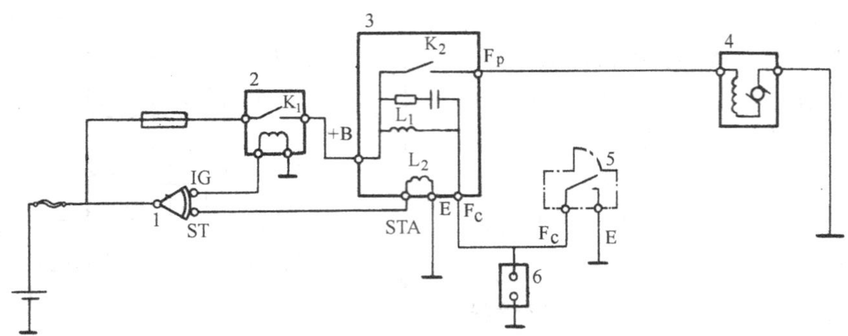

图 4-51　由燃油泵开关控制的燃油泵控制电路

1—点火开关　2—主继电器　3—燃油泵继电器　4—燃油泵

5—空气流量传感器中的燃油泵开关　6—燃油泵检查插座

合状态，使 L_1 通电，燃油泵继电器触点 K_2 保持闭合，燃油泵正常工作。

发动机异常熄火时，空气流量传感器内的燃油泵开关随即断开，这时，燃油泵继电器线圈 L_1、L_2 均不通电，触点 K_2 断开，燃油泵立即停止工作。

发动机不工作时，若接通点火开关（点火档），由于空气流量传感器内的燃油泵开关处于断开状态，燃油泵继电器线圈 L_1、L_2 均不通电，燃油泵继电器触点 K_2 不能闭合，因而燃油泵不会通电工作。

3）电路检测要点。该电路的检测要点如下：

① 燃油泵继电器的 +B 端子：接通点火开关（ON），检测燃油泵继电器的 +B 端子对搭铁电压，应为蓄电池电压。如果电压为 0V，需检查主继电器、主继电器连接线路、点火开关及连接线路、相关的熔断器等。

② 燃油泵继电器的 F_P 端子：找到燃油泵检查插座，并接通点火开关（ON），再将检查插座的两端子用导线连接，检测 F_P 端子对搭铁电压，应为蓄电池电压，且燃油泵工作。如果 F_P 端子电压为 0V，则需检查燃油泵继电器；如果 F_P 端子对搭铁电压正常，但燃油泵不工作，则需检查燃油泵及其连接线路。

（2）由发动机 ECU 直接控制的燃油泵控制电路

发动机 ECU 通过燃油泵继电器控制燃油泵工作的控制电路如图 4-52 所示。

1）电路特点分析。与燃油泵开关控制方式不同的是，燃油泵继电器的线圈 L_1 连接 ECU 的 FC 端子，由 ECU 内部的驱动电路控制 L_1 线圈电路的通断电。ECU 根据发动机转速信号对燃油泵继电器的 L_1 线圈驱动电路发出控制信号，通断 L_1 线圈电流。

2）电路工作原理。发动机工作时，ECU 接收到发动机转速传感器的电信号，向 L_1 线圈驱动电路发出连接控制信号，使线圈 L_1 通电，燃油泵继电器触点 K_2 保持闭合，燃油泵正常通电工作。当发动机熄火时，发动机转速传感器无转速信号产生，ECU 接收不到发动机转速信号，就会立即向 L_1 线圈驱动电路发出断开控制信号，使 L_1 迅速断电，K_2 断开，燃油泵立刻停止工作。

3）电路检测要点。该电路的检测要点如下：

① 燃油泵继电器的 +B 端子：接通点火开关（IG），检测燃油泵继电器的 +B 端子对搭铁电压，应为蓄电池电压。如果电压为 0V，需检查主继电器、主继电器连接线路、点火开

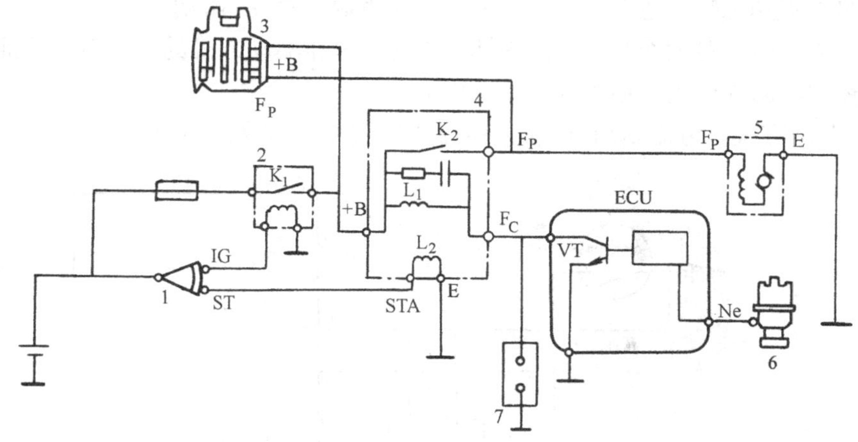

图 4-52　由 ECU 控制的燃油泵控制电路

1—点火开关　2—主继电器　3—故障检查插座　4—燃油泵继电器
5—燃油泵　6—发动机转速传感器　7—燃油泵检查插座

关及连接线路、相关的熔断器等。

② 燃油泵继电器的 F_P端子：将燃油泵检查插座两端子短接并接通点火开关（ON），或将点火开关拨至起动档（ST），检测 F_P端子对搭铁电压，应为蓄电池电压，且燃油泵工作。如果 F_P端子电压为 0V，则需检查燃油泵继电器、点火开关及线路；如果 F_P端子对搭铁电压正常，但燃油泵不工作，则需检查燃油泵及其连接线路。

3. 喷油器控制电路

（1）喷油器的驱动方式

喷油器的喷油时间（阀开启时间）由 ECU 通过喷油器驱动电路控制。喷油器的驱动方式有电压驱动和电流驱动两种方式。

1）电压驱动方式。电压驱动方式的喷油器控制电路如图 4-53 所示。

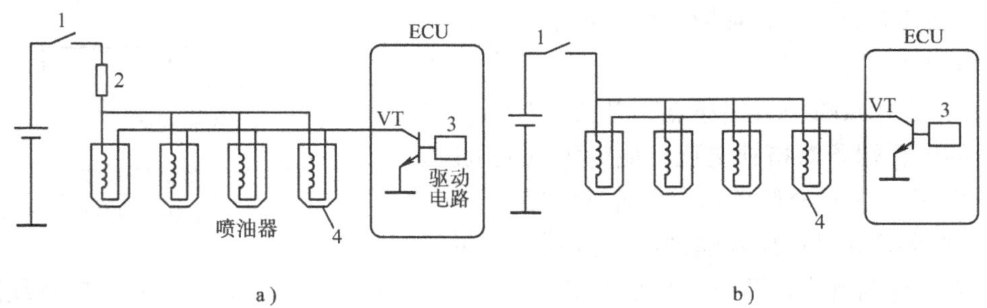

图 4-53　电压驱动方式的喷油器控制电路

a）低电阻型喷油器　b）高电阻型喷油器

1—点火开关　2—附加电阻　3—喷油器驱动电路　4—喷油器

电压驱动方式 ECU 输出的控制信号是一个电压脉冲，在喷油器喷油的时间内，喷油器线圈的通电电压不变。由于喷油器线圈自感电动势的阻碍作用，喷油器线圈通电瞬间其电流呈指数规律逐渐上升，喷油器开启响应较慢。

减少喷油器电磁线圈的匝数，使其电感量减小，可提高喷油器通电瞬间线圈电流的上升速率，加快喷油器动态响应速度。减少喷油器线圈匝数，喷油器的阻抗也会减小，这会造成喷油器线圈的工作电流过大而容易过热损坏。因此，电压驱动方式的低电阻型喷油器，在其驱动电路中需串联附加电阻，用以降低其工作电流。

2）电流驱动方式。电流驱动方式的喷油器控制电路一例如图 4-54 所示。

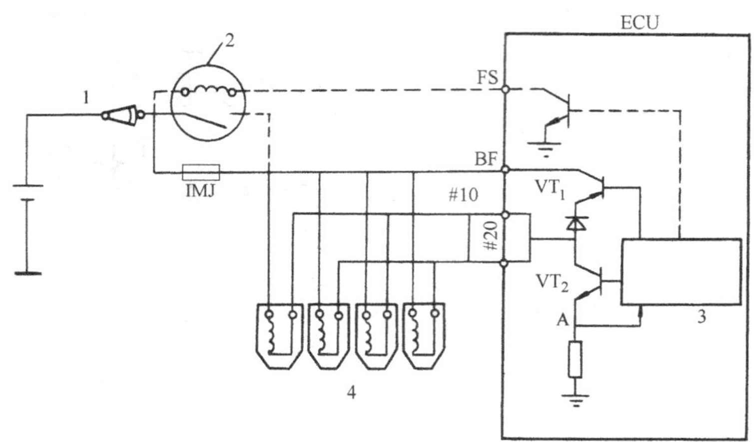

图 4-54 电流驱动喷油器控制电路

1—点火开关 2—安全主继电器 3—喷油器驱动电路 4—喷油器

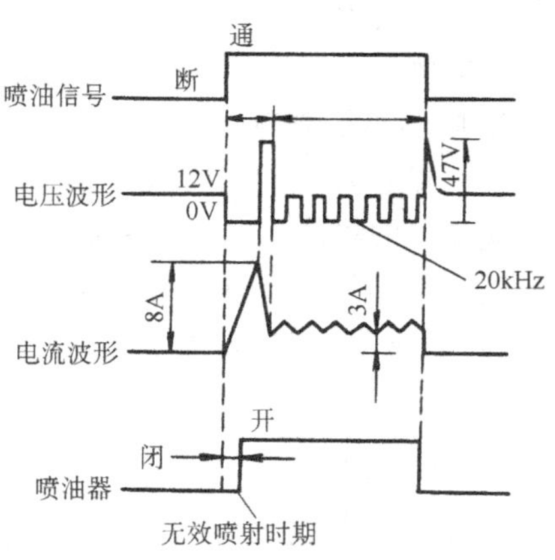

图 4-55 电流驱动喷油器工作时相关的波形

电流驱动方式的喷油器线圈电阻很小，其特点是电流上升很快，可使喷油器阀迅速全开，然后控制电路又使电流减小至仅能维持喷油器阀打开的电流，以防止喷油器电磁线圈过热。电流驱动方式 ECU 输出的电压和电流波形如图 4-55 所示。

电流驱动方式其 EUC 内的驱动控制电路较为复杂，但喷油器的动态响应好，因此应用日趋广泛。

3）电路检测要点。各种驱动方式的喷油器控制电路检测要点如下：

① 喷油器电源端子：接通点火开关（ON），检测喷油器的电源端子对搭铁电压，应为蓄电池电压。如果电压为 0V，需检查喷油器电源连接线路。

② 喷油器的电阻：拔开喷油器插接器，测量喷油器的电阻，应与规定值相符。如果电阻无穷大、过大或过小，均说明喷油器电磁线圈有故障，需予以更换。

（2）各缸喷油器的控制方式

各缸喷油器的控制方式有同时喷射式、分组喷射式和按各缸点火顺序独立喷射式三种。

1）同时喷射式喷油器控制电路。各缸同时喷射方式的 ECU 内只有一个喷油器驱动电路，其控制电路如图 4-56 所示。

同时喷射方式是按发动机转动节拍使各缸喷油器同时喷油。这种控制方式结构简单，但

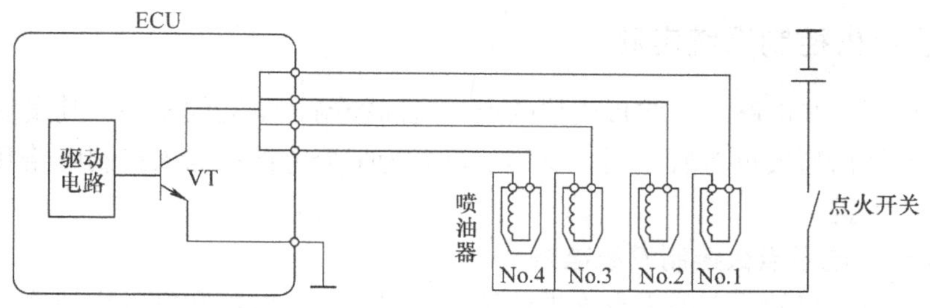

图 4-56　同时喷射方式控制电路

其空燃比的控制精度相对较低。

2）分组同时喷射式喷油器控制电路。分组同时喷射方式的 ECU 内有两个（四缸发动机）或三个（六缸发动机）喷油器驱动电路，其控制电路如图 4-57 所示。

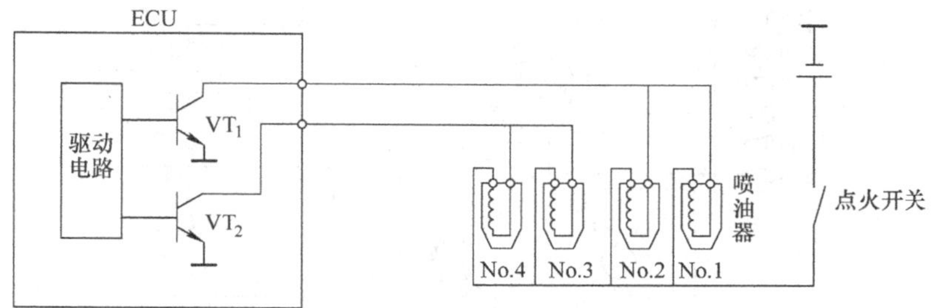

图 4-57　分组同时喷射方式控制电路

分组喷射方式是将喷油器分成两组（四缸发动机）或三组（六缸发动机），按发动机转动节拍各组交替同时喷油。分组同时喷射方式其控制精度有所提高，但增加了喷油器驱动电路，且需要分组气缸识别信号，控制电路要复杂一些。

3）各缸独立喷射式喷油器控制电路。各缸独立喷射方式喷油器控制电路的 ECU 内有与气缸数相同的驱动电路，其控制电路如图 4-58 所示。

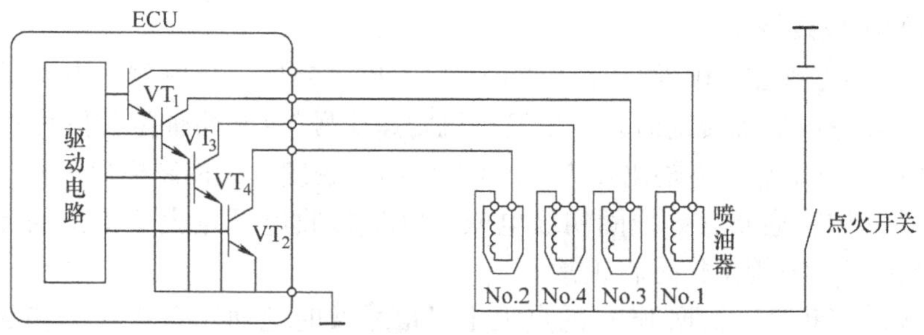

图 4-58　各缸独立喷射方式控制电路

独立喷射方式的各缸喷油器按照发动机气缸的工作顺序喷油，各缸独立喷射可相对于各缸的每次燃烧所需喷油量都设定一个最佳的喷射时刻，因此，可以展宽稀薄空燃比界限，进一步降低油耗。这种喷射方式需要气缸识别信号及与气缸数相等的喷油器驱动电路，因此其控制电路的结构比分组同时喷射方式的更为复杂。

五、电子点火控制系统电路

电子点火控制系统电路用于实现最佳的点火时间控制，不同的车型，其发动机电子点火控制系统电路的结构型式也有所不同，总体上可分为带分电器的点火控制电路和无分电器的点火控制电路两大类。

1. 带分电器的电子点火控制系统电路

电子点火控制系统的分电器无点火提前调节装置，由配电器和发动机转速与曲轴位置传感器组成。带分电器的电子点火控制电路典型实例如图 4-59 所示。

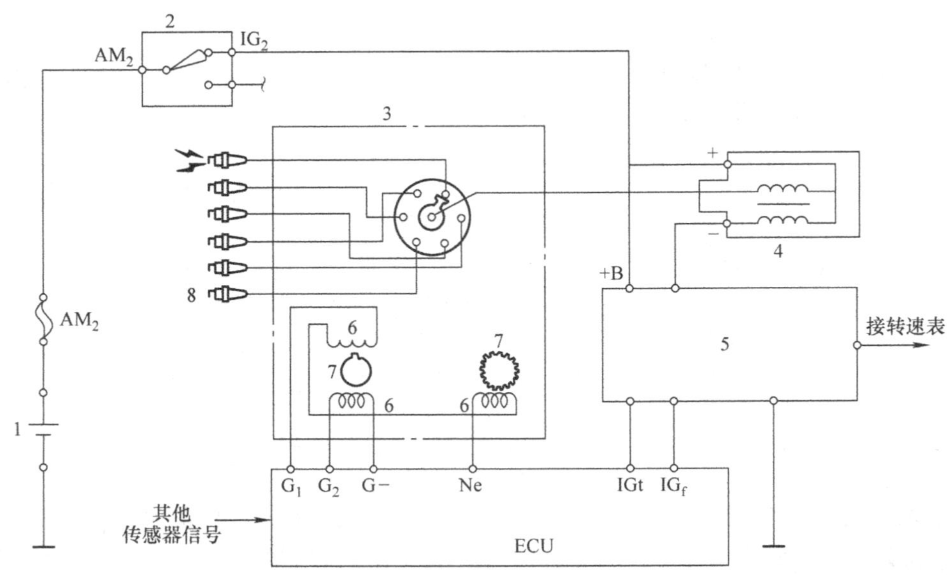

图 4-59　丰田 2JZ-GE 发动机点火控制电路

1—蓄电池　2—点火开关　3—分电器　4—点火线圈　5—点火控制模块
6—传感器转子　7—传感器线圈　8—火花塞

（1）电路的组成及特点

图 4-59 所示的点火控制电路应用于丰田 2JZ-GE 发动机，分电器内有发动机转速与曲轴位置传感器，在分电器轴转动时，产生发动机转速信号 Ne 和曲轴位置信号 G_1、G_2。

发动机 ECU 向电子点火器输出点火定时信号 IGt，触发点火控制模块工作，并由点火控制模块中的开关晶体管通断点火线圈初级电流。ECU 接收电子点火器输出的反馈信号 IG_f，根据 IG_f信号判断点火系统工作是否正常。

点火控制模块（ICM）根据 ECU 的点火定时信号及时地通断点火线圈初级回路，使点火线圈次级产生高压。本例点火控制模块可根据点火线圈初级绕组的工作情况，产生一个矩形波脉冲信号 IG_f，并输出送给 ECU，用以反馈点火工作状态。点火控制模块向转速表也输出一个脉冲宽度恒定、脉冲频率与点火频率同步的脉冲信号，用以驱动发动机转速表工作。

（2）电路工作原理

发动机工作时，分电器内的发动机转速与曲轴位置传感器产生 G_1、G_2和 Ne 信号，并输入 ECU，ECU 根据 G_1、G_2和 Ne 信号判断曲轴的位置和发动机的转速，并根据进气压力传感器（有的发动机点火控制系统用空气流量传感器）及发动机冷却液温度传感器、节气门

位置传感器等其他传感器信号确定点火时间，输出点火定时信号 IGt。点火控制模块在 ECU 点火定时信号 IGt 的触发下及时地通断点火线圈初级绕组电流，使点火线圈次级产生高压，并通过配电器将点火线圈产生的高压电按点火次序分配至各缸火花塞。

（3）电路检测要点

1）点火线圈 + 接线柱：接通点火开关（ON），检测点火线圈 + 接线柱与搭铁之间的电压，应为蓄电池电压。如果电压为 0V，需检查点火开关及其连接线路。

2）点火控制模块 ICM 的 + B 端子：接通点火开关（ON），检测点火线圈 + 接线柱与搭铁之间的电压，应为蓄电池电压。如果电压为 0V，需检查点火开关及其连接线路。

3）分电器的 G1、G2、Ne 端子：点火开关拨至起动档，使起动机带动发动机转动，测量 G1、G2、Ne 端子对 G－端子的电压波形，应有电压脉冲。如果无电压脉冲，需检查或更换分电器。

4）ECU 的 IGt 端子：点火开关拨至起动档，使起动机带动发动机转动，测量 IGt 端子对 G－端子的电压波形，应有电压脉冲。如果无电压脉冲，需检查或更换 ECU。

5）点火控制模块 ICM 的 IGf 端子：点火开关拨至起动档，使起动机带动发动机转动，测量 IGf 端子对搭铁电压波形，应有电压脉冲。如果无电压脉冲，需检查或更换 ICM。

2. 无分电器的点火控制系统电路

无分电器的点火控制系统电路采用电子高压配电方式，由点火控制模块 ICM 产生气缸识别信号，并按点火顺序触发相应的点火线圈驱动电路工作。

（1）电子高压配电的类型

按点火方式不同分有分组同时点火方式和单独点火方式两大类。

1）分组同时点火方式。每次点火都是成对的两缸火花塞同时进行，其中一缸为压缩行程，是有效点火，成对的另一缸为排气行程，是无效点火。由于排气行程缸内的温度高、压力低，因此，跳火电压很低，能量的损失很小。

分组同时点火方式的高压配电形式又有二极管分配式和点火线圈分配式两种。

2）单独点火方式。每缸火花塞都单独配有一个点火线圈，一般是将点火线圈直接安装在火花塞的上面，因此，可省去高压导线。

（2）二极管分配同时点火方式

1）电路特点分析。二极管分配的同时点火方式如图 4-60 所示。这种高压配电方式的点火线圈的初级绕组被分为两个，各由驱动电路中的 VT_1、VT_2控制其通断，气缸识别电路根据 ECU 的气缸识别信号产生点火触发信号，交替触发 VT_1、VT_2的导通和截止。

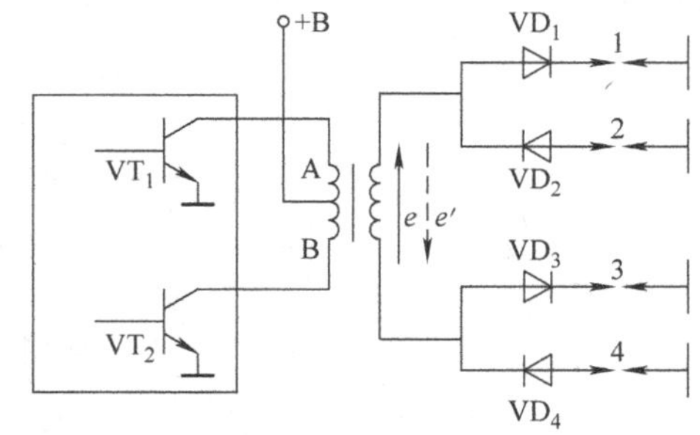

图 4-60　二极管分配同时点火方式

2）电路工作原理。当 ECU 输出 1、4 缸点火控制信号时，VT_1 由导通转为截止，初级绕组 A 断电，次级绕组便产生实线箭头方向的电动势 e。e 使 VD_1、VD_4导通，1、4 缸火花塞电极电压迅速升高直至跳火。当 ECU 输出 2、3 缸点火控制信号时，VT_2 由导通转为截止，初级绕组 B 断电，使次级绕组产生虚线箭头方向的电动势 e'。e'使 VD_2、VD_3导通，2、3 缸火花塞跳火。

(3) 点火线圈分配同时点火方式

1) 电路特点分析。点火线圈分配的高压配电方式是采用一个点火线圈直接供给成对的两缸火花塞点火，电路结构如图 4-61 所示。

2) 电路工作原理。气缸识别电路按点火顺序轮流触发 VT_1、VT_2导通和截止，控制各个点火线圈轮流产生高压，通过高压导线直接输送给成对的两缸火花塞。

(4) 单独点火方式

1) 电路特点分析。每一个气缸的火花塞单独配一个点火线圈，点火线圈直接与火花塞连接，如图 4-62 所示。

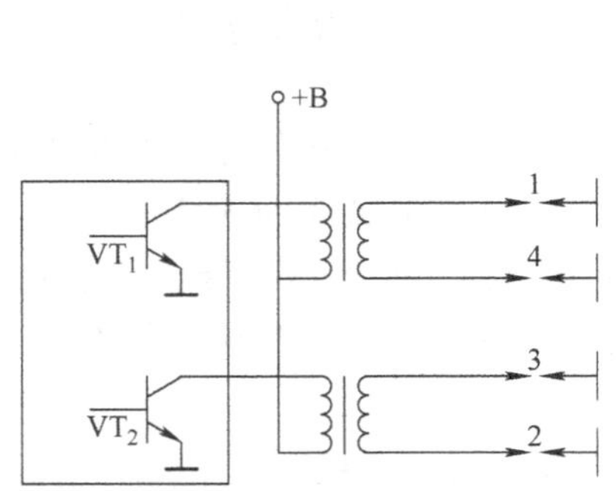

图 4-61　点火线圈分配同时点火方式

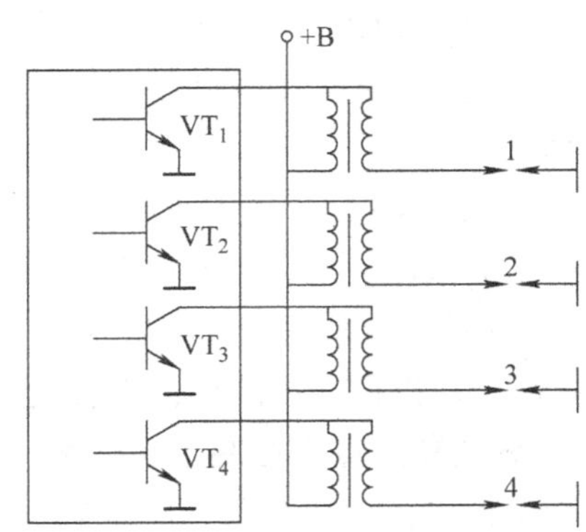

图 4-62　单独点火方式

2) 电路工作原理。点火线圈一般直接安装在火花塞的上方。气缸识别电路根据 ECU 送入的点火定时及气缸识别信号，按点火顺序轮流触发 VT_1、VT_2、VT_3、VT_4导通和截止，控制各个点火线圈轮流产生高压，并将高压电直接输送给与之连接的火花塞。

(5) 无分电器点火控制电路典型实例

无分电器点火控制电路典型实例如图 4-63 所示。本例高压配电采用点火线圈分配同时点火方式，因此点火控制模块 ICM 中有气缸判别功能电路；点火线圈中的二极管用于防止点火线圈初级绕组通路时产生误点火。

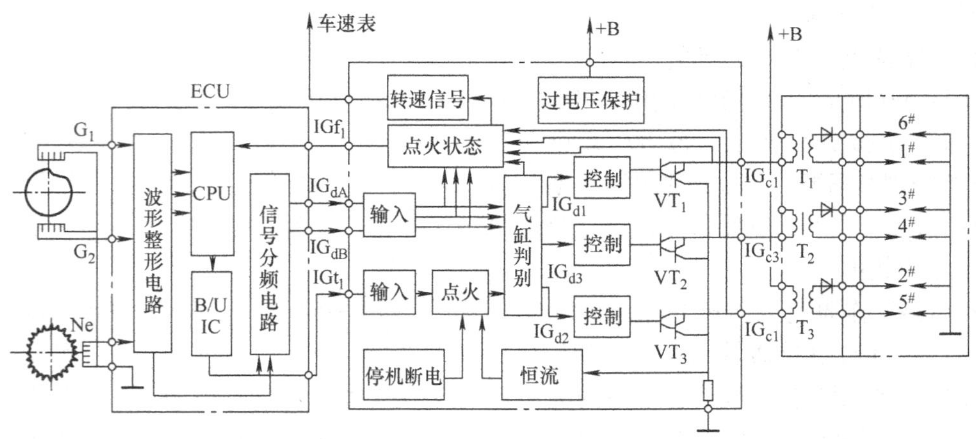

图 4-63　丰田 1G-GZEU 型发动机点火控制电路

1）电路工作原理。电路工作原理如下：

① 点火定时信号 IGt 的产生：曲轴位置传感器的 G_1、G_2分别为第 6 缸、第 1 缸上止点信号，Ne 是转速信号，同时用于确定初始点火定时，其电压波形如图 4-64a 所示。ECU 根据 G_1或 G_2信号后的第一个 Ne 信号确定第六缸或第一缸点火信号，然后以每 4 个 Ne 信号波形产生一个点火信号，并产生点火定时脉冲 IGt（图 4-64b）。

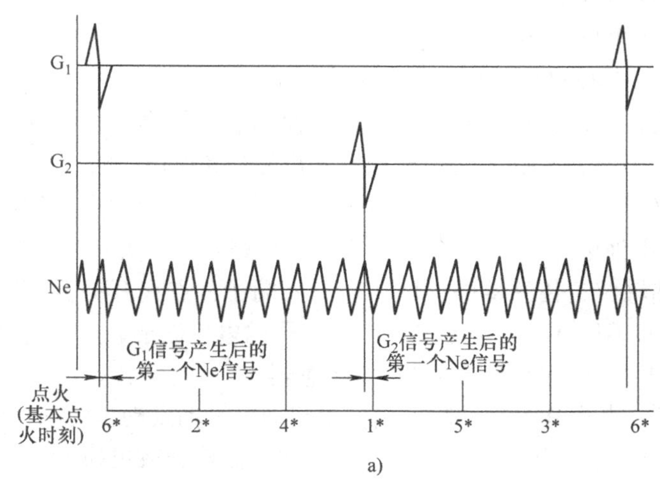

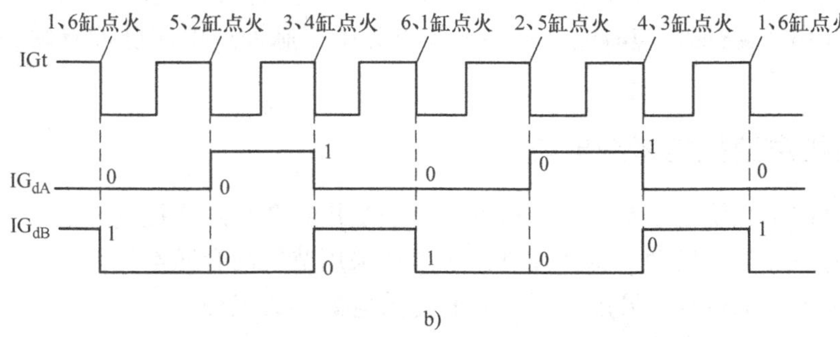

图 4-64　点火触发信号的产生原理

a）G、Ne 传感器信号电压波形　b）ECU 输出的控制信号电压波形

根据 Ne 信号所确定的点火时间为初始点火时间。工作时，电子控制器根据发动机的工况、状态信息对点火提前角进行调整。

②气缸识别信号的产生：ECU 根据传感器的 G_1、G_2信号产生气缸识别信号 IG_{dA}　IG_{dB}，其波形如图 4-64b 所示。IG_{dA}、IG_{dB}及 IGt 信号输入气缸识别电路，用于产生能按点火顺序控制各点火线圈工作的触发信号。

③顺序点火触发信号的产生：点火控制模块 ICM 内的气缸识别电路具有表 4-1 所示的逻辑功能，在每一个点火定时波形 IGt 下降沿时，气缸识别电路根据 IG_{dA}和 IG_{dB}的电平高、低情况，触发相应的晶体管截止，使相应的点火线圈初级绕组断电、次级产生高压，使成对的两缸火花塞点火。

表 4-1　ICM 中气缸识别电路逻辑功能

气缸识别信号 \ 点火的气缸	1、6	2、5	3、4
IG_{dA}	0	0	1
IG_{dB}	1	0	0

单独点火方式的顺序点火触发信号产生方式与同时点火方式的相似，但其点火线圈驱动电路要多一倍，气缸判别电路也要复杂一些。

2）电路检测要点。该电路检测要点如下：

① 点火线圈 + 接线柱：接通点火开关（ON），检测点火线圈 + 接线柱与搭铁之间的电压，应为蓄电池电压。如果电压为 0V，需检查点火开关及其连接线路。

② 点火控制模块 ICM 的 + B 端子：接通点火开关（ON），检测点火线圈 + 接线柱与搭铁之间的电压，应为蓄电池电压。如果电压为 0V，需检查点火开关及其连接线路。

③ 发动机转速与曲轴位置传感器的 G1、G2、Ne 端子：点火开关拨至起动档，使起动机带动发动机转动，测量 G1、G2、Ne 端子对 G—端子的电压波形，应有电压脉冲。如果无电压脉冲，需检查或更换发动机转速与曲轴位置传感器。

④ ECU 的 IGt 端子：点火开关拨至起动档，使起动机带动发动机转动，测量 IGt 端子对 G—端子的电压波形，应有电压脉冲。如果无电压脉冲，需检查或更换 ECU。

⑤ 点火控制模块 ICM 的 IGf 端子：点火开关拨至起动档，使起动机带动发动机转动，测量 Gf 端子对地电压波形，应有电压脉冲。如果无电压脉冲或电压脉冲有缺失，需检查或更换 ICM。

六、发动机怠速控制系统电路

发动机怠速控制系统用于实现发动机的怠速稳定控制和高怠速控制，是现代汽车发动机电子控制系统的一部分。发动机怠速控制系统广泛采用节气门旁通空气量调节方式，怠速控制阀常见的有步进电动机式、开度电磁阀式和开关电磁阀式三种。

1. 步进电动机式怠速控制电路

步进电动机式怠速控制电路如图 4-65 所示。

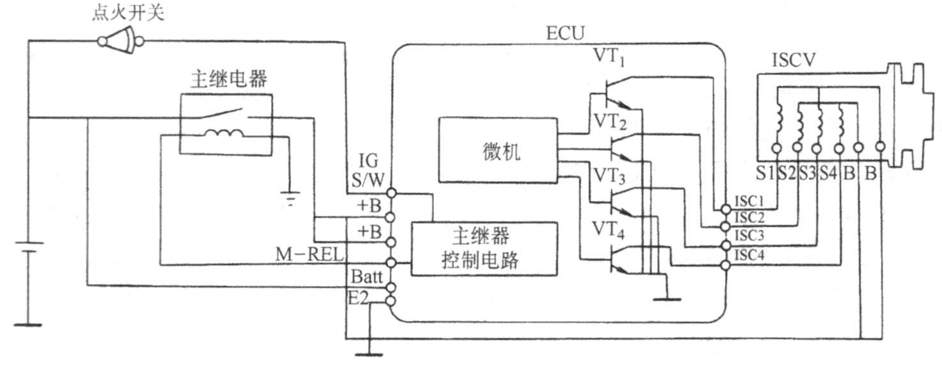

图 4-65　步进电动机式怠速控制电路

（1）电路特点分析

1）步进电动机式怠速控制阀有4个控制端子，两个电源端子，ECU通过ISC1、ISC2、ISC3、ISC4这4个端子输出控制脉冲，控制步进电动机转动，实现怠速控制阀的开启和关闭控制。

2）ECU电源电路中的主继电器线圈由ECU的MREL端子控制，使该电源电路具有延时关断的功能。当点火开关关断时，ECU可继续通电2s，以完成怠速控制电磁阀的起动初始位置设定。在点火开关断开后的这2s时间里，步进电动机在ECU的控制下转动，使空气阀开启至最大，为下次起动做好准备。

（2）电路工作原理

电子控制器ECU根据节气门位置传感器、发动机转速传感器、发动机冷却液温度传感器、空调开关、自动变速器档位开关等所提供的电信号进行怠速控制。当需要调整怠速时，ECU输出控制信号，通过其内部的步进电动机驱动电路使步进电动机的4个绕组依次通断电，使步进电动机转过相应的角度，将怠速控制阀转动至适当的位置。

（3）电路检测要点

1）ECU的Batt端子：用直流电压表测量BAT端子与搭铁之间的电压，应为蓄电池电压。如果电压为0V，需检查常接电源线路及熔断器（有的话）。

2）ECU的+B端子：接通点火开关（ON），用直流电压表测量+B端子与搭铁之间的电压，应为蓄电池电压。如果电压为0V，则需检查ECU的MREL、IGSW两端子对E2端子的电压，若IGSW端子电压正常，MREL端子无电压输出，说明ECU内部有故障；若IGSW端子无电压，需检测点火开关连接线路及熔断器（图中未画出）；若MREL端子电压也正常，则需检查主继电器及连接线路。

3）怠速控制阀的电源端子B：拔开怠速控制阀线路连接插接器，并接通点火开关（ON），测量插头B端子与搭铁之间的电压，应为蓄电池电压。如果电压为0V，检查电源连接线路及主继电器等。

4）怠速控制阀的控制端子S1、S2、S3、S4：分别测量怠速控制阀插座S1、S2、S3、S4端子与B端子之间的电阻，电阻应一致。如果电阻不一致或电阻为无穷大，则需更换怠速控制阀。

2. 转动电磁阀式怠速控制电路

转动电磁阀式怠速控制阀的控制电路如图4-66所示。

（1）电路特点分析

1）转动电磁阀式怠速控制阀有两个控制端子，分别由ECU的ISC1和ISC2端子控制，ISC1和ISC2端子输出的是两个同频且反相的占空比电压脉冲，通过占空比的变化控制转动电磁阀的转子转动，使怠速控制阀开启或关闭。

2）ECU电源直接由点火开关控制，无延时关断功能，因此，怠速控制阀起动初始状态设置需要在发动机起动时完成。即在起

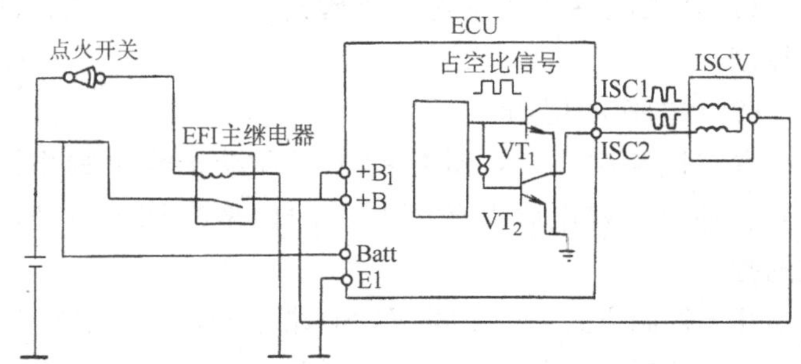

图4-66　转动电磁阀式怠速控制电路

动发动机时，ECU 根据起动开关的信号，对怠速控制阀进行控制，使空气阀开启至最大，以使发动机容易起动。

（2）电路工作原理

当 ECU 根据相关传感器及开关电信号确定需要调整怠速时，便输出相应的占空比信号，并由驱动电路（反相器及 VT_1、VT_2）分出同频反相的电磁阀控制脉冲，经 ISC1 和 ISC2 端子输出，控制转动电磁阀两绕组的通断电。ECU 通过改变控制信号的占空比，可使两个绕组的平均通电时间发生变化，从而改变阀的开启程度。

（3）电路检测要点

1）怠速控制阀的电源端子 B：拔开怠速控制阀线路连接插接器，并接通点火开关（ON），测量插头 B 端子与搭铁之间的电压，应为蓄电池电压。如果电压为 0V，检查电源连接线路及主继电器等。

2）怠速控制阀的两个控制端子 S1、S2：分别测量怠速控制阀插座 S1、S2 端子与 B 端子之间的电阻，电阻应一致。如果电阻不一致或电阻为无穷大，则需更换怠速控制阀。

3. 开关电磁阀式怠速控制电路

开关电磁阀式怠速控制电路如图 4-67 所示。

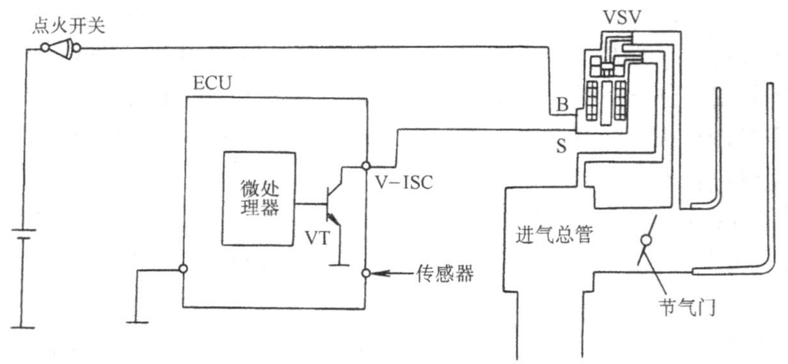

图 4-67　开关电磁阀式怠速控制电路

（1）电路特点分析

1）开关电磁式怠速控制阀只有开和关两种状态，即电磁线圈通电时，电磁阀被打开，电磁线圈断电时，电磁阀就关闭。开关电磁式怠速控制阀有占空比控制方式和开关控制方式两种控制方式。

2）开关电磁阀式怠速控制阀只有一个控制端，由 ECU 的 V-ISC 端子输出的控制信号控制。

（2）电路工作原理

占空比控制方式：ECU 的 V-ISC 端子输出频率固定，但占空比变化的脉冲式控制信号，通过调整电磁阀的开与关的比率来调节怠速辅助空气通道的空气流量，实现怠速的控制。

开关控制方式：ECU 的 V-ISC 端子输出的控制信号只有高电平和低电平两种状态，控制电磁阀的通电或断电。因此，开关控制方式的电磁阀式怠速控制阀只有打开（高怠速）和关闭（正常怠速）两种工作状态。

（3）电路检测要点

1）怠速控制阀的电源端子 B：拔开怠速控制阀线路连接插接器，并接通点火开关（ON），测量插头 B 端子与搭铁之间的电压，应为蓄电池电压。如果电压为 0V，检查电源连接线路。

2）怠速控制阀的两个控制端子：分别测量怠速控制阀插座 S 端子与 B 端子之间的电阻，应与标准值相符。如果电阻无穷大，或电阻过大过小，需更换怠速控制阀。

七、发动机排放控制系统电路

为适应更加严格的要求，一些汽车发动机配置了废气再循环控制系统、燃油蒸发排放控制系统等电子控制装置。

1. 废气再循环控制系统电路

废气再循环（Exhaust Gas Recirculation——EGR）是将发动机排出的部分废气引入进气管，与新鲜混合后进入气缸，利用废气中所含有的大量二氧化碳（CO_2）不参与燃烧却能吸收热量的特点，降低燃烧温度，以减少氮氧化物（NOx）的排放。

（1）废气再循环控制系统电路的作用

废气再循环控制就是要在保证发动机正常工作的前提下，最大限度地抑制 NOx 排放。废气再循环控制最早采用机械控制方式，这种机械控制式的不足是控制精度不能满足发动机的实际需要，因而已被电子控制方式所取代。废气再循环电子控制系统的基本组成与控制电路如图 4-68 所示。

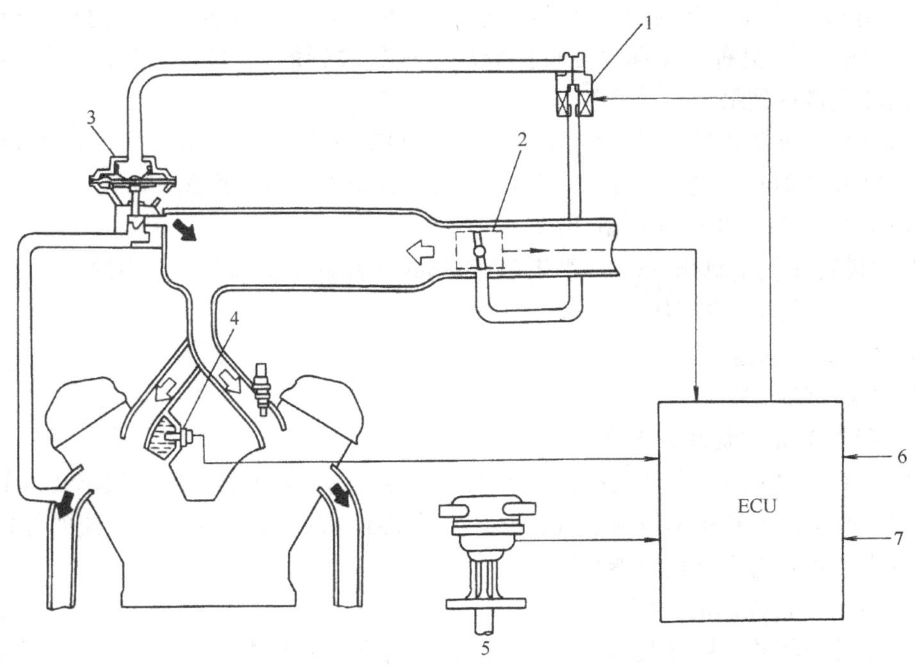

图 4-68　电子控制 EGR 系统

1—EGR 电磁阀　2—节气门位置传感器　3—EGR 阀　4—冷却液温度传感器
5—发动机转速与曲轴位置传感器　6—起动信号　7—发动机负荷信号

（2）电路与结构特点分析

1）电子废气再循环控制系统 ECU 通过控制 EGR 电磁阀来调节 EGR 阀的开度，实现废气再循环流量的控制。

2）EGR 阀为膜片式空气阀，膜片一侧通大气，装有弹簧侧为真空室，其真空度由 EGR 电磁阀控制。当 EGR 阀真空室的真空度增大时，真空吸力使膜片克服弹簧力移动增大，使阀的开度增大，废气环流量增加；当 EGR 阀真空失去真空度时，膜片在弹簧力的作用下回位，使阀的开度减小或关闭，减小废气再循环量或阻断废气再循环。

3）EGR 电磁阀为二位三通电磁阀，有三通气口，分别连通进气歧管、大气和 EGR 阀真空室。EGR 电磁阀不通电时，阀在弹簧力的作用下将通大气口关闭，使 EGR 阀真空室与进气歧管相通，真空室真空度最大；EGR 电磁阀线圈通电时，阀在电磁力作用下移动，将通进气歧管口关闭，使 EGR 阀的真空室与大气相通，其真空度最小。

（3）电路工作原理

ECU 根据相关传感器的信号判断发动机的工况与状态，并确定是否需要废气再循环或确定再循环流量的大小，然后输出占空比脉冲信号，通过控制 EGR 电磁阀的开关比率来调节 EGR 阀真空室的真空度，以此来控制 EGR 阀的开度，实现最佳的废气再循环控制。

当需要增大废气再循环流量时，ECU 输出占空比减小的脉冲信号，EGR 电磁阀通电的相对时间减小，EGR 阀真空室连通进气歧管的时间相对增大，其真空度增大而使 EGR 阀开度增大，废气再循环流量相应增加。

当 EUC 输出占空比为 0 的信号（持续低电平）时，EGR 电磁阀断电，这时，EGR 阀真空室与进气歧管持续相通，其真空度直接取决于进气歧管的真空度，EGR 阀的开度最大，废气的再循环流量达到最大。

当不需要废气再循环时，ECU 输出占空比为 100% 的信号（持续高电平），使 EGR 电磁阀常通电，EGR 阀真空室与大气常通，EGR 阀关闭，阻断了废气再循环。

如下情况 ECU 将停止废气再循环：

1）发动机转速低于 900r/min 或高于 3200r/min（高低限值因车型而不同）。

2）发动机未达到正常工作温度。

3）发动机处于怠速工况。

4）在起动发动机时。

2. 燃油蒸发排放控制系统电路

为避免汽油箱中的汽油蒸气直接排放到大气中将造成空气污染，现代汽车装备了一个活性炭罐，用于收集汽油箱中的汽油蒸气，并在发动机工作时，通过接入进气流的方式，用流经的空气将汽油蒸气送入进气管参与燃烧。

（1）炭罐清污量控制的作用

炭罐清污量控制的作用是及时地将炭罐中的汽油蒸气送入进气管，以确保炭罐能保持其正常的汽油蒸气吸附作用，同时不影响发动机的正常工作。

较早的燃油蒸发排放控制系统主要由活性炭罐加炭罐清污阀组成，并直接利用节气门处的真空度来控制膜片式清污阀的开度，使活性炭罐的清污量适应发动机工况变化的需要。这种控制方式的控制精度不高，现已被电子控制方式所取代。典型的燃油蒸发排放控制系统的

基本组成与控制电路如图 4-69 所示。

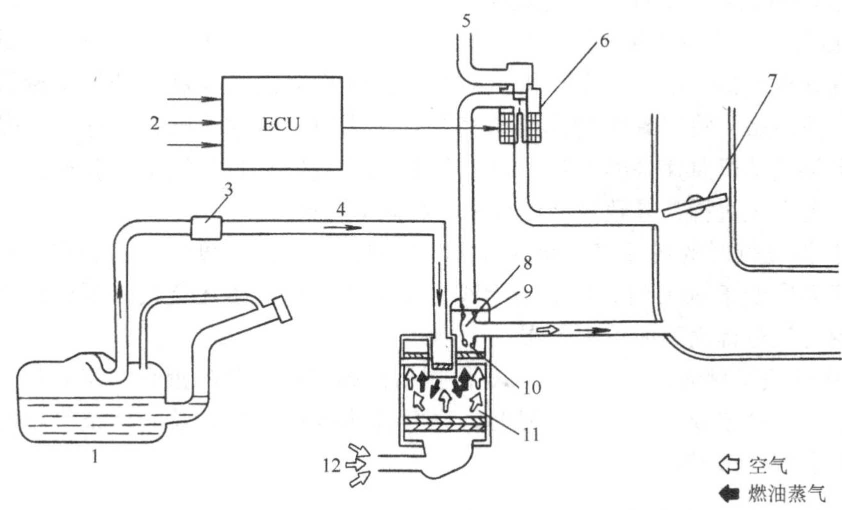

图 4-69　电子控制式燃油蒸发排放控制系统

1—燃油箱　2—传感器信号　3—单向阀　4—通气管路　5—接进气缓冲器
6—炭罐清污电磁阀　7—节气门　8—主通气口　9—炭罐清污阀
10—定量清污小孔　11—炭罐　12—新鲜空气

（2）电路与结构特点分析

① 电子炭罐清污量控制方式与电子废气再循环控制相似，ECU 也是通过电磁阀来调节膜片式炭罐清污阀的开度，实现炭罐清污量的控制。

② 炭罐中装有活性炭，活性炭可吸附汽油箱中的汽油蒸气，但这种吸附力不强，当有空气流过时，汽油蒸气分子又会脱离，并随空气一起进入进气歧管。

③ 炭罐清污阀也是一个膜片式空气阀，阀膜片的上部为真空室，其真空度由炭罐清污电磁阀控制。当真空度增大时，阀膜片向上拱，主清污口通气量增加。

④ 炭罐清污电磁阀的结构与废气再循环电磁相同，也有三个通气口。电磁阀不通电时，电磁阀使炭罐清污阀真空室与进气管（节气门处）相通，其真空度增大。电磁阀通电时，炭罐清污阀真空室与接近大气压的进气缓冲室相通，其真空度减小。ECU 通过输出占空比脉冲信号控制电磁阀的通断电比率，以控制炭罐清污阀真空室的真空度，使清污阀的开度改变。

一些汽车上使用二位二通式炭罐清污电磁阀来控制炭罐清污量，这种开关式电磁阀的结构与工作原理与开关电磁阀式怠速控制阀相似，ECU 用占空比信号直接控制炭罐清污电磁阀的开关比率来控制清污量。

（3）电路工作原理

EUC 根据有关传感器的信号判断发动机工况与状态，并输出相应的占空比控制信号，通过控制炭罐清污电磁阀来调节炭罐清污阀的开度，使流经炭罐进入进气管的空气流量适应发动机工况、状态变化的需要。炭罐清污电子控制系统具体的控制过程如下：

① 发动机转速变化时的炭罐清污量控制：ECU 根据发动机转速传感器获得发动机转速信号。当发动机在高转速时，ECU 输出的占空比控制脉冲使炭罐清污阀开度加大，以增加

炭罐清污量，使炭罐中的汽油蒸气能及时地被净化掉。当发动机不工作（无转速信号）时，ECU 使炭罐清污阀关闭，炭罐无空气流通。

② 发动机负荷变化时的炭罐清污量控制：ECU 根据进气管压力（或进气流量）传感器的信号判断发动机负荷大小。当发动机负荷大时，ECU 输出的控制脉冲使炭罐清污阀开度加大，以增大清污量，将炭罐中的汽油蒸气及时净化掉。当发动机处于怠速工况（节气门位置传感器提供发动机怠速信号）时，ECU 输出的控制脉冲将炭罐清污量减少，以避免过多的清污造成混合气过稀，导致发动机怠速不稳甚至熄火。

③ 发动机温度低时的炭罐清污量控制：ECU 根据冷却液温度传感器获得发动机温度信号。当发动机温度低于 60℃时，炭罐清污阀完全关闭，使炭罐无空气流通，以避免发动机在低温下因混合气过稀而不能正常工作。

④ 空燃比反馈炭罐清污量控制：ECU 根据氧传感器信号判断混合气空燃比状态。当氧传感器输出混合气过浓或过稀的电信号时，ECU 输出控制脉冲，及时调整炭罐清污阀的开度，以避免混合气过浓或过稀。

八、典型发动机电子控制系统电路

不同车型的发动机电子控制系统其控制功能不尽相同，控制系统的电路结构也会有所不同，但电路分析方法彼此相通。在此，以丰田 2JZ—GE 型发动机电子控制系统为例，介绍发动机电子控制系统电路分析方法。

1. 丰田 2JZ—GE 型发动机电子控制系统特点

丰田 JZ—GE 型发动机电子控制系统是比较有特点的发动机电子控制系统，其基本组成如图 4-70 所示。从图中可知，丰田 2JZ—GE 型发动机 ECU 还兼有自动变速器控制功能，并与汽车巡航控制 ECU 有通信联系，其发动机控制系统的主要控制功能除燃油喷射控制、点火时间控制、怠速控制及燃油蒸发排放控制外，还有燃油泵工作状态控制、谐波进气增压控制等功能。

（1）燃油泵工作状态控制

1）燃油泵控制 ECU 的作用。2JZ-GE 型发动机电子控制系统设有专用的燃油泵控制 ECU，用于控制燃油泵在起动和发动机运转时工作。此外，还可根据发动机的工况变化对燃油泵的转速进行控制，使燃油泵的泵油量与发动机的转速及负荷相适应。

2）燃油泵转速控制原理。2JZ-GE 发动机燃油泵控制 ECU 电路如图 4-71 所示。

当发动机在起动、高转速或大负荷工况时，发动机 ECU 便会向燃油泵控制 ECU 的 FPC 端子输出一个高电位信号。燃油泵控制 ECU 得到此控制信号后，从 FR 端子输出一个较高的电压（约为蓄电池电压），使燃油泵高速运转。

当发动机处于怠速工况时，发动机 ECU 向燃油泵控制 ECU 的 FPC 端子输出一个低电位信号。这时，燃油泵控制 ECU 的 FR 端子输出一个较低的电压（约 9V），燃油泵就会在较低的转速下运转。

（2）谐波进气增压控制

1）谐波进气增压控制的作用。进气门关闭后至下一次开启，高速的进气流的惯性作用会在进气管内形成进气压力波，该进气压力波的波长与进气管的长度有关。如果在进气门打开时正好是进气压力波的波峰到达，就可起到增压的效果，有助于进气量的增加。进气管较

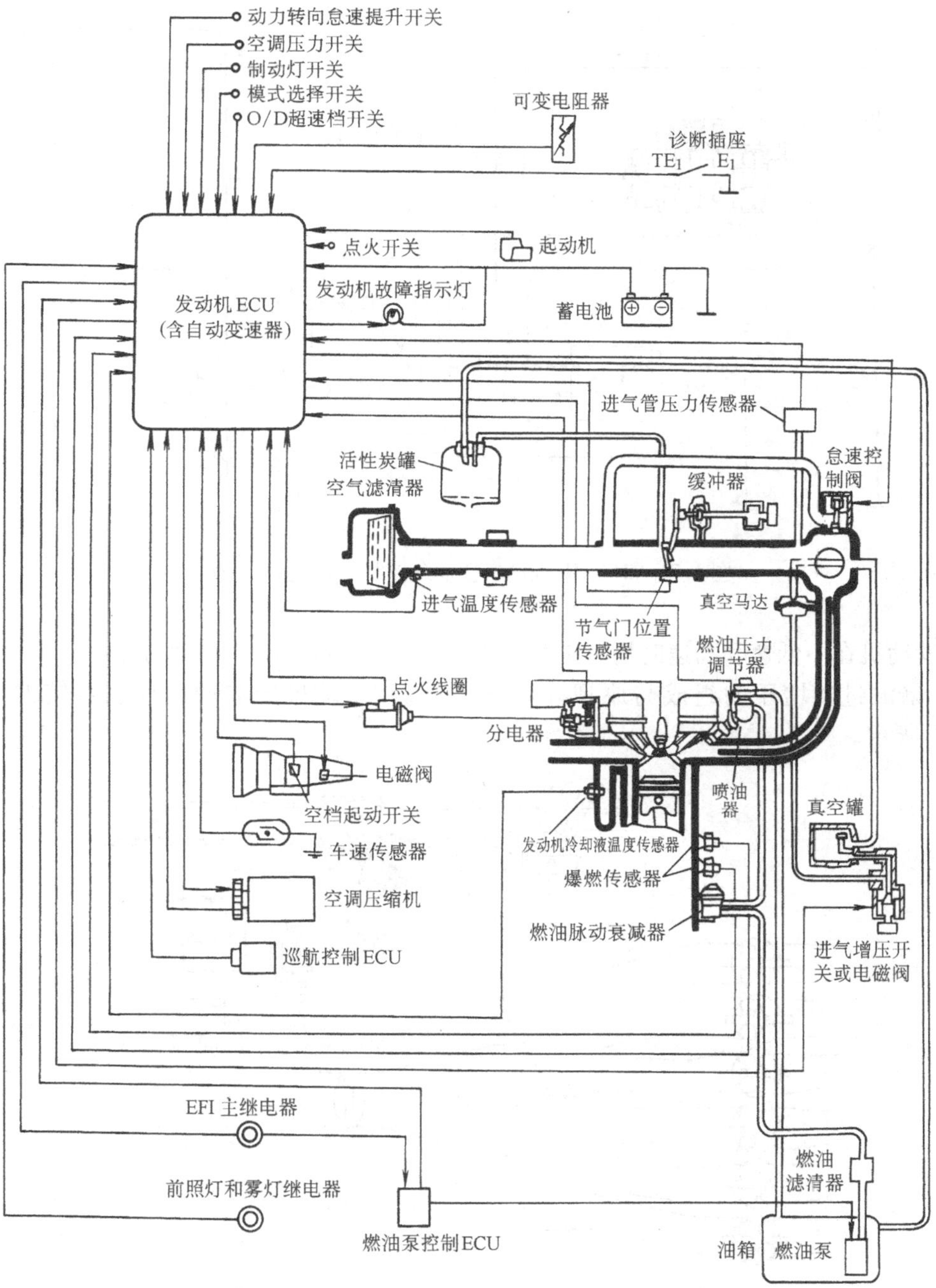

图 4-70　丰田 2JZ-GE 型发动机电子控制系统的组成

长，压力波长较长，可使中低速时有进气增压的效果；进气管短，压力波长短，可使高速时有进气增压效果。发动机进气管长度是不可变的，在设计进气管长度时，一般是按最大转矩所对应的转速区域能有进气增压效果来考虑的。

谐波进气增压控制的作用是使发动机在转速变化时，通过改变进气管内进气压力波的波

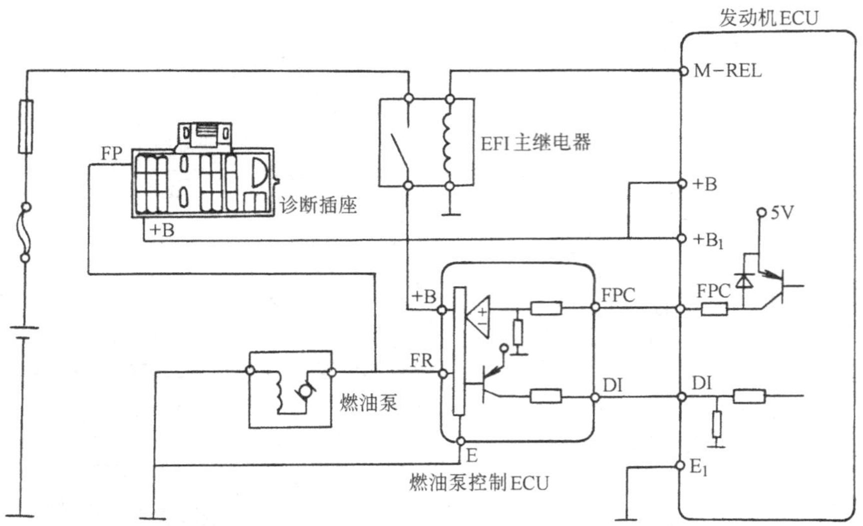

图 4-71　2JZ-GE 发动机燃油泵控制 ECU 电路原理

长，使发动机在中低速和高速时均有进气增压效果，以提高发动机的动力性。

2）谐波进气增压的组成与原理。丰田 2JZ-GE 发动机谐波增压控制系统的组成如图 4-72 所示。

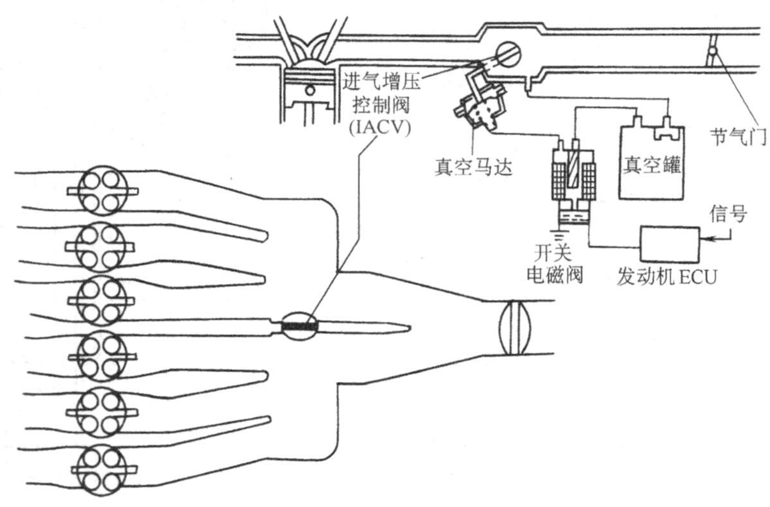

图 4-72　2JZ-GE 发动机谐波进气增压控制系统

进气压力波增压控制装置在进气管的中部设置了一个容量较大的空气室，空气室通过一个进气增压控制阀的开闭，可实现与进气管相通或隔开。当进气增压控制阀关闭时，进气流压力波传递长度为空气滤清器至进气门，进气压力波长较长；当进气增压控制阀打开时，进气流压力波在空气室口至进气门之间传播，进气压力波长缩短。

3）谐波进气增压的原理。发动机 ECU 根据发动机的转速控制进气增压控制阀的开闭。当发动机的转速较低时，发动机 ECU 使开关式电磁阀不通电，真空马达不与真空罐相通，

进气增压控制阀处于关闭状态，此时进气压力波较长，使得发动机在中低速下有进气压力波增压效果。当发动机转速升高时，发动机 ECU 输出控制信号，使开关式电磁阀通电，真空马达在真空罐真空度的作用下动作，将进气增压控制阀打开，进气管就与一个容量较大的空气室相通，缩短了进气压力波的波长，使得发动机在高转速下也具有进气压力波的增压效果。

2. 丰田 2JZ—GE 型发动机电子控制系统电路分析

丰田轿车皇冠3.0 轿车 2JZ-GE 型发动机电子控制系统电路如图 4-73 所示。发动机电子控制系统电路原理图看起来较为复杂，将其按功能逐个分析，就会比较容易看懂。

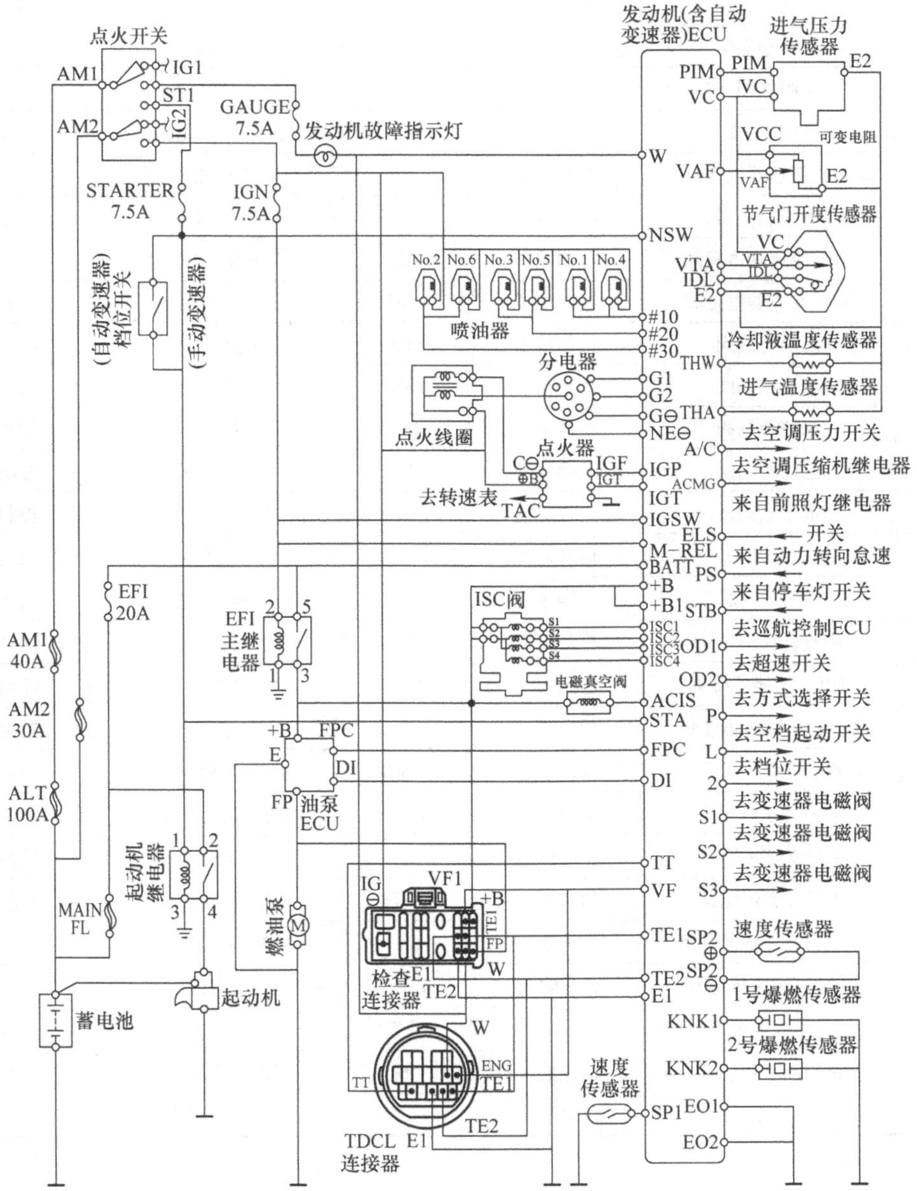

图 4-73 丰田 2JZ-GE 型发动机电子控制系统电路

（1）发动机电子控制器（ECU）

2JZ-GE 型发动机电子控制系统的 ECU 也包含自动变速器控制功能，其部分端子用于自动变速器控制系统所用传感器和开关的信号输入，执行器控制信号的输出。ECU 各端子的连接说明如表 4-2 所示。

表 4-2　ECU 各端子连接说明

端子代号	连接部件	功能说明	端子代号	连接部件	功能说明
E01	电源搭铁	—	PIM	进气压力传感器	信号输入
E02	电源搭铁	—	VTA	节气门位置传感器	信号输入
#10	喷油器	控制端子	VC	节气门位置传感器	传感器电源
#30	喷油器	控制端子	E2	传感器搭铁	—
#20	喷油器	控制端子	EC	ECU 壳体搭铁	—
E1	ECU 搭铁	—	NE	分电器 Ne 信号	信号输入
* S1	自动变速器电磁阀	控制端子	G-	分电器 G 信号搭铁	信号输入
IGT	电子点火器	控制端子	G1	分电器 G1 信号	信号输入
* S2	自动变速器电磁阀	控制端子	G2	分电器 G2 信号	信号输入
* S3	自动变速器电磁阀	控制端子	ACIS	谐波增压进气控制阀	控制端子
ISC1	怠速控制阀	控制端子	STA	起动开关	信号输入
ISC2	怠速控制阀	控制端子	NSW	空档起动开关	信号输入
ISC3	怠速控制阀	控制端子	D1	燃油泵 ECU	控制端子
ISC4	怠速控制阀	控制端子	FPC	燃油泵 ECU	控制端子
IGF	电子点火器	信号反馈	* OD2	超速档开关	控制端子
* L	档位开关	信号输入	* P	选档开关	控制端子
* 2	档位开关	信号输入	SP1	1 号速度传感器	信号输入
VF	检查连接器接头	检测端子	PS	动力转向液压开关	信号输入
* TT	TDCL 连接器接头	检测端子	A/C	空调放大器	控制端子
SP2 +	2 号速度传感器正极	信号输入	* OD1	巡航控制 ECU	控制端子
TE1	检查连接器接头	检测端子	ACMG	空调压缩机继电器	控制端子
TE2	故障指示灯接头	检测端子	ELS	尾灯和雾灯继电器	信号输入
KNK1	1 号爆燃传感器	信号输入	W	发动机故障指示灯	控制端子
KNK2	2 号爆燃传感器	信号输入	M-REL	EFI 主继电器	控制端子
SP2 -	2 号速度传感器负极	信号输入	BK	制动灯开关	信号输入
THW	冷却液温度传感器	信号输入	BATT	蓄电池	电源端子
VAF	可变电阻	信号输入	IGSW	点火开关	信号输入
THA	进气温度传感器	信号输入	+ B1	EFI 主继电器	电源端子
IDL	节气门位置传感器	信号输入	+ B	EFI 主继电器	电源端子

* 自动变速器用

（2）发动机 ECU 电源电路

将 2JZ-GE 型发动机 ECU 的电源电路单独画出，如图 4-74 所示。

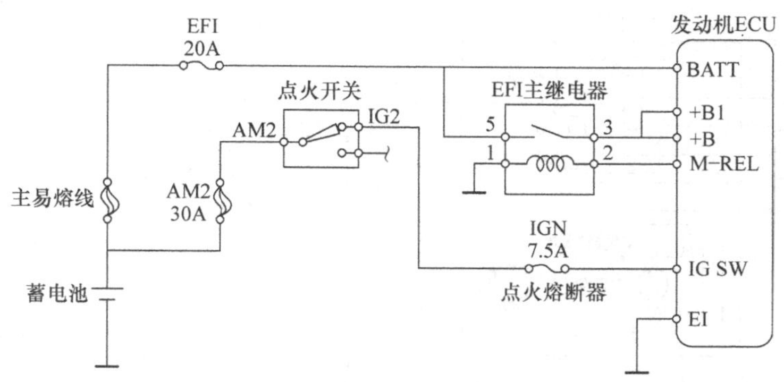

图 4-74　发动机 ECU 电源电路

该电源电路具有延时关断功能；发动机 ECU 有一常接电源（BATT），用于向 ECU 内的有关元件（如储存故障码的 RAM 存储器等）提供不间断电源。

EFI 主继电器线圈由 ECU 的 M-REL 端子供电，当点火开关拨至点火档（IG）时，ECU 的 IGSW 端子通电，这时，通过 ECU 内部的 EFI 主继电器控制电路使 M-REL 输出蓄电池电压，EFI 主继电器线圈通电，其触点闭合，ECU 主电源电路通路。

当点火开关关断（发动机熄火）时，ECU 内部 EFI 主继电器控制电路使 M-REL 端子延时断电，EFI 主继电器触点延时张开，从而使 ECU 主电源电路延时断开。

（3）起动电路

将起动电路单独画出，电路主要组成及电路原理如图 4-75 所示。

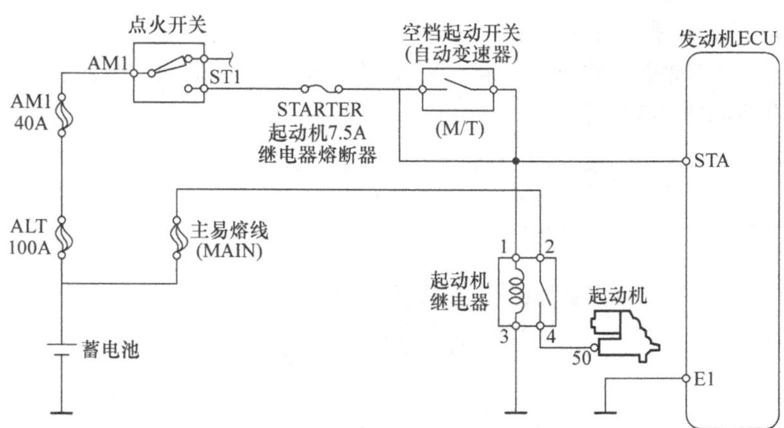

图 4-75　起动电路

该起动电路配备了起动继电器，且继电器线圈电路中串接了空档起动开关，这是自动变速器车型为确保使用安全而设，使发动机只有在自动变速器处于空档（N 位）或驻车档（P 位）时才能起动。

在变速杆置于 N 位或 P 位时，空档起动开关闭合，如果将点火开关拨至起动档，起动继电器线圈接通电源，其触点闭合，起动机通电工作。

（4）点火电路

该点火系统有分电器，点火电路的主要组成部件及电路原理如图 4-76 所示。

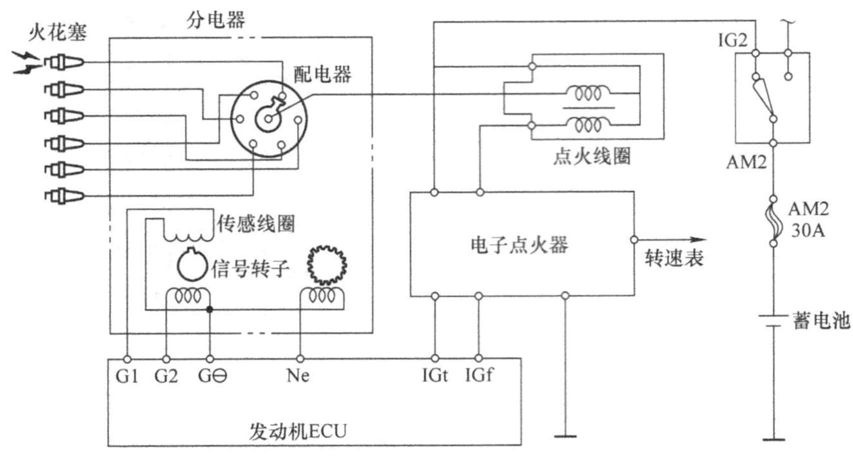

图 4-76 点火控制电路

当点火开关在点火档时，电子点火器接通电源。工作时，分电器内的发动机转速与曲轴位置传感器所产生的 Ne、G1、G2 信号输入发动机 ECU，ECU 根据 Ne、G1、G2 信号及其他相关传感器输入的信号产生点火定时控制信号 IGt，并输送给电子控制器。电子控制器在 IGt 控制信号的触发下工作，适时地通断点火线圈初级电流，使点火线圈次级产生高压，并通过配电器将高压分配至各缸火花塞。

电子点火器根据点火线圈初级绕组的工作电压振荡波产生脉冲信号 IGf，并反馈给发动机 ECU，ECU 根据 IGf 信号判断各缸点火是否正常。

（5）喷油器控制电路

2JZ-GE 发动机汽油喷射系统采用高电阻型喷油器、电压驱动、分组同时喷油方式，喷油器控制电路原理如图 4-77 所示。

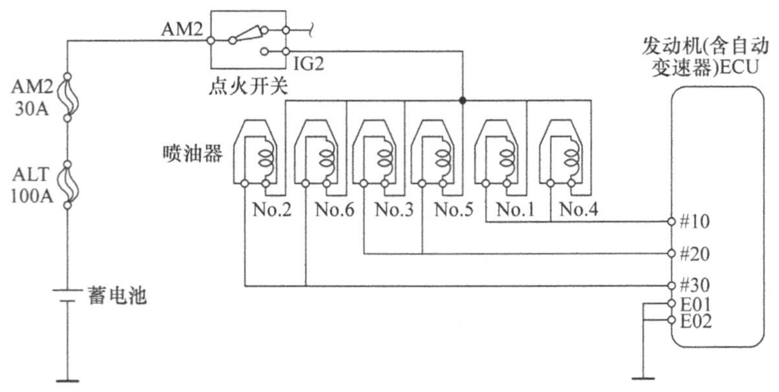

图 4-77 喷油器控制电路

6 缸喷油器分为 3 组，分别由 ECU 的#10、#20、#30 端子控制。接通点火开关（点火档）后，喷油器的电源端连通，ECU 通过#10、#20、#30 端子控制各喷油器电磁线圈的通断电，实现喷油量的控制。

（6）发动机怠速控制电路

怠速控制系统采用步进电动机式怠速控制阀，怠速控制系统电路原理如图 4-78 所示。

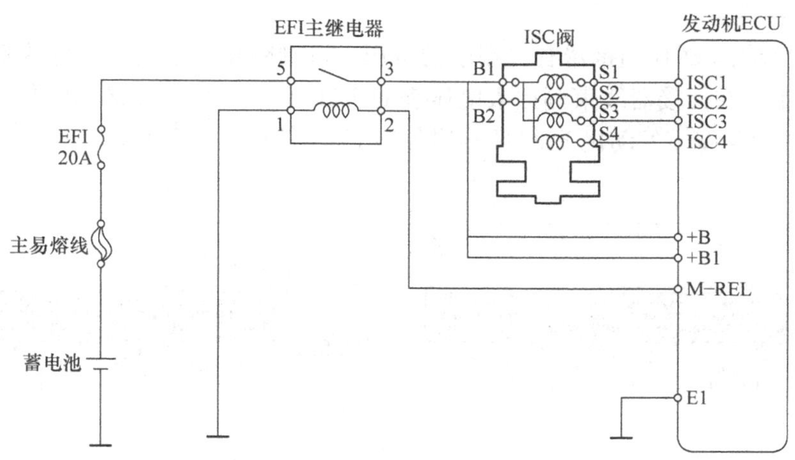

图 4-78　发动机怠速控制电路

EFI 主继电器触点闭合时，怠速控制阀的电源端子与电源连接。发动机 ECU 的 ISC1、ISC2、ISC3 及 ISC4 分别控制怠速控制阀的四个线圈通断电。当需要怠速控制阀动作时，ECU 向四个怠速控制端子输出控制脉冲，使怠速控制阀的四个线圈按顺序通断电，就可使怠速控制阀打开或关闭。ECU 通过输出控制脉冲数来控制怠速控制阀开启程度。

点火开关关断时，EFI 主继电器延时关断是为了让 ECU 有一个使怠速控制阀开启到最大的控制时间，以利于下次发动机的起动。

（7）谐波进气增压控制电路

谐波进气增压控制电路原理如图 4-79 所示。

EFI 主继电器触点闭合时，谐波进气增压控制装置的真空电磁阀接通电源。发动机 ECU 的 ACIS 端子控制开关式真空电磁阀线圈的通断电。

（8）怠速混合气浓度调节电路

怠速混合气浓度调节电路实际上是一个可变电阻器，其电路原理如图 4-80 所示。

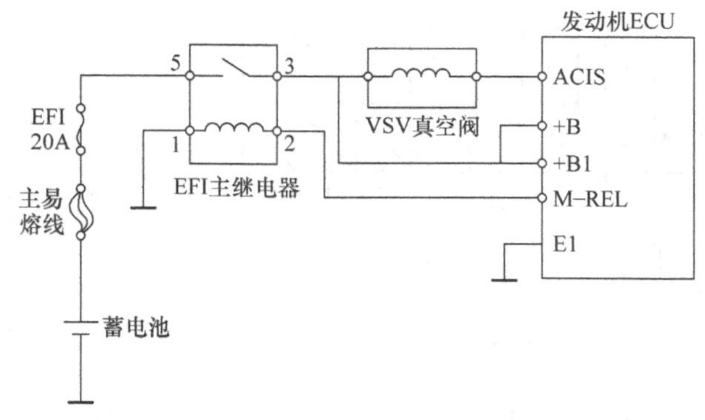

图 4-79　谐波增压真空电磁阀控制电路

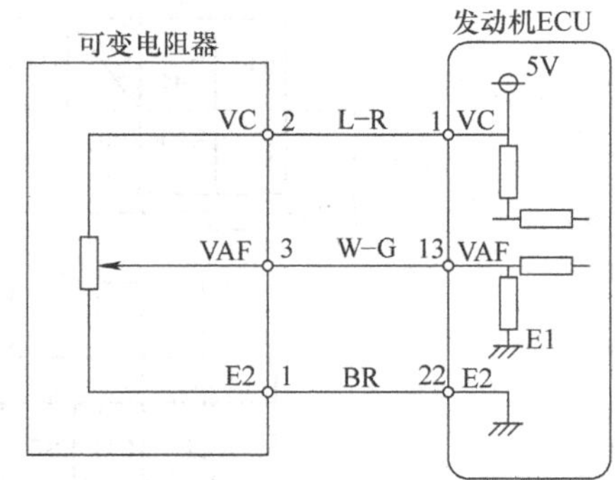

图 4-80　怠速混合气浓度调节电路

旋动怠速混合气浓度调节螺钉，可改变 ECU 的 VAF 端子电压，ECU 根据此电压变化改变发动机怠速时的混合气浓度，用以控制发动机怠速时的 CO 排放量。

3. 电路检测要点

通过检测发动机 ECU 插接器有关端子的电压，可判断相关电路及部件故障与否。在插接器连接状态下，在插接器线束侧插入电压表的表针（图 4-81）。2JZ-GE 发动机电子控制电路检测要点见表 4-3，发动机 ECU 插接器各端子排列如图 4-82 所示。

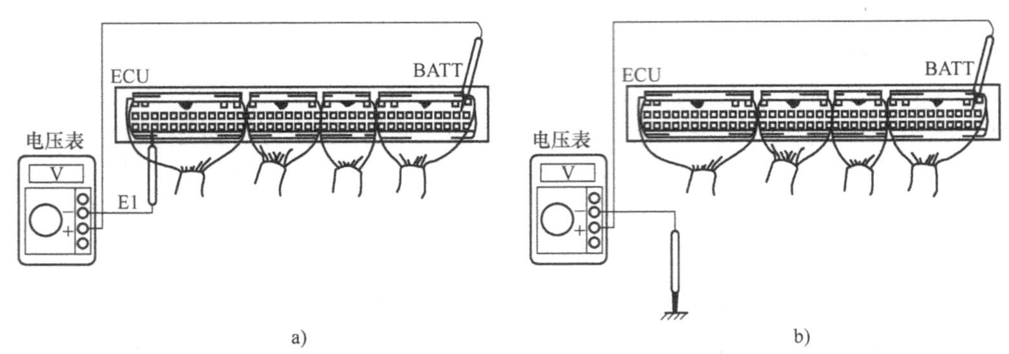

图 4-81　ECU 插接器有关端子电压检测方法

a）测端子之间电压　b）测端子与搭铁之间电压

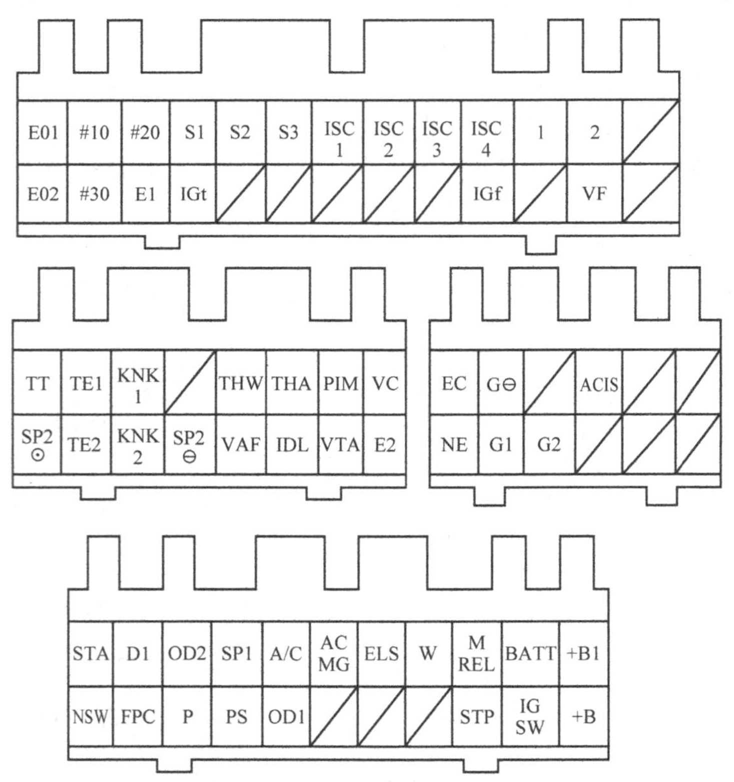

图 4-82　2JZ-GE 发动机 ECU 插接器端子排列

表 4-3　发动机 ECU 端子电压检测

检测端子	检测状态	正常电压	电压异常可能的故障部位
BATT—E1	——	蓄电池电压	● 相关的易熔线和熔断器 ● BATT 端子至蓄电池的线路 ● ECU 搭铁或 ECU
IGSW—E1	点火开关在“ON”位	蓄电池电压	● 相关的易熔线和熔断器 ● IGSW 端子至蓄电池的线路 ● 点火开关 ● ECU 搭铁或 ECU
M-REL—E1	点火开关在“ON”位	蓄电池电压	● M-REL 端子至 EFI 主继电器线路 ● EFI 主继电器 ● ECU 搭铁或 ECU
+B—E1 +B1—E1	点火开关在“ON”位	蓄电池电压	● 相关的易熔线和熔断器 ● EFI 主继电器或其连接线路 ● ECU 搭铁或 ECU
VC—E2	点火开关在“ON”位	4.0~5.5V	● +B 端子电压 ● 节气门位置传感器或其连接线路 ● ECU 搭铁或 ECU
IDL—E2	点开关在“ON”位，节气门打开	蓄电池电压	● +B 端子电压 ● 节气门位置传感器或其连接线路 ● ECU 搭铁或 ECU
VTA—E2	点火开关在“ON”位，节气门关闭	0.3~0.8V	● VC 端子电压 ● 节气门位置传感器或其连接线路 ● ECU 搭铁或 ECU
	点火开关在“ON”位，节气门全开	3.2~4.9V	
PIM—E2	点火开关在“ON”位	3.3~3.9V	● VC 端子电压 ● 进气压力传感器或其连接线路 ● ECU 搭铁或 ECU
#10—E01	点火开关在“ON”位	蓄电池电压	● 相关的易熔线和熔断器 ● 喷油器或其连接线路 ● 点火开关 ● ECU 搭铁或 ECU
#20—E01			
#30—E01			
THA—E2	点火开关 ON，进气温度 20℃	0.5~3.4V	● +B 端子电压 ● 进气温度传感器或其连接线路 ● ECU 搭铁或 ECU
THW—E2	点火开关 ON，冷却液温度 80℃	0.2~1.0V	● +B 端子电压 ● 冷却液温度传感器或其连接线路 ● ECU 搭铁或 ECU

（续）

检测端子	检测状态	正常电压	电压异常可能的故障部位
STA—E2	点火开关在起动位，起动机不工作	蓄电池电压	● 相关的易熔线和熔断器 ● STA 端子至蓄电池线路 ● 空档起动开关或点火开关 ● 起动机或起动继电器
	点火开关在起动位，起动机正常工作		● STA 端子至点火开关线路 ● ECU 搭铁或 ECU
IGT—E2	发动机起动或怠速运转	脉冲电压	● 相关的易熔线和熔断器 ● 点火开关 ● 点火线圈或电子点火器 ● ECU 与蓄电池之间的线路 ● ECU 搭铁或 ECU
ISC1—E1	点火开关在“ON”位	蓄电池电压	● ＋B 端子电压 ● 怠速控制阀 ● ECU 与怠速控制阀之间的线路 ● ECU 搭铁或 ECU
ISC2—E1			
ISC3—E1			
ISC4—E1			
W—E1	发动机怠速运转，故障指示灯不亮	蓄电池电压	● 相关熔丝或指示灯 ● W 端子至点火开关线路 ● ECU 搭铁或 ECU

第二节　自动变速器电子控制系统电路

现代汽车上所应用的自动变速器主要有液力传动电控自动变速器、机械传动自动变速器和机械传动双离合式自动变速器。到目前为止，汽车上使用最多的自动变速器还是液力传动电控自动变速器，它主要由液力传动装置、机械辅助变速装置、液压控制系统和电子控制系统四大部分组成如图 4-83 所示。

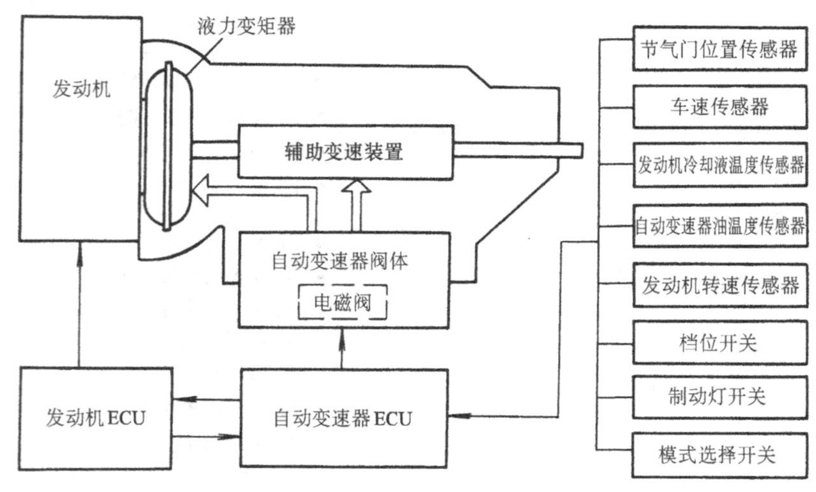

图 4-83　电控自动变速器的基本组成

液力传动装置：由液力变矩器构成，用于将发动机的动力传递给传动系统，具有液力耦合和一定范围内的无级变速功用。

辅助变速装置：由齿轮变速机构和换档执行机构组成，其作用是扩大自动变速器的变矩与变速范围，以使自动变速器的传动比能满足汽车行驶实际需要。自动变速器的齿轮变速机构通常设3~5个前进档，一个倒档。

液压控制系统：主要由安装在自动变速器阀体内的手动阀、换档阀、油压调节阀、变矩器锁止控制阀等组成，用于自动变速器的档位操纵、换档、油压调节及变矩器锁止等控制。

电子控制系统：由相应的传感器、控制器和执行器组成，自动变速器 ECU 根据各传感器及相关的开关信号产生相应的电控信号，控制安装在阀体内的各电磁阀动作，实现换档、油压调节及液力变矩器锁止等自动控制。

一、自动变速器电子控制系统用传感器与控制开关

自动变速器电子控制系统所用传感器主要有车速传感器、节气门位置传感器，有的还有变速器输入轴转速传感器、变速器油温传感器等。自动变速器电子控制系统所用的控制开关有档位开关、超速档开关、模式选择开关、保持开关和强制降档开关等，但除档位开关外，其他的开关在有些自动变速器中并不一定装用。

1. 自动变速器传感器

（1）车速传感器

车速传感器提供汽车行驶速度信号，它是自动变速器换挡控制的主要参数之一。车速传感器通常安装于自动变速器输出轴处，自动变速器 ECU 根据车速传感器输出的变速器输出轴转速脉冲信号获得汽车的行驶速度参数。

车速传感器最常见的有磁感应式、光电式、霍尔效应式、舌簧式和磁阻式等，其中磁感应式、光电式和霍尔效应式车速传感器的结构型式和工作原理与发动机转速与曲轴位置传感器相似，不同的是车速传感器轴由变速器输出轴通过齿轮驱动或直接用变速器输出轴上的某一齿轮为信号触发齿轮。

（2）节气门位置传感器

节气门位置传感器将节气门的位置参数转变为电信号，节气门位置是自动变速器 ECU 控制自动换档的另一主要参数。

自动变速器采用线性节气门位置传感器，节气门位置传感器信号同时输入自动变速器 ECU 和发动机 ECU。也有一些汽车电子控制系统由发动机 ECU 向自动变速器 ECU 提供节气门位置信号。

（3）变速器输入轴转速传感器

变速器输入轴转速传感器用于检测齿轮变速器机构输入轴的转速，是自动变速器 ECU 控制换档的参考信号之一，它可使 ECU 的换档控制过程更为精确。ECU 根据变速器输入轴转速信号和发动机转速信号可准确计算变矩器的传动比，实现对液压油路的压力调节过程和变矩器锁止过程的优化控制，用以进一步提高汽车的行驶性能和改善换档感觉。

变速器输入轴转速传感器通常采用与车速传感器相同的结构型式。

（4）变速器油温度传感器

变速器油温度传感器用于检测自动变速器油的温度，是 ECU 进行换档控制、油压调节

和变矩器锁止控制的参考信号。有的自动变速器 ECU 利用变速器油温传感器的信号进行变速器油冷却循环流量控制，以避免变速器油的温度超出正常范围。

变速器油温度传感器的核心元件是温度系数为负的热敏电阻。

2. 自动变速器控制开关

（1）超速档开关（O/D）

一些汽车的自动变速器设有超速档开关（O/D），用于接通或断开自动变速器超速档控制电路。当接通此开关时，自动变速器超速档控制电路通路，在 D 位下变速器最高可升入Ⅳ档（超速档）；而在此开关断开时，超速档控制电路断路，在 D 位下，变速器最高只能升至Ⅲ档，限制自动变速器进入超速档。

（2）模式选择开关

模式选择开关用于选择自动变速器的换档规律，以满足不同的使用要求。模式开关由驾驶人手动控制，选择不同的模式，ECU 就按照所选定的模式进行换档控制。自动变速器通常设有经济模式（Econmy）、标准模式（Normal）、动力模式（Power）和雪地模式（SNOW）。

有的自动变速器不设模式选择开关，由 ECU 根据汽车行驶工况和发动机工况等自动选择换档模式。

（3）保持开关

一些自动变速器设有保持开关，其作用是锁定自动变速器的自动换档，因此也被称为档位锁定开关。当接通此开关时，自动变速器就失去自动换档功能，换档由驾驶人通过操纵变速杆手动操作进行，一般有 D、S（或 2）、L（或 1）等几个位。

（4）档位开关

档位开关用于检测变速杆的档位，它安装在自动变速器手动阀的摇臂轴上，内部有与被测档位数相对应的触点，当变速杆在空档（N 位）和驻车档（P 位）以外的某一档位时，相应的触点被接通，向 ECU 提供变速杆档位的信号，使 ECU 按照该档位下的控制程序自动控制变速器的工作。

档位开关中有空档起动开关，串联在起动开关电路中。当变速杆在 N 位或 P 位时，空档起动开关接通起动开关电路，使发动机得以起动。变速杆在其他的任一个档位时，空档起动开关处于断开状态，发动机不能起动，以保证自动变速器的使用安全。

（5）强制降档开关

强制降档开关也被称之为自动跳合开关或降档开关，用于检测加速踏板是否超过节气门全开的位置。当检测到加速踏板的位置超过了节气门全开的位置时，强制降档开关便接通，向 ECU 提供发动机大负荷信息，ECU 便按照这种情况下的设定程序控制换档，并使变速器自动下降一档，以提高汽车的加速性。

二、自动变速器电子控制系统电子控制器

1. 自动变速器 ECU 的组成与功能

与发动机 ECU 一样，自动变速器 ECU 的基本组成主要也是微处理器、输入电路及输出电路等。自动变速器 ECU 的作用是根据各个传感器及控制开关的信号和其内部设定的控制程序，通过运算和分析，向各个执行元件输出控制信号，从而实现对自动变速器的自动换

档、油压调节、变矩器锁止等控制。

2. 自动变速器 ECU 与其他电子控制系统的交流

自动变速器电子控制器通常需要与发动机、巡航等控制系统的 ECU 互相传递相关的信号，以实现各个控制系统的互相协调控制。一些车型的自动变速器控制系统与发动机电子控制系统用一个 ECU 进行控制，使得自动变速器和发动机的控制相互协调更好。

三、自动变速器电子控制系统执行装置

自动变速器电子控制系统的执行器包括换档电磁阀、油压调节电磁阀、变矩器锁止电磁阀，这些电磁阀在 ECU 输出的控制信号作用下动作，使液压控制系统中相关的液压执行元件产生相应的液压控制信号，从而完成自动变速器的各项自动控制。

1. 换档电磁阀

（1）换档电磁阀的作用

自动变速器自动换档控制装置由换档电磁阀和换档阀组成，换档电磁阀通常是开关式电磁阀，换档阀是一个二位换向阀。自动变速器 ECU 发出的换档控制指令通过输出电路使换档电磁阀通电动作，产生控制油压输入换档阀，使换档阀动作，改变高低档控制油路，以实现自动换档控制。由换档电磁阀和换档阀组成的换档控制装置如图 4-84 所示。

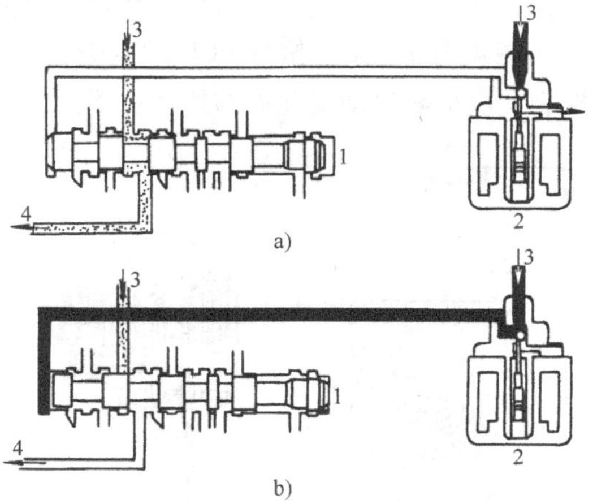

图 4-84　换档电磁阀换档控制原理
a）换档电磁阀不通电，换档阀在左位
b）换档电磁阀通电，换档阀在右位
1—换档阀　2—换档电磁阀　3—接主油路　4—接换档执行元件

（2）换档电磁阀工作原理

换档电磁阀不通电时，电磁阀处于泄压状态，换档阀的滑阀左端无控制油压，滑阀在右端弹簧力的作用下被推至左位（图 4-84a）；当 ECU 输出某个换档指令，使该换档电磁阀通电动作时，控制油压通入换档阀滑阀的左端，使滑阀克服弹簧力移至右位（图 4-84b）。换档阀滑阀的移位改变了控制油路，从而实现了自动换档控制。

四前进档的自动变速器需要用三个换档阀，分别实现Ⅰ—Ⅱ档、Ⅱ—Ⅲ档、Ⅲ—Ⅳ档之间的自动换档控制，由相应的三个换档电磁阀与之组合。有的自动变速器电子控制系统则是用两个或六个换档电磁阀的组合控制，实现四前进档的自动换档控制。

2. 油压调节电磁阀

（1）主油路油压调节电磁阀的作用

油压调节装置由主油路液压调节阀和油压调节电磁阀组成，其作用是在发动机转速变化时使自动变速器油压控制系统内主油路的油压稳定，并能根据自动变速器工作情况变化的需要将主油路的油压适当地调高或调低。油压调节由油压调节阀承担，而稳定油压（主油路油压）的高低则是通过油压调节电磁阀输出的控制油压来调节。当需要改变主油路压力时，

ECU 就会输出相应的油压调节信号，使油压调节电磁阀动作，并向油压调节阀输出相应的控制油压，将主油路的油压调高或调低。

（2）油压调节电磁阀的工作原理

自动变速器油压调节电磁阀通常采用开关式电磁阀，如图 4-85 所示，ECU 通过输出占空比可变的脉冲信号控制其动作。当电磁阀线圈通电时，阀被打开，液压油从泄油孔排出，调节油压随之下降；当电磁阀断电时，阀在弹簧力的作用下关闭，调节油压又会上升。ECU 通过改变控制信号的占空比，使油压调节电磁阀输出相应的控制油压。

3. 变矩器锁止控制电磁阀

（1）变矩器锁止控制电磁阀的作用

自动变速器的锁止离合器控制装置通常由变矩器锁止离合器控制阀和变矩器锁止电磁阀组成（图 4-86），用于执行 ECU 的变矩器锁止控制指令，实现对变矩器的锁止离合器的锁止控制，以提高自动变速器的传动效率。

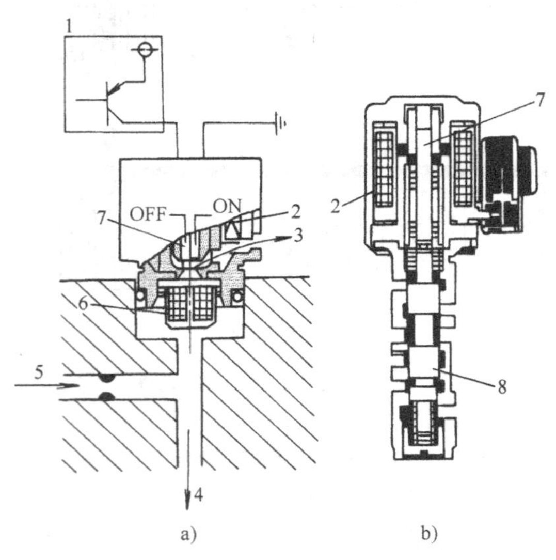

图 4-85 油压调节电磁阀

a）普通油压调节电磁阀 b）滑阀式油压调节电磁阀

1—自动变速器 ECU 2—电磁线圈 3—泄油孔

4—调节油压 5—主油道 6—滤网

7—衔铁及阀芯 8—滑阀

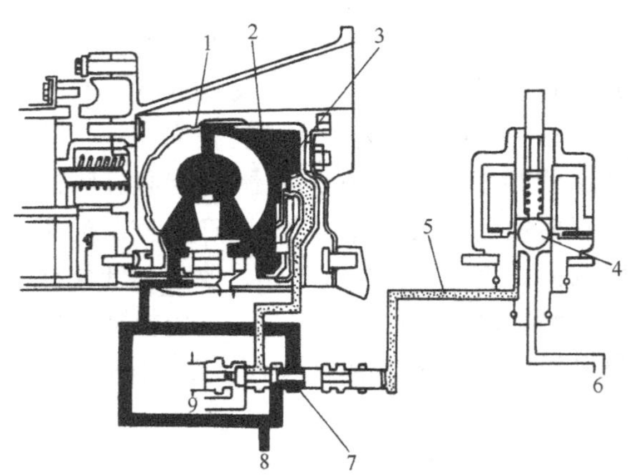

图 4-86 变矩器锁止离合器控制装置

1—变矩器；2—变矩器液压油；3—锁止离合器；4—电磁阀；5—控制液压油；6—主油路液压油；7—锁止离合器控制阀；8—来自变矩器阀；9—泄油孔

（2）变矩器锁止控制电磁阀工作原理

1）开关控制方式。当无需变矩器锁止时，电磁阀不通电而关闭，锁止离合器控制阀的右端无控制油压，滑阀在弹簧力的作用下处在右位，锁止离合器活塞的两端均作用着来自变矩器阀的液压油，两端油压一致，锁止离合器处于分离的状态；当变矩器需要锁止时，电磁阀通电开启，使锁止离合器控制阀右端控制油压上升，使控制滑阀克服弹簧力左移，将锁止离合器活塞的右腔与泄油孔接通。于是，活塞在左边变矩器油压的作用下右移，使锁止离合器接合，实现了变矩器的锁止控制。

2）占空比控制方式。ECU 通过占空比信号来控制电磁阀的开启比率，以控制锁止离合

器控制阀右端的控制油压的大小，使锁止离合器控制滑阀向左移动所打开的泄油孔开度可控，也就是控制了锁止离合器活塞右腔的油压，使锁止离合器接合力可控。这种控制方式可以使锁止离合器的接合力渐渐增大，锁止离合器的接合变得柔和。此外，在汽车行驶工况接近变矩器锁止条件时，占空比控制方式可实现滑动锁止控制（半接合状态），在接近变矩器锁止条件时也可提高变矩器的传动效率。

四、典型自动变速器电子控制系统电路

不同车型的自动变速器其控制电路的构成及电子部件的结构型式会有所不同，但基本电路原理相似。丰田雷克萨斯 LS400 轿车 341E、342E 型自动变速器是较为典型的 AT，以该自动变速器为例，分析 AT 电子控制系统的组成、电路特点及电路分析方法。341E、342E 型自动变速器电子控制系统的组成如图 4-87 所示。

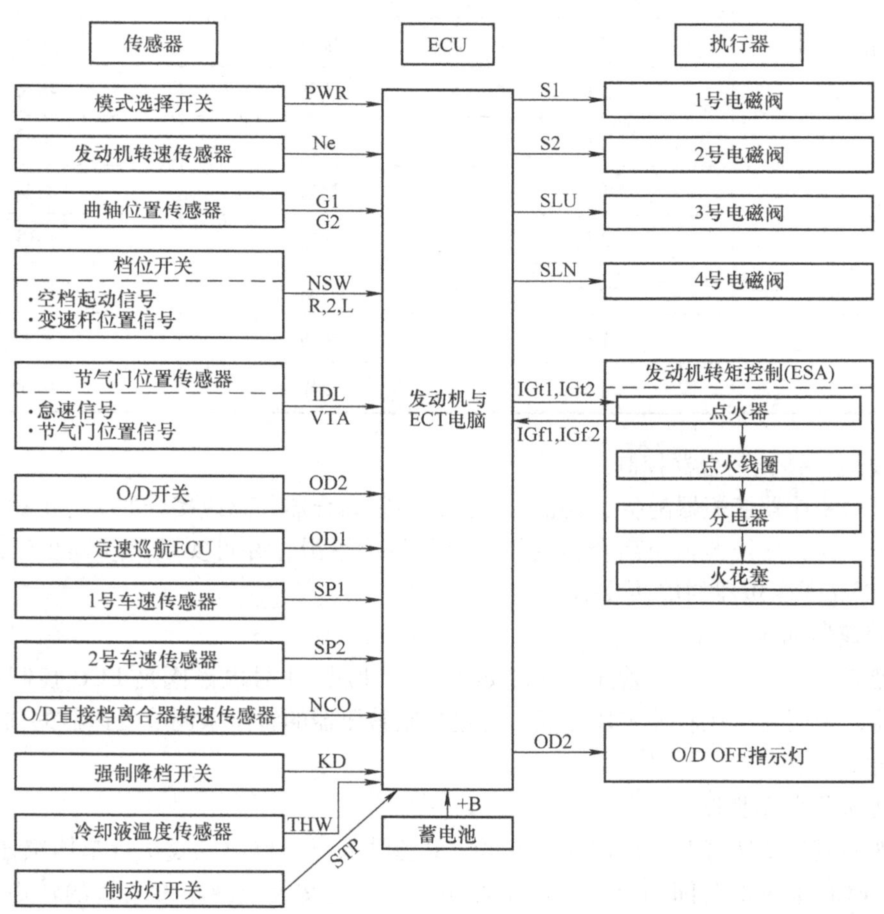

图 4-87　丰田 341E、342E 型自动变速器电子控制系统组成

1. 丰田 341E、342E 型自动变速器控制系统特点

丰田 341E、342E 型自动变速器控制系统与发动机电子控制系统共用一个 ECU。并称之为发动机与 ECT ECU。

（1）换档控制

341E、342E 型自动变速器由 ECU 通过 1 号、2 号两个换档电磁阀的组合控制实现 4 前进档的自动换档控制。两换档电磁阀所对应的档位如表 4-4 所示。

表 4-4 两换档电磁阀通电状态与变速器档位关系

变速器操纵手柄位置	变速器档位	电磁阀工作情况	
		1 号电磁阀	2 号电磁阀
P	驻车档	接通	关断
R	倒档	接通	关断
N	空档	接通	关断
D	Ⅰ档	接通	关断
	Ⅱ档	接通	接通
	Ⅲ档	关断	接通
	Ⅳ档	关断	关断
2	Ⅰ档	接通	关断
	Ⅱ档	接通	接通
	Ⅲ档	关断	接通
L	Ⅰ档	接通	关断
	Ⅱ档	接通	接通

（2）变矩器锁止离合器控制

该型自动变速器变矩器配备了锁止离合器，控制离合器分离或接合的 3 号电磁阀为占空比脉冲工作方式，变矩器锁止离合器的接合过程较为平滑，并可实现滑动锁止控制（半离合状态），提高了变矩器的传动效率。

（3）变速器油压控制

变速器通过油压调节器、蓄压器来稳定变速器油压，4 号电磁阀是 ECU 控制主油路油压的执行器，采用占空比脉冲工作方式，通过控制蓄压器的背压来调节变速器的油压，以减小换档冲击。

（4）点火提前角控制

当驾驶人通过变速杆改变档位（从 N 位、P 位挂入行车档位，或从行车档位挂入 N 位、P 位）时，ECU 通过短时间的点火提前角控制，适当地增大或减小发动机的转矩，以使发动机的转速保持稳定。

2. 丰田 341E、342E 型自动变速器电子控制系统电路特点分析

丰田 341E、342E 型自动变速器电子控制电路如图 4-88 所示。

（1）自动变速器 ECU

与发动机共用 ECU，使发动机和自动变速器的控制更为协调，ECU 有 4 个代号为 E7、E8、E9、E10 的插接器，ECU 各端子的连接说明如表 4-5 所示。

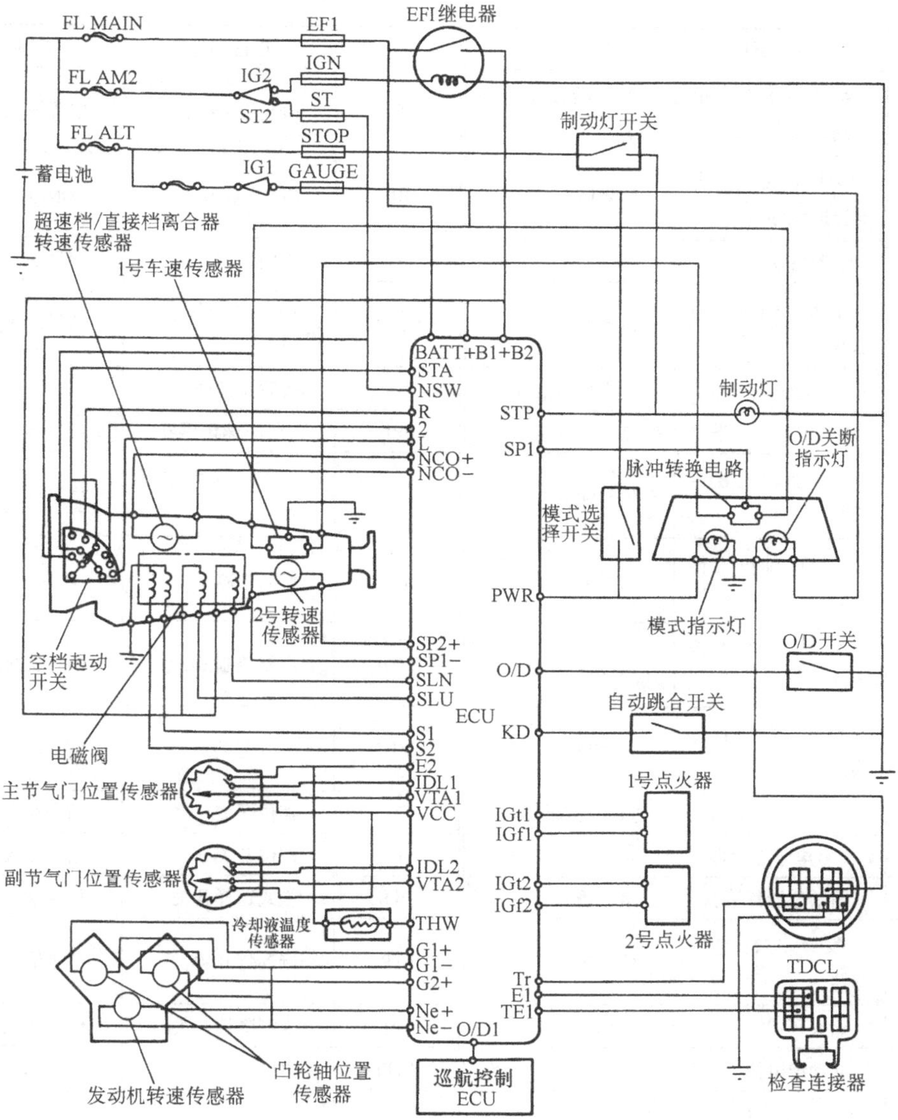

图 4-88　丰田 341E、342E 型自动变速器控制电路

表 4-5　丰田 341E、342E 型自动变速器 ECU 端子连接及功能

端子代号	连接部件	功能说明	端子代号	连接部件	功能说明
NCO +	O/D 直接档离合器转速传感器	信号输入（+）	THW	冷却液温度传感器	信号输入
S2	2 号换档电磁阀	换档控制端子	TE1	检查连接器	检查与诊断
S1	1 号换档电磁阀	换档控制端子	SP2 +	2 号车速传感器（+）	信号输入（+）
E01	电源搭铁		VCC	传感器电源（+）	电源输出
SLU	3 号锁止控制电磁阀	变矩器锁止离合器控制端子	TT	检查连接器	检查与诊断

（续）

端子代号	连接部件	功能说明	端子代号	连接部件	功能说明
SLN	4 号油压控制电磁阀	变速器油压控制端子	B	EFI 主继电器	电源输入
NCO -	O/D 直接档离合器转速传感器	信号输入（-）	B1	EFI 主继电器	电源输入
E02	电源搭铁		NSW	空档起动开关	信号输入
IDL1	主节气门位置传感器	信号输入	VTA2	副节气门位置传感器	信号输入
IGF1	1 号电子点火器	点火反馈信号	E2	传感器搭铁	
IGT1	1 号电子点火器	点火定时信号	SP1	1 号车速传感器	信号输入
G2 +	2 号曲轴位置传感器	信号输入	SP2 -	2 号车速传感器（-）	信号输入（-）
G1 +	1 号曲轴位置传感器	信号输入	E1	ECU 搭铁	
NE +	发动机转速传感器	信号输入（+）	O/D1	巡航控制 ECU	信号交流
IDL2	副节气门位置传感器	信号输入	O/D2	O/D 开关	信号输入
IGF2	2 号电子点火器	点火反馈信号	2	档位开关	信号输入
IGT2	2 号电子点火器	点火定时信号	L	档位开关	信号输入
G	曲轴位置传感器	信号输入（-）	PWR	模式选择开关	信号输入
NE -	发动机转速传感器	信号输入（-）	STP	制动灯开关	信号输入
IGSW	点火开关	信号输入	KD	强制降档开关	信号输入
STA	起动继电器	信号输入	BATT	蓄电池	电源输入
VTA1	主节气门位置传感器	信号输入			

（2）换档控制电路

丰田 341E、342E 型自动变速器换档电磁阀控制电路如图 4-89 所示。

ECU 通过对阀板中的 1 号和 2 号电磁阀的组合控制，实现自动变速器前进档的自动换档控制。ECU 通过 S1（E7 插接器 10 号脚）、S2（E7 插接器 9 号脚）端子控制换档电磁阀。

（3）变矩器锁止控制电路

丰田 341E、342E 型自动变速器变矩器锁止离合器电磁阀控制电路如图 4-90 所示。

ECU 输出占空比脉冲信号，控制 3 号电磁阀工作，实现对变矩器锁止离合器的快速接合、逐渐接合、半接合等控制。3 号电磁阀通过 EFI 主继电器与电源相接，由 ECU 的 SLU（E7 插接器 14 号）端子通过提供搭铁通路的方式控制 3 号电磁阀的通断电。

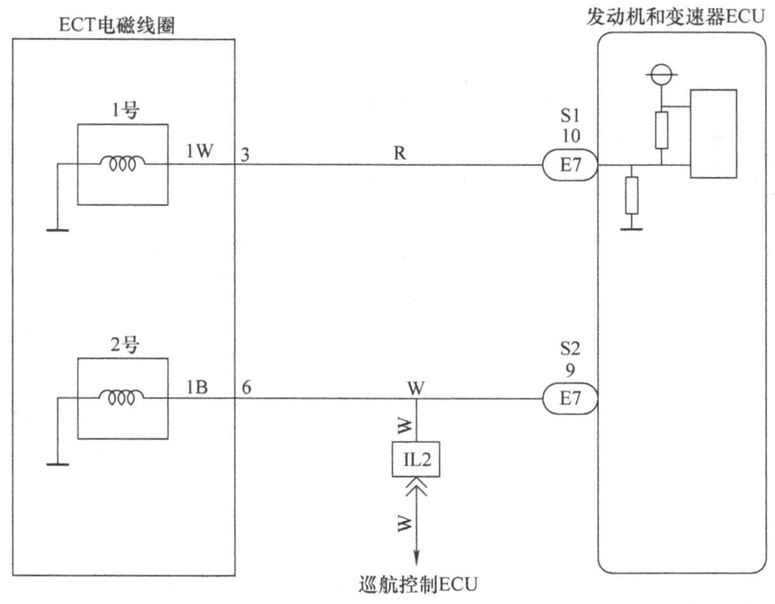

图 4-89　换档电磁阀控制电路

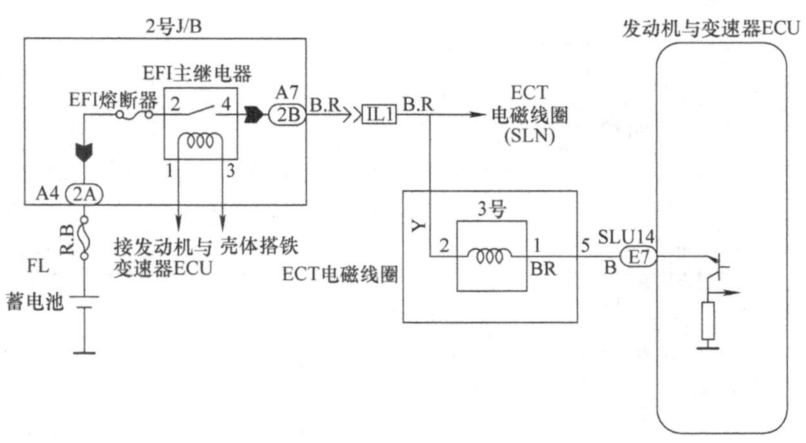

图 4-90　变矩器锁止电磁阀控制电路

（4）变速器油压控制电路

丰田 341E、342E 型自动变速器蓄压器背压调节电磁阀的控制电路如图 4-91 所示。

ECU 输出占空比脉冲信号，控制 4 号电磁阀工作，通过控制变速器蓄压器的背压，从而实现变速器主油路油压的控制。4 号电磁阀也是通过 EFI 主继电器与电源相接，由 ECU 的 SLN（E7 插接器 15 号）端子提供搭铁通路的方式使 4 号电磁阀通电。

（5）档位开关电路

丰田 341E、342E 型自动变速器档位开关电路如图 4-92 所示。

档位开关内部有 L、2、R 三个档位开关触点，当变速杆置于 L 位、2 位或 R 位时，档

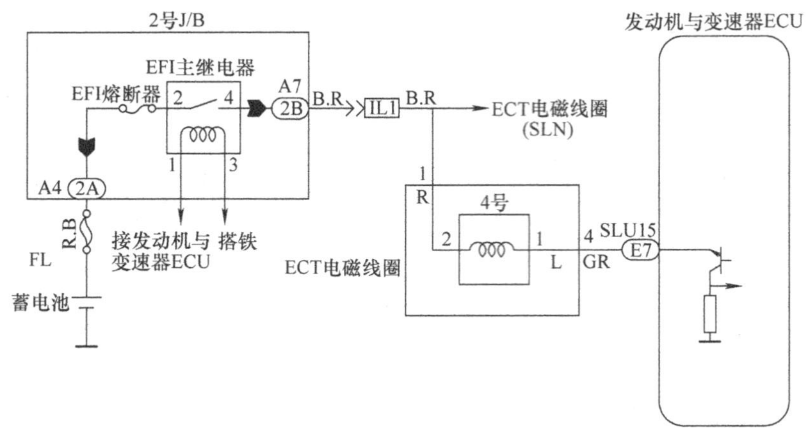

图 4-91　变速器油压调节电磁阀控制电路

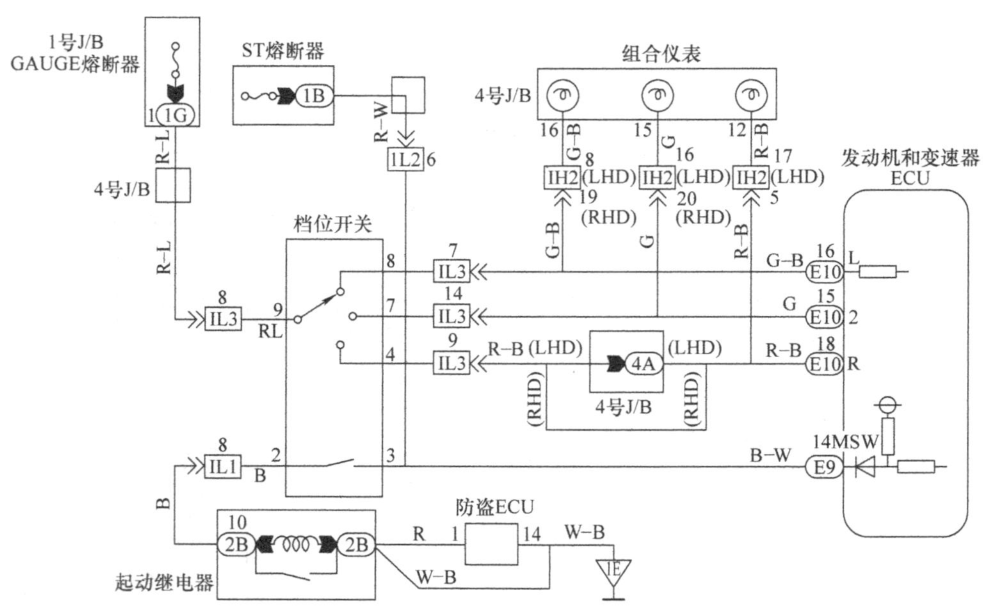

图 4-92　变速器档位开关电路

位开关中相应的开关触点接通，使 ECU 的 L、2 或 R 端子连接得到电源电压，ECU 获得相应的档位信号。档位开关中的空档起动开关在变速杆置于 N 位或 P 位时接通，并通过 NSW 端子使 ECU 获得 N 位或 P 位信号。

空档起动开关串联在起动继电器线圈电路中，在变速杆置于 P 位或 N 位（空档起动开关接通）时，空档起动开关才处于闭合状态，使得发动机只能在 P 位或 N 位时才能够起动。

3. 电路检测要点

通过检测发动机和自动变速器 ECU 插接器的相关端子对搭铁电压，可判断相关电路及部件故障与否。在先检测了 ECU 电源和搭铁均为良好以后，丰田 A341E、A342E 型自动变

速器电子控制电路检测要点如表 4-6 所示，发动机与自动变速器 ECU 插接器的各端子排列如图 4-93 所示。

表 4-6　自动变速器 ECU 端子对搭铁电压检测

<table>
<tr><th>检测端子
（端子号）</th><th colspan="2">检测状态</th><th>正常电压</th><th>电压异常可能的故障部位</th></tr>
<tr><td rowspan="3">S1
（E7—10）</td><td colspan="2">点火开关“ON”，P 位</td><td rowspan="2">蓄电池电压</td><td rowspan="3">● 换档（1 号）电磁阀
● 换档电磁阀与 ECU 的线路
● 发动机与自动变速器 ECU</td></tr>
<tr><td colspan="2">汽车运行在Ⅰ、Ⅱ档</td></tr>
<tr><td colspan="2">汽车运行在Ⅲ、Ⅳ档</td><td>0V</td></tr>
<tr><td rowspan="3">S2
（E7—10）</td><td colspan="2">点火开关“ON”，P 位</td><td rowspan="2">0V</td><td rowspan="3">● 换档（2 号）电磁阀
● 换档电磁阀与 ECU 的线路
● 发动机与自动变速器 ECU</td></tr>
<tr><td colspan="2">汽车运行在Ⅰ、Ⅳ档</td></tr>
<tr><td colspan="2">汽车运行在Ⅱ、Ⅲ档</td><td>蓄电池电压</td></tr>
<tr><td>SLU
（E7-14）</td><td colspan="2">点火开关在“ON”位</td><td>蓄电池电压</td><td>● 锁止（3 号）电磁阀至 ECU 的线路
● EFI 主继电器至锁止电磁阀的线路
● 锁止电磁阀
● 发动机与自动变速器 ECU</td></tr>
<tr><td>SLN
（E7-15）</td><td colspan="2">点火开关在“ON”位</td><td>蓄电池电压</td><td>● 油压调节（4 号）电磁阀至 ECU 的线路
● EFI 主继电器至油压调节电磁阀的线路
● 油压调节电磁阀
● 发动机与自动变速器 ECU</td></tr>
<tr><td>IDL1
（E8-1）</td><td colspan="2">点火开关在“ON”位，
节气门开</td><td>4～6V</td><td>● 节气门位置传感器（怠速触点）
● 节气门位置传感器与 ECU 之间线路
● 发动机与自动变速器 ECU</td></tr>
<tr><td rowspan="2">VTA1
（E9-1）</td><td rowspan="2">点火开
关 ON</td><td>节气门关</td><td>0.1～1.0V</td><td rowspan="2">● 节气门位置传感器
● 节气门位置传感器与 ECU 之间线路
● 发动机与自动变速器 ECU</td></tr>
<tr><td>节气门全开</td><td>3～5V</td></tr>
<tr><td>SP2
（E9-10）</td><td colspan="2">转动驱动车轮</td><td>脉冲电压</td><td>● 2 号车速传感器
● 2 号车速传感器至 ECU 之间线路
● 发动机与自动变速器 ECU</td></tr>
<tr><td>VC
（E9-11）</td><td colspan="2">点火开关在“ON”位</td><td>4～6V</td><td>● 节气门位置传感器
● 节气门位置传感器与 ECU 之间线路
● 发动机与自动变速器 ECU</td></tr>
<tr><td rowspan="2">NSW
（E9-14）</td><td rowspan="2">点火开
关 ON</td><td>P 位、N 位或
行车档位</td><td>0V</td><td rowspan="2">● 空档起动开关
● 档位开关与 ECU 之间线路
● 发动机与自动变速器 ECU</td></tr>
<tr><td>其他档位</td><td>5V</td></tr>
<tr><td>SPD
（E9-19）</td><td colspan="2">转动驱动车轮</td><td>脉冲电压</td><td>● 1 号车速传感器或组合仪表
● 1 号车速传感器至 ECU 之间线路
● 发动机与自动变速器 ECU</td></tr>
</table>

（续）

<table>
<tr><th>检测端子
（端子号）</th><th colspan="2">检测状态</th><th>正常电压</th><th>电压异常可能的故障部位</th></tr>
<tr><td>O/D1
（E10-2）</td><td colspan="2">点火开关在“ON”位</td><td>蓄电池电压</td><td>● ECU 与巡航控制 ECU 之间的线路
● 发动机与自动变速器 ECU</td></tr>
<tr><td rowspan="2">O/D2
（E10-3）</td><td rowspan="2">点火开关 ON</td><td>O/D 开关 ON</td><td>蓄电池电压</td><td rowspan="2">● O/D 开关或组合仪表
● O/D 开关与 ECU 之间线路
● 发动机与自动变速器 ECU</td></tr>
<tr><td>O/D 开关 OFF</td><td>0V</td></tr>
<tr><td rowspan="2">2
（E10-15）</td><td rowspan="6">点火开关 ON</td><td>2 位</td><td>蓄电池电压</td><td rowspan="6">● 档位开关
● 档位开关与 ECU 之间线路
● 发动机与自动变速器 ECU</td></tr>
<tr><td>其他档位</td><td>0V</td></tr>
<tr><td rowspan="2">L
（E10-16）</td><td>L 位</td><td>蓄电池电压</td></tr>
<tr><td>其他档位</td><td>0V</td></tr>
<tr><td rowspan="2">R
（E10-18）</td><td>R 位</td><td>蓄电池电压</td></tr>
<tr><td>其他档位</td><td>0V</td></tr>
<tr><td rowspan="2">PWR
（E10-17）</td><td rowspan="2">点火开关 ON</td><td>模式开关置于 PWR 位</td><td>蓄电池电压</td><td rowspan="2">● 模式选择开关
● 模式选择开关与 ECU、蓄电池之间的线路
● 发动机与自动变速器 ECU</td></tr>
<tr><td>模式开关置于 NORM 位</td><td>0V</td></tr>
<tr><td rowspan="2">STP
（E10-19）</td><td colspan="2">踩下制动踏板</td><td>蓄电池电压</td><td rowspan="2">● 制动灯开关
● 制动灯开关与 ECU 之间的线路
● 发动机与自动变速器 ECU</td></tr>
<tr><td colspan="2">放松制动踏板</td><td>0V</td></tr>
<tr><td rowspan="2">KD
（E10-20）</td><td rowspan="2">点火开关 ON</td><td>不加速踏板</td><td>蓄电池电压</td><td rowspan="2">● 强制降档开关
● 强制降档开关与 ECU、搭铁之间的线路
● 发动机与自动变速器 ECU</td></tr>
<tr><td>加速踏板踩到底</td><td>0V</td></tr>
</table>

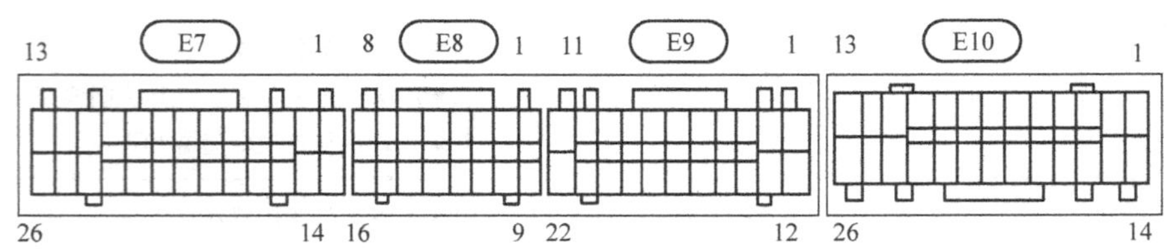

图 4-93　发动机与自动变速器 ECU 插接器端子排列

说明：在上表各端子检测前，要先检测 ECU 的电源和搭铁，并在检测结果为 ECU 电源和搭铁良好之后，进行各端子对搭铁电压的检测。因此，各端子电压异常时可能的故障部位均不包括 ECU 电源控制线路和搭铁线路故障。ECU 电源端子的检测和电压异常的可能故障参见上一节表 4-3。

第三节 电子控制防抱死制动系统电路

汽车防抱死制动系统（Anti-lock Braking Braking System，简称 ABS），是由普通制动系统和防车轮抱死电子控制系统所组成，但习惯上常将用于防止车轮抱死的电子控制系统称为 ABS。ABS 是汽车主动安全保护装置，在汽车上已普遍使用。带有制动压力分配控制（EBD）的汽车制动防抱死控制系统如图 4-94 所示。

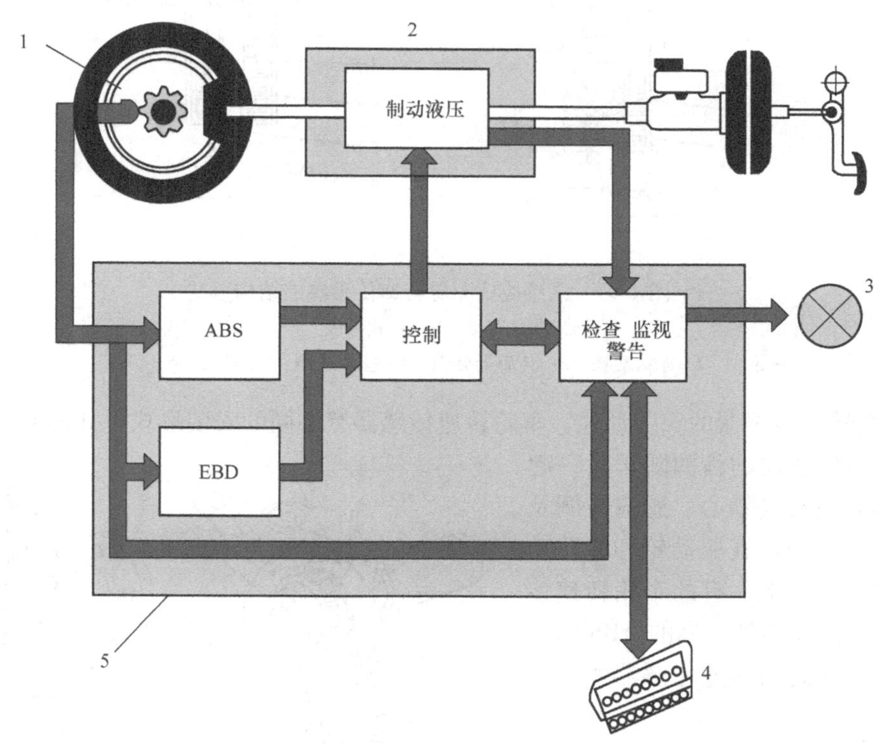

图 4-94 汽车防抱死制动系统的组成

1—车轮转速传感器 2—制动压力调节器 3—ABS 警告灯 4—故障诊断插座 5—电子控制器

汽车制动时，防抱死电子控制系统通过车轮转速传感器的信号判断车轮是否抱死，并输出相应的控制信号，通过制动压力调节器对车轮制动器的制动压力进行调整，以使车轮不被抱死，确保汽车制动安全。

一、ABS 传感器

1. 车轮转速传感器（轮速传感器）

（1）车轮转速传感器的作用与类型

1）车轮转速传感器的作用。车轮转速传感器简称轮速传感器，它将车轮的转速转变为电信号，并输送给 ABS ECU，ECU 根据此信号计算车轮滑移率、角加速度及汽车参考速度等，是 ABS 进行制动防抱死控制的重要依据。

2）车轮转速传感器的类型。车轮转速传感器有磁感应式、光电式和霍尔效应式等不同的形式，其组成和原理与同类型的发动机转速与曲轴位置传感器相同，目前汽车 ABS 广泛使用磁感应式车轮转速传感器。

（2）磁感应式车轮传感器的结构与安装形式

1）磁感应式车轮转速传感器的结构。磁感应式车轮转速传感器的铁心通常采用凿状和柱状，其基本组成如图 4-95 所示。

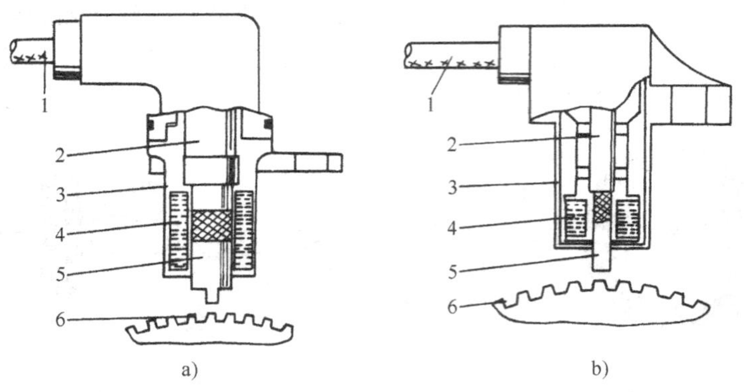

图 4-95　磁感应式车轮转速传感器的结构

a）凿式磁极　b）柱式磁极

1—导线　2—永久磁铁　3—传感器外壳　4—感应线圈　5—铁心　6—齿圈

2）车轮转速传感器的安装形式。车轮转速传感器有不同的安装形式，如图 4-96 所示。

车轮转速传感器的齿圈随车轮一起转动，传感器探头（铁心、感应线圈及永久磁铁部分）固定在驱动轮和非驱动轮处不转动的部件上。有的车轮转速传感器安装在主减速器处，有的 ABS 则是用变速器输出轴处的转速传感器作为车轮转速信号。

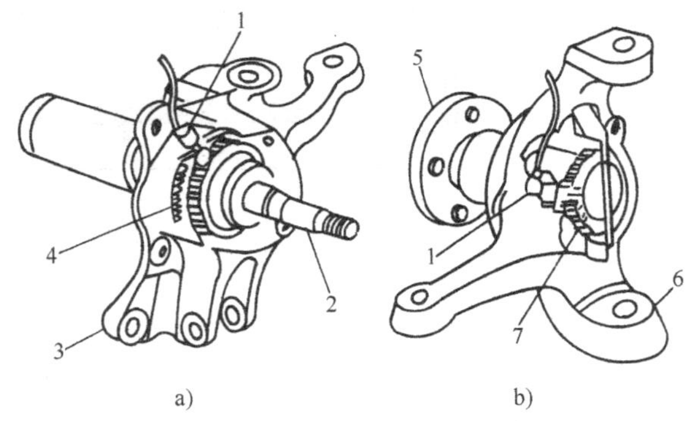

图 4-96　磁感应式车轮转速传感器的安装形式（车轮处）

a）驱动车轮处　b）非驱动车轮处

1—传感器探头　2—半轴　3—悬架支座　4—齿圈　5—轮毂　6—转向节　7—传感器齿圈

2. 减速度传感器

一些汽车的 ABS 还装有减速度传感器。减速度传感器也被称为 G 传感器，用于监测汽车制动时的减速度，ABS ECU 根据 G 传感器所提供的汽车减速度信号，判断制动时的路面是高附着系数路面还是低附着系数路面，并根据不同的路面对情况实施不同的控制策略。汽车 ABS 所用的减速度传感器有差动变压器式和水银式等不同的结构型式。

（1）差动变压器式减速度传感器

差动变压器式减速度传感器的结构与工作原理如图 4-97 所示。

汽车在正常行驶过程中，差动变压器中的铁心通过两边的弹簧将其保持在中间位置，变压器次级绕组产生大小相等但相位相反的电压 u_1、u_2，这时，变压器的输出 u_0（$u_0 = u_1 - u_2$）为 0。当汽车制动时，在惯性力的作用下，差动变压器铁心移动，使变压器次级绕组产

生的 u_1 和 u_2 一个增大，一个减小，变压器就会有输出电压 u_0。u_0 与变压器铁心的位移量成正比，而铁心的位移又与汽车的减速度成正比，因此，ABS 根据解调电路处理后的 u_0 信号就可计算汽车减速度的大小，并据此判断路面情况。

（2）水银式减速度传感器

水银式减速度传感器的结构与工作原理如图 4-98 所示。

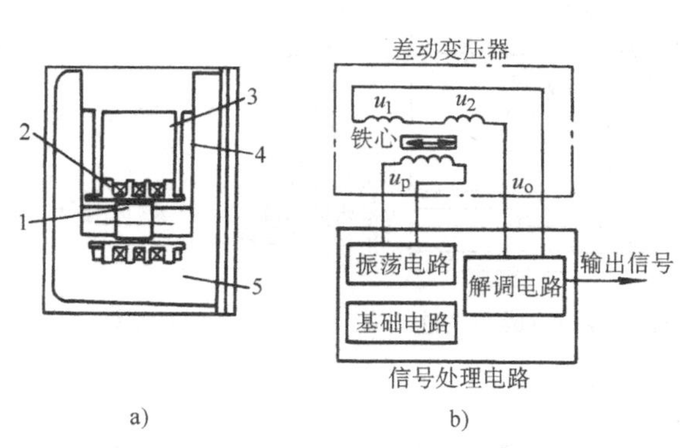

图 4-97　差动变压器式减速度传感器

a）基本结构　b）电路原理

1—铁心　2—线圈　3—印制电路　4—弹簧　5—变压器油

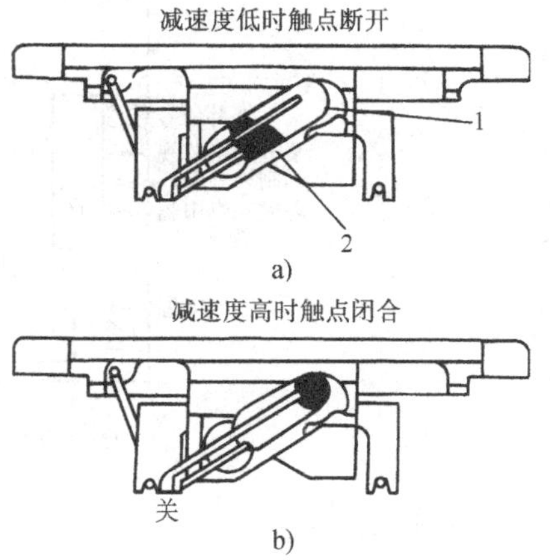

图 4-98　水银式减速度传感器

a）减速度低时　b）减速度高时

1—玻璃管　2—水银

汽车在低附着系数路面上紧急制动时，由于汽车的减速度较小，玻璃管内的水银基本上不移动，玻璃管内的电路开关处于断开状态（图 4-98a）。当汽车在高附着系数路面紧急制动时，汽车的减速度大，玻璃管内水银在惯性力的作用下移动而将电路开关接通（图 4-98b）。在汽车制动时，ABS ECU 根据减速度传感器内部电路开关的通断状态，即可判断汽车紧急制动时的路面情况。

二、ABS 电子控制器

1. ABS ECU 的基本组成与功能

ABS ECU 根据传感器信号进行计算分析，判断当前各车轮制动器制动压力的情况，并迅速输出控制信号，控制制动压力调节器工作，及时调节各车轮制动器制动压力的大小，使车轮处于边滚边滑的状态。此外，ABS ECU 也具有故障监控报警和故障自诊断等功能。ABS ECU 的基本组成框图如图 4-99 所示。

2. ABS ECU 各组成部分的作用原理

（1）输入级电路

ABS ECU 的输入级电路由低通滤波、整形、放大、A/D 转换等电路组成，用于对车轮转速传感器的脉冲信号进行预处理，将其转换为计算机可接受的数字信号后送入运算电路（CPU）。输入放大电路同时传送 ECU 对各轮速传感器的监测信号，并将反馈信号送回 CPU。输入电路还接收点火开关、制动开关、液位开关等开关信号和电磁阀继电器、ABS 泵继电器等执行机构电路的反馈信号，经处理后送入 CPU。

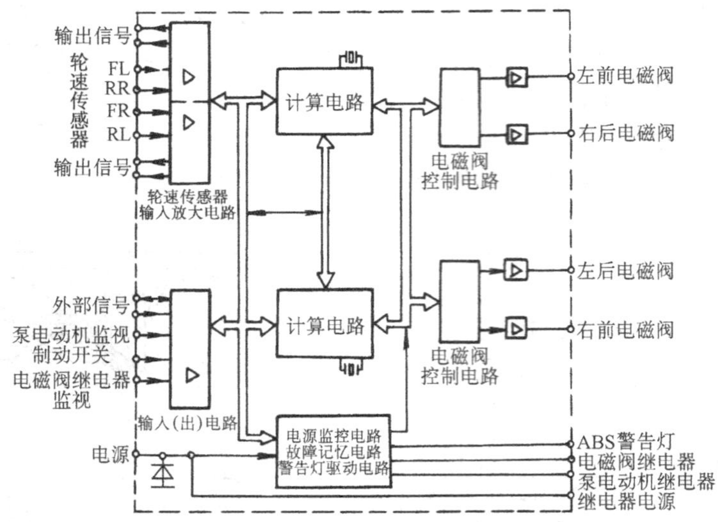

图 4-99　ABS 电子控制器的组成与功能

（2）运算电路

运算电路的核心部件就是微处理器，运算电路接收传感器等电信号，并按照设定的程序进行计算、分析和处理，然后产生相应的控制指令。ABS ECU 的运算电路通常由两个微处理器组成，以确保系统工作的可靠性。两个微处理器同时接收输入信号进行运算和处理，并进行交互式通信来比较，如果处理结果不一致，微处理器就立即使 ABS 停止工作，以防止系统因发生故障而引起控制错误，导致制动失灵。

当运算电路监测到传感器、执行器等外部电路有故障时，也会立即向安全保护电路输出停止 ABS 系统工作的指令，以避免因 ABS 电子控制系统的错误控制，使汽车失去普通制动器的制动作用。

（3）输出级电路

输出级电路由电磁阀驱动电路、ABS 泵电动机驱动电路等组成，其作用是将运算电路的控制指令（如制动压力的增压、保持、减压及 ABS 泵的工作、停止等）转换为驱动执行器工作的控制信号，并通过功率放大器向执行器提供驱动电流，使执行器按 CPU 的控制指令工作。

（4）安全保护电路

安全保护电路由电源控制、故障记忆、继电器控制、ABS 警告灯控制等电路组成。安全保护电路的主要功能是：对汽车电源电压进行监控，并向 ECU 提供工作所需的 5V 标准电压；当 ABS 系统出现故障时，能根据 CPU 的指令，切断 ABS 继电器电路，使 ABS 停止工作，确保普通制动功能，同时使 ABS 警告灯亮起；故障记忆电路（存储器）将 ABS 系统出现的故障以故障码的形式储存起来。

三、制动压力调节器

制动压力调节器是 ABS 的执行器。在汽车制动时，制动压力调节器根据 ECU 的控制信号迅速、准确地动作，及时调节制动器制动压力的大小，使车轮不被抱死。目前汽车上普遍

使用的液压式制动压力调节器有循环流通式和变容积式两种结构类型。

1. 循环流动式制动压力调节器

循环流动式制动压力调节器串联在制动管路中，主要由储油器、电磁阀、回油泵及单向阀等组成，如图4-100所示。

储油器用于暂时储存制动轮缸压力减小时流出的制动液；回油泵则是将储油器的制动液泵回制动主缸；电磁阀由ECU控制其动作，用以实现制动轮缸压力的升高、保持和降低等控制。ABS制动压力调节器通常采用三位三通、二位二通电磁阀来实现制动压力的调节。

（1）三位三通电磁阀循环流动式制动压力调节器原理

三位三通阀电磁阀的阀芯有三个工作状态，阀体连接三个液压接口，分别连接制动主缸、制动轮缸和储油器三个通道。ECU通过对电磁阀的断电、半通电和全通电控制，使其分别处于三种工作状态，三位三通电磁阀式制动压力调节器的工作原理如图4-101所示。

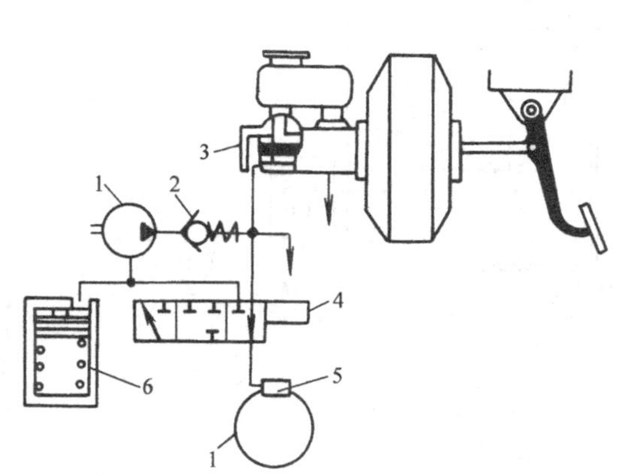

图4-100　循环流动式制动压力调节器的基本组成

1—制动轮缸　2—电磁阀　3—储油器　4—回油泵　5—单向阀　6—制动主缸

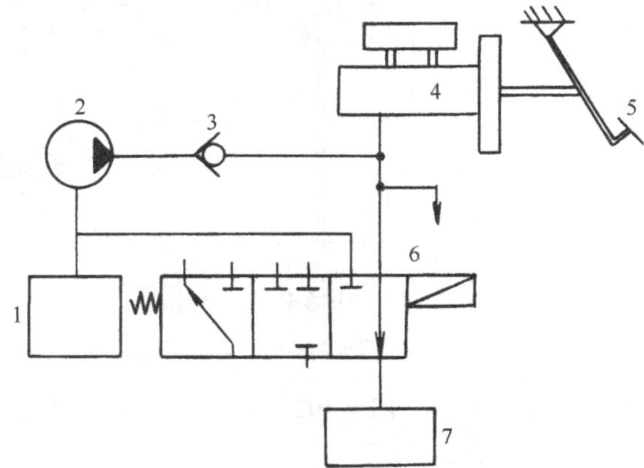

图4-101　三位三通电磁阀式制动压力调节器原理

1—储油器　2—回油泵　3—单向阀　4—制动主缸　5—制动踏板　6—三位三通电磁阀　7—制动轮缸

1）普通制动情况。在通常的减速制动或停车慢速制动时，车轮不会抱死，ABS不介入工作，此时电磁阀不通电，电磁阀的阀芯处于右位，制动主缸与轮缸直通。这时，制动轮缸的压力直接由制动踏板的踩踏力控制。

2）ABS失效时。当ABS电子控制系统出现了故障而防抱死作用失效时，电磁阀保持在断电状态，这时，制动主缸与轮缸直通，可确保有普通制动器的制动作用。

3）紧急制动情况。汽车紧急制动时，车轮将出现抱死情况，ABS ECU立刻投入工作，自动控制各车轮制动器制动压力的大小。

减压控制：当需要减小制动压力时，ECU输出减压指令，使电磁阀全通电（提供较大的电流），电磁阀的阀芯处于左位，连接制动主缸的通道被封闭，制动轮缸与储油器相通，制动压力降低。此时，电动回油泵工作，将从轮缸流入储油器的制动液泵回制动主缸。

保压控制：当需要维持制动压力不变时，ECU输出保压指令，使电磁阀半通电（提供较小的电流），电磁阀的阀芯处于中位，电磁阀的三个通道都被封闭，使制动轮缸的制动液压力保持不变。

增压控制：当需要增大制动压力时，ECU 输出增压指令，使电磁阀断电，电磁阀的阀芯回到右位，制动主缸与制动轮缸相通，制动主缸的高压制动液进入轮缸，使其压力上升。

ABS ECU 就是通过控制电磁阀全通电（降低制动压力）、半通电（保持制动压力）和断电（增大制动压力），适时地调节制动轮缸制动压力的大小，使车轮处于边滚边滑的状态。三位三通电磁阀循环流动式制动压力调节器一例如图 4-102 所示。该制动压力调节器采用三个三位三通电磁阀，分别控制三个制动压力通道。

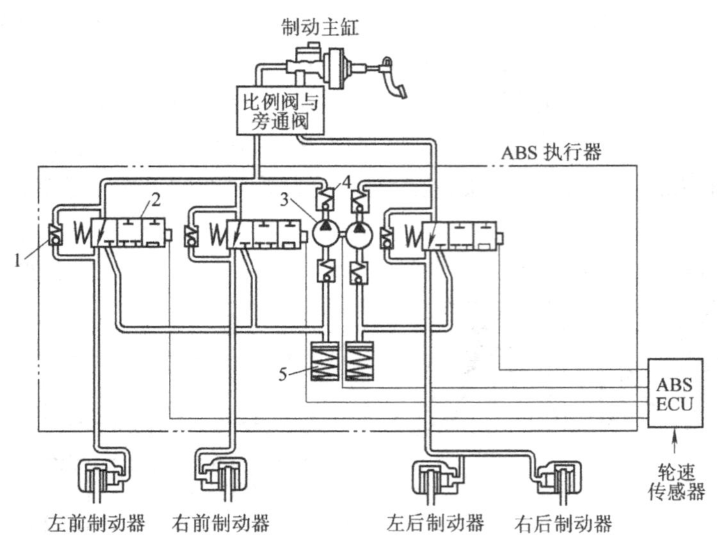

图 4-102　循环流动式制动压力调节器实例（三位三通电磁阀）

1—解除制动单向阀　2—三位三通电磁阀

3—回油泵　4—单向阀　5—储油器

（2）二位二通电磁阀循环流动式制动压力调节器原理

二位二通电磁阀只有两个工作位置，连接两个液压通道，ECU 通过对电磁阀断电和通电控制使其工作在通和断两种工作状态。一个制动压力通道由两个二位二通电磁阀实现制动压力控制，其中一个为常开电磁阀，连通制动主缸和轮缸，另一个则为常闭电磁阀，连接于轮缸和储油器。二位二通电磁阀循环流动式制动压力调节器的原理如图 4-103 所示。

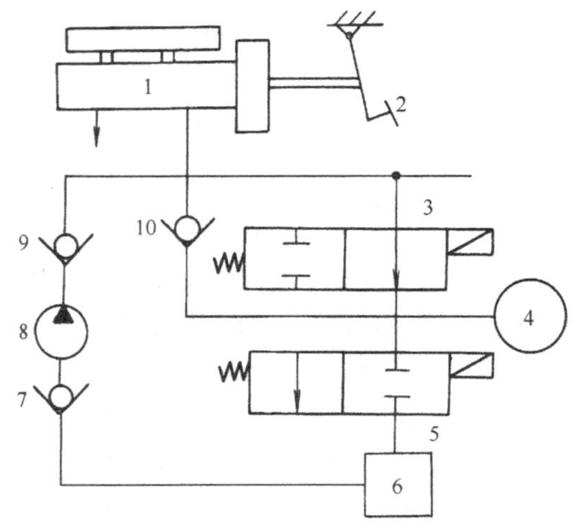

图 4-103　二位二通电磁阀式制动压力调节器原理

1—制动主缸　2—制动踏板　3—常开二位二通电磁阀

4—制动轮缸　5—常闭二位二通电磁阀　6—储油器

7、9、10—单向阀　8—回油泵

1）普通制动情况。在非紧急制动情况下，ABS 不工作，两电磁阀均不通电。此时，两电磁阀的阀芯均处于右位，常开电磁阀将制动主缸与轮缸接通，常闭电磁阀则将制动轮缸与回油管路断开。这时，制动轮缸的压力直接由制动踏板的踩踏力度控制。

2）ABS 系统失效时。当 ABS 电子控制系统有故障时，ECU 使两电磁阀保持在断电状态，这时，制动主缸与轮缸直通，可保证普通制动器正常起作用。

3）紧急制动情况。当汽车紧急制动时，ABS 立刻进入工作状态，根据相关传感器的信号自动控制车轮制动器制动压力的大小，以避免车轮抱死。

减压控制：当 ECU 输出减压指令时，驱动电路使两电磁阀均通电。常开电磁阀通电后关闭（左位），断开了连接制动主缸的通道；常闭电磁阀通电后则打开（左位），使制动轮缸与储油器相通。于是，轮缸制动器制动压力降低。此时，电动回油泵工作，将从轮缸流入储油器的制动液泵回制动主缸。

保压控制：当 ECU 输出保压指令时，常开电磁通电、常闭电磁阀不通电。常开电磁阀通电后关闭（左位），常闭电磁阀因不通电而仍处于关闭状态（右位）。此时，制动轮缸与制动主缸和储油器通道均被封闭，制动轮缸的压力将保持不变。

增压控制：当 ECU 输出增压指令时，使两电磁阀均断电，两电磁阀均在右位。这时，制动轮缸又与制动主缸相通，制动主缸的高压制动液进入轮缸，使其压力增大。

汽车紧急制动时，ABS ECU 通过控制两电磁阀均不通电（压力上升）、只常开电磁阀通电（压力保持）和两个电磁阀均通电（压力下降），实现制动器制动压力大小的自动控制，将车轮控制在边滚边滑的最佳状态。图 4-104 是这种形式的循环流动式制动压力调节器一实例，每个制动压力通道均由两个二位二通电磁阀控制。

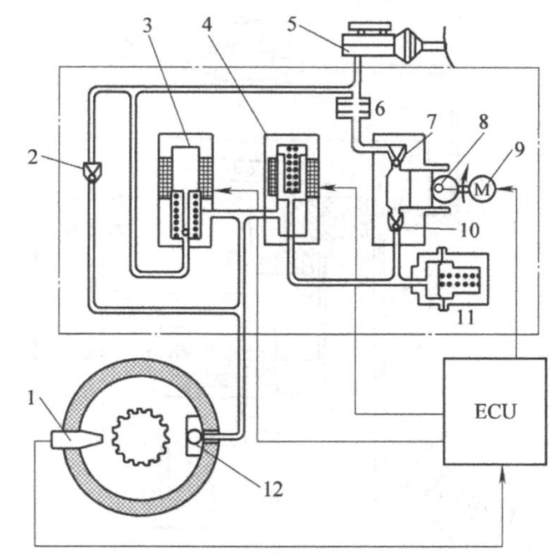

图 4-104　循环流动式制动压力调节器实例（二位二通电磁阀）

1—车轮转速传感器　2—解除制动单向阀　3—常开电磁阀　4—常闭电磁阀　5—制动主缸　6—缓冲器　7、10—单向阀　8—回油泵　9—电动机　11—储油器　12—制动轮缸

2. 变容积式制动压力调节器

变容积式制动压力调节器相当于在循环流动式制动压力调节器组成部件的基础上增设了一个动力活塞，通过控制动力活塞的移动使制动轮缸的有效容积改变，从而实现制动器制动压力的控制。变容积式制动压力调节器主要由动力活塞、电磁阀、电动 ABS 泵、蓄压器、储油器、单向阀等组成，如图 4-105 所示。与循环流动式制动压力调节器一样，常见的变容积式制动压力调节器所用电磁阀也有三位三通电磁阀和二位二通电磁阀两种。

（1）三位三通电磁阀变容积式制动压力调节器原理

1）普通制动情况。汽车在非紧急制动情况下，ABS 电磁阀不通电，三位三通电磁阀柱塞保持在左位，使动力活塞控制油腔与储油器相通，动力活塞在其弹簧力的作用下保持在最左的位置（参见图 4-105），活塞左端的顶杆顶开单向阀，使制动主缸与制动轮缸直接连通，此时，制动压力直接由制动踏板力控制。

2）ABS 失效时，当 ABS 电子控制系统出现故障时，ABS ECU 使所有电磁阀保持在断电状态，动力活塞则保持在最左位而顶开单向阀，制动主缸与制动轮缸相通，制动系统仍有普通制动的效果。

3）紧急制动情况。当汽车紧急制动时，ABS 投入工作，ECU 根据传感器的信号自动控制制动压力调节器工作。

减压控制：ECU 输出减压控制信号时，向电磁阀提供较大电流，电磁阀柱塞处于右位。动力活塞控制油腔与蓄压器相通而压力增大，使动力活塞向右移动（图 4-106），单向阀关闭，使制动主缸与制动轮缸断开。单向阀关闭后，动力活塞的继续右移使得其左腔容积增大，制动轮缸的制动压力降低。

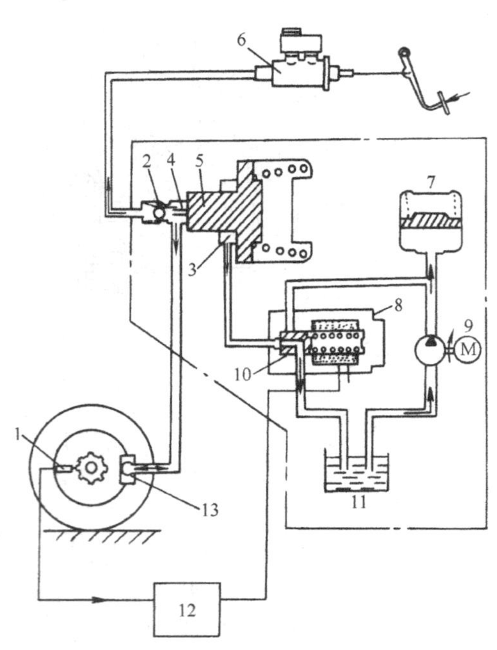

图 4-105　变容积式制动压力调节器组成

1—车轮转速传感器　2—单向阀　3—动力活塞控制油腔　4—动力活塞左腔　5—动力活塞　6—制动主缸　7—蓄压器　8—三位三通电磁阀　9—电动 ABS 泵　10—柱塞　11—储油器　12—ECU　13—制动轮缸

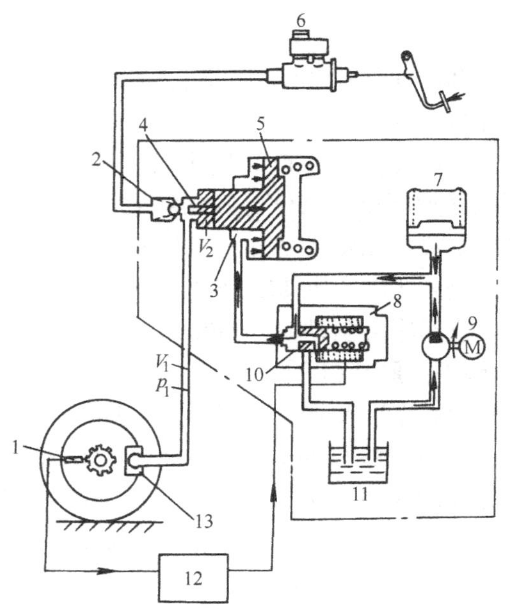

图 4-106　变容积式制动压力调节器减压过程

（图注与图 4-105 相同）

保压控制：当 ECU 输出保压信号时，向电磁阀提供较小的电流，电磁阀柱塞处于中位。电磁阀的三个通道都被封闭（图 4-107），动力活塞控制油腔的控制液压保持不变，动力活塞因两端的受力保持平衡而静止不动，使制动轮缸的压力保持不变。

增压控制：当 ECU 输出增压信号时，电磁阀断电，电磁阀柱塞回到左位，动力活塞控制油腔与储油器相通，控制油压下降，动力活塞在其弹簧力的作用下向左移动（图 4-108），使动力活塞左腔容积减小，制动轮缸压力增大。当动力活塞移动到最左位时，活塞左端的顶杆顶开单向阀，制动主缸与制动轮缸相通，使轮缸的压力进一步增大。

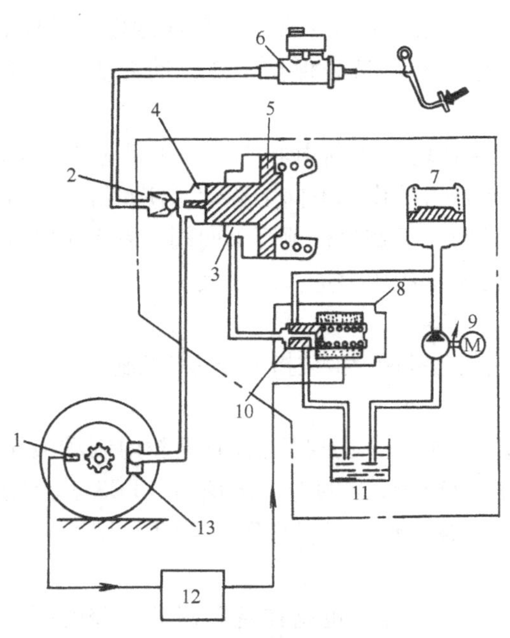

图 4-107　变容积式制动压力调节器保压过程
（图注与图 4-105 相同）

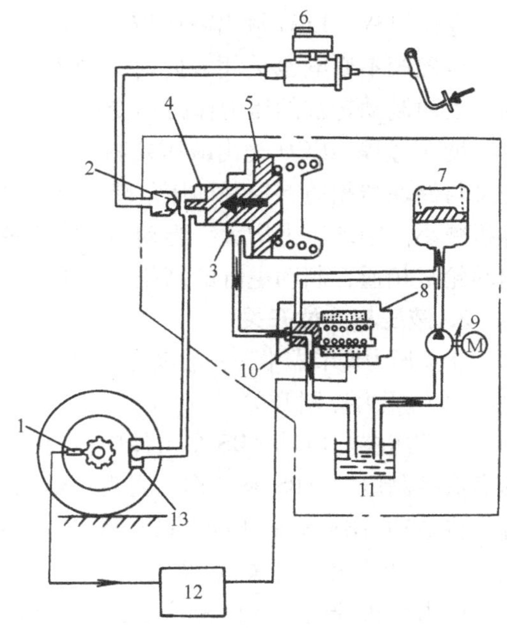

图 4-108　变容积式制动压力调节器增压过程
（图注与图 4-105 相同）

ABS ECU 通过控制制动压力调节器各个三位三通电磁阀的通电（减压）、半通电（保压）和断电（增压）控制，使车轮不被抱死。

（2）二位二通电磁阀变容积式制动压力调节器原理

二位二通电磁阀变容积式制动压力调节器通过两个二位二通电磁阀来调节控制油压，实现变容积式制动压力调节。制动压力调节器原理如图 4-109 所示。

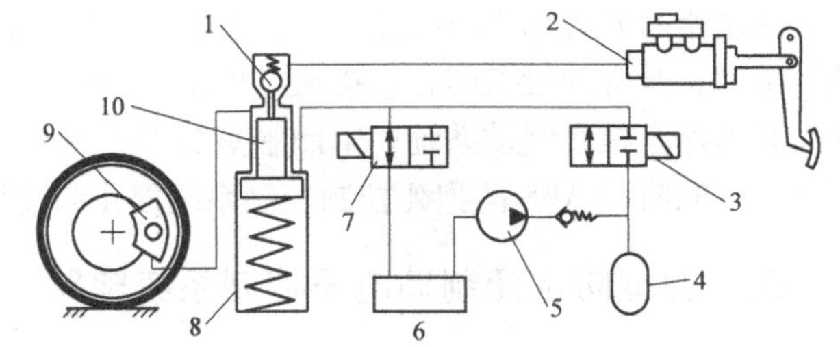

图 4-109　变容积式制动压力调节器（二位二通电磁阀）
1—单向阀　2—制动主缸　3—常闭电磁阀　4—蓄压器　5—ABS 泵　6—储油器　7—常开电磁阀　8—调压缸　9—制动轮缸　10—动力活塞

1）普通制动情况。在通常的减速制动或停车慢速制动时，ABS 不工作，两电磁阀均不通电。此时，常开电磁阀使动力活塞控制油腔与储油器连通，动力活塞在弹簧力作用下保持在最高位，活塞顶杆顶开单向阀，使制动主缸与制动轮缸直接连通。此时，制动压力直接由制动踏板踩踏力控制。

2）紧急制动情况。汽车在紧急制动情况下，ABS 进入工作状态，ECU 通过控制两个二位二通电磁阀工作，实现制动压力的控制。

减压过程：ECU 输出减压控制信号时，两电磁阀均通电。常开电磁阀通电后关闭，常闭电磁阀通电后打开，使动力活塞控制油腔只与蓄压器连接，控制油腔的压力增大，推动动力活塞向下移动，单向阀关闭，使制动主缸与制动轮缸断开。单向阀关闭后，动力活塞的继续下移使轮缸有效容积增大，制动轮缸的制动压力降低。

保压过程：ECU 输出减压控制信号时，只使常开电磁阀通电。常开电磁阀通电后关闭，常闭电磁阀不通电也关闭，此时，动力活塞控制油腔的控制液压保持不变，动力活塞不移动，因而制动轮缸的压力保持不变。

增压过程：ECU 输出减压控制信号时，使两电磁阀均处于断电状态。动力活塞控制油腔又与储油器相通，控制油压下降，动力活塞在其弹簧力的作用下向上移动，使轮缸的有效容积减小，制动压力增大。当动力活塞上移到某位置时，活塞顶杆顶开单向阀，制动主缸与制动轮缸相通，制动主缸的高压制动液进入轮缸，使轮缸的压力进一步增大。

3. 液压与液位开关

制动压力调节器中，一般设有压力控制开关、压力警告控制及液位指示开关等控制开关。

（1）压力控制开关（PCS）

在蓄压器与电动 ABS 泵组件中设有压力控制开关 PCS，根据蓄压器液压腔内制动液压的高低控制电动 ABS 泵工作。当蓄压器的制动液压下降到设定的低了限值时，PCS 触点闭合，将电动 ABS 泵继电器线圈电路接通，使电动 ABS 泵工作，以提高蓄压器的压力。

（2）压力警告开关（PWS）

压力警告开关用于监视蓄压器的制动液压，与 PCS 一样，也是在蓄压器液压腔的制动液压的作用下动作。当制动液压降到设定的低限值以下时，其触点闭合，接通红色制动警告灯电路，使制动警告灯亮起，随后黄色的 ABS 警告灯也会亮起，ABS ECU 将终止电子控制系统的防抱死自动控制。

（3）液位指示开关（FLI）

液位指示开关用于监视储液箱内的制动液液面，通常有两个触点，当制动液液面下降到最低限时，其常开触点闭合，接通红色制动警告灯电路，使红色制动警告灯亮起，以警告驾驶人必须停车检查制动系统；常闭触点打开，断开了 ABS 电脑的电源电路，使黄色的 ABS 灯亮起，同时使 ABS 防抱死控制控制系统停止起作用。

四、典型防抱死制动电子控制系统电路

不同汽车上所配置的 ABS，其组成部件和控制电路结构型式会有所不同。有的车型还装备了防滑转电子控制系统（ASR）、制动压力分配控制系统（EBD）、电子控制辅助制动系统（EBA）等，这些电子控制装置通常与 ABS 使用一个 ECU。典型的 ABS 控制系统基本组成与布置如图 4-110 所示。

1. 丰田雷克萨斯 LS400 轿车 ABS 的特点

丰田雷克萨斯 LS400 轿车有带 TRC（牵引力控制系统）和不带 TRC 两种车型，均采用德国博世（BOSCH）ABS，图 4-110 所示的是不带 TRC 的 ABS 系统。

（1）液压系统

丰田雷克萨斯 LS400 轿车的液压系统参见图 4-102。该系统采用循环流动式制动压力调节器，有三个独立的制动压力控制通道，分别用于控制左前轮、右前轮和两个后轮的制动压力。每个制动压力控制通道均采用了三位三通电磁阀来实现制动压力的减压、保压和增压控制。

（2）电子控制系统

ABS ECU 通过对三个三位三通电磁阀不通电、半通电和全通电的控制，实现四个车轮

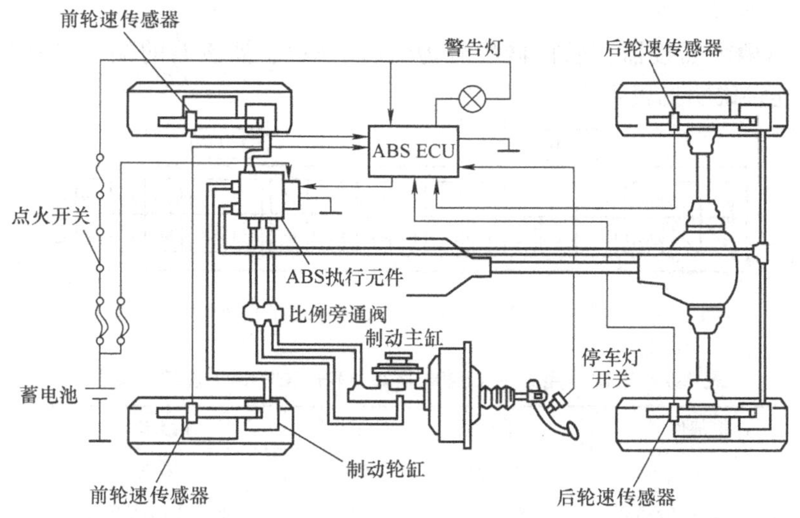

图 4-110　丰田雷克萨斯 LS400 轿车 ABS 系统组成

的制动压力自动控制。

ABS 电子控制系统有四个车轮转速传感器，ECU 根据两前轮速传感器的转速信号分别判断左前轮、右前轮的抱死情况，并通过两个三位三通电磁阀，分别控制左前轮和右前轮制动器的制动压力；ECU 根据两后轮速传感器的转速信息，判断两后轮的抱死情况，并通过一个三位三通电磁阀，控制后轮的制动器的制动压力。

2. 丰田雷克萨斯 LS400 轿车 ABS 的电路分析

丰田雷克萨斯 LS400 轿车 ABS 电子控制电路如图 4-111 所示。

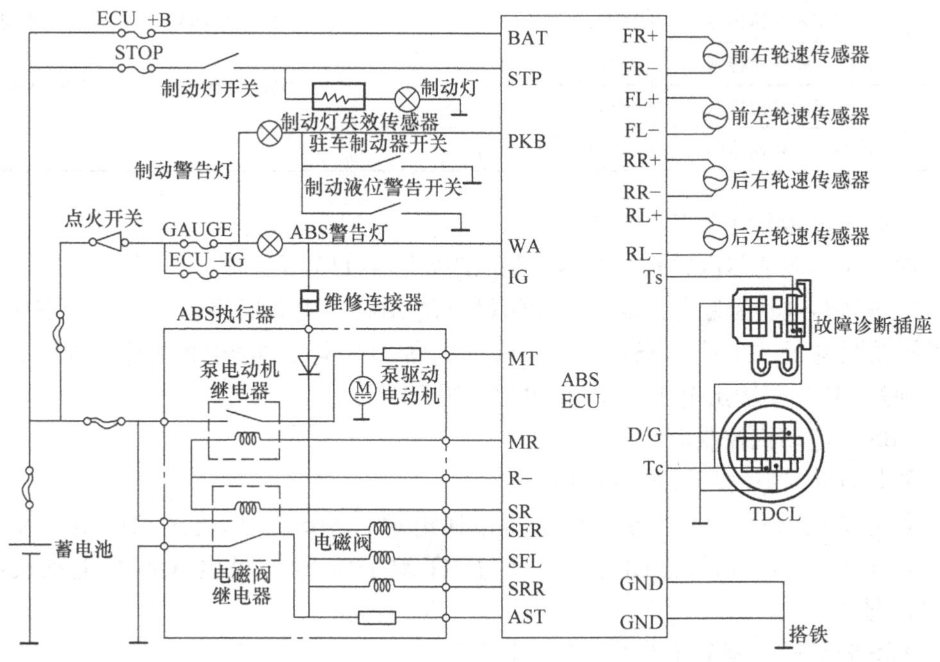

图 4-111　丰田雷克萨斯 LS400 轿车 ABS 控制电路

（1） ABS 电子控制器

ABS ECU 有两个插接器，插接器代号为 A16、A17。插接器的端子排列如图 4-112 所示，各端子的连接说明见表 4-7。

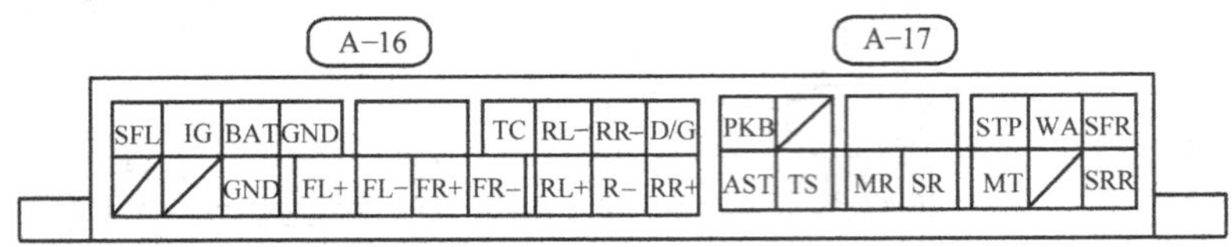

图 4-112　ABS ECU 插接器端子排列

表 4-7　丰田雷克萨斯 LS400 轿车 ABS ECU 端子连接及功能

端子代号	连接部件	功能说明	端子代号	连接部件	功能说明
D/G	TDCL 和检查连接器	检测与诊断	GND	搭铁	ECU 搭铁
RR－	后右车轮转速传感器	信号输入（－）	SFR	前右电磁阀线圈	控制端子
RL－	后左车轮转速传感器	信号输入（－）	WA	ABS 警告灯	控制端子
TC	TDCL 和检查连接器	检测与诊断	STP	停车灯开关	信号输入
GND	搭铁	ECU 搭铁	PKB	驻车制动开关	信号输入
BAT	蓄电池	ECU 直接电源	SRR	后电磁阀线圈	控制端子
IG	点火开关	开关控制电源	MT	ABS 泵电动机	电动机监控
SFL	前左电磁阀线圈	控制端子	SR	电磁阀继电器	电磁阀电源控制端子
RR＋	后右车轮转速传感器	信号输入（＋）			
R－	继电器线圈搭铁	继电器控制	MR	ABS 泵电动机继电器	电动机控制端子
RL＋	后左车轮转速传感器	信号输入（＋）			
FR-	前右车轮转速传感器	信号输入（－）	TS	检查连接器	检测与诊断
FR＋	前右车轮转速传感器	信号输入（＋）	AST	电磁阀继电器	电磁阀继电器监控
FL-	前左车轮转速传感器	信号输入（－）			
FL＋	前左车轮转速传感器	信号输入（＋）			

（2） ABS 电磁阀继电器控制电路

ABS 制动压力调节器电磁阀继电器控制电路如图 4-113 所示。

ABS 电磁阀继电器为复合式触点，常闭触点使 ABS 各电磁阀搭铁，常开触点闭合时接通各电磁阀线圈电源，并通过 AST 端子向 ECU 提供 ABS 电磁阀继电器工作反馈信息。

ECU 通过 SR 端子输出电压，控制 ABS 电磁阀工作。

（3） ABS 泵电动机控制电路

ABS 泵电动机控制电路如图 4-114 所示。

ABS 泵电动机通过一常开触点继电器接通电源，ABS ECU 通过 MR 端子控制常开触点继电器工作。继电器触点闭合时，通过 MT 端子向 ECU 提供 ABS 泵电动机继电器工作反馈信号。

（4） ABS 制动压力调节器电磁阀控制电路

ABS 制动压力调节器电磁阀控制电路如图 4-115 所示。

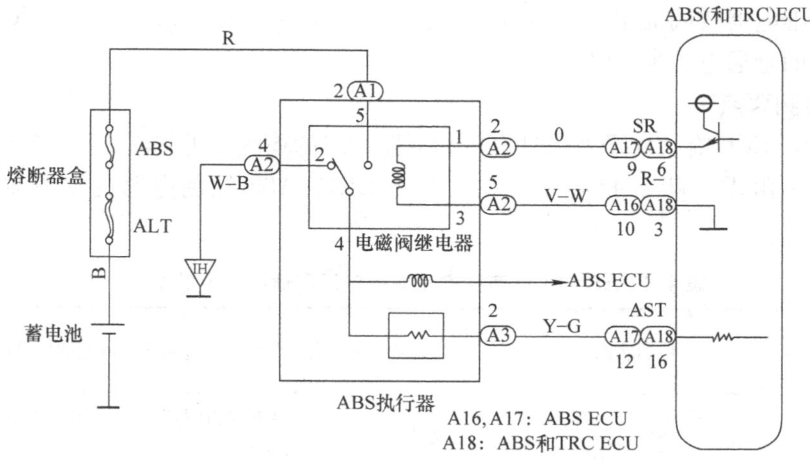

图 4-113　ABS 电磁阀继电器控制电路

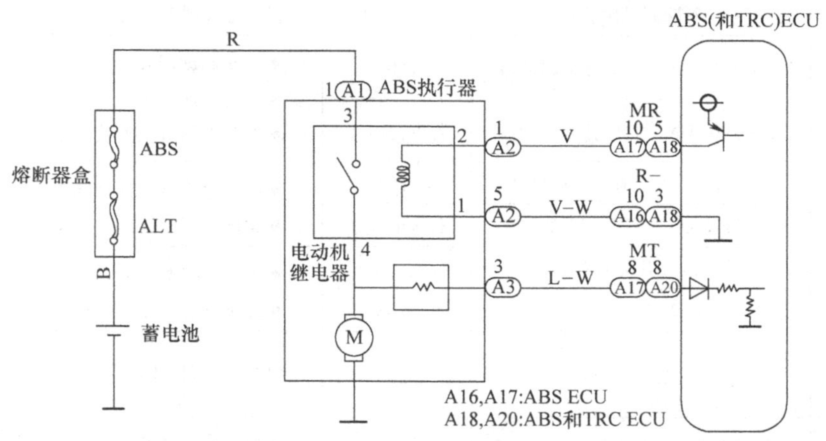

图 4-114　ABS 泵电动机控制电路

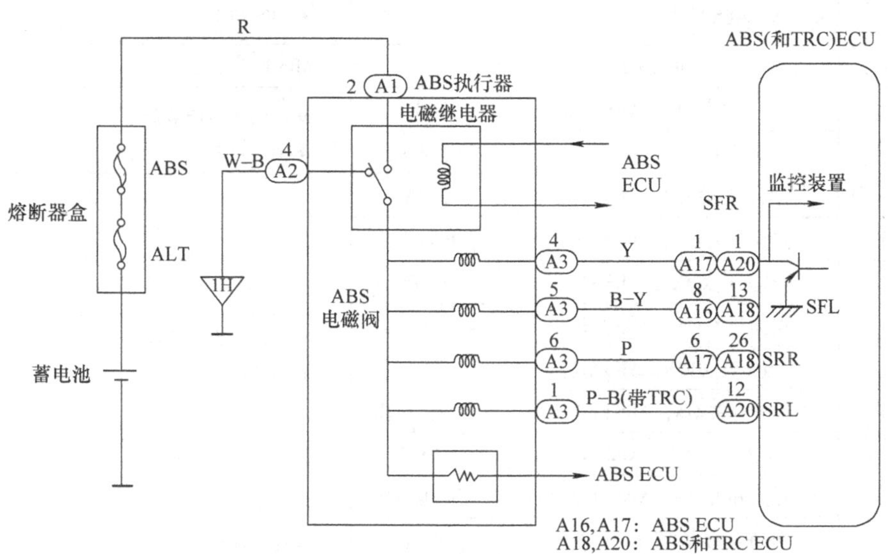

图 4-115　ABS 制动压力调节器电磁阀控制电路

当电磁阀继电器线圈通电，其常开触点闭合时，ECU 通过 SFR、SFL、SR 端子控制相应的电磁阀线圈全通电、半通电和断电。

3. 电路检测要点

通过对 ABS ECU 有关端子对搭铁电压和通路情况的检测，可判断 ECU 及相关电路与部件正常与否。丰田雷克萨斯 LS400 轿车（不带 TRC）ABS 控制电路的检测要点如表 4-8 所示。

表 4-8 ABS ECU 有关端子对地电压和通断情况的检测

检测端子（端子号）	检测状态	正常情况	检测异常可能的故障部位
BAT（A16—6）	测电压	蓄电池电压	ABS ECU 与蓄电池之间的电源线路与相关的熔断器
STP（A17—3）	踩下制动踏板	蓄电池电压	制动灯开关及电路
	不踩制动踏板	导通（有电阻）	制动灯或制动灯失效传感器
PKB（A17—5）	点火开关 ON，拉紧驻车制动器	约 0V	● 驻车制动器开关 ● 制动液面开关 ● 制动警示灯及连接线路
	点火开关 ON，放松驻车制动器	蓄电池电压	
WA（A17—2）	点火开关 ON，ABS 警告灯亮	约 0V	● ABS 警告灯及连接线路 ● ABS ECU
	点火开关 ON，ABS 警告灯熄灭	蓄电池电压	
IG（A16—7）	点火开关 ON	蓄电池电压	● ECU—IG 熔断器 ● 点火开关及相关线路
	点火开关 OFF	约 0V	
MT（A17—8）	点火开关 OFF	通路	制动压力调节器
MR（A17—10）	变速器在行驶档位，驻车制动器、行车制动器均放松，点火开关 ON，ABS 警告灯不亮	蓄电池电压	● 制动压力调节器 ● 制动压力调节器与 ECU 之间线路 ● ABS ECU
R-（A16—10）	点火开关 OFF	通路	ABS ECU
SR（A17—9）	点火开关 ON，ABS 灯亮	约 0V	● 制动压力调节器 ● ABS ECU
	点火开关 ON，ABS 灯熄灭	蓄电池电压	
SFR（A17—1）	点火开关 ON，ABS 灯亮	约 0V	● 制动压力调节器 ● ABS ECU
	点火开关 ON，ABS 灯熄灭	蓄电池电压	
SFL（A16—8）	点火开关 ON，ABS 灯亮	约 0V	
	点火开关 ON，ABS 灯熄灭	蓄电池电压	
SRR（A17—6）	点火开关 ON，ABS 灯亮	约 0V	
	点火开关 ON，ABS 灯熄灭	蓄电池电压	
AST（A17—12）	点火开关 ON，ABS 灯亮	约 0V	
	点火开关 ON，ABS 灯熄灭	蓄电池电压	
TS（A17—11）	检查连接器 TS-E1 不连接	不通	● 检查连接器 ● 检查连接器与 ECU 之间的线路
	检查连接器 TS-E1 连接	通路	

（续）

检测端子（端子号）	检测状态	正常情况	检测异常可能的故障部位
TC（A16—4）	检查连接器 TC-E1 不连接	不通	● 检查连接器 ● 检查连接器与 ECU 之间的线路
	检查连接器 TC-E1 连接	通路	
GND（A16—5、16）	点火开关 OFF	通路	ECU 搭铁线路

说明：检查各端子与搭铁之间的通断情况必须用高阻抗的数字式欧姆表，并在点火开关关断时测量。

第四节　安全气囊电子控制系统电路

安全气囊也称辅助乘员保护系统（Supplemental Restraint System），简称 SRS，是汽车上的被动安全保护装置，SRS 在汽车上已广泛使用。当汽车遭遇碰撞而急剧减速时，安全气囊便迅速膨胀，形成一个缓冲垫，以减轻车内乘员的受伤程度。

在汽车上使用的安全气囊有正面碰撞防护安全气囊、侧面和顶部碰撞防护安全气囊，安全气囊触发形式则有机械式和电子式两种。机械式安全气囊在新型轿车上已很少使用，目前汽车上广泛使用的电子式安全气囊其基本组成如图 4-116 所示。

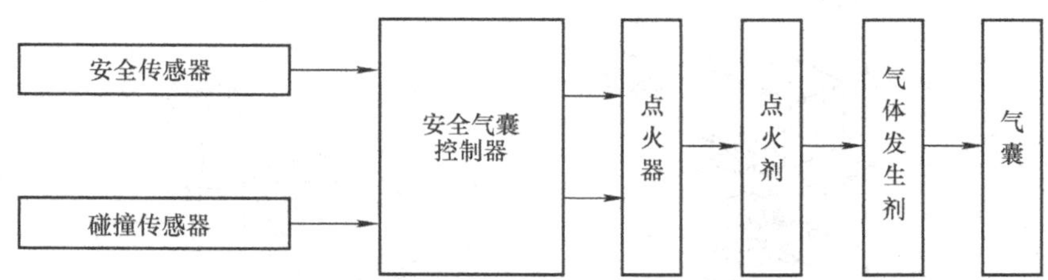

图 4-116　安全气囊系统的组成

当汽车发生较严重的碰撞事故的那一刻，碰撞传感器将汽车碰撞信息（汽车减速度）转换成相应的电信号输送到电子控制器，与此同时，安全传感器内部的触点也在汽车减速惯性力的作用下闭合，接通点火器电源。电子控制器对碰撞传感器输入的信号进行分析处理后，迅速向点火器输出点火信号，点火器通电引燃点火剂并产生高温，使气体发生器产生大量气体，并经过滤与冷却后，充入安全气囊，使气囊在 30ms 内突破衬垫而迅速膨胀展开。在车内人员还没触及前方硬物之前，抢先在二者之间形成弹性气垫，并及时由小孔排气收缩，吸收强大惯性冲击能量，以保护人体头部、胸部，减轻受伤程度。

一、安全气囊传感器

安全气囊传感器也称之为碰撞传感器，其作用是感知汽车碰撞强度，一般安装在汽车前部两侧和中间。安全气囊传感器把汽车的碰撞强度转换成电信号，并输入电子控制器，作为安全气囊 ECU 是否使安全气囊展开的判断依据。电子控制式安全气囊所用的传感器有机电式和电子式两种类型。

1. 机电式传感器

机电式安全气囊传感器的内部有一触点，它是利用车辆碰撞时机械装置在惯性力作用下产生运动而使触点闭合，发出汽车碰撞信号。此类传感器有偏心锤式、滚球式、滚柱式、水银开关式等多种结构型式。

(1) 偏心锤式碰撞传感器

偏心锤式碰撞传感器的内部结构如图4-117所示。扭力弹簧力使重块、转盘及动触点臂等固定在触点断开的位置。当汽车发生碰撞时，重块在惯性力作用下克服弹簧力而移动，并通过转盘带动活动触点臂扭转而使触点闭合，向安全气囊控制器发出汽车碰撞电信号。

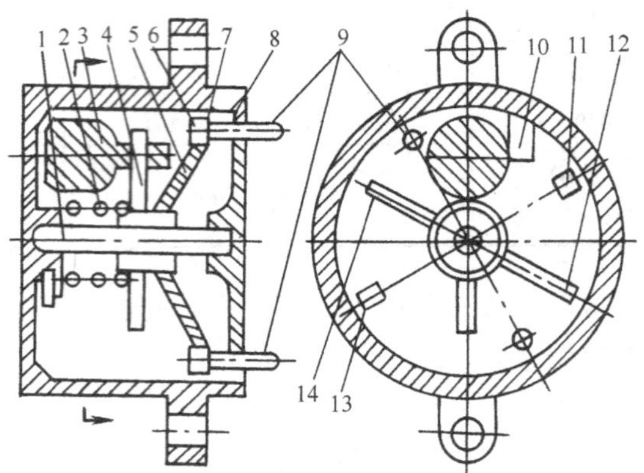

图4-117 偏心锤式碰撞传感器
1—心轴 2—扭力弹簧 3—重块 4—转盘 5—触桥
6、12、14—活动触点 7、11、13—固定触点 8—外壳
9—插头 10—止位块

(2) 滚球式碰撞传感器

滚球式碰撞传感器的组成与内部结构如图4-118所示。汽车未发生碰撞时，钢球被永久磁铁吸引，触点处于断开状态。当汽车发生较严重的碰撞时，钢球在惯性力的作用下，摆脱磁铁的吸引力滚向触点端，将触点接通，向安全气囊控制器发出汽车碰撞电信号。

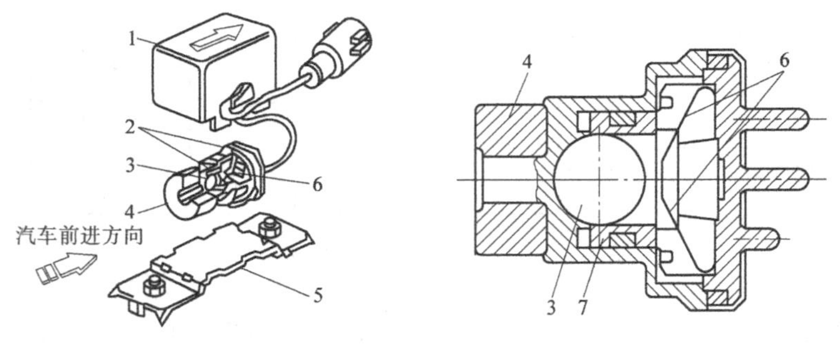

图4-118 滚球式碰撞传感器
1—传感器壳 2—O形密封圈 3—钢球 4—永久磁铁
5—固定板 6—触点 7—滚筒

(3) 水银式碰撞传感器

水银式碰撞传感器的组成与原理类似于应用在ABS控制系统中的水银式减速度传感器，其原理如图4-119所示。当汽车发生碰撞时，传感器内下方的水银在惯性力的作用下向上移动，将位于上方的常开触点接通，发出汽车碰撞信号。

这些触点式的碰撞传感器也被用作安全传感器，将传感器的触点串联在安全气囊点火器的电源电路中，就可防止气囊误膨胀。因为只有当汽车发生碰撞而使安全传感器触点在惯性力的作用下闭合时，点火器电源电路才会被接通，使安全气囊充气装置能被安全气囊控制器的气囊膨开指令引爆；而在汽车正常行驶或故障检修时，由于安全传感器触点处于断开状

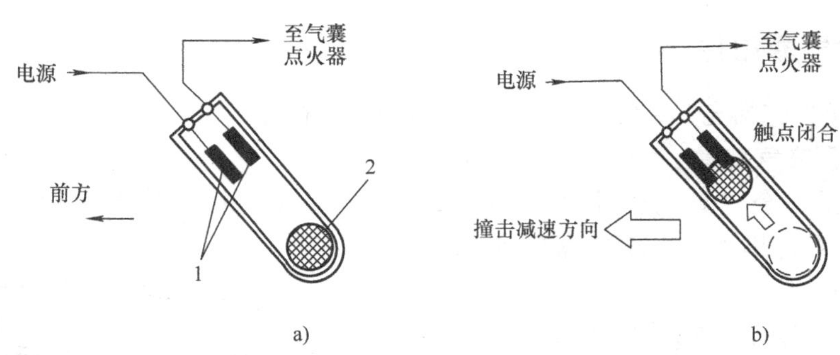

图4-119　水银式碰撞传感器

a）正常行驶状态　b）汽车碰撞起作用状态

1—触点　2—水银珠

态，即使汽车碰撞传感器或相关的电路短路而导致电子控制器误判，并发出了点火控制信号，点火器也会因为未接通电源而不能通电，因而避免了气囊误爆的可能。

2. 电子式碰撞传感器

电子式碰撞传感器可将汽车的减速度参数转变为相应的电信号，安全气囊ECU根据其信号对汽车碰撞强度作出判断，确定是否输出引爆气囊。安全气囊系统所用的电子式碰撞传感器有压电式和压敏电阻式等不同的类型，图4-120所示的是一种在汽车上使用广泛的压敏效应式碰撞传感器。

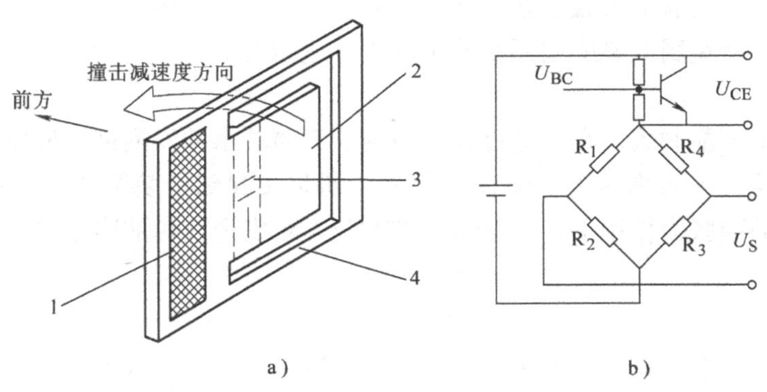

图4-120　电子式碰撞传感器

a）传感器结构　b）传感器测量电路

1—集成电路　2—测量悬臂　3—电阻应变片　4—悬臂架

压敏效应式碰撞传感器的敏感元件是受力变形后其电阻值会相应改变的电阻应变片，被固定在传感器测量悬臂端部。当汽车发生碰撞时，测量悬臂的端部受减速惯性力的作用而变形，使电阻应变片产生形变，其电阻值相应改变。电阻应变片连接于传感器测量电路（电桥）中，应变片电阻值的改变，使得电桥输出端有与汽车碰撞强度相对应的电压信号（U_S）输出。

电子式碰撞传感器和安全气囊控制器一起安装在汽车中间位置时，也被称之为中央安全气囊传感器。

二、安全气囊组件

安全气囊组件包括充气装置、气囊、气囊衬垫、底板等。

1. 安全气囊充气装置

充气装置是安全气囊电子控制系统的执行机构，主要由气体发生剂、点火剂（火药）、点火器（电热丝）、过滤器等组成，如图4-121所示。

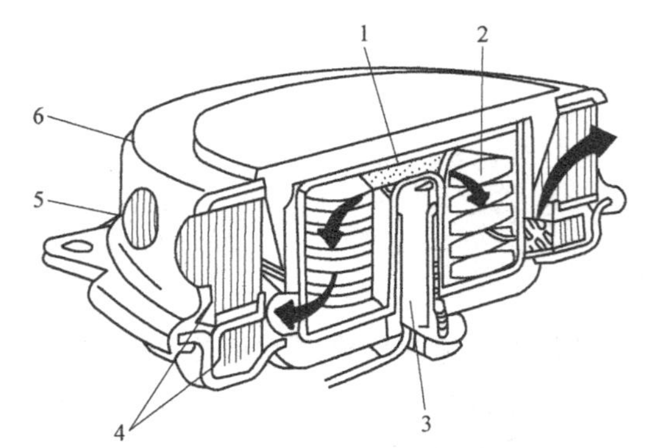

图4-121　充气装置
1—点火剂　2—气体发生剂　3—点火器
4—金属过滤器　5—充气孔
6—充气装置壳体

当汽车发生了碰撞，碰撞传感器将电信号输入电子控制器后，若强度超过了设定值，电子控制器就会发出引爆安全气囊指令，使点火器通电点火，引爆药剂，产生的高温使气体发生剂迅速产生大量气体，经过滤除去烟尘后，充入气囊，使气囊在30ms内膨胀展开。

2. 气囊及其附件

（1）气囊

气囊一般由尼龙布制成，在尼龙布上还有些排气用的小孔。气囊充气膨胀展开后，能吸收冲击能量，保护乘员的头部和胸部，减少受伤率及受伤程度。而气囊上设置小孔可在气囊充气后通过小孔排气，使气囊逐渐变软，以加强缓冲作用，并可避免因气囊膨起而影响车内人员适当的活动。

（2）衬垫

衬垫一般由聚氨酯制成，在制造过程中使用了极薄的水基发泡剂，使质量非常轻。平时衬垫粘附在转向盘的上表面，把气囊保护起来，同时又起到了装饰作用。在汽车发生碰撞时，在气囊强大的膨胀力作用下，衬垫迅速被掀开，对安全气囊的膨胀展开不会有任何阻碍作用。

（3）饰盖和底板

饰盖是气囊组件中的盖板，安全气囊及充气装置都安装在底板上，底板固定到转向盘或车身上，气囊膨胀展开时，底板承受安全气囊的爆发力。

三、安全带收紧器

1. 安全带收紧器的作用

新型轿车上的电子控制式安全气囊系统都装备了安全带收紧器，安设在前排座椅外侧。安全带收紧器的作用是当汽车发生严重碰撞时，迅速将安全带收紧，将车内乘员拉向座椅靠背，减缓人在强大惯性力的作用下向前冲的时间和冲力，可避免在气囊还未充分膨开的情况下，人已经碰到硬物而造成严重伤害。

安全带收紧器与安全气囊配合使用，可使安全气囊发挥其更好的安全保障作用。安全带收紧器由安全气囊控制器控制，当汽车的碰撞强度较大，但还没达到使安全气囊膨胀展开的强度时，电子控制器可只向安全带收紧器发出指令，促使安全带迅速收紧，以避免乘员在汽车碰撞时发生前冲而遭受严重伤害。

2. 安全带收紧器的组成与原理

在汽车上广泛使用的活塞式安全带收紧器如图4-122所示，该安全带收紧器主要由点火器、气化剂、气缸、活塞等组成。

当汽车发生碰撞时，电子控制器根据碰撞传感器的信号判断汽车碰撞强度，如果需要收紧安全带，则向安全带收紧器的点火器发出指令，点火器点燃点火剂，并使气化剂膨胀，推动活塞，通过拉索使安全带迅速收紧，将车内乘员拉向座椅靠背。

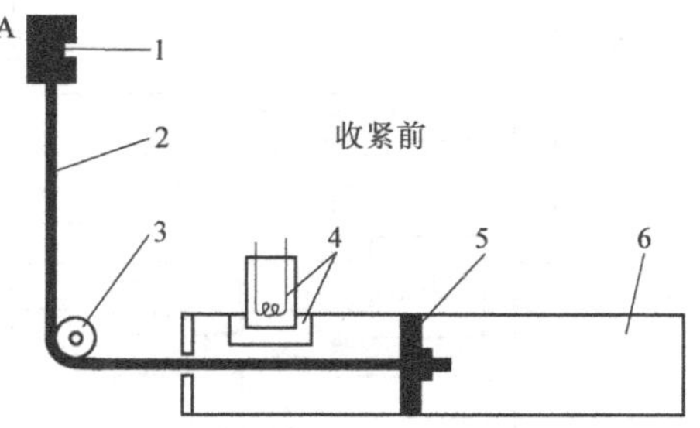

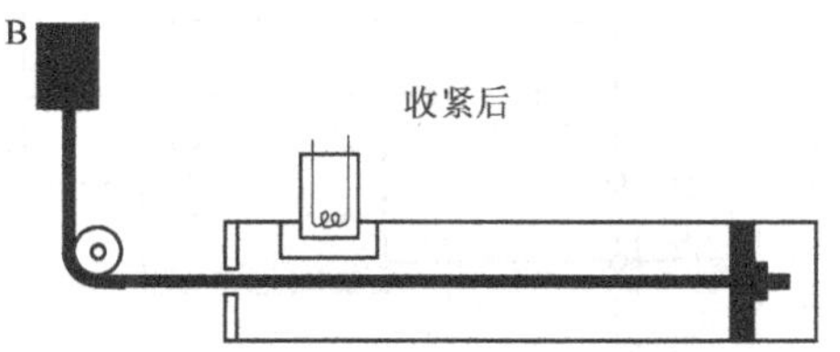

图4-122　安全带收紧器

1—安全带锁扣　2—拉索　3—滚轮　4—点火器+气体发生剂　5—单向移动活塞　6—气缸

四、安全气囊电子控制器

安全气囊电子控制器根据输入的碰撞传感器信号判断汽车是否发生了碰撞以及碰撞的强度，并确定是否输出点火信号引爆气囊和安全带收紧器。安全气囊电子控制器除微处理器及相应的输入电路和输出电路外，一些安全气囊控制系统还将SRS备用电源、点火电路、SRS诊断电路及安全传感器等都集装在一个控制盒中。安全气囊控制器其内部结构和功能电路一例如图4-123、图4-124所示。

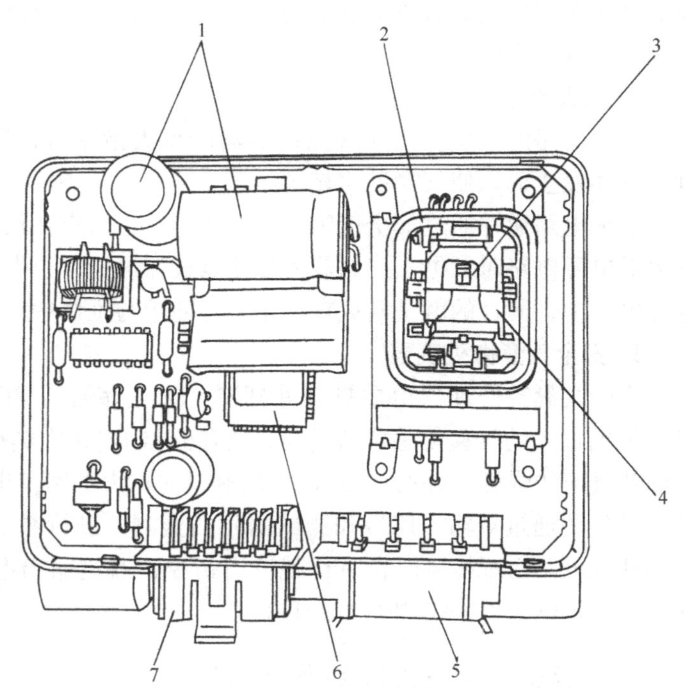

图　4-123　SRS控制器盒的内部结构

1—备用电源　2—安全传感器总成　3—传感器触点　4—传感器平衡块　5—四端子连接器　6—SRS微处理器模块　7—SRS控制器插接器

1. 备用电源

SRS控制器主电源是发电机和蓄电池，在汽车发生严重碰撞时，会出现汽车电源严重损坏而不能供电的情况。备用电源的作用就是在汽车发生严重碰撞而电源电路出现严重损毁时，向安全气囊系统提供正常工作所需的电能，以确保安全气囊能正常发挥安全保护作用。

安全气囊系统的备用电源通常是一个容量较大的储能电容器，有的直接安装在控制器盒中，有的汽车安全气囊系统则是将备用电源安装在SRS控制器盒外的某个安全之处。

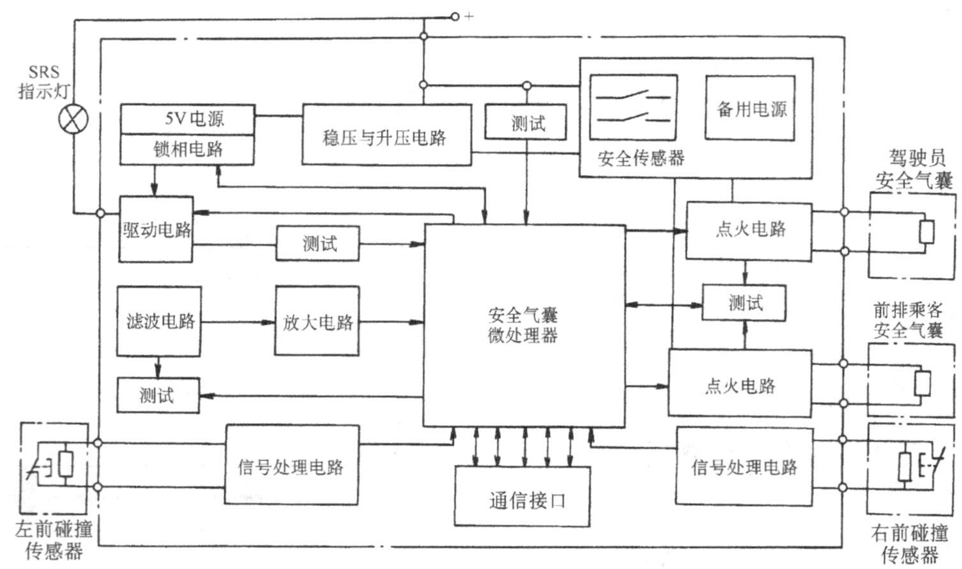

图 4-124　SRS 控制器功能电路框图

在汽车正常运行时，发电机通过充电电路给电容器充电，使电容器始终储存有充足的电量。当汽车因碰撞而造成供电线路断路时，电容器所存储的电能可及时释放出来，足以引爆药剂，使气囊膨胀充气。

2. 点火电路

点火电路的作用是在 SRS 控制器输出点火指令时，迅速使气囊点火器通电，引爆点火剂和气体发生剂，使气囊迅速充气。

点火电路通常通过安全传感器与电源连接，只有在汽车发生了碰撞，安全传感器接通了点火器电源电路时，电子控制器才能使点火器通电，引爆气囊。将安全传感器串联在点火器电源电路中，其目的就是避免在汽车正常使用与维修中产生误点火而使气囊误爆。

3. 安全气囊微处理器

安全气囊微处理器由中央微处理器 CPU、存储器 ROM/RAM、输入/输出接口等组成。CPU 根据输入的气囊传感器信号及只读存储器 ROM 中储存的标准参数判断汽车是否发生了碰撞及碰撞的强度，并通过输入/输出接口向点火电路发出点火指令。

CPU 还通过对输入信号和测试信号的监测，进行系统的自检。当安全气囊电子控制系统部件或电路出现故障时，CPU 就输出指令，通过输出电路使 SRS 警告灯亮起，并在随机存储器（RAM）中储存相应的故障码。

五、典型安全气囊控制系统电路

不同车型的安全气囊系统电路也会有所不同，典型的安全气囊控制系统基本组成与布置实例如图 4-125 所示。

1. 丰田雷克萨斯 LS400 轿车安全气囊系统电路的特点

（1）安全气囊传感器

丰田雷克萨斯 LS400 轿车安全气囊系统共有 5 个传感器，两个前安全气囊传感器采用机

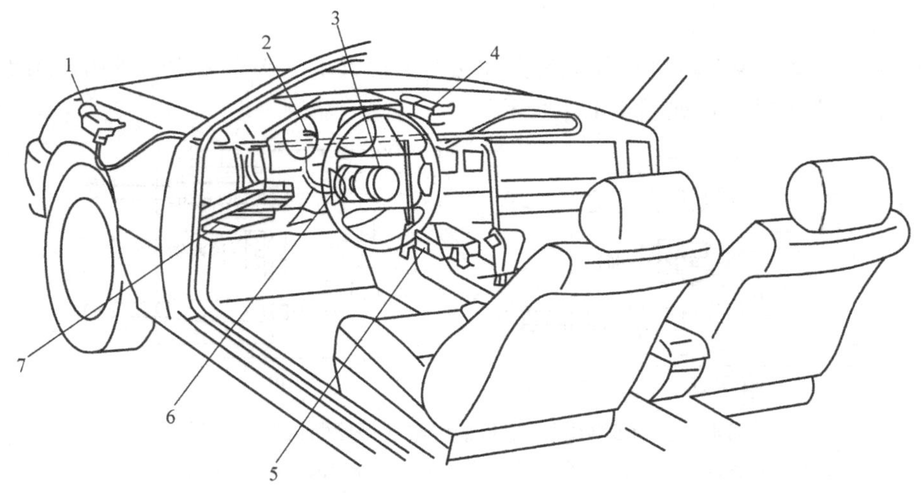

图 4-125　丰田雷克萨斯 LS400 轿车安全气囊系统

1—前安全气囊传感器（LH）　2—安全气囊警告灯　3—转向盘衬垫（安全气囊）　4—前安全气囊传感器（RH）　5—安全气囊控制器（SRS ECU）　6—螺旋电缆盘　7—1 号接线盒

电式碰撞传感器，分别安装在汽车前部两边前翼子板的内侧；一个中央安全气囊传感器为电子式碰撞传感器，两个安全传感器为水银式碰撞传感器，均安装在安全气囊控制器盒中。

（2）防止气囊误爆机构

LS400 轿车安全气囊在连接点火器的插接器上设有防止气囊误爆机构，其结构与原理如图 4-126 所示。该机构用于在插接器拔开时将点火器侧的两端子短路，以防止静电或误通电而使点火器点燃点火剂，造成气囊误爆。

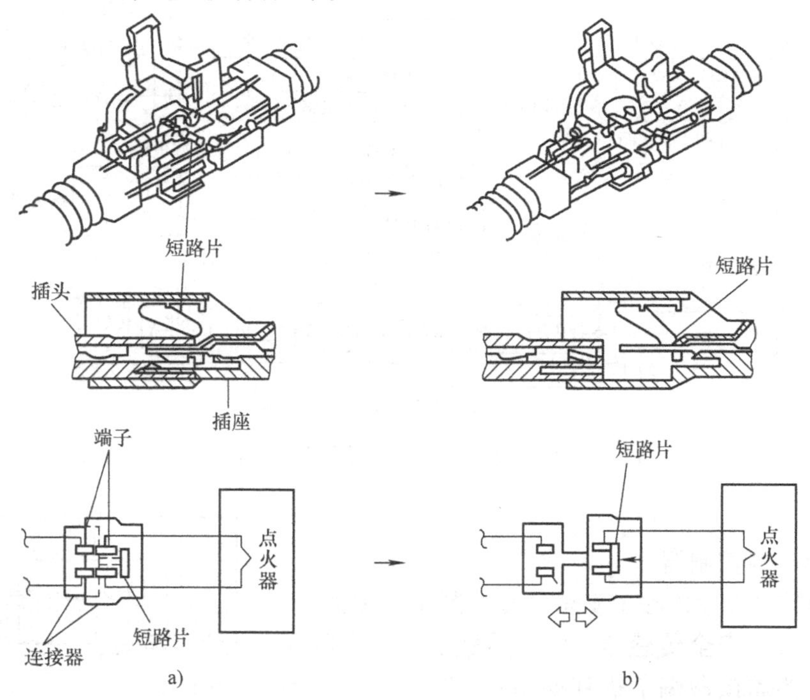

图 4-126　LS 400 轿车插接器防止气囊误爆机构的原理

a）插接器连接，短路片脱开　b）插接器拔开，短路片连接

（3）电路连接诊断机构

LS400 轿车安全气囊系统的前安全气囊插接器上设置了电路连接诊断机构，用于诊断插接器连接是否可靠，其原理如图 4-127 所示。

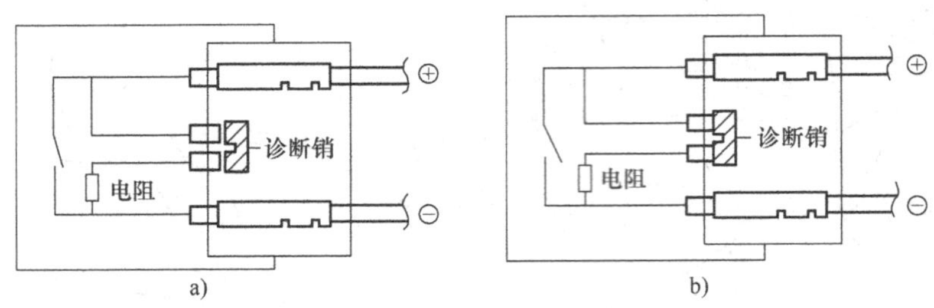

图 4-127　LS400 轿车插接器电路连接诊断机构的原理

a）插接器连接不可靠，诊断端子断开　b）插接器连接可靠，诊断端子连接

当插接器连接可靠时，插接器处的诊断销将插座上带有弹簧片的诊断端子短接（图 4-127b），安全气囊控制器在进行自检时，可监测到串接在诊断端子处的电阻，就可诊断为插接器连接良好。

当插接器连接不可靠时，插接器处的诊断销未将插座上的诊断端子短接（图 4-127a），安全气囊控制器监测到的电阻值为无穷大，即可诊断为插接器连接不良，通过控制 SRS 警告灯闪亮报警并储存相应的故障码。

2. 丰田雷克萨斯 LS400 轿车安全气囊系统电路分析

丰田雷克萨斯 LS400 轿车单气囊系统控制电路如图 4-128 所示。

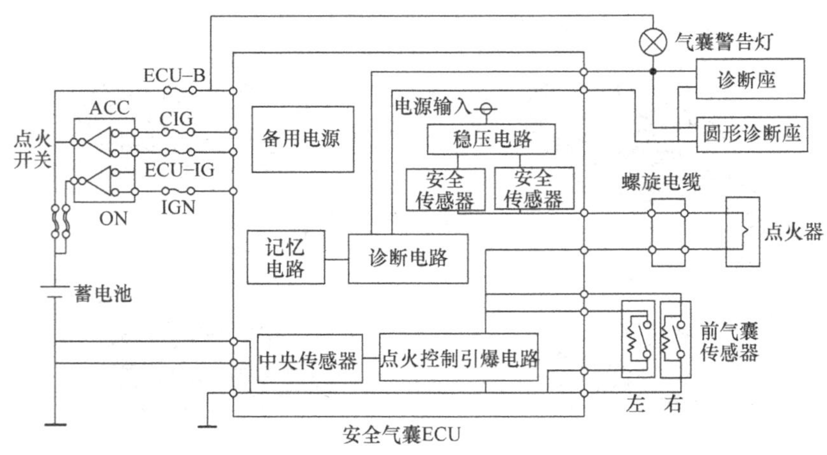

图 4-128　丰田雷克萨斯 LS400 轿车安全气囊系统电路

（1）安全气囊控制器

安全气囊控制器盒内除了安全气囊控制微处理器外，还装有备用电源、安全传感器、中央传感器、点火驱动电路等。控制器插接器端子排列如图 4-129 所示，各端子的连接说明如表 4-9 所示。

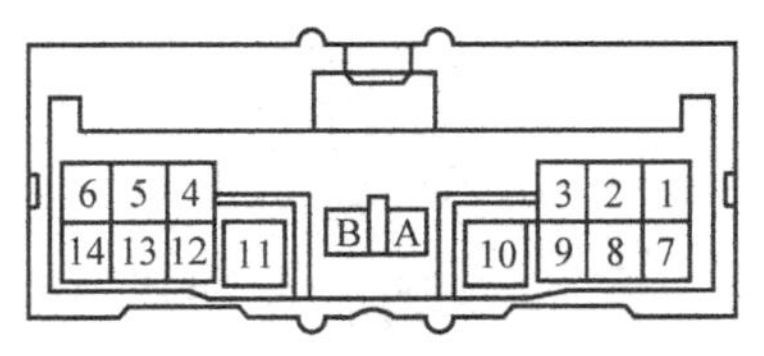

图 4-129　雷克萨斯 LS400 轿车安全气囊控制器端子排列

表 4-9　雷克萨斯 LS400 轿车单气囊系统控制装置插接器端子连接说明

端子号	端子代号	连接部件	功能说明
1	IG1	电源（ECU—IG 熔断器）	ECU 电源，点火开关 ON 时接入
2	- SR	右前（RH）安全气囊传感器 -	汽车碰撞信号输入
3	+ SR	右前（RH）安全气囊传感器 +	
4	- SL	左前（LH）安全气囊传感器 -	汽车碰撞信号输入
5	+ SL	左前（LH）安全气囊传感器 +	
6	+ B	蓄电池（ECU—B 熔断器）	ECU 常接电源
7	IG2	电源（IGN 熔断器）	ECU 电源，点火开关 ACC 时接入
8	E2	搭铁	ECU 搭铁
9	LA	安全气囊（SRS）警告灯	SRS 警告灯控制端子
10	D -	气囊组件点火器 -	气囊爆开控制端子 -
11	D +	气囊组件点火器 +	气囊爆开控制端子 +
12	TC	TDCL 和检查连接器	安全气囊（SRS）诊断触发端子
13	E1	搭铁	ECU 搭铁
14	ACC	电源（CIG 熔断器）	ECU 电源，点火开关 ACC 时接入
—	A	电路连接诊断机构	
—	B	电路连接诊断机构	

（2）安全气囊控制器电源电路

安全气囊控制器除了从 B 端子与蓄电池连接的直接电源外，通过点火开关控制的电源电路如图 4-130 所示。

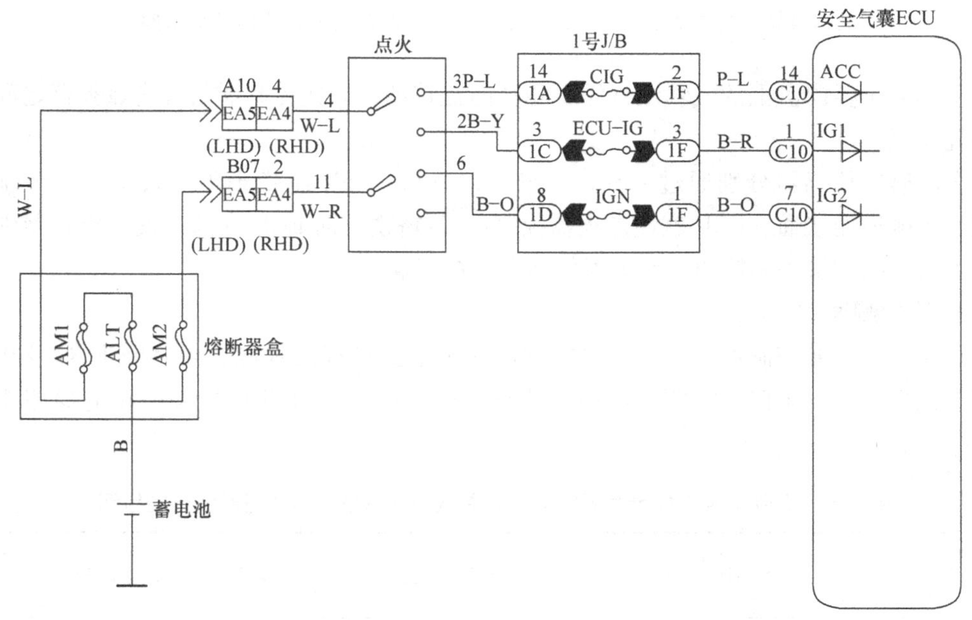

图 4-130　雷克萨斯 LS400 轿车安全气囊控制器电源电路

在气囊控制器的 ACC、IG1、IG2 端子与点火开关之间，分别串连了代号为 CIG、ECU-IG 和 IGN 的熔断器，起电路过载和电路短路保护作用。

当点火开关关闭时，气囊控制器的 ACC、IG1、IG2 端子均不通电，点火开关拨至 ON 位时，ACC、IG1、IG2 端子则均为蓄电池电压。

（3）安全气囊点火器与碰撞传感器电路

丰田雷克萨斯 LS400 轿车安全气囊的点火器电路与两个前碰撞传感器电路如图 4-131 所示。

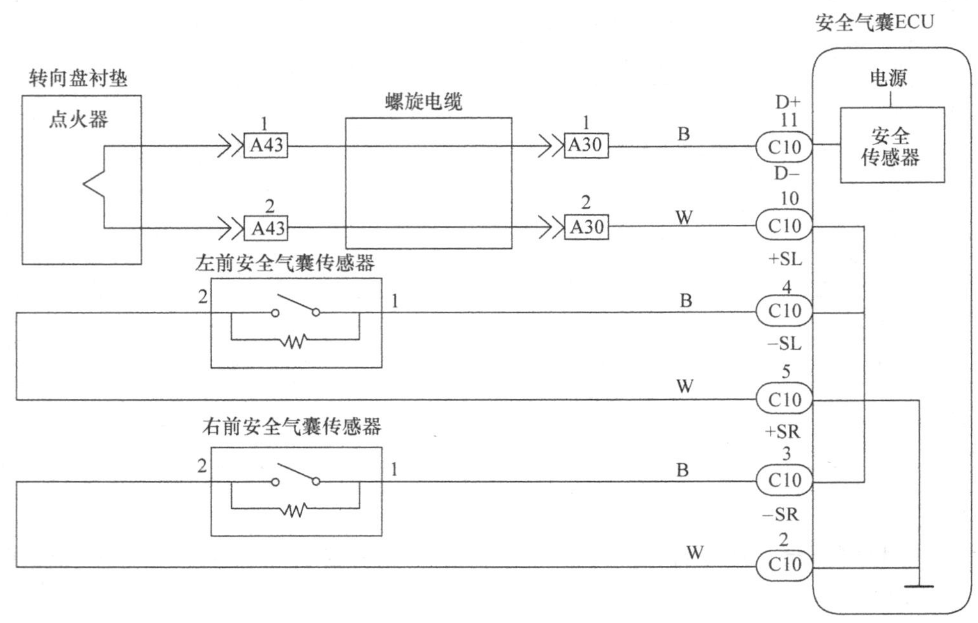

图 4-131 雷克萨斯 LS400 轿车安全气囊点火器与前碰撞传感器电路

由于安装于转向盘上的气囊组件需要随转向盘转动，因此控制器与气囊点火器之间通过螺旋电缆连接。

两个前碰撞传感器分别通过 + SL、 - SL 和 + SR、 - SR 连接 ECU，只要有一个碰撞传感器因汽车碰撞而接通，ECU 就使点火器控制端 D- 搭铁，而 ECU 内部的安全传感器则将电源与点火器的控制端 D + 接通，点火器便通电引爆气囊。

3. 电路检测要点

通过对安全气囊控制器有关端子对搭铁电压和通路情况的检测，可判断 ECU 及相关电路与部件正常与否。丰田雷克萨斯 LS400 轿车安全气囊（单气囊）控制电路的检测要点如表 4-10 所示。

表 4-10 LS400 轿车安全气囊控制器有关端子对搭铁电压和通断情况的检测

检测端子（端子号）	检测状态	正常情况	检测异常可能的故障部位
IG1（1）	点火开关 ON	蓄电池电压	● ECU-IG 熔断器 ● SRS ECU 与点火开关之间的电源线路
	点火开关 OFF	约 0V	

（续）

检测端子（端子号）	检测状态	正常情况	检测异常可能的故障部位
-SR（2）	点火开关 OFF	通路	● SRS ECU 搭铁线路 ● SRS ECU
-SR—+SR（2—3）	点火开关 OFF	755～885Ω	● 前右碰撞传感器及插接器 ● 前右碰撞传感器连接线路
-SL—+SL（5—4）	点火开关 OFF	755～885Ω	● 前左碰撞传感器及插接器 ● 前左碰撞传感器连接线路
-SL	点火开关 OFF	通路	● SRS ECU 搭铁线路 ● SRS ECU
B（6）	——	蓄电池电压	● ECU—B 熔断器 ● SRS ECU 与蓄电池之间的线路
IG2（7）	点火开关 ON	蓄电池电压	● IGN 熔断器 ● SRS ECU 与点火开关之间的电源线路
	点火开关 OFF	约 0V	
E2（8）	——	约 0V	SRS ECU 搭铁线路
LA（9）	SRS 警告灯亮	约 0V	● SRS 警告灯及连接线路 ● SRS ECU
	SRS 警告灯熄灭	蓄电池电压	
TC（12）	点火开关 ON	蓄电池电压	● 检查连接器 ● 检查连接器与 SRS ECU 之间的线路 ● SRS ECU
	点火开关 ON，检查连接器 TC、E1 短接	约 0V	
E1（13）	点火开关 OFF	通路	SRS ECU 搭铁线路
ACC（14）	点火开关 ON	蓄电池电压	● CIG 熔断器 ● SRS ECU 与点火开关之间的电源线路
	点火开关 OFF	约 0V	

第五章

典型车系汽车电路图特点分析与识图要点

各大汽车公司提供的汽车维修资料中，他们的汽车电路图都有各自习惯的表达方法。要看懂这些汽车维修资料，就必须充分了解其电路图的特点和电路符号的含义。本章介绍典型车系及几种知名品牌的汽车电路图的特点及电路符号的含义，以方便读者识图。有些车系的电路图特点与所介绍的典型车系完全相同或相近，读者稍加注意，阅读这些车系的电路图就不会感到困难。

第一节　大众车系汽车电路图

德国大众系列汽车在我国保有量较大，无论是一汽大众生产的系列轿车，还是上汽的桑塔纳、帕萨特、Polo 等车型，这些汽车的中文维修资料中，电路图都沿用了德国大众公司的汽车电路图绘图标准。

大众车系汽车电路图中的电路符号及含义如图 5-1 所示。这些电路符号的画法及所表示的含义有的和我国所用的电路图符号相同或相似，有的则是一种独特的表示方法，需要注意辨别和熟记，以方便识读该车系汽车电路图。

一、大众车系汽车电路图特点分析

大众车系汽车电路图的表示方法示例如图 5-2 所示。

从图 5-2 可知，大众车系汽车电路图通常以线路连接图的形式表示，对于线路故障查寻比较方便，但分析电路原理相对要困难一些。

通过分析大众车系汽车电路图，总结该车系汽车电路图特点如下：

1. 用不同的线条表示不同的连接

电路图的连接导线用粗实线表示，并都标明导线的颜色和截面积，内部连接（非导线连接）用细实线表示。

2. 用符号和代号表示电气元件

电路图中的电气元件都是用规定的符号画出，并用字母或字母加数字组成的代号来表示，例如：N31 表示第二缸喷油器，S5 表示燃油泵熔断器。

3. 采用断线代号以减少电路图中交叉线

为避免电路图中有太多的线路交叉而影响识图，将一条交叉较多的线路中间断开，断点用小线框中的连接端编号标注，以标明导线的连接点，例如：图 5-2 中的[61]、[66]、[84]等，

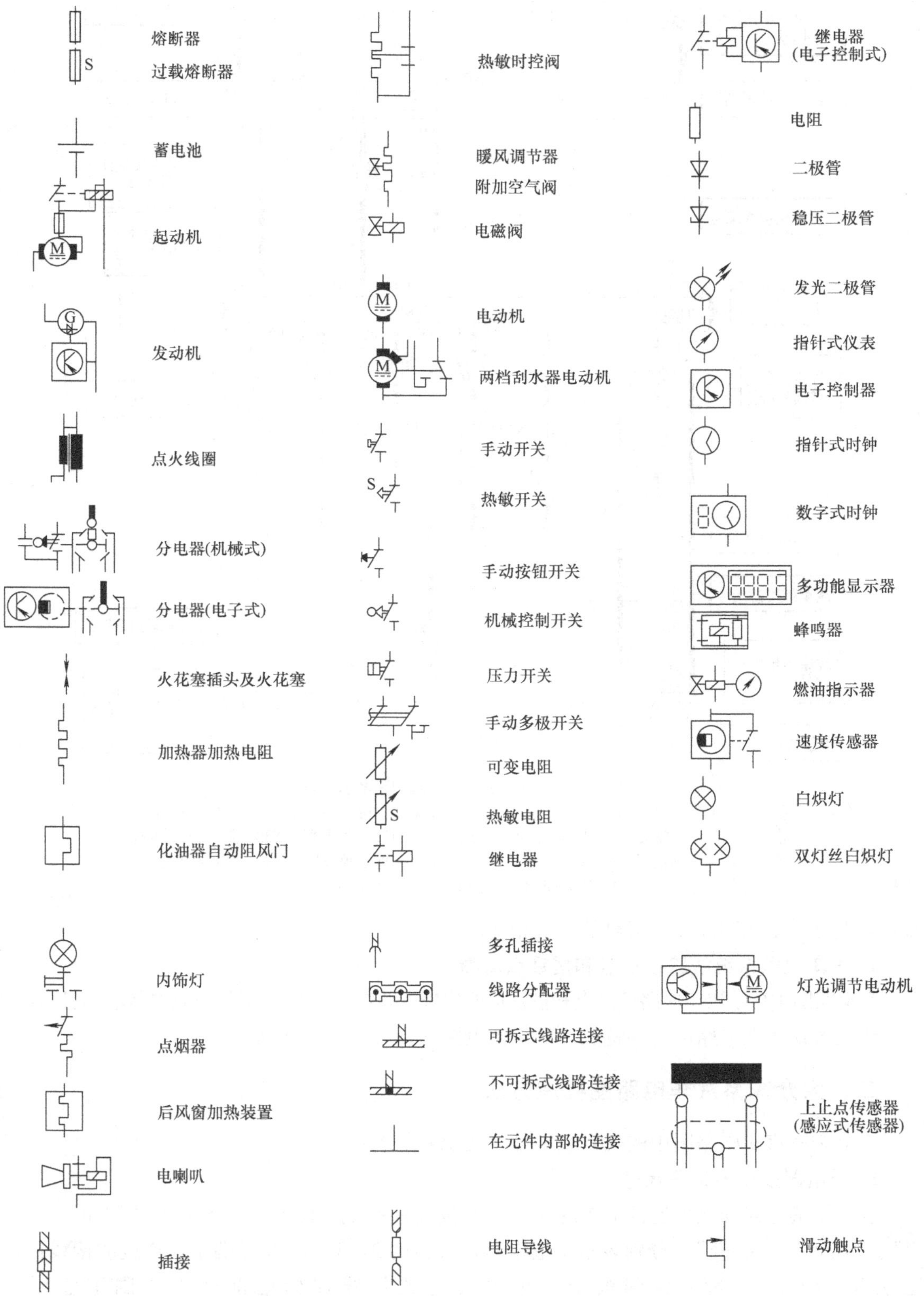

熔断器
过载熔断器
蓄电池
起动机
发动机
点火线圈
分电器(机械式)
分电器(电子式)
火花塞插头及火花塞
加热器加热电阻
化油器自动阻风门
内饰灯
点烟器
后风窗加热装置
电喇叭
插接

热敏时控阀
暖风调节器
附加空气阀
电磁阀
电动机
两档刮水器电动机
手动开关
热敏开关
手动按钮开关
机械控制开关
压力开关
手动多极开关
可变电阻
热敏电阻
继电器
多孔插接
线路分配器
可拆式线路连接
不可拆式线路连接
在元件内部的连接
电阻导线

继电器
(电子控制式)
电阻
二极管
稳压二极管
发光二极管
指针式仪表
电子控制器
指针式时钟
数字式时钟
多功能显示器
蜂鸣器
燃油指示器
速度传感器
白炽灯
双灯丝白炽灯
灯光调节电动机
上止点传感器
(感应式传感器)
滑动触点

图 5-1　大众车系汽车电路图符号

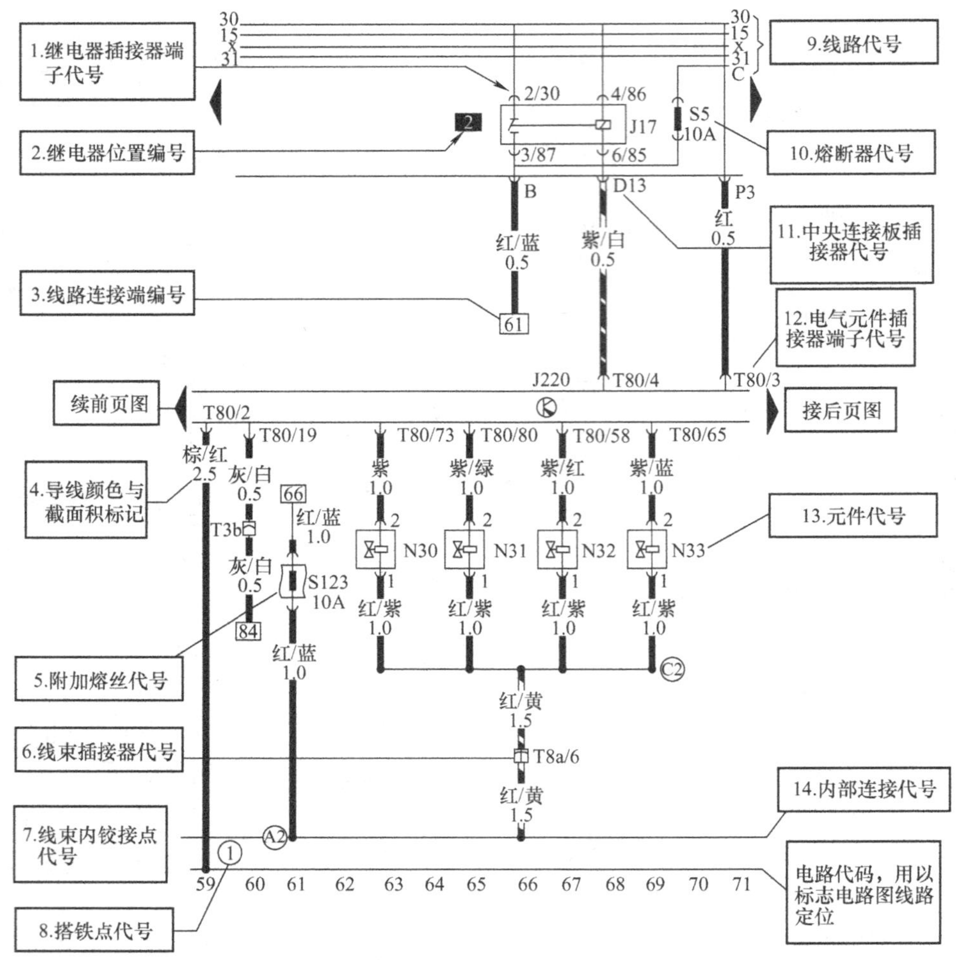

图 5-2　大众车系汽车电路图表示方法

①—搭铁点　在发动机 ECU 旁的车身处　A2—正极接线　在发动机线束内　T8a—发动机线束与发动机右线束插接器　C2—在发动机右线束内　S123—熔断器　N30—第一缸喷油器　N31—第二缸喷油器　N32—第三缸喷油器　N33—第四缸喷油器　J17—燃油泵继电器　J220—Motronic 发动机 ECU　S5—燃油泵熔断器

与它处电路图中相同连接端编号的导线相连。

4. 汽车电气系统线路铰接点和搭铁点清晰

在电路图中标示出了线路铰接点和搭铁点的代号，并在图注中说明铰接点和搭铁点的位置。

清楚大众车系电路的这些特点，对识读电路图会有较大的帮助。

二、大众车系汽车电路图标注方法

大众车系汽车电路图中的代号和编号含义说明如下：

1. 继电器插接器端子代号

表示了继电器插接器连接端子的端子号及接线柱标记。比如：图 5-2 中“2/30”、“3/87”、“4/86”、“6/85”，分别表示了继电器插接器的 2、3、4、6 号端子，连接的接线柱标记为 30、87、86、85。德国大众各电气元件的接线柱标记都列入德国工业标准（DIN72552），德国汽车电路图上的接点标记如表 5-1 所示。

表 5-1　德国汽车电路图上线路接点标记与导线颜色

起点	接点标记	导线颜色	终点	接点标记	说明
点火线圈	1	绿	分电器	1	低压电
短路保护开关	2		磁电机	2	磁电机点火
点火线圈	4	黑	分电器	4	高压电
起动开关	15	黑	点火线圈 熔断器 固定的负载	—	接入蓄电池后的正极
			预热起动开关		
点火线圈串联电阻输出端	15a	黑	高压电容点火装置的输入端，晶体管点火装置控制器	15	
起动机	16		点火线圈		起动时接通串接电阻
预热起动开关	17	黑	预热塞控制器	—	起动
	19				预热
蓄电池 +	30	黑	起动机 灯光开关 起动开关	—	接点 30 直接连接蓄电池正极
灯光开关		红	熔断器		
			起动开关	30	
蓄电池 -		黑	车身（搭铁）		导线
		—			搭铁金属片
分电器	31	棕			通过搭铁回线直接连接蓄电池负极
	31b				搭铁回线经过开关或继电器
电动机	32				回线
	33				干线接线
	33a				限位开关
	33b				并励磁场
	33f				
	33g 33h				不同的转速
	33L				左转向
	33R				右转向
转向信号闪光继电器输入端	49	蓝	起动开关	15	电源正极
转向信号闪光继电器输出端	49a	黑/白/绿	转向信号开关	49a	脉冲电流
	C		转向信号指示灯		
	C2		第二个转向信号指示灯		挂车

（续）

起点	接点标记	导线颜色	终点	接点标记	说明
转向信号开关	L	黑/白	左转向灯		
	R	黑/绿	右转向灯		
起动开关	50	黑/红	起动机		直接控制起动机
刮水器开关	53	黑/浅紫	永磁电动机	53	刮水器动作 +
	53a	黑/浅紫		53a	限位开关
	53b	棕（黄）	并励式电动机	53b	
刮水器洗涤开关	53c		风窗玻璃洗涤器		电动
刮水器开关	53e	蓝	刮水器电动机		制动绕组
	53i				最高转速
制动灯开关	54	黑/黄	制动灯		
防雾大灯	55		继电器	88a	
灯光开关	56	白/黑	前照灯变光开关	56	前照灯灯光
前照灯变光开关熔断器	56a	白	熔断器	56a	前照灯远光
		浅蓝/白	前照灯（远光指示）		
前照灯变光开关熔断器	56b		熔断器	56b	前照灯近光
		黄	前照灯		
前照灯闪光继电器触点	56d				
灯光开关	57a		停车灯开关	83	
左停车灯	57L		停车灯开关	83L	
右停车灯	57R			83R	
灯光开关	58	灰	熔断器	58	
熔断器	—	灰/黑	侧灯、尾灯和示廓灯（左）	58L	
	—	灰/红	侧灯、尾灯和示廓灯（右）	58R	
三相交流发电机	61	浅蓝	充电指示		
	B +		蓄电池正极	+	
	B –		蓄电池负极	–	
具有分置整流器的三相交流发电机	J		整流器	J	励磁绕组正极
	K			K	励磁绕组负极
	Mp			Mp	中性点接头
	U V W			U V W	三相接头
油压开关		浅蓝/绿	油压指示灯		
燃油传感器		浅蓝/黑	油量指示灯		

（续）

起点	接点标记	导线颜色	终点	接点标记	说明
熔断器		黑/红	制动灯		
		红	钟表、收音机、内部照明		
继电器线圈	85	负极			绕组输出
	86				绕组输入
继电器触点	87				常闭触点输入
	87a				常闭触点输出
	88				常开触点输入
	88a				常开触点输出

2. 继电器的位置编号

用方框黑底白字的数字表示该继电器在继电器盒中的位置，比如：图 5-2 中“2”表示该继电器在继电器盒中的 2 号位置。该继电器的名称和作用，可通过元件代号了解到。

3. 线路连接编号

电路图线路从该处中断，方框中的数字表示该断开点接续的导线。接续的导线可能在本页图中，也可能在另页图中。

4. 导线颜色与截面积标记

导线的颜色通常用代码标记，各代码的含义为：ws 白色；sw 黑色；ro 红色；br 棕色；gn 绿色；bl 蓝色；gr 灰色；ge 黄色；li 紫色。

一些大众汽车的图书资料中，电路图导线的颜色直接用汉字标记。双色线的两种颜色用“/”分隔。比如：“棕/红”，表示导线的底色是棕色，条纹为红色。

颜色标记上方或下方的数字表示导线的标称截面积，单位为 mm^2。

5. 附加熔断器代号

图 5-2 中的附加熔断器代号“S123”是表示在中央线路板上的第 123 号 10A 熔断器。

6. 线束插接器代号

表示了连接的两线束、插接器的端子数和连接的端子号，可从图注或元件说明表中查到该代号所代表的插接器所连接的线束。比如：图 5-2 中的“T8a/6”，T8a 是连接发动机线束和发动机右线束的线束插接器，该连接线路为 8 端子插接器的 6 号端子。

7. 线束内铰接点代号

表示了线路在此处有一个铰接点，铰接点所在的线束可从图注中查得，比如：图 5-2 中的“A2”表示是正极接线，在发动机线束内。

8. 搭铁点代号

表示该搭铁点的位置，可以从图注或说明表中查得搭铁点在车身上的具体位置。比如：图 5-2 中的“①”表示了搭铁点在发动机 ECU 旁的车身上。

9. 线路代号

表示特定的线路，比如："30"表示直接来自蓄电池正极的电源线；"15"表示点火开关在点火或起动位置时通电的小容量电源线；"X"表示点火开关在点火或起动位置时的大容量电源线；"31"表示搭铁线；图5-2中的"C"则表示是中央线路板中的内部线。

10. 熔断器代号

表示熔断器的作用、位置及额定电流等。图5-2中"S5"表示是燃油泵电路的熔断器，在熔断器盒的5号位置；10A则表示该熔断器的额定电流为10A。

11. 中央接线板插接器代号

表示中央接线板的多端子或单端子插接器、端子号和导线的位置。比如：图5-2中的"D13"表示该导线由D插接器的13号端子连接。

12. 电气元件插接器代号

表示电气元件插接器的端子数、连接的端子号等。比如：图5-2中的"T80/3"表示该元件连接线束的插接器有80个端子，该导线连接的是3号端子。

13. 电气元件代号

大众车系汽车电路图中的元件均用字母和数字组成的代号表示，并通过图注或列表说明各元件代号所代表的电气元件。图5-2中各元件代号的含义见其图注。

14. 内部连接代号

表示该导线与其他页电路图中标注相同字母的内部连接是相连的。

第二节　奔驰汽车电路图

德国奔驰汽车在国内也具有一定的保有量，其维修资料中的汽车电路图有其自身的特点。奔驰汽车电路符号许多与大众车系相同或相似，如图5-3所示，请注意比较区别。

一、奔驰汽车电路图的特点分析

奔驰汽车电路图实例如图5-4所示。

从奔驰汽车电路图实例可知，其电路图具有如下特点：

1. 电路图采用纵横坐标

电路图四边采用纵横坐标，可方便地确定电器在电路图中的位置，其中横坐标用数字，纵坐标采用字母。

2. 电气元件采用代码加文字的标注方式

电路图中的电气元件符号采用代码和文字标注，代码前部的字母表示电气元件的种类，各字母表示的电气元件如表5-2所示。代码后面的数字代表编号，一般电气元件代码下面用文字注明电气元件的名称；插接器、搭铁仅有代码，不用文字注明。

3. 用曲线和波浪线表示部分电气元件

在电路图中用曲线表示是部分插接器，用波浪线（虚线）表示是电气元件的一部分。

	手动开关
	手动按键开关
	自动开关
	压簧自动开关
P	压力开关
θ 或 θ	温度开关
或	常开触点
或	常闭触点
+ −	蓄电池
G	发电机
M	起动机
M	直流电动机

8	熔断器
1.8Ω	电阻
	二极管
	电子器件
	电磁阀
	电磁线圈
	点火线圈
	火花塞
	指示仪表
	加热器加热电阻
	电位计
θ	可变电阻
	平插头
	圆插头
	螺钉连接
	焊接点
	插接板

图 5-3　奔驰汽车电路图符号

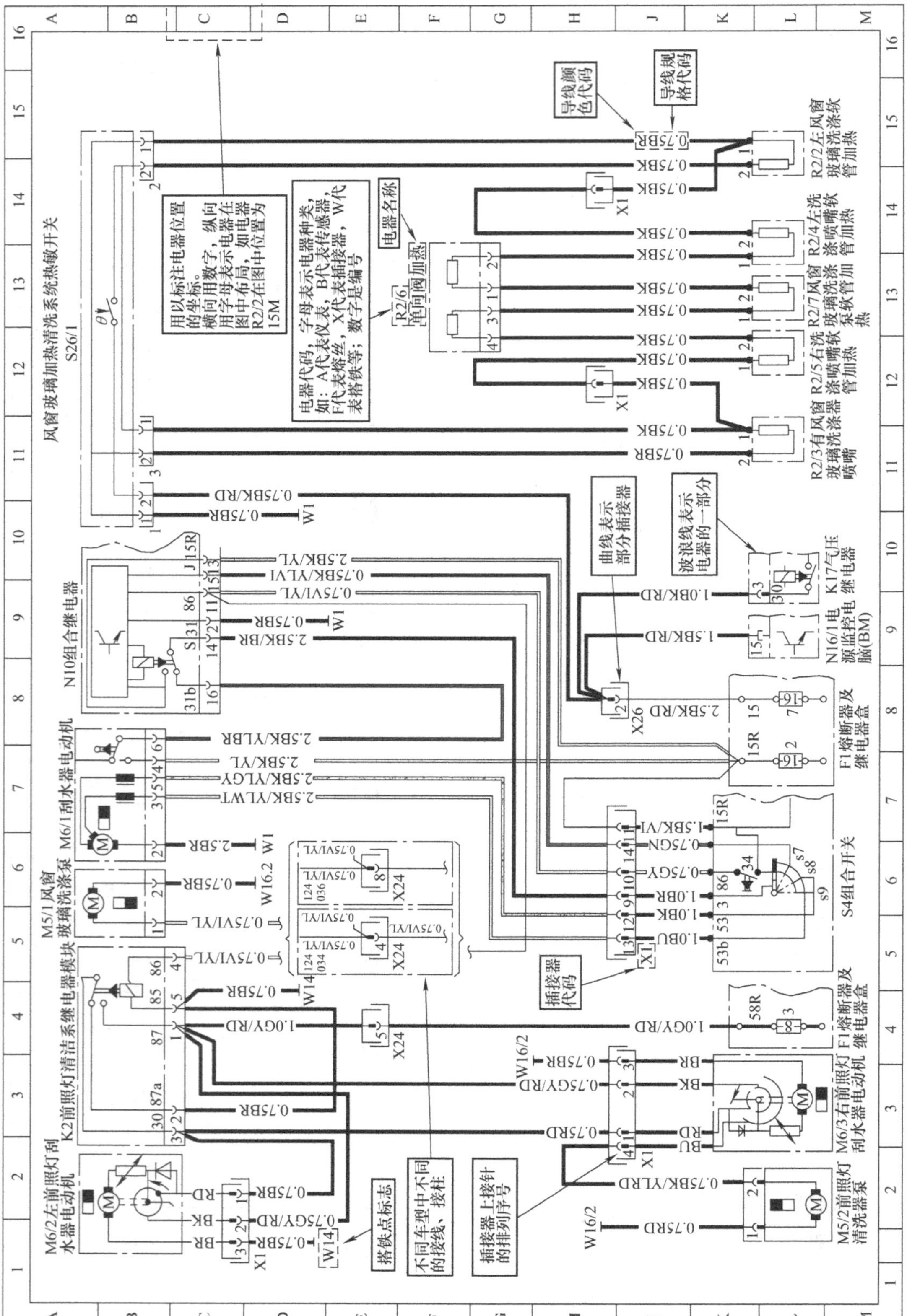
风窗玻璃加热清洗系统热敏开关 S26/1
用以标注电器位置的坐标。横向用数字，纵向用字母表示电器在图中布局，如电器R2/2在图中位置为15M
电器代码，字母表示电器种类，如：A代表仪表，B代表传感器，F代表熔丝，X代表插接器，W代表搭铁等；数字是编号
电器名称
导线颜色代码
导线规格代码
N10组合继电器
M6/1刮水器电动机
M5/1风窗玻璃洗涤泵
K2前照灯清洁系统继电器模块
M6/2左前照灯刮水器电动机
搭铁点标志
不同车型中不同的接线、接柱
插接器上接针的排列序号
插接器代码
曲线表示部分插接器
波浪线表示电器的一部分
S4组合开关
F1熔断器及继电器盒
M6/3右前照灯刮水器电动机
M5/2前照灯清洗器泵
K17气压继电器
N16/1电源监控电脑(BM)
R2/2左风窗玻璃洗涤软管加热
R2/4左洗涤喷嘴软管加热
R2/7风窗玻璃洗涤泵软管加热
R2/5右洗涤喷嘴软管加热

图 5-4 奔驰汽车电路图的表示方法

表 5-2　奔驰汽车电路图各电气元件代码

代码	表示的电气元件种类	代码	表示的电气元件种类	代码	表示的电气元件种类
A	仪表	H	电喇叭、扬声器	S	开关
B	传感器	K	断电器	T	点火线圈
C	电容	L	转速、速度传感器	W	搭铁点
E	灯	M	电动机	X	插接器
F	熔断器盒	N	电控单元	Y	电磁阀
G	蓄电池、发电机	R	电阻、火花塞	Z	连接套

二、奔驰汽车电路图的标注方法

1. 插接器端子的标注

插接器用字母“X”及后面的数字组成的代码表示，而在各端子旁用数字标示该端子在插接器的排列序号。

2. 导线颜色与截面积标记

导线的颜色早期大都采用两位大写英文缩写代码标记（表 5-3），而近些年来，则采用了小写的德文缩写作为导线颜色代码。导线颜色代码分别为 ws 白色；sw 黑色；ro 红色；br 棕色；gn 绿色；bl 蓝色；gr 灰色；ge 黄色；li 紫色。

表 5-3　奔驰汽车电路图导线早期颜色代码

颜色代码	表示的导线颜色	颜色代码	表示的导线颜色	颜色代码	表示的导线颜色
BK（bk）	黑色	GN（gn）	绿色	WT（wt）	白色
BR（br）	棕色	BU（bu）	蓝色	PK（pk）	粉红色
BD（rd）	红色	VI（vi）	紫色		
YL（yl）	黄色	GR（gr）	灰色		

对于双色线或三色线，则用“VI/YL”和“BK/YL RD”表示。导线的截面积则在导线颜色代码前用数字表示，如 1.25BD/YL，表示导线标称截面积为 1.25mm^2，导线颜色为红/黄色。

3. 搭铁点代号

在线端画一小横线，表示该处搭铁，并标注搭铁点代号。搭铁点代号由字母“W”和字母后面的数字编号组成。

4. 电气元件代号

奔驰汽车电路图中各电气元件用字母和数字组成的代号表示，并用文字说明各元件的名称。

第三节　宝马汽车电路图

宝马汽车电路图符号与奔驰汽车电路符号有很多相同或相似，但电路图表示方式却不同。宝马汽车电路符号如图 5-5 所示。

	蓄电池
	表示部件全部
	表示部件的一部分
	表示导线连接器用螺丝固定在部件上
	表示部件外壳搭铁
	表示导线连接器在部件上
1 2 1 2	多档开关—表示开关沿虚线摆动，而细虚线表示开关之间的连动关系
1 2	开关
	电磁阀
	线圈
	熔断器
	电阻
	可变电阻
	二极管
	发光二极管
	灯泡
	爆燃传感器
	电子控制器
	半导体
M	电动机
30 86 87 85	继电器
30 86 87 85	带保护电阻的继电器
自动变速器 手动变速器 2.5 BK YL 2.5BK	括号表示了车上可供选择项目在线路上的区分
.75GN/WS	表示绿色底/白色条导线(2个以上颜色的导线)
① .5BR ②4 X270 ③ .5BR	①表示导线 ②表示插接器接头孔代码 ③表示插接器代码
.5BR .5BR 3 4 X270 .5BR .5BR	同一插接器标注，用虚线表示“3”、“4”插脚均属于X270连接插头

图 5-5　宝马汽车电路图符号

一、宝马汽车电路图的特点分析

宝马汽车电路图表示方法如图 5-6 所示。

相比于大众车系和奔驰汽车电路图，宝马汽车电路图具有如下特点。

1. 电路图中的电气元件采用文字标注

电路图中的各电气元件用文字标注，并用虚线表示线框内所表示的是电气元件的一部分，电路图识读更方便。

2. 电路图中线路的断点采用文字标注

电路图中线路的断点直接用文字表明导线通往何处，或源自何处，也给电路图阅读提供了方便。

3. 铰接点及搭铁处标注清晰

导线铰接点及线路搭铁处分别用字母“S”及“G”加相应的数字编号所组成的代码表示，标示较为清晰。

二、宝马汽车电路图的标注方法

1. 熔断器的标注

熔断器直接用文字标注，文字后数字表示该熔断器在熔断器/继电器盒中的排列序号，用虚线框表示只是熔断器/继电器盒的一部分。

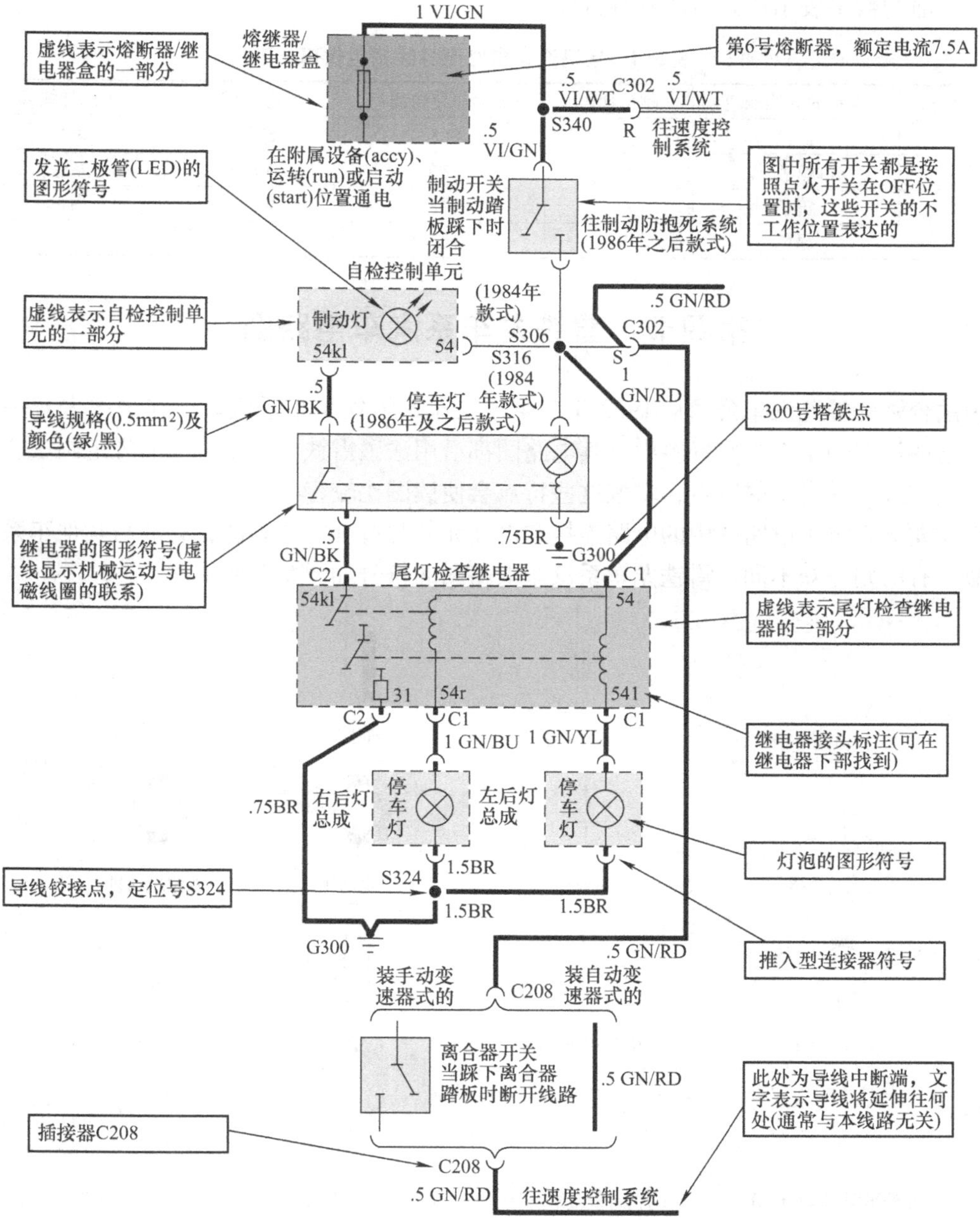

1 VI/GN
虚线表示熔断器/继电器盒的一部分
熔继器/继电器盒
第6号熔断器，额定电流7.5A
.5 VI/WT
C302
.5 VI/WT
S340
R
往速度控制系统
.5 VI/GN
在附属设备(accy)、运转(run)或启动(start)位置通电
发光二极管(LED)的图形符号
制动开关当制动踏板踩下时闭合
往制动防抱死系统(1986年之后款式)
图中所有开关都是按照点火开关在OFF位置时，这些开关的不工作位置表达的
自检控制单元
虚线表示自检控制单元的一部分
制动灯
(1984年款式)
.5 GN/RD
C302
54kl
54
S306
S316
S
1
GN/RD
(1984年款式)
停车灯
(1986年及之后款式)
.5
GN/BK
导线规格(0.5mm²)及颜色(绿/黑)
300号搭铁点
继电器的图形符号(虚线显示机械运动与电磁线圈的联系)
.5
GN/BK
.75BR
G300
C2
尾灯检查继电器
C1
54kl
54
虚线表示尾灯检查继电器的一部分
31
54r
541
C2
C1
C1
1 GN/BU
1 GN/YL
继电器接头标注(可在继电器下部找到)
.75BR
右后灯总成
停车灯
左后灯总成
停车灯
灯泡的图形符号
1.5BR
S324
导线铰接点，定位号S324
1.5BR
1.5BR
G300
推入型连接器符号
.5 GN/RD
装手动变速器式的
C208
装自动变速器式的
离合器开关当踩下离合器踏板时断开线路
.5 GN/RD
此处为导线中断端，文字表示导线将延伸往何处(通常与本线路无关)
插接器C208
C208
.5 GN/RD
往速度控制系统

图5-6　宝马汽车电路图的表示方法

2. 开关状态说明

电路图中的开关均为不工作时的状态，用文字说明开关动作的条件及动作以后的状态。

3. 插接器的标示

无论是电气元件与线路插接器，还是线间插接器，用“C”加数字作插接器的代码，标示在各插接器的端子处。

4. 导线颜色与截面积标注

宝马汽车电路图中也是采用代码标注导线的颜色，导线颜色代码如表5-4所示。在导线颜色代码前的数字表示该导线的标称截面积。

表 5-4　宝马汽车电路图导线颜色代码

颜色代码	表示的导线颜色	颜色代码	表示的导线颜色	颜色代码	表示的导线颜色
BL	蓝色	RD	红色	SW	黑色
BR	棕色	GR	灰色	VI	紫色
GE	黄色	OR	橙色	WS	白色
GN	绿色	RS	粉红色		

第四节　雪铁龙车系汽车电路图

中法合资的神龙汽车公司从 1992 年起生产汽车，雪铁龙车系汽车已在国内占有一定的市场。这些汽车的中文维修资料中，其电路图都沿用法国雪铁龙汽车公司的规定画法。电路图的表达方式有其自身的特点，掌握这些特点会使读图比较容易。

雪铁龙车系汽车电路图中的电路连接和电器元件都有规定的画法，有的与其他车系相同或相似，有的则与众不同。雪铁龙车系汽车电路图的符号如图 5-7 所示。

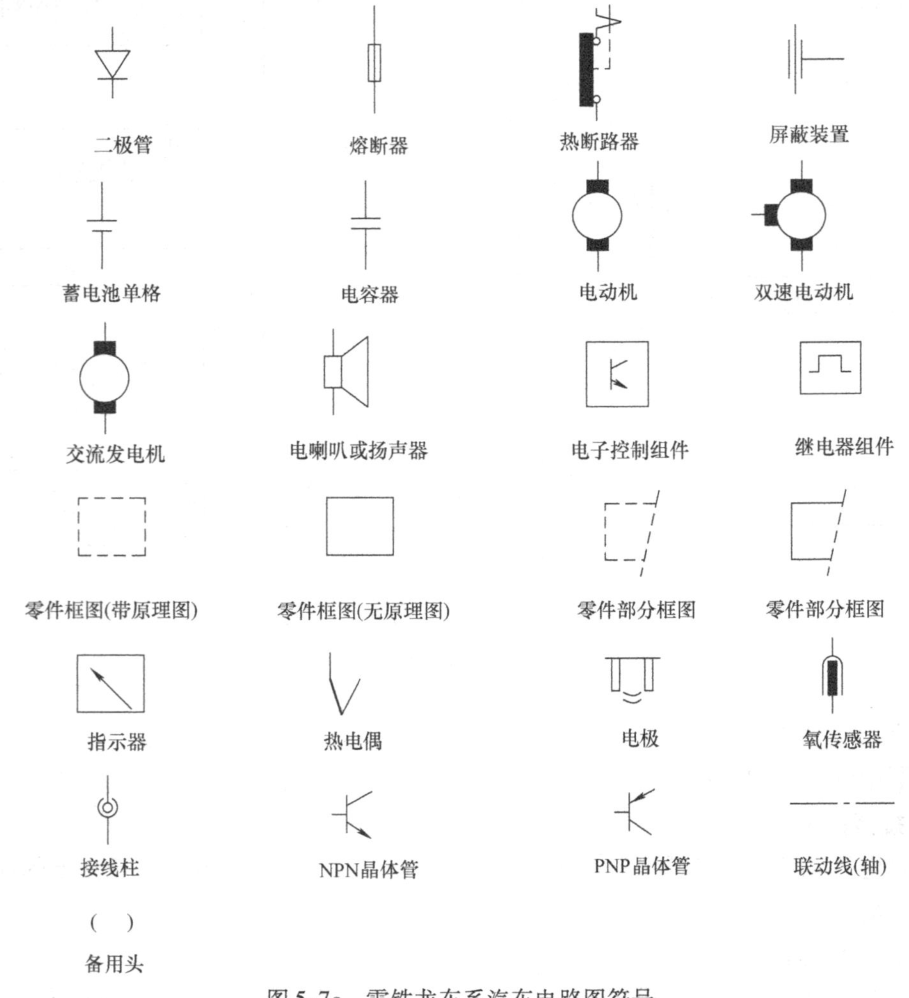

图 5-7a　雪铁龙车系汽车电路图符号

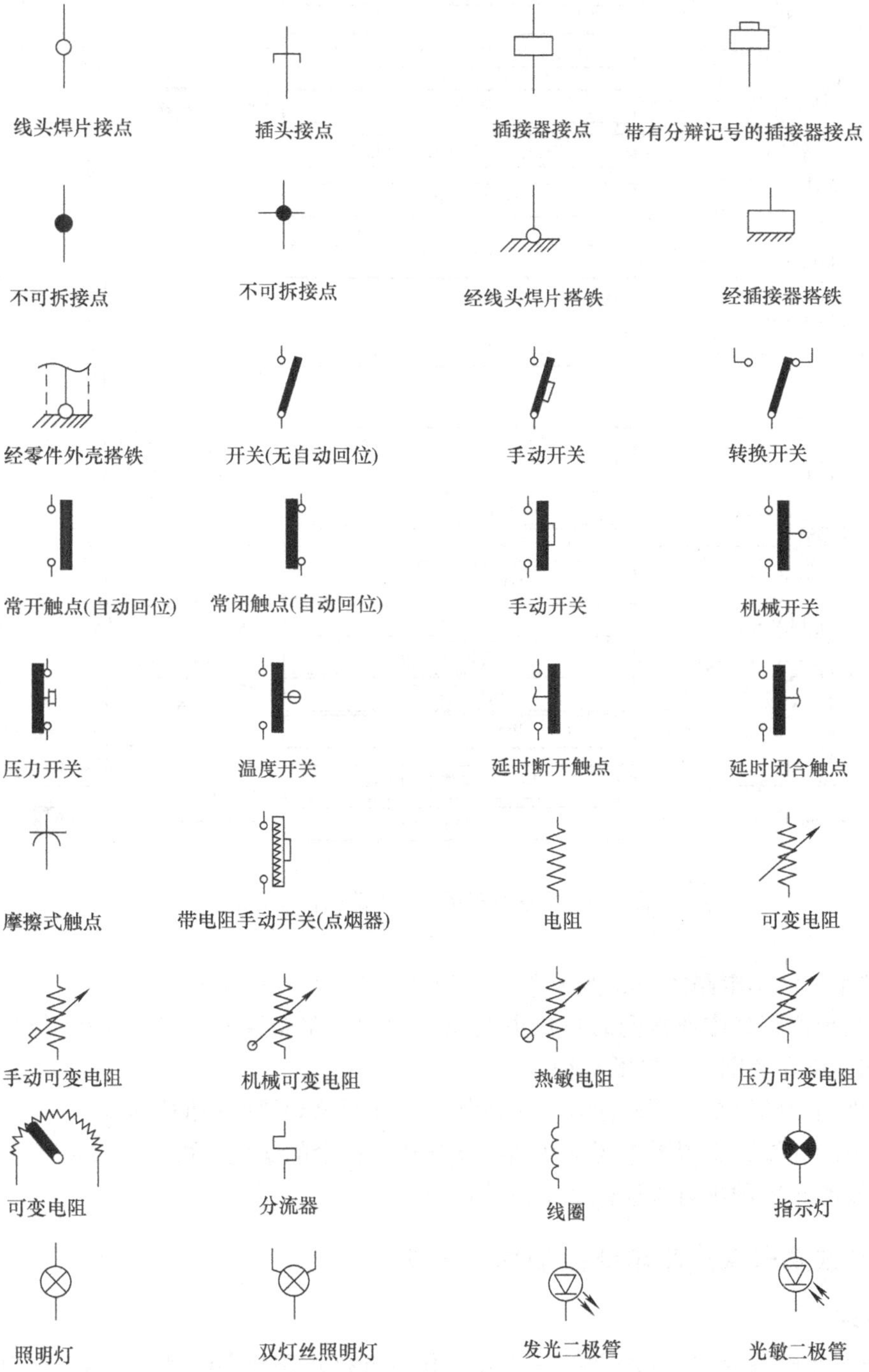

线头焊片接点	插头接点	插接器接点	带有分辨记号的插接器接点
不可拆接点	不可拆接点	经线头焊片搭铁	经插接器搭铁
经零件外壳搭铁	开关(无自动回位)	手动开关	转换开关
常开触点(自动回位)	常闭触点(自动回位)	手动开关	机械开关
压力开关	温度开关	延时断开触点	延时闭合触点
摩擦式触点	带电阻手动开关(点烟器)	电阻	可变电阻
手动可变电阻	机械可变电阻	热敏电阻	压力可变电阻
可变电阻	分流器	线圈	指示灯
照明灯	双灯丝照明灯	发光二极管	光敏二极管

图 5-7b　雪铁龙车系汽车电路图符号

一、雪铁龙车系汽车电路图的特点分析

雪铁龙车系汽车电路图的标注方法如图 5-8 所示。

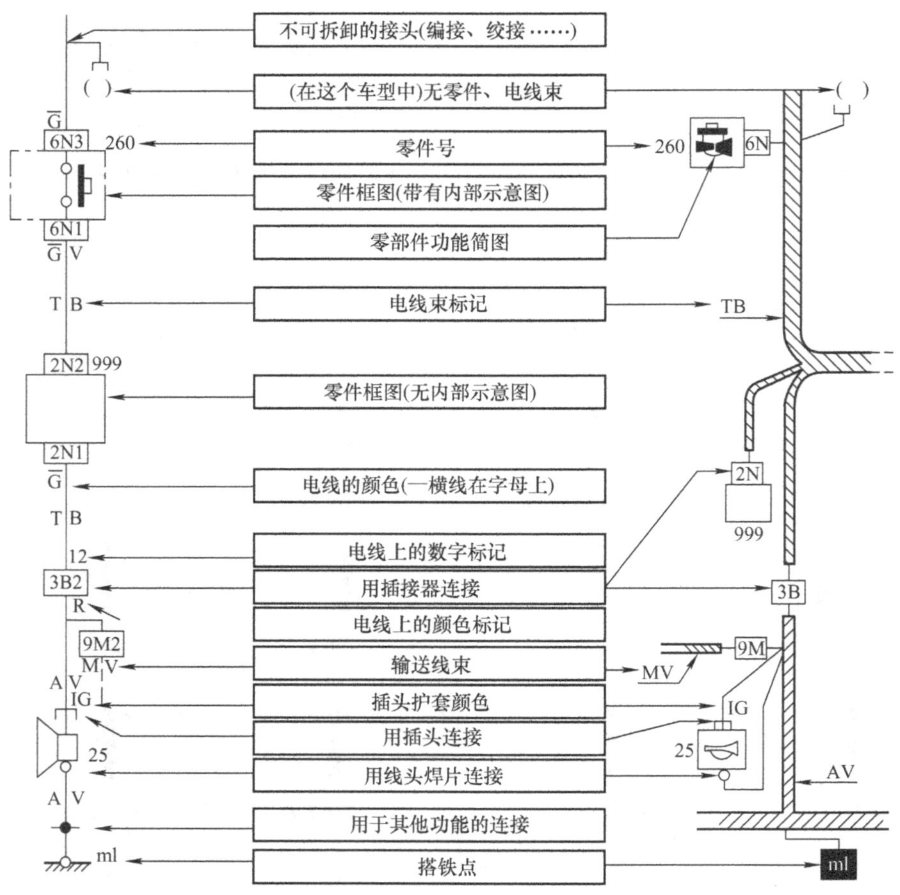

图 5-8 雪铁龙车系汽车电路图标注方法

雪铁龙车系汽车电路图与其他车系有较大的不同，其特点如下：

1）在其维修资料中通常同时提供电路原理图和线路布置图，有的还提供线束定位图，且原理图和线路布置图用相同的标识。

2）原理图中的导线除了标注其颜色以外，还标明该导线所在的线束。

3）原理图和线路布置图中还标注插接器和插头护套的颜色，可方便线路查寻。

4）在线路布置图中直观地标示了搭铁点位置。

二、雪铁龙车系汽车电路图的标注方法

1. 零件号

雪铁龙车系电路原理图和线路布置图中各电气元件均用数字编号，可通过图注或零件清单表格查得该数字编号所表示的部件。

2. 线束标记

在电路图中各导线都标明其所在线束的代号，给寻找线路的方位和走向提供方便。各线束代号如表 5-5 所示。

表 5-5　线束代号

线束代号	线束名称	线束代号	线束名称	线束代号	线束名称
AV	前部	MT	发动机（和电控喷油系）	PP	乘客侧门
CN	蓄电池负极电缆	MV	电动风扇	RD	右后部
CP	蓄电池正极电缆	PB	仪表板	RG	左后部
EF	行李箱照明灯	PC	驾驶人侧门	RL	侧转向灯
FR	尾灯	PD	右后门	UD	右制动蹄片磨损指示器
GC	空调	PG	左后门	UG	左制动蹄片磨损指示器
HB	驾驶室	PL	顶灯		

3. 导线颜色标记

电路图中用法文字母为颜色代码，标明各导线的颜色，导线的颜色代码如表 5-6 所示。

表 5-6　电路图中导线的颜色代码

颜色代码	导线颜色	颜色代码	导线颜色
N	黑色	Bl	湖蓝
M	栗色	Mv	深紫
R	大红	Vi	紫罗蓝
Ro	粉红	G	灰色
Or	橙色	B	白色
J	柠檬黄	Lc	透明
V	翠绿		

导线代码标注在该电路的左边，双色线则将表示两种颜色的代码分别标注在该电路的两侧，左侧代码表示导线底色，右侧代码表示导线条纹颜色。

有的导线颜色代码字母上方加了一横杠，用于区别线束代码。

4. 插接器标记

雪铁龙车系汽车电路中各种插接器在电路图中均用线框表示，通过标注字母和数字来表示插接器的类型或颜色、插接器的端子数和该端子的排列顺序等。不同类型的插接器其表示方法如图 5-9 所示。

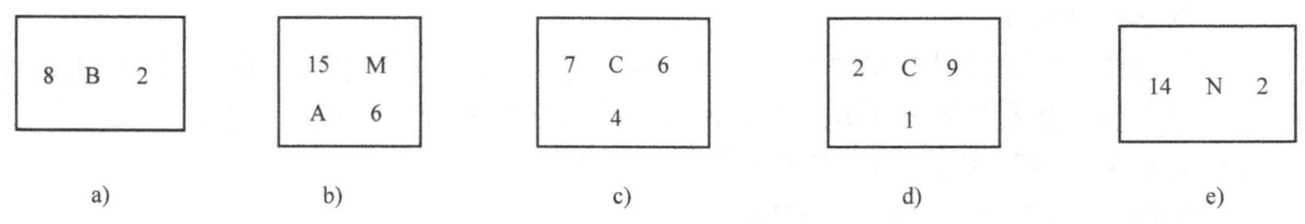

图 5-9　电路图中插接器的标注方法

a）单排插接器　b）双排插接器　c）前围板插接器　d）前围板插接器　e）14 端子圆插接器

（1）单列插接器

插接器只有一排插脚或插孔，插接器及各端子在电路图中的表示示例如图 5-9a 所示，标注说明如下：

左边的数字表示插接器端子数，此例“8”表示该插脚器有 8 个端子。

中间的字母表示插接器颜色，此例“B”表示该插接器为白色。

右边的数字表示端子的排列顺序，此例“2”表示是该插接器中的第 2 号端子。

（2）双列插接器

插接器有两排插脚或插孔，插接器及各端子在电路图中的表示示例如图 5-9b 所示，标注说明如下：

上排数字表示插接器端子数，此例“15”表示该插脚器有 15 个端子。

上排字母表示插接器颜色，此例“M”表示该插接器为栗色。

下排字母表示插接器端子的列数，此例“A”表示是该插接器中的 A 列。

下排数字表示该端子的排列顺序，此例“6”表示是 A 列中的第 6 号端子。

（3）前围板插接器

前围板插接器位于风窗玻璃左下侧的车身内，用于前部线束和仪表板线束的连接，它共有 62 个插孔，如图 5-10 所示，由八个 7 端子接线板和两个 2 端子接线板与之连接。前围板插接器及各插脚在电路图中的表示示例如图 5-9c、图 5-9d 所示。

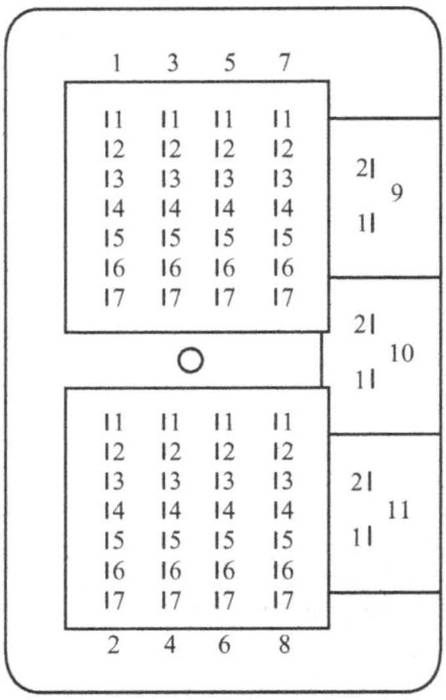

图 5-10　62 端子插接器排列

1）图 5-9c 说明如下：

上排左边数字表示插接器端子数，此例“7”表示该插脚器有 7 个端子。

上排中间字母“C”表示是前围板插接器。

上排右边数字表示组数，此例“6”表示是第 6 组插接器；

下排数字表示该端子排列顺序，此例“4”表示是该插接器的第 4 号端子。

2）图 5-9d 说明如下：

上排左边数字表示插接器端子数，此例“2”表示该插脚器有 2 个端子。

上排中间字母“C”表示是前围板插接器。

上排右边数字表示组数，此例“9”表示是第 9 组插接器。

下排数字表示该端子排列顺序，此例“1”表示是该插接器的第 1 号端子。

（4）14 端子圆插接器

该插接器位于发动机罩下左侧的熔断器盒内，用于前部 AV 线束与发动机 MT 线束的连接，呈黑色，插接器及各插脚在电路图的表示方法如图 5-9e 所示，说明如下：

左边的数字“14”表示是 14 端子插接器。

中间的字母“N”表示插接器为黑色。

右边的数字表示该端子的排列顺序，此例“2”表示是该插接器中的第 2 号端子。

第五节　丰田车系汽车电路图

日本丰田汽车是我国进口汽车中数量最多的车种，天津一汽与丰田汽车公司合资生产的夏利2000、威姿、威驰、卡罗拉等轿车，以及广汽丰田凯美瑞、汉兰达、雅力士等车型在国内也有较高的市场占有率。这些车型的中文维修资料都源自丰田公司原厂资料，其电器与电子控制系统电路图通常都保留了丰田原厂资料汽车电路图的绘图风格。

丰田车系汽车电路图符号及含义如图5-11所示。

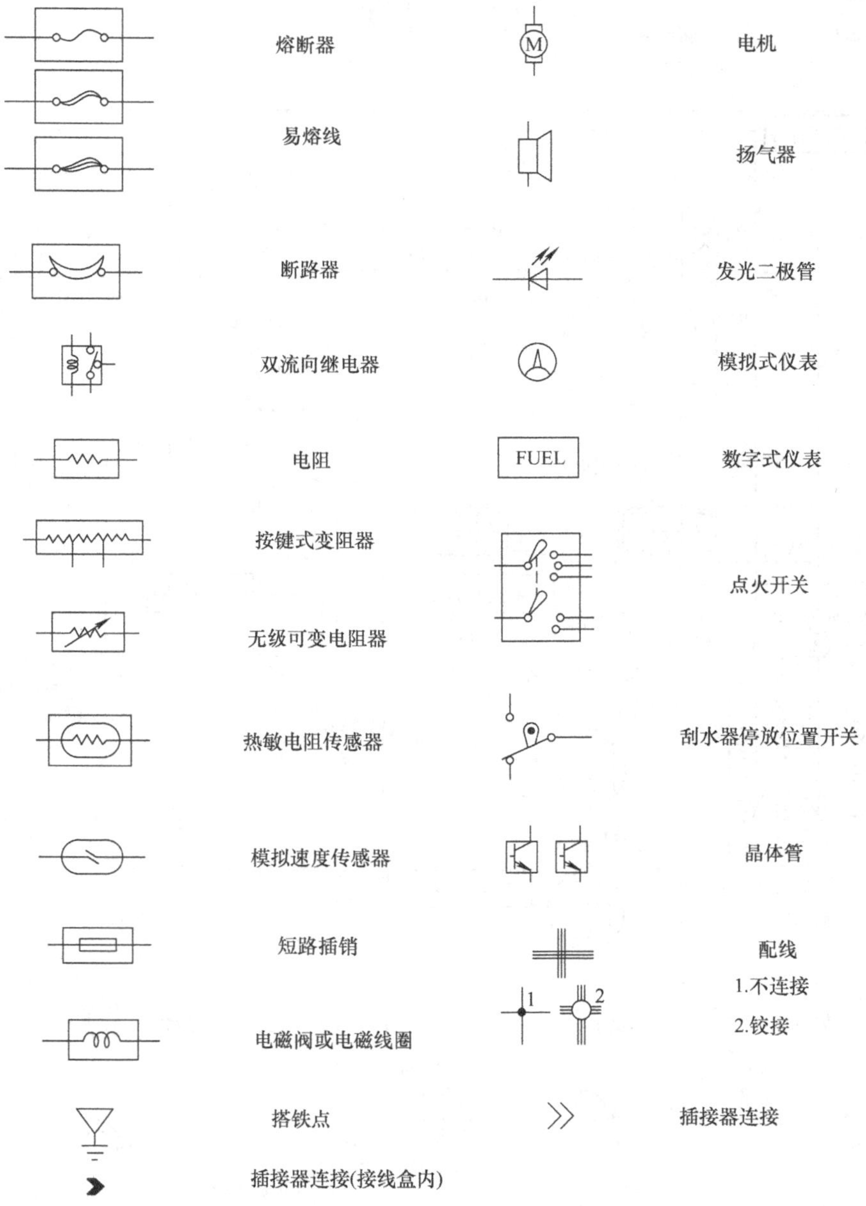

熔断器　　电机

易熔线　　扬气器

断路器　　发光二极管

双流向继电器　　模拟式仪表

电阻　　FUEL　　数字式仪表

按键式变阻器　　点火开关

无级可变电阻器

热敏电阻传感器　　刮水器停放位置开关

模拟速度传感器　　晶体管

短路插销　　配线

1.不连接

2.铰接

电磁阀或电磁线圈

搭铁点　　插接器连接

插接器连接(接线盒内)

图5-11　丰田车系汽车电路图符号

一、丰田车系汽车电路图的特点分析

丰田车系汽车电路图的表示方法示例如图 5-12 所示。

丰田车系汽车电路图的特点如下：

1. 电路图中的电气元件用文字标注

丰田车系其电路图中的电气元件不用代码标注，通常用文字直接标注，给阅读电路图带来方便。

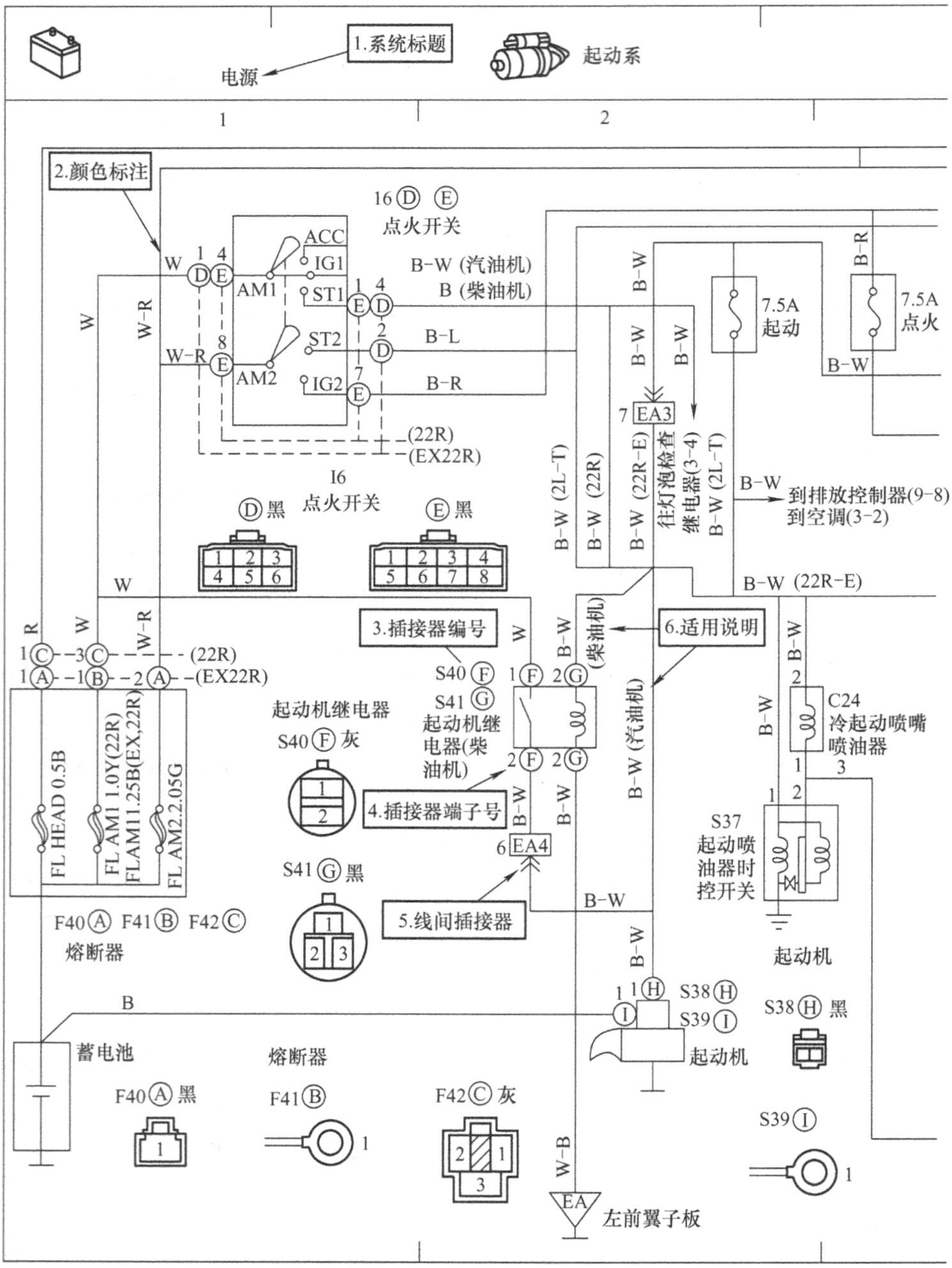

图 5-12a 丰田车系汽车电路图表示方法示例

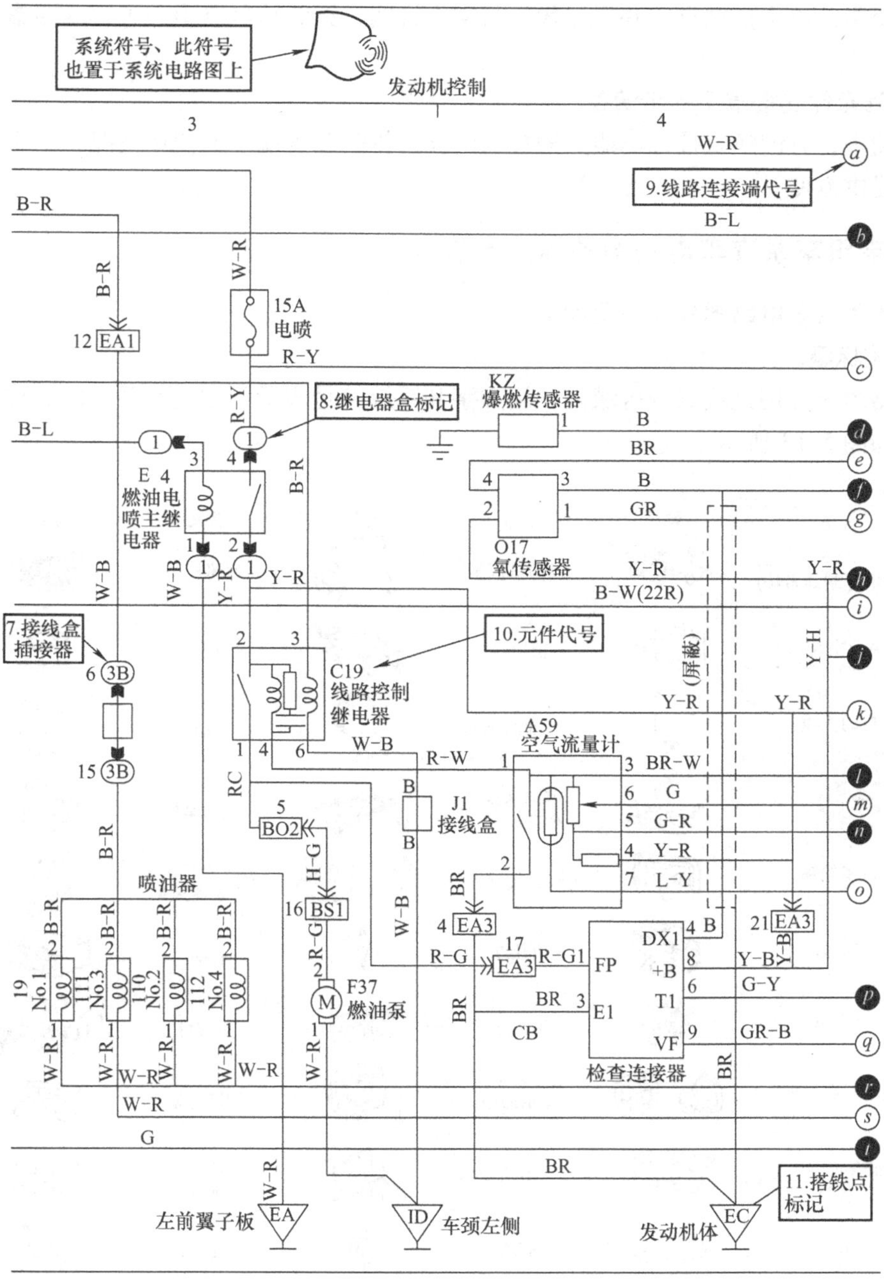

图 5-12b　丰田车系汽车电路图表示方法示例

2. 整车电路图按系统布置并予以标示

对整车电路图，图中各电气系统电路按横向逐个布置，并在电路图的上方标出各系统电路的区域和代表该电路系统的符号或/及文字说明，使电路的阅读比较清晰、方便。

3. 线路搭铁点标示明确

电路图中绘出了搭铁点，并标注代号与文字说明，读者从电路图中了解线路搭铁点直观明了。

4. 电气元件连接端子标示清楚

电路图中，有的还直接标出线路插接器的端子排列和各端子的使用情况，给识图和电路故障查寻提供方便。

二、丰田车系汽车电路图的标注方法

丰田车系汽车电路图标注说明如下。

1. 系统标题

在电路图上方用刻线划分区域内，用文字和系统符号表示下方电路系统的名称。电路系统的符号如图 5-13 所示。

含义	符号	含义	符号	含义	符号
ABS (防抱死制动系统)		发动机控制		超速档	O/D
AC(空调)		前雾灯		电源	
自动天线		燃油加热器		电动窗	
倒车灯	R	前刮水器 和洗涤器		电动座椅	
行李箱锁		电热和废气控制		散热器风扇和 冷凝器风扇	
化油器		电热塞		音响	
充电系		前照灯		后雾灯	
点烟器和时钟		前照灯光束 水平控制		后窗除雾器	
组合仪表		前照灯清洁器		后刮水器 和洗涤器	
巡航控制		喇叭		遥控后视镜	
门锁		照明		座椅加热器	
电子控制变速器和 AT/指示灯	FCT PRND2L	车内灯		变速杆锁	
电控液压冷却 风扇		灯光自动切断		SRS(乘员辅助 安全系统)	

图 5-13a 丰田车系汽车电路图中各系统的符号

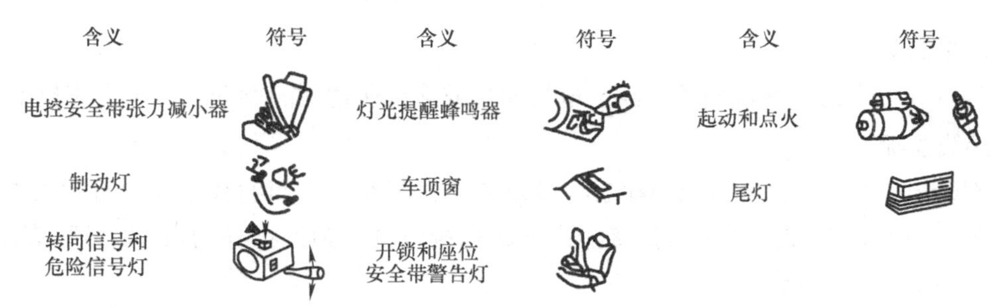

图 5-13b　丰田车系汽车电路图中各系统的符号

2. 导线颜色标注

导线颜色用代码标注在该线路的旁边，各颜色代码如表 5-7 所示。双色线用代表两种颜色的代码中间加“-”表示。比如：“W-R”表示导线的底色是白色，条纹为红色。

表 5-7　丰田车系汽车电路图导线颜色代码

颜色代码	导线颜色	颜色代码	导线颜色
B	黑色	G	绿色
L	蓝色	O	橙色
R	红色	W	白色
BR	棕色	GR	灰色
LG	浅绿	P	粉红
V	紫色	Y	黄色

3. 插接器编号

表示与电气元件连接的插接器，S40 和 S41 表示与起动继电器连接的插接器。插接器的端子排列情况列于图中的某个位置，或在其他图中表示。通常还标有插接器的颜色，其中未标注的为乳白色。

4. 插接器端子编号

用数字表示插接器端子号，可从插接器端子排列图中找到该端子的具体位置。插座各端子的编号从左到右排列，插头端子的编号则相反，如图 5-14 所示。

5. 线间插接器标记

用符号“≫”表示导线与导线之间用插接器连接。线框中间的字母和数字“EA4”为插接器代号，线框外的数字表示连接该导线的插接器端子号。

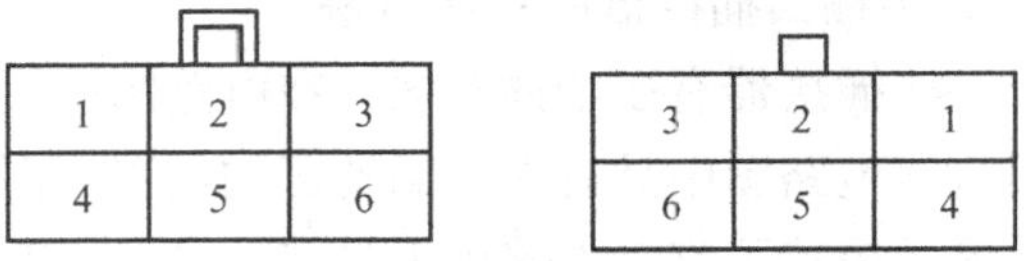

插接器代号中的第一个字母表示了插

1	2	3
4	5	6

a)

3	2	1
6	5	4

b)

图 5-14　插座与插头端子编号

接器的位置。E 指发动机室，I 为仪表盘及周围区域，B 为车身及周围区域。

6. 适用说明

用“（ ）”中的文字说明该线路、电气元件或连接所适用的发动机、车型或技术条件。

7. 接线盒标记

用带黑影的“≫”符号表示导线从接线盒插接，圆线框中间的数字和字母“3B”为插接器代号，其中数字“3”表示该插接器位于3号接线盒，圆线框外的数字“6”表示该导线连接插接器的6号端子。

8. 继电器盒标记

用带黑影的“≫”符号表示导线从继电器盒插接，圆线框中间的数字表示继电器盒号码，“1”表示该继电器位于1号位置，圆线框外的数字表示继电器端子号。

9. 线路连接端代号

为减少电路图中的交叉，电路图中交叉较多的导线也采用截断的方法，断点用圆圈表示，并用圆圈内的字母表示该线路与下一页标有相同字母的导线相连接。

10. 元件代号

用字母或字母加数字表示电气元件，通常在该元件代号旁注有元件的中文名称，无中文注释的，可根据元件代号从相关的表中查得该元件代号所代表的元件。

11. 搭铁点标记

用符号“▽”表示搭铁点位置，符号中间的字母为搭铁点代号，代号中的第一个字母表示了搭铁点位置：E 指发动机室，I 为仪表盘及周围区域，B 为车身及周围区域。电路图中通常在搭铁标记旁用文字说明搭铁点的具体位置。

三、丰田车系汽车电路图两点说明

1. 丰田车系局部电路图

丰田车系的检修资料中通常还提供某电气装置的局部电路图，在局部电路图中，其标注的方法与全车电路图是一致的，只是局部电路图中电路元器件的连接关系表达得很细致，给电路故障查寻提供方便。

丰田车系局部电路图一例如图5-15所示。本例是丰田某车型牵引力控制系统的TRC OFF指示灯和TRC开关电路。该电路图表达了TRC OFF指示灯电路和TRC开关电路所有的连接关系：ABS和TRC ECU的连接端子标示了插接器“A19”、连接端子“8”、“12”外，还标注了端子代号“WT”、“CSW”；将适用于左转向盘车型“LHD”和右转向盘车型“RHD”的线路和插接器及端子号均在图上予以标注。

2. 多插口插接器的标注方法

一些插接器有多个插孔区，在电路图中用字母来代表各插孔区，每个插孔区各自编号。丰田汽车电路图中具有多个插孔区的插接器图例如图5-16所示。

该图表示了汽车电路中1号接线盒的1B插接器有A—F个插孔区，各区的端子排列均各自编号，互不影响。因此，在电路图中，必须有插孔区代号和数字才能表示具体的端子。例如，图5-16电路图中的“F7”是表示1号接线盒“1B”插接器F区7号端子；“E9”表

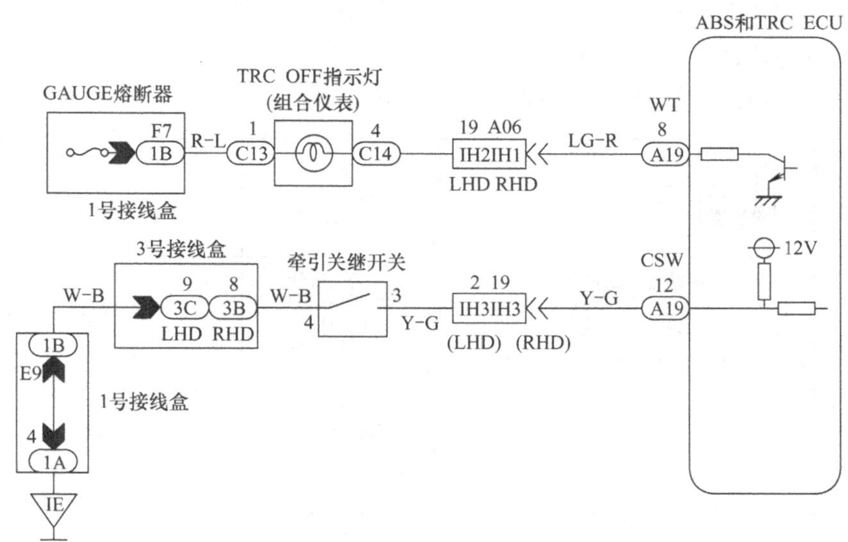

图 5-15　TRC OFF 指示灯和 TRC 开关电路

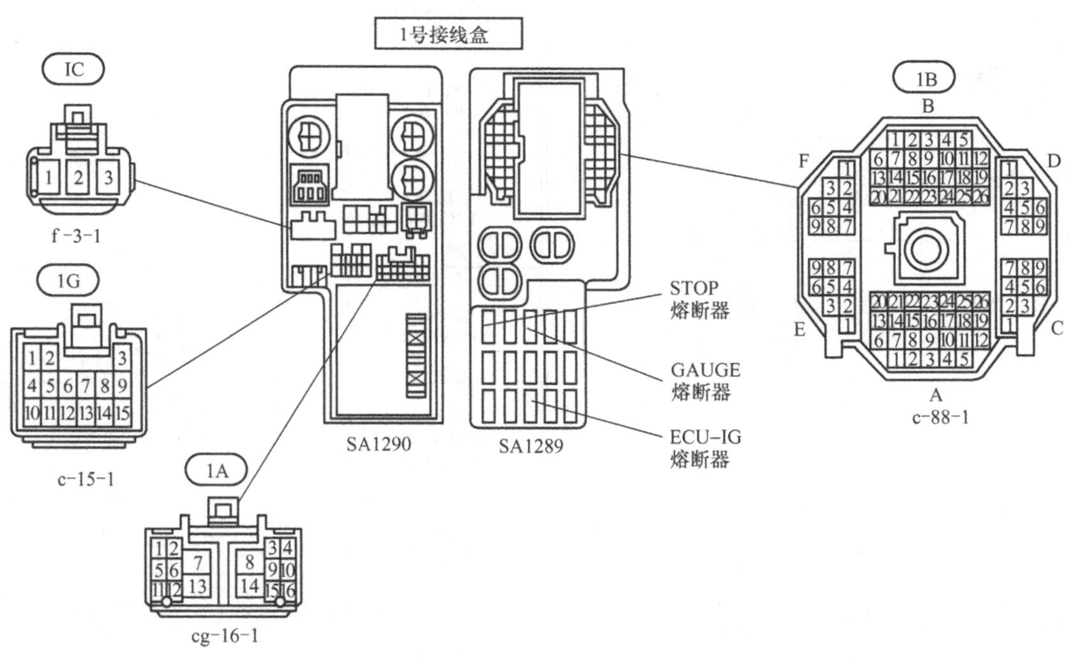

图 5-16　插接器 1B 端子排列

示 1 号接线盒“1B”插接器 E 区 9 号端子；“A06”则表示“IH1”插接器 A 区 6 号端子。单插口插接器不分区，因此只需用数字表示端子号。

第六节　本田车系汽车电路图

相比于丰田汽车，进口的本田汽车虽然不多，但自 1999 年广汽生产的本田雅阁轿车面市以来，各型本田汽车在国内也占有了一定的保有量。与丰田、日产等其他日系汽车相比较，本田汽车的电路图也有其特点。

本田车系汽车电路图符号及含义如图5-17所示。

蓄电池 BATTERY	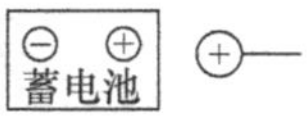 ⊖ ⊕ 蓄电池	点烟器 CIGARETTE LIGHTER	
搭铁点 GROUND	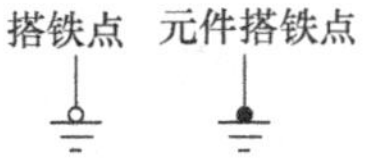 搭铁点 元件搭铁点	发光二极管 DIODE(LED) LIGHT EMITTING	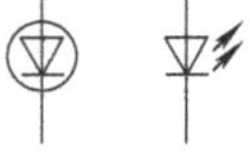
电容器 CONDENSER		电阻 RESISTOR	
熔断器 FUSE		可变电阻 VARIABLE RESISTOR	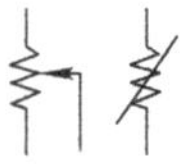
线圈，螺线管 COIL, SOLENOID		热敏电阻器 THERMISTOR	
点火装置开关 IGNITION SWITCH	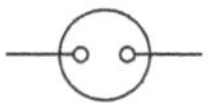	喇叭 HORN	 H
灯泡 LAMP		二极管 DIODE	
暖气 HEATER		扬声器 SPEAKER	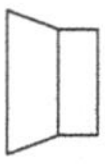
弹簧开关 SPRING SWITCH		天线 (杆状天线) ANTENNA	
电动机 MOTOR	 M	天线 (窗式天线) ANTENNA	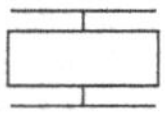
油泵 PUMP	 P	晶体管 TRANSISOR (VT)	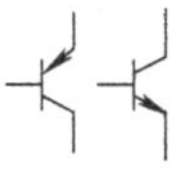
电流中断器 CIRCUIT BREAKER		继电器 RELAY	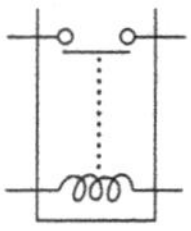
连接器 CONNECTOR	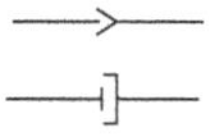		

图5-17 本田车系汽车电路图符号

一、本田车系汽车电路图的特点分析

本田车系汽车电路图一例如图 5-18 所示。

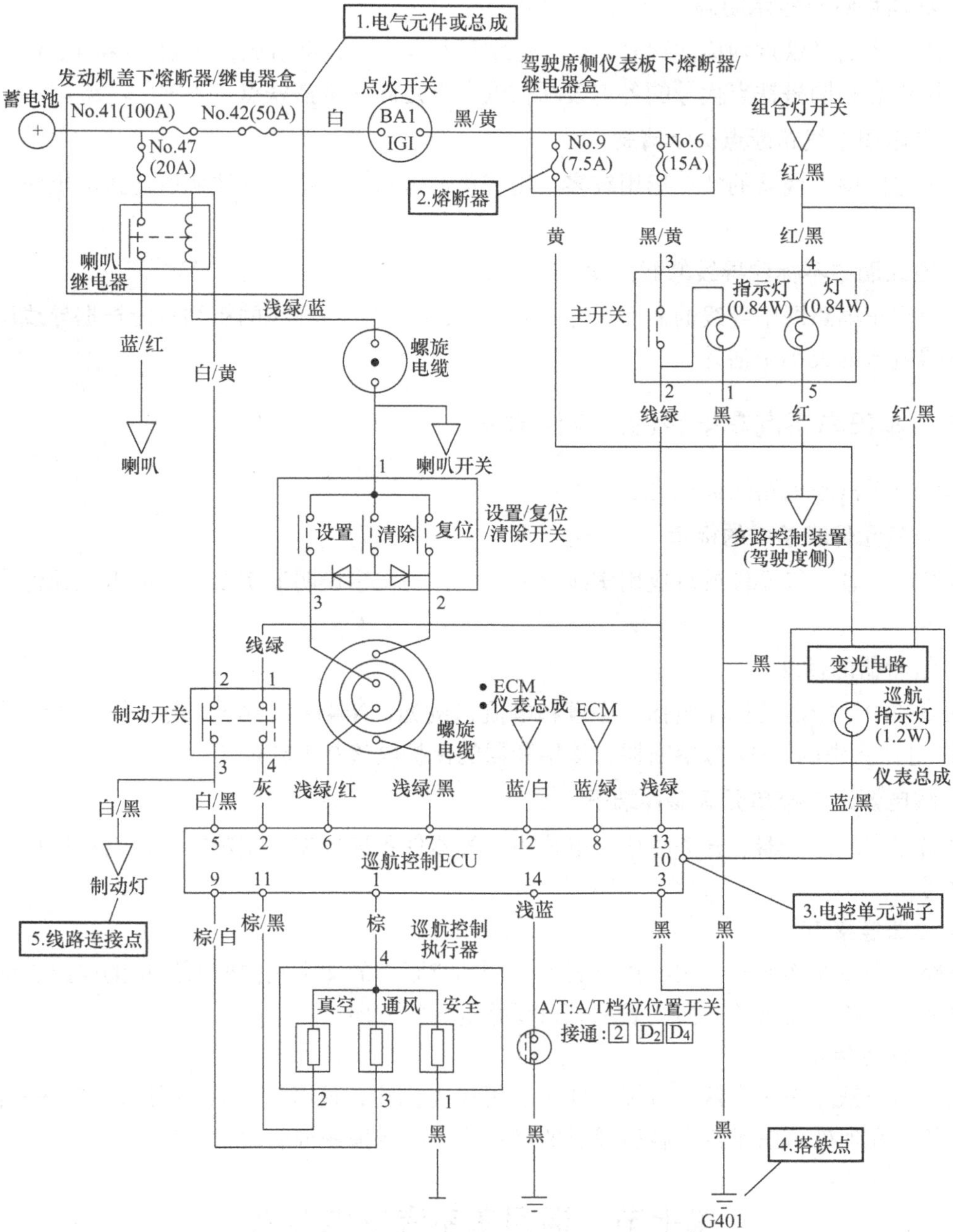

图 5-18　本田车系汽车电路图表示方法示例

本田车系汽车电路特点如下：

1. 电路图中的电气元件用文字标注

本田车系的电路图中，各电气元件用文字直接标注，因此，阅读也比较方便。

2. 导线颜色用文字标注

本田汽车电路图中的导线颜色标注以英文缩写表示，但中文维修资料中的汽车电路图通常直接用中文标出。例如，浅绿色、棕/黄等，分别表示单色导线和双色导线。

3. 线路搭铁点标示明确

电路图中的搭铁点均标注代号，代号由字母“G”和数字组成，例如，G401、G202 等。在电路图中有相同搭铁点代号的各点表示在汽车上是同一个搭铁点。

4. 电路图中线路断点标示清楚

在电路图中，线路的断点运用较多，用三角形表示，并用文字注明所连接的电路和电气单元。

5. 电路图中不标注导线的截面积

本田汽车电路图中导线的截面积并没有标注，因此，各导线的粗细只能根据导线所连接的熔断器电流的大小来估计。

二、本田车系汽车电路图的标注方法

本田车系汽车电路图标注说明如下：

1. 电气元件或总成的标示

电路图中各电气元件或总成用实线框表示，并用文字说明该实线框内的电气元件或总成的名称。

2. 熔断器的标注

电路图中熔断器的标注包括了序号和电流，例如，No41(100A)，表示是发动机盖下熔断器/继电器盒中的第 41 号熔断器，该熔断器的保护电流是 100A。

3. 继电器及电控单元等器件端子

电路图中的继电器、开关总成、电控单元等器件各连接端子用数字标出其在插接器上的排列序号。

4. 线路连接点

电路图中线路连接断点用三角形表示，顶部或底部的文字则注明所连接的电路、电气元件或总成，三角形箭头的方向则表示该条线路电流的方向。

5. 搭铁点标示

线路的搭铁点除用搭铁符号标示外，还用代码标注，该搭铁点代码表示所搭铁的位置，具体的位置在何处可由维修资料所提供的搭铁线路图或搭铁说明表格查到。

第七节　通用车系汽车电路图

通用汽车也是我国主要的进口车种之一，上海通用汽车公司成立后，通用车系在我国的保有量迅速上升。通用车系汽车电路图与前述几种车系的电路图又有明显的区别。

通用车系汽车电路图符号及含义如图 5-19 所示。

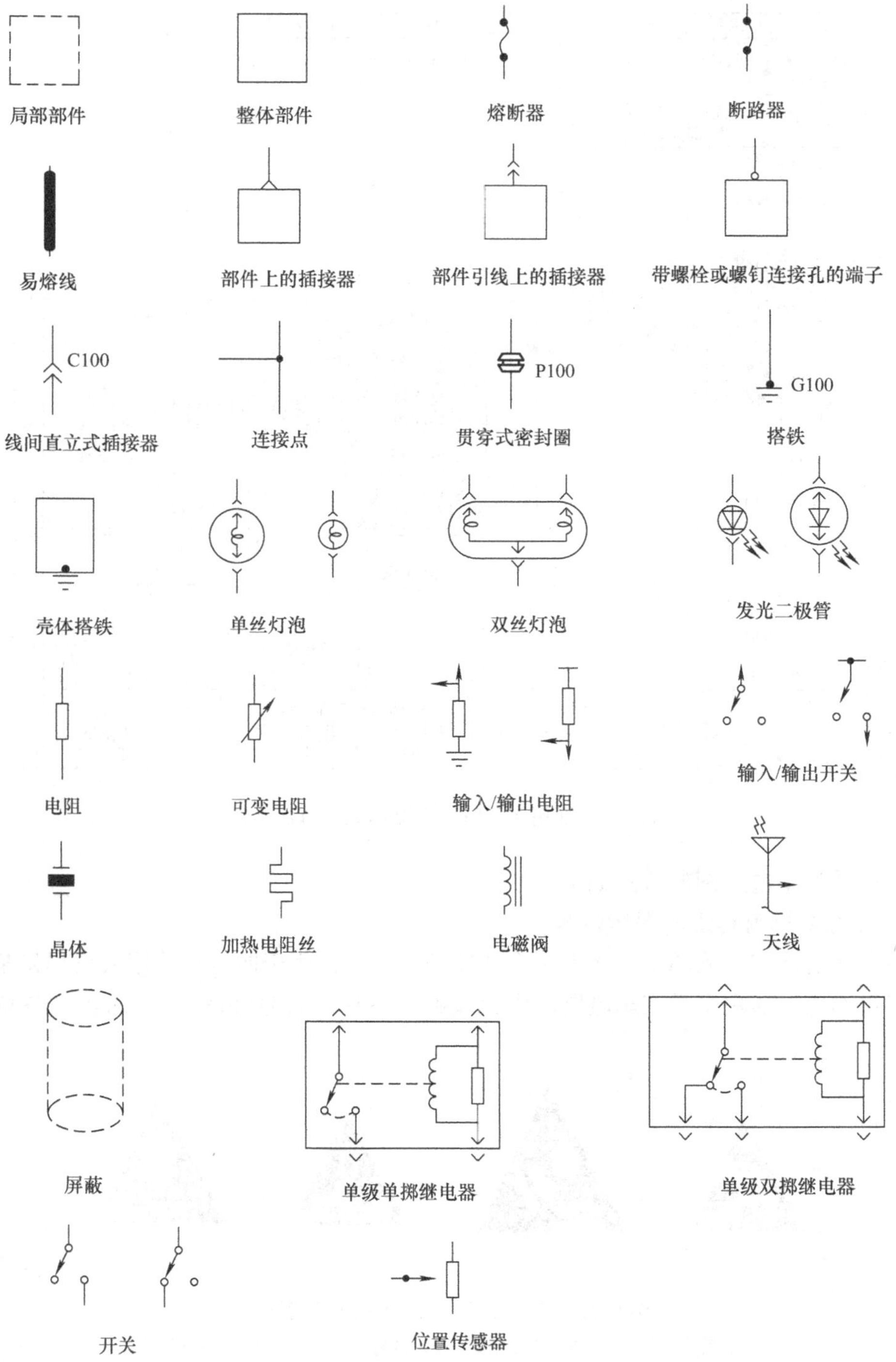

局部部件　整体部件　熔断器　断路器

易熔线　部件上的插接器　部件引线上的插接器　带螺栓或螺钉连接孔的端子

C100　P100　G100

线间直立式插接器　连接点　贯穿式密封圈　搭铁

壳体搭铁　单丝灯泡　双丝灯泡　发光二极管

电阻　可变电阻　输入/输出电阻　输入/输出开关

晶体　加热电阻丝　电磁阀　天线

屏蔽　单级单掷继电器　单级双掷继电器

开关　位置传感器

图 5-19　通用车系汽车电路图符号

一、通用车系汽车电路图的特点分析

通用车系汽车电路图的表示方法示例如图 5-20 所示。

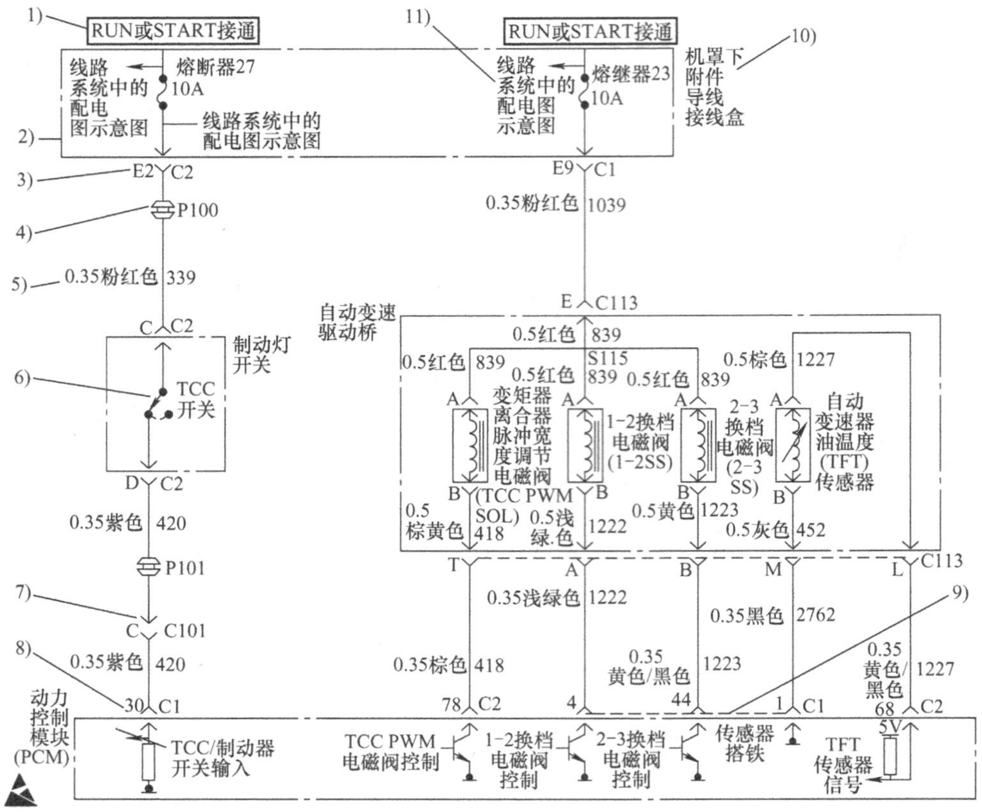

图 5-20　通用车系汽车电路图表示方法示例

通用车系汽车电路图的特点如下：

1. 电路图中标有特殊的提示符号

通用车系的汽车电路图中，通常标有特殊的提示符，用于向汽车检修人员提供某种注意事项或警示作用。通用车系汽车电路图中出现的特殊提示符号如图 5-21 所示。各特殊符号的含义如下：

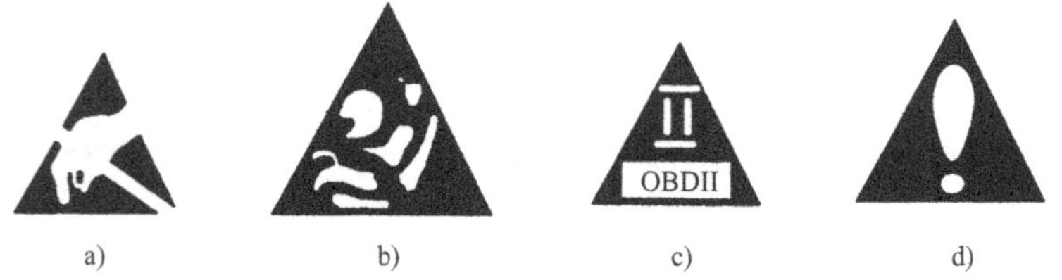

图 5-21　通用车系汽车电路图特殊符号

a）静电敏感符号　b）安全气囊符号　c）故障诊断符号　d）注意事项符号

（1）静电敏感符号

静电敏感符号用于提醒检修人员，该系统含有对静电放电敏感的部件，在作检修操作时应注意：

1）在检修操作前通过触摸金属搭铁点，以除去身体上的静电。

2）检修操作中不要用手触摸裸露的端子，也不要用工具接触裸露的端子。

3）若无必要，不要将零件从保护盒中取出。

4）除非是故障诊断必须，不要随意将零部件或插接器跨接或搭铁。

5）打开零部件保护性包装之前应先将其搭铁。

（2）安全气囊符号

安全气囊符号用于提醒检修人员，该系统为安全气囊系统或与安全气囊系统相关，在检修时应注意：

1）在检修操作前要进行安全气囊系统的检查。

2）检修操作时，先要使安全气囊失效，并在完成检修操作后，恢复安全气囊功能。

3）在车辆交与用户前要进行安全气囊诊断系统的检查。

（3）故障诊断符号

故障诊断符号用于提醒读者该电路在车载诊断（OBDII）范围内，当该电路出现故障时，故障指示灯就会亮。

（4）注意事项符号

注意事项符号用于提醒检修人员还有其他附加系统维修的信息。

2. 电路图中标有电源接通说明

通用车系的汽车电气系统电路图中的电源通常是从该电路的熔断器起，并用黑框中的文字说明在什么样的情况下该电路接通电源。

3. 电路图中标有线路编号

通用车系的汽车电路图中，各导线除了标明颜色和截面积外，通常还标有该电路的编号，通过电路编号可以知道该电路在汽车上的位置，以方便识图和故障查寻。

4. 电路图中导线的颜色用英文缩写

通用车系汽车电路图中的导线颜色用英文缩写，但不同的车型，颜色的代码还是会有些区别。通用车系汽车电路图中导线颜色代码如表 5-8、表 5-9 所示。

表 5-8　通用车系汽车电路单色导线颜色代码

颜色	英文	通用	荣誉	陆尊	新赛欧	君越	景程
黑	Black	BLK	BK	BLK	SW	BK	BK
棕	Brown	BRN	BN		BR		
棕黄			TN			TN	TN
蓝	Blue	BLU	BU	BLU	BL	BU	BU
深蓝	Dark Blue	DK BLU	D-BU	BLN DK		D-BU	D-BU
浅蓝	Light Blue	LT BLU	L-BU	BLN LT		L-BU	L-BU
绿	Green	GRN	GN	GRN	GN	GN	GN
深绿	Dark Green	DK GRN	D-GN	GRN DK		D-GN	D-GN
浅绿	Light Green	LT GRN	L-GN	GRN LT		L-GN	L-GN
灰	Grey	GRY	GY	GRA	GR	GY	GY
白	White	WHT	WH	WHT	WS	WS	WS
橙	Orange	ORG	OG			OG	OG
红	Red	RED	RD	RED	RT	RD	RD
粉红	Pink	PNK					PK
紫	Violet	VIO	PU	PPL		PU	PU
黄	Yellow	YEL	YE	YEL	GE		

（续）

颜色	英文	通用	荣誉	陆尊	新赛欧	君越	景程
褐	Brown	TAN		TAN		BN	BN
透明	Clear	CLR					
紫红	Purple	PPL					

表 5-9　通用车系汽车电路双色导线颜色代码

导线颜色	颜色代码	导线颜色	颜色代码
带白色标的红色导线	RD/WH	带白色标的深绿色导线	D-GN/WH
带黑色标的红色导线	RD/BK	带黑色标的浅绿色导线	L-GN/BK
带白色标的棕色导线	BN/WH	带黄色标的红色导线	RD/YE
带白色标的黑色导线	BK/WH	带蓝色标的红色导线	RD/BL
带黄色标的黑色导线	BK/YE	带蓝色和黄色标的红色导线	RD/BL/YE
带黑色标的深绿色导线	D-GN/BK		

二、通用车系汽车电路图的标注方法

以图 5-20 为例，说明通用车系汽车电路图标注方法。

1. 电源接通说明

电源接通说明标注在电路图的上方，用黑框表示，框内文字说明框下的熔断器在什么情况下接通电源。电源接通标注及电源接通说明如表 5-10 所示。

表 5-10　通用车系汽车电路图电源接通标注说明

电源接通标注	电源接通说明
RUN 或 START 接通	该电路在点火开关处于点火（RUN）和起动（START）位置时与电源接通
所有时间接通	该电路连接常接电源
RUN 接通	该电路在点火开关处于点火（RUN）位置时与电源接通
START 接通	该电路只是在点火开关处于起动（START）位置时与电源接通
ACC 和 RUN 接通	该电路在点火开关处于点火（RUN）或辅助（ACC）位置时与电源接通

2. 电路配电盒

电路配电盒也称接线盒，电路图中用虚线框表示框内的 27 号（10A）熔断器和 23 号（10A）熔断器只是接线盒中的一部分。

3. 接线盒插接器连接标注

“C2”是发动机罩下导线接线盒插接器代号，“E2”是插接器端子代号。通常插接器代号在右侧，端子号在左侧，该标注表示 339 号线路从 C2 插接器的 E2 号端子接出。

4. 密封圈代号

在贯穿式密封圈符号旁的“P100”为密封圈代号，其中“P”表示密封圈。

5. 电路标注

电路标注表达该电路导线的截面积、颜色和电路编号。其中左边数字表示导线截面积，右边数字为电路编号，中间标注导线的颜色。在一些通用车系的电路图中，用颜色代码标注导线颜色，各种颜色的代码参见表 5-8、表 5-9。

6. 元件标注

框内“TCC 开关”注明了此开关的作用（用于液力变矩器中的锁止离合器控制），框外有此元件的名称，在“( )”内的文字则是说明此开关的原理。

7. 线间插接器标注

导线右侧“C101”是直立式线束插接器的代号，其中“C”表示连接插头。左侧“C”表示该线路通过 C101 插接器的 C 端子连接。

8. 控制器插接器标注

右侧代号“C1”表示是控制器上的 C1 插接器，左侧数字“30”表示是 C1 插接器的 30 号端子。

9. 同一插接器标注

用虚线表示 4、44、1 插脚均为 C1 插接器的端子。自动变速器/变速驱动桥框线外的虚线也是表示 T、A、B、M、L 均为插接器 C113 的端子。

10. 元件标注

在元件线框旁，用文字直接注明该元件的名称及位置。

11. 电路省略标注

用文字注明了连接的电路，那些电路与本电路不相关，故而省略。

三、通用车系汽车电路补充说明

1. 通用车系局部电路详图

通用车系汽车维修资料中，除了表示汽车各电气系统的电路图外，有时还提供了电源分配、熔断器盒及搭铁电路等详图，这些详图给读者了解电源的分配、熔断器保护的电路及搭铁点分布情况提供了方便。通用车系电源分配、熔断器盒及搭铁电路详图示例如图 5-22、图 5-23、图 5-24 所示。

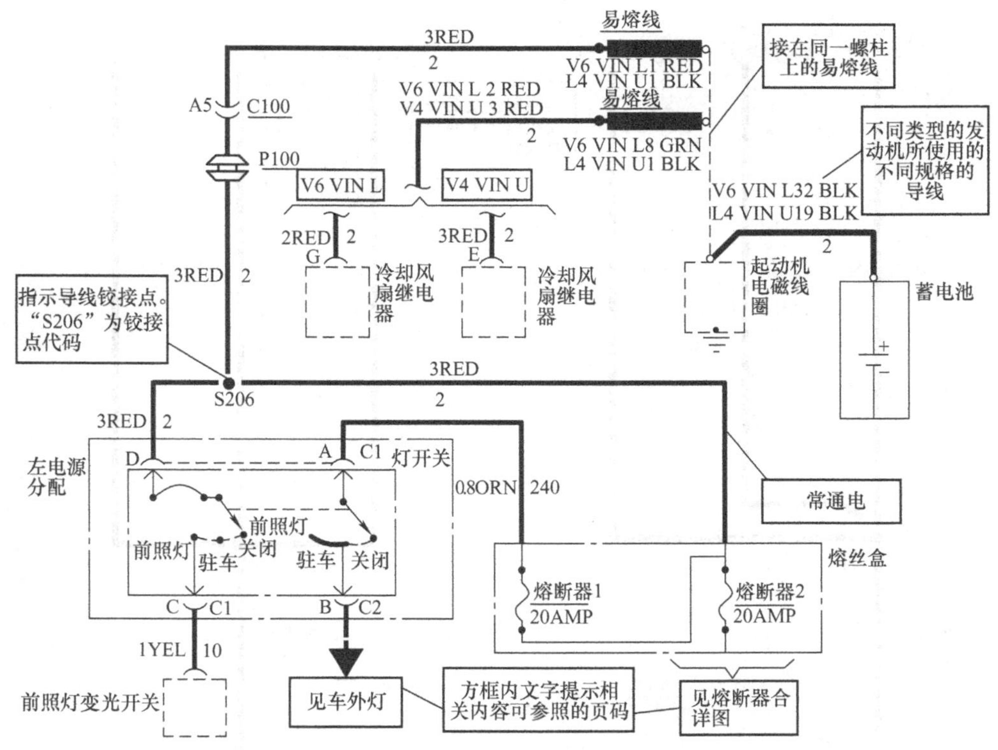

图 5-22　通用车系汽车电路电源分配图

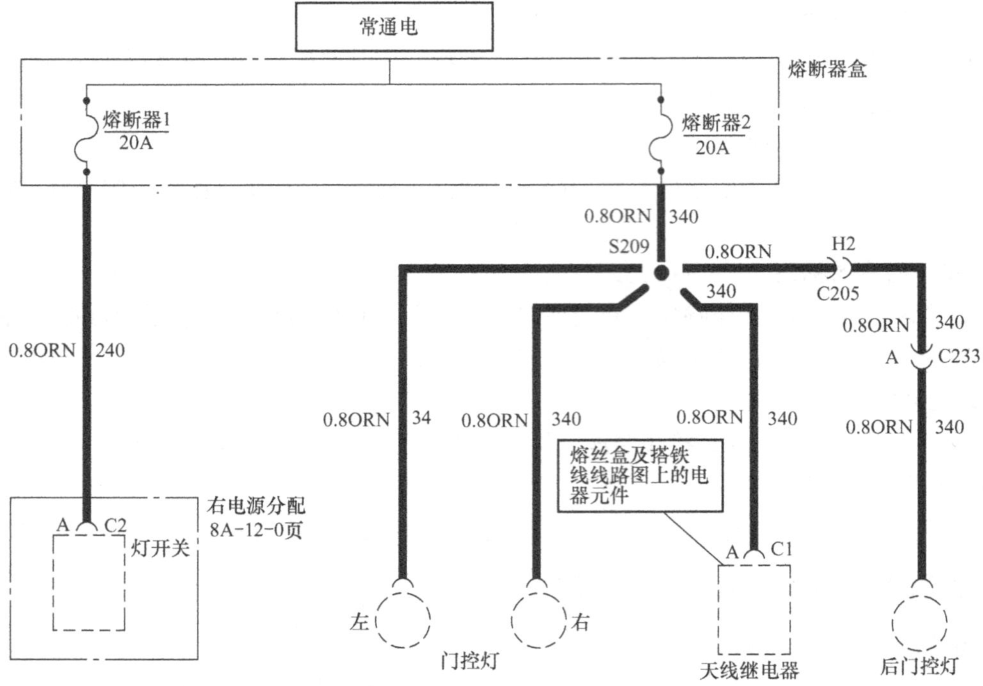

图 5-23　通用车系汽车电路熔断器盒图

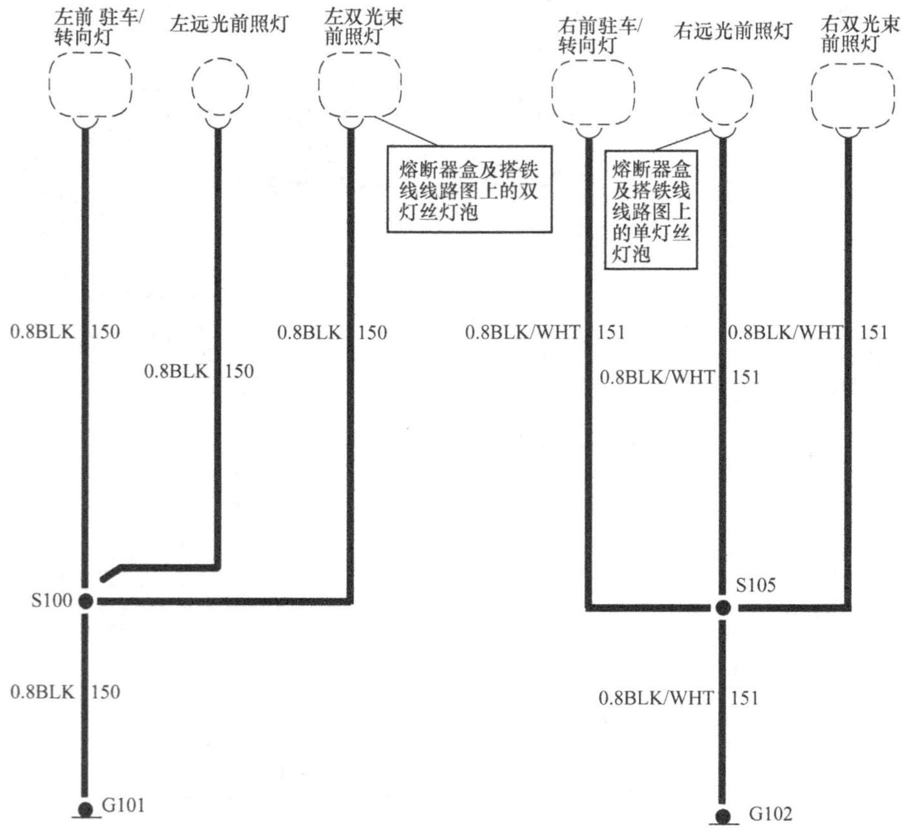

图 5-24　通用车系汽车电路搭铁导线图

2. 通用车系车辆位置分区代码

通用车系汽车电路图上的搭铁点、直接插接器、密封圈和接头及线路都有可识别位置的编号，该编号与车辆的某个区域所对应。因此，通过位置识别编码，就可知道是在车辆的具体位置。通用车系车辆位置分区示意图如图 5-25 所示，位置编码说明如表 5-11 所示。

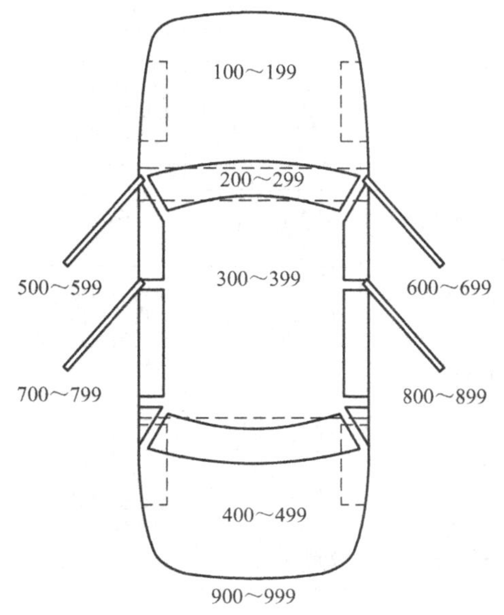

图 5-25 通用车系车辆位置分区示意图

表 5-11 通用车系车辆位置编码说明

位置编码	车辆位置
100 ~ 199	位于发动机舱区域（全部在仪表板前部） 001~099 代表发动机室内附加编号，仅在用完 100 ~ 199 编号以后使用
200 ~ 299	位于仪表板区域
300 ~ 399	位于乘员室区域（从仪表板到后车轮罩）
400 ~ 499	位于行李箱区域（从后车轮罩到车辆的后部）
500 ~ 599	位于左前车门内
600 ~ 699	位于右前车门内
700 ~ 799	位于左后车门内
800 ~ 899	位于右后车门内
900 ~ 999	位于行李箱盖或储物仓盖区域

第八节 福特车系汽车电路图

除少量的进口福特汽车外，长安福特汽车在我国也具有一定的保有量。福特车系汽车电路图与通用车系汽车电路图很相似，但也有一些不同之处，从比较区别过程中可更好地掌握这两个车系汽车电路图的识图技巧。

福特车系汽车电路图符号及含义如图 5-26 所示。

一、福特车系汽车电路图的特点分析

福特车系汽车电路图的表示方法示例如图 5-27 所示。

福特车系汽车电路图的特点如下：

1. 电路图中不表示熔断器前的电源电路

和通用车系的汽车电路图一样，熔断器前的电路部分在电路图中不表示。以前的福特汽车电路图也是用黑框中的文字说明在什么样的情况下该电路接通电源，而图 5-27 所示的福特汽车电路则是直接标注端子号，例如：“30” 表示直接连接蓄电池，一直接通电源；“15” 表示连接点火开关，在点火开关接通（RUN）时接通电源。

2. 电路图中标有线路编号

福特车系的汽车电路图中的导线标注与通用汽车一样，除了标明颜色和截面积外，也标有该线路的编号，可以方便读者了解该线路在汽车上的位置。

符号	含义
	配置接点
	不相连的跨越电路
	接点
	可移动连接
	搭铁(接地)
	插接器
	母连接器(母子)
	晶体管
	灯
	电磁控制阀或离合器电磁阀
	元件整体
	元件的部分
	元件外壳直接与车身金属部位连接(搭铁)
	元件上配置螺纹锁接式端子
	直接接到元件的插接器
	公插接器(公子)

符号	含义
	线圈
+ −	蓄电池
	断电器
	电阻或加热元件
	电位计(压力或温度)
	电位计(受外来因素影响)
	连接元件导线的插接器
	电路阻抗
	喇叭或扬声器
	转向柱滑环
	熔断器
	屏蔽
	易熔线
	电容

符号	含义
	霍尔传感器
	钟式弹簧
	蜂鸣器
	加热元件导体环
	温控计时继电器
	可变电容器
	压电传感器
	热继电器
	转向灯符号
	天线
	二极管，电流依箭头方向流通
	发光二极管(LED)
M	永磁单速电动机
M	永磁双速电动机
2 1	单极、两投开关
30 F9 15A	代表该熔断器一直供电
2 1	继电器中配置有跨接于线圈的二极管

符号	含义
2 1	继电器中配置有跨接于线圈的电阻
2 1 2 1	开关一同移动 虚线代表在开关之间以机械方式相连接
2 1	常开接点 线圈通电时，开关被拉回闭合
① F3 10A F14 10A	①汇流排
74−D8 1.5GN/WH 29−01	线路参照编号，可借此找出连接于其他回路中的线路
15 F18 3A P91 蓄电池连接盒(BJB) ① 53 C224 A11 音响主机	①其他回路也共同利用18号熔断器，但未显示在同一线路图中
M111 风窗刮水器电动机 C24 ① G1001	①仍有其他回路通过G1001搭铁，但未显示在同一线路图中
A7 ABS控制模块	该符号用以显示系统中的硬件装置(仅由电子元件所组成)
① 31−DA15 ② 75 BN G18	①线路编号 ②导线截面尺寸(mm^2)，线路连接于车身金属表面(搭铁)，可利用于部件位置表的搭铁编号
	选择用支路，代表在不同机型、国别或选装设备时，线路有不同

符号	含义	符号	含义
31−HC7 5 BN ① ③ ④ C100 ② 31−HC7 5 BN	①线路绝缘为单一颜色 ②可利用部件位置表的连接器参照编号 ③芯脚号码	.5 BN/RD 9−MD11 .5 GN 3 ① 4 C103 .5 BN/RD 9−MD11 .5 GN	①同一组连接器中的公、母连接器(芯脚)，虚线代表各芯脚位于同一组连接器中

图 5-26　福特车系汽车电路图符号

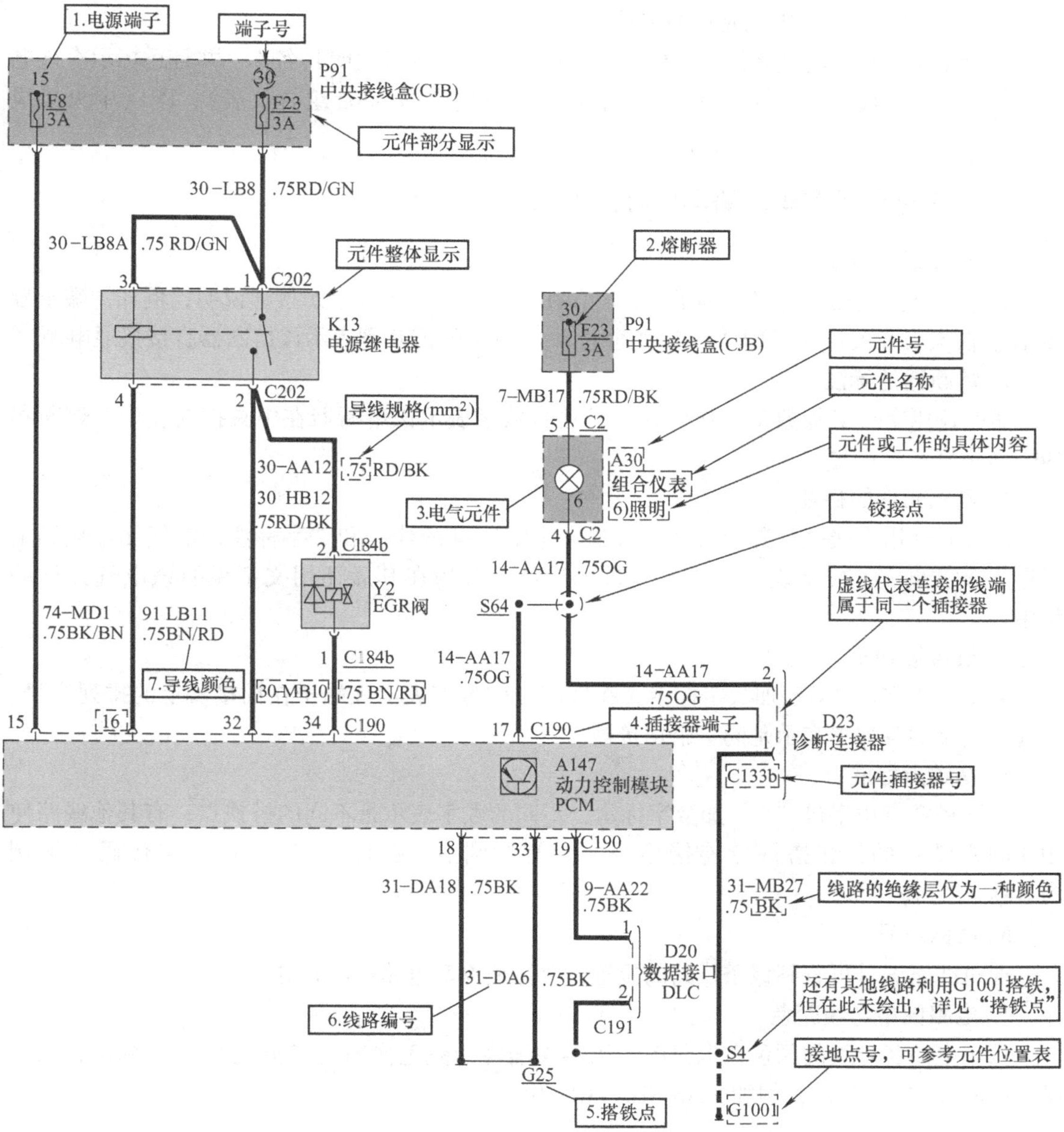

图 5-27　福特车系汽车电路图表示方法示例

3. 电路图中导线的颜色标注用英文缩写

福特车系汽车电路图中的导线颜色也是用英文缩写标注，导线颜色代码如表 5-12 所示。

表 5-12　通用车系导线颜色代码

颜色代码	导线颜色	颜色代码	导线颜色	颜色代码	导线颜色
BK	黑色	LG	浅绿	OG	橙色
WH	白色	YE	黄色	GY	灰色
RD	红色	BU	蓝色	BN	棕色
GN	绿色	VT	紫色	SR	银色

4. 用文字直接说明电气元件的名称

福特车系也是在电气元件或总成部件线框旁用文字直接说明其名称，并且还标示有该电气元件的代码。代码由字母和数字组成。例如，图例中的 A30（组合仪表）、P91（中央接线盒）等。

二、福特车系汽车电路图的标注方法

1. 电源端子标注

在熔断器前直接标注电源端子号，其作用如同通用车系的电源接通说明，例如：端子号 15 表示在点火开关接通（RUN）时接通电源；而端子号 30 则表示该熔断器直接接通电源。

2. 熔断器的标注

熔断器用字母 F 加数字组成的代号标注，数字表示该熔断器在中央接线盒中，熔断器的排列序号。

3. 电气元件的标注

电气元件用虚线框（部分）或实线框（全部）旁的代码和文字标注，电气元件代码由字母和数字组成，文字表示该电气元件的名称，有的在其后还用文字说明该电气元件的作用。

4. 插接器端子

插接器用字母“C”加数字标示，在插脚处的数字表示该端子在插接器上的排列序号。用虚线连接的各端子表示是同一个插接器。

5. 搭铁点标注

线路搭铁点用字母“G”加数字标示，不同的数字表示是不同的搭铁点；有其他线路使用相同搭铁点的，在搭铁点连接导线上标有黑圆点，并标注“S”加数字代码（图例为 S4）。

6. 线路编号

通过线路编号可查到该条线路的位置，可方便汽车电路故障查寻。

7. 电路图中导线颜色

汽车电路各导线的颜色在电路图中用英文缩写的颜色代码（参见表 5-12）标示，双色线用中间加“/”表示，例如：BN/RD、RD/BK 等。

附　　录

附录 A　汽车电路图用图形符号

不同国家、不同的汽车生产厂家，其汽车电路图符号都有自己的规定，并未按国际标准统一。我国规定或推荐的汽车电路图符号有的与国际标准（IEC、ISO）相同，有的则是根据我国的国情自成规范，具有图形简单、含义明确的特点，在汽车图书、相关杂志与资料、汽车电器教材中得到了比较广泛的应用。

我国汽车电路图中常用的符号如附表 1 ~ 附表 7 所示，各表中“ = ”表示推荐的汽车电路符号或电气简图用图形符号国家标准与国际标准符号相同。

附表 1　限定符号

序号	名称	限定符号	GB4728	IEC	ISO
1	直流	⎓	S01401	=	05-06
2	交流	~	S01403	=	05-08
3	交直流	≂			
4	正极	+	S00077		05-09
5	负极	−	S00078		05-10
6	中性点	N	S00079		
7	磁场	F			
8	搭铁	⊥			05-38
9	交流发电机输出接线柱	B			
10	磁场二极管输出接线柱	D+			

附表 2　导线、端子和导线的连接符号

序号	名称	限定符号	GB4728	IEC	ISO
1	连接点	●	S00016	=	06-17
2	端子	○	S00017	=	
3	可拆卸的端子	⌀			

（续）

序号	名称	限定符号	GB4728	IEC	ISO
4	连线		S00001		
5	导线的连接				
6	T 型连接	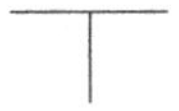	S00019		
7	导线的分支接连		S00020	=	06-14
8	导线的交叉连接		S00022	=	
9	导线的跨越				
10	插座的一个极	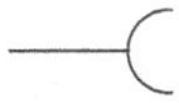	S00031	=	06-22
11	插头的一个极		S00032	=	06-23
12	插头和插座		S00033	=	06-24
13	多极插头和插座（示出为三极）	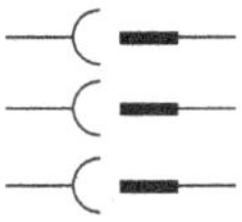	S00034		06-25
14	接通的连接片	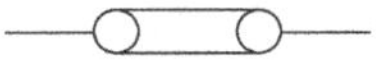	S00044	=	
15	断开的连接片	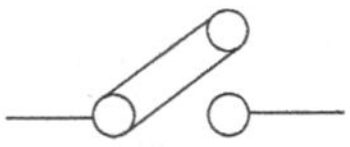	S00046	=	
16	边界线		S00064	=	05-05
17	屏蔽（护罩）		S00065	=	
18	屏蔽导线		S00007	=	06-03

附表 3　触点与开关类符号

序号	名称	限定符号	GB4728	IEC	ISO
1	动合（常开）触点		S00227	=	06-30
2	动断（常闭）触点		S00229	=	06-31
3	先断后合触点		S99230	=	06-34
4	中间断开的双向触点	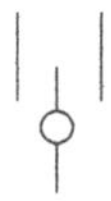	S00231	=	06-35

（续）

序号	名称	限定符号	GB4728	IEC	ISO
5	双动合触点		S00234	=	06-37
6	双动断触点		S00235	=	
7	单动断双动合触点				
8	双动断单动合触点				
9	一般情况下的手动控制		S00167	=	05-28
10	拉拔操作		S00169	=	05-30
11	旋转操作		S00170	=	05-31
12	推动操作		S00171	=	05-29
13	一般机械操作				
14	钥匙操作		S00179		
15	储存机械能操作		S00186		
16	电磁效应驱动		S00189		
17	热执行器操作		S00191	=	05-33
18	温度控制	θ			
19	压力控制	p			
20	制动压力控制	BP			
21	液位控制		S00195	=	

（续）

序号	名称	限定符号	GB4728	IEC	ISO
22	凸轮控制		S00182	=	05-32
23	联动开关				
24	手动开关的一般符号		S00253	=	06-44
25	定位（非自动复位）开关				06-45
26	自动复位的按钮开关		S00254		
27	能定位的按钮开关				
28	自动复位的拉拔开关		S00255	=	
29	旋转、旋钮开关（闭锁）		S00256	=	
30	液位控制开关				
31	机油滤清器报警开关	OP			
32	热敏开关动合触点	θ	S00263	=	
33	热敏开关动断触点	θ	S00264	=	06-47
34	热敏自动开关动断触点		S00265	=	06-48
35	热继电器触点				06-50
36	旋转多档开关	0 1 2			

（续）

序号	名称	限定符号	GB4728	IEC	ISO
37	推位多档开关	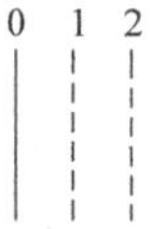 0 1 2			
38	钥匙开关（全部定位）	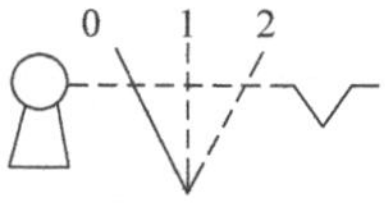 0 1 2			
39	多档开关、点火、起动开关，瞬时位置由2能自动返回到1（即2档不能定位）	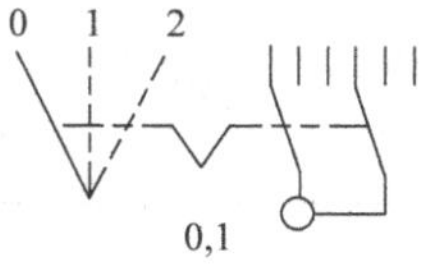 0 1 2 0,1			
40	节流阀开关	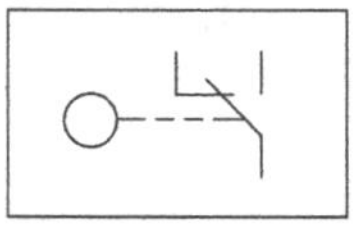			

附表4　电器元件符号

序号	名称	限定符号	GB4728	IEC	ISO
1	电阻器	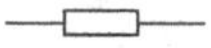	S00555	=	07-01
2	可变电阻器		S00557	=	07-02
3	压敏电阻器	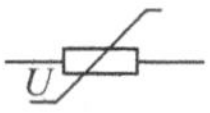 U	S00558	=	07-03
4	热敏电阻器	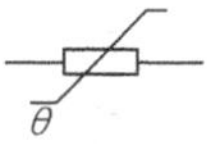 θ		=	07-04
5	滑线式变阻器	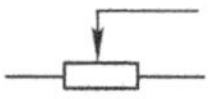	S00559	=	07-05
6	分路器（带分流和分压接头的电阻器）	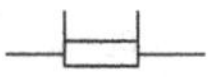	S00554	=	
7	滑动触点电位器	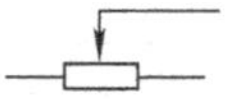	Soo561	=	07-07
8	仪表照明灯调光电阻	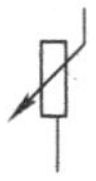			
9	光敏电阻	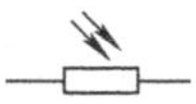	S00684	=	07-27
10	加热元件	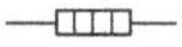	S00566	=	07-09

（续）

序号	名称	限定符号	GB4728	IEC	ISO
11	电容器		S00567	=	07-10
12	可变电容器		S00573	=	
13	极性电容器		S00571	=	07-12
14	热敏极性电容器	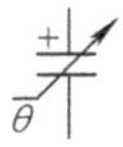	S00581		
15	压敏极性电容器		S00582		
16	穿心电容器		S00569	=	07-12
17	半导体二极管一般符号		S00641	=	07-19
18	单向击穿二极管，电压调整二极管（稳压管）		S00646	=	07-21
19	发光二极管		S00642	=	07-20
20	双向二极管	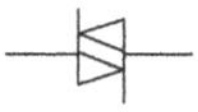	S00649	=	07-23
21	三极晶闸管		S00657	=	07-24
22	光敏二极管		S00685	=	07-28
23	热敏二极管		S00643		
24	双向击穿二极管		S00647		
25	PNP 型晶体管		S00663	=	07-26
26	集电极接管壳晶体管（NPN）		S00664	=	
27	光电晶体管		S00687		
28	具有两个电极的压电晶体	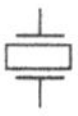	S00600	=	07-18

（续）

序号	名称	限定符号	GB4728	IEC	ISO
29	电感器、线圈、绕组扼流圈		S00583	=	07-13
30	带磁芯的电感器		S00585	=	07-14
31	熔断器		S00362	=	07-17
32	易熔线				
33	电路断电器（双金属片式）				
34	永久磁铁		S00210	=	05-39
35	操作器件/继电器		S00305	=	08-21
36	一个绕组的电磁铁				
37	两个绕组的电磁铁				
38	不同方向绕组的电磁铁				
39	触点常开的继电器				
40	触点常闭的继电器				

附表 5　仪表符号

序号	名称	限定符号	GB4728	IEC	ISO
1	指示仪表（星号按规定的字母或符号代入）	*	S00910	=	08-38
2	指示仪表（星号按规定的字母或符号代入）	*	S00911		

（续）

序号	名称	限定符号	GB4728	IEC	ISO
3	电压表	V	S00913	=	
4	电流表	A		=	
5	电压电流表	A/V		=	
6	欧姆表	Ω		=	
7	频率计	Hz	S00919		
8	波长计	λ	S00921		
9	示波器	～	S00922		
10	温度计	θ	S00926		
11	记录式功率表	W	S00928	=	
12	油压表	OP		=	
13	转速表	n	S00927	=	
14	燃油表	Q		=	
15	速度表	v		=	
16	电钟		S00959	=	08-57
17	数字式电钟	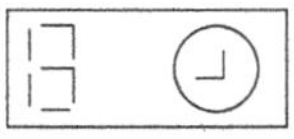		=	

附表 6　传感器符号

序号	名称	限定符号	GB4728	IEC	ISO
1	传感器一般符号（星号按规定的字母或符号代入）	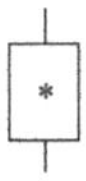 *			

（续）

序号	名称	限定符号	GB4728	IEC	ISO
2	温度传感器	θ			
3	空气温度传感器	θa			
4	冷却液温度传感器	θw			
5	燃油表传感器	Q			
6	油压表传感器	OP			
7	空气质量传感器	m			
8	空气流量传感器	AF			
9	氧传感器	λ			
10	爆燃传感器	K			
11	转速传感器	n			
12	速度传感器	v			
13	空气压力传感器	AP			
14	制动压力传感器	BP			

附表7　电气设备符号

序号	名称	限定符号	GB4728	IEC	ISO
1	照明灯、信号灯、仪表灯、指示灯		S00965	=	08-13
2	双丝灯	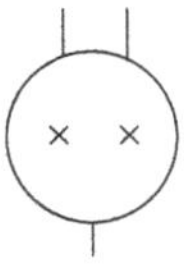			08-17
3	荧光灯	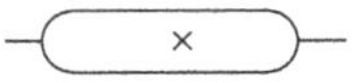			08-18
4	组合灯	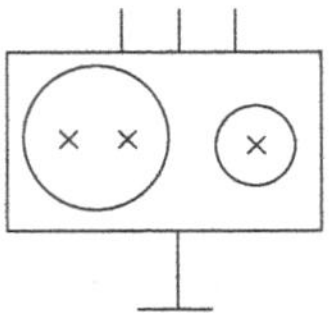			
5	预热指示器	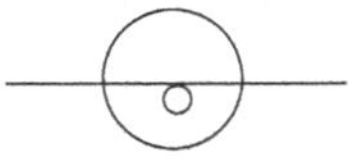			
6	电喇叭	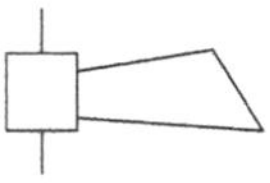	S00969	=	08-34
7	扬声器	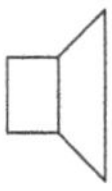	S01059	=	08-54
8	蜂鸣器		S00973	=	08-37
9	报警器、电警笛		S00972	=	
10	元件、装置、功能元件（填入或加上适当的符号或代号，以表示元件、装置或功能）	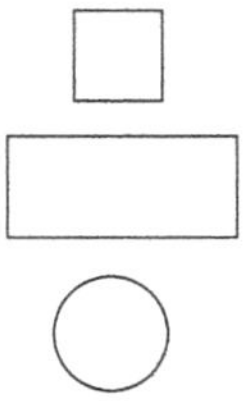	S00059 S00060 S00061	= = =	05-01 05-01 05-01
11	信号发生器	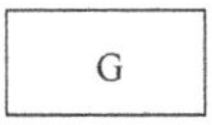 G	S01335		
12	脉冲发生器	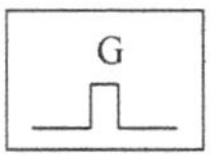 G	S01228	=	
13	正弦波发生器	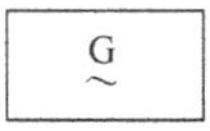 G ~	S01226		

（续）

序号	名称	限定符号	GB4728	IEC	ISO
14	闪光器	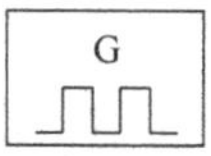 G			
15	霍尔信号发生器	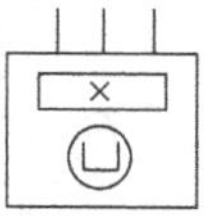			
16	磁感应信号发生器	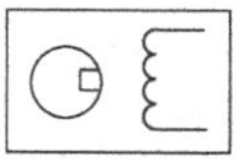			
17	温度补偿器	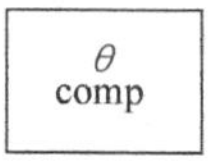 θ comp			
18	电磁阀一般符号	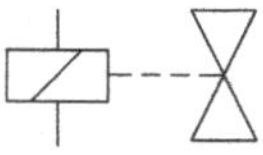			
19	常开电磁阀	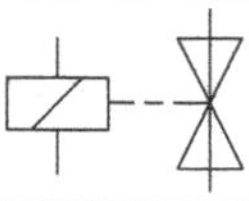			
20	常闭电磁阀	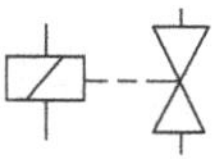			
21	电磁离合器	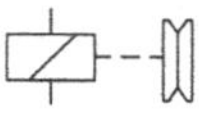			
22	用电动机操纵的怠速调整装置	 M			
23	过电压保护装置	 U>			
24	过电流保护装置	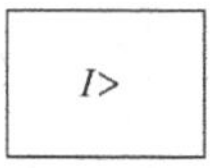 I>			
25	加热器（除霜器）	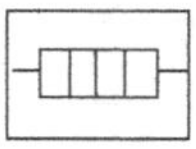	S00566		
26	振荡器	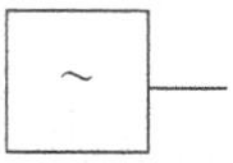 ～			
27	变换器、转换器	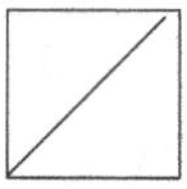	S00213	=	05-41

（续）

序号	名称	限定符号	GB4728	IEC	ISO
28	光电发生器	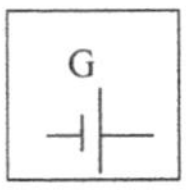 G	S00908	=	
29	空气调节器	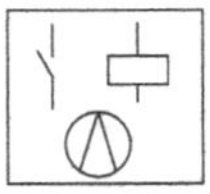			
30	滤波器		S01246	=	08-40
31	放大器	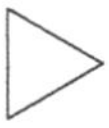	S01239		
32	稳压器	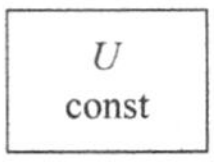 *U* const			
33	整流器		S00894		
34	逆变器		S00896		
35	直流/直流变换器	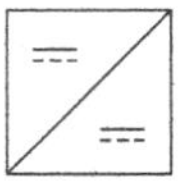	S00893		
36	桥式整流器		S00895		
37	点烟器	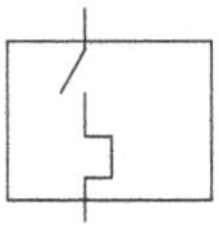			
38	热继电器	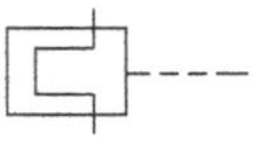			
39	间歇刮水器	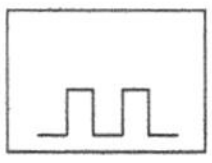			
40	防盗报警系统	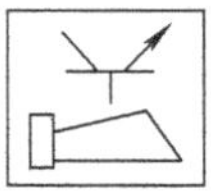			

（续）

序号	名称	限定符号	GB4728	IEC	ISO
41	天线一般符号		S01102		
42	发射器				
43	收音机				
44	内部通信联络及音乐系统				
45	收放机				
46	电话机		S01017	=	08-50
47	传声器一般符号		S01053	=	
48	点火线圈				08-29
49	分电器				08-33 +
50	火花塞		S00371	=	08-28
51	电压调节器	U			05-42
52	转速调节器	n			
53	温度调节器	θ			
54	串励绕组			=	
55	并励或他励绕组			=	

（续）

序号	名称	限定符号	GB4728	IEC	ISO
56	双绕组变压器		S00842		
57	绕组间有屏蔽的双绕组变压器		S00853		
58	电压互感器		S00879		
59	集电环或换向器上的电刷		S00818	=	
60	电机一般符号	*	S00819		
61	直线电动机	M	S00820	=	
62	步进电动机	M	S00821		
63	串激直流电动机	M	S00823	=	
64	并激直流电动机	M	S00824	=	
65	永磁直流电动机	M			
66	起动机（带电磁开关）	M			
67	燃油泵电动机、洗涤电动机	M			
68	晶体管电动燃油泵				
69	加热定时器	H T			

（续）

序号	名称	限定符号	GB4728	IEC	ISO
70	点火电子组件				
71	风扇电动机				
72	刮水电动机				
73	天线电动机				
74	直流伺服电动机				
75	直流发电机				
76	星形连接的三相绕组	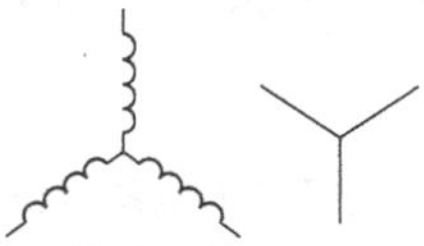	S00808		
77	三角形连接的三相绕组		S00806		
78	定子绕组为星形连接的交流发电机	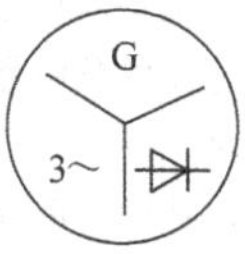			
79	定子绕组为三角形连接的交流发电机	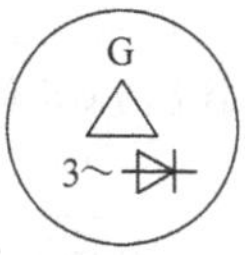			
80	外接电压调节器与交流发电机	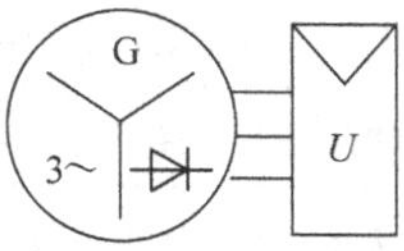			
81	整体式交流发电机	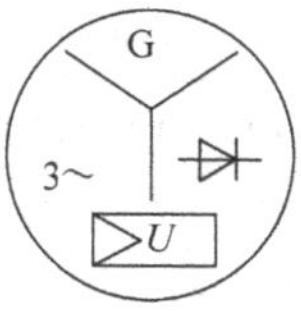			

（续）

序号	名称	限定符号	GB4728	IEC	ISO
82	原电池	—|├—	S00898		
83	蓄电池	—|├—	S01341	=	08-01
84	蓄电池或原电池	—|├—	S01342		
85	原电池或蓄电池组	—|├----|├—	S01366	=	08-03

附录 B　汽车电器接线柱标记

为了汽车电器产品设计、制造及电路配线的方便，各国汽车业对汽车电器接线柱都规定了固定的标记。了解并熟悉汽车电器接线柱标记的含义，对汽车电路识图和故障查寻也都有很大的帮助。

国家汽车行业标准《汽车电器接线柱标记》（QC/T423—1999）的主要内容如附表 8 所示。

附表 8　我国汽车电器接线柱标记

电器名称	接线注标记		接线柱标记的含义	曾经使用过的标记
	基本标记	下标		
点火装置	1		点火线圈和分电器上，互相连接的低压接线柱；电子点火装置中，点火线圈上输入信号的低压接线柱	—
		1a	带两个分立电路的分电器 Ⅰ 的低压接线柱（自点火线圈 Ⅰ 的低压接线柱 1 来）	—
		1b	带两个分立电路的分电器 Ⅱ 的低压接线柱（自点火线圈 Ⅱ 的低压接线柱 1 来）	—
	7		无触点分电器上的输出信号接线柱；电子点火器上的输入信号接线柱	— —
	15		点火开关和点火线圈互相连接的接线柱；电子点火装置中，点火线圈上，分电器上，电子点火器上的电源接线柱	+
预热起动装置	15		预热起动开关上，接其他用电设备的接线柱	BR
	19		预热起动开关上，接预热装置的接线柱	R1
	50		预热起动开关上的起动接线柱	C、R2
一般用途（特殊规定者除外）	30		电器上接蓄电池正极或电源正极的接线柱	B
	31		电器上接蓄电池负极的接线柱	—
	E		电器上的搭铁接线柱	E

（续）

电器名称	接线注标记		接线柱标记的含义	曾经使用过的标记
	基本标记	下标		
起动装置		15a	起动机开关上接点火线圈的接线柱	—
		30a	12—24V 电压转换开关上，接蓄电池Ⅱ正极的接线柱	—
	31		12—24V 电压转换开关上，接蓄电池Ⅰ负极的接线柱	—
	48		起动继电器上，或 12—24V 电压转换开关上，接起动机电磁开关的接线柱；起动机电磁开关上相应的接线柱	—
	50		点火开关上，预热起动开关上，用于起动的输出接线柱；起动按钮的输出接线柱	—
		60a	复合起动继电器上，接充电指示灯的接线柱	L
	86		起动继电器上，线圈电流输入端接线柱（接点火开关）	S、SW
	A		起动继电器上，接直流发电机 A 的接线柱	—
	N		复合式起动继电器上，接交流发电机 N 或类似作用的接线柱	—
发电机装置	61		交流发电机上，调节器上，接充电指示灯的接线柱	L
	A		直流发电机上，电枢输出接线柱；调节器上的相应接线柱	A、S
	B		交流发电机上的输出接线柱 直流发电机调节器上，接点火开关或电源开关的接线柱 交流发电机调节器上，接点火开关或电源开关的接线柱	B、A B —
		D +	交流发电机上，磁场二极管的接线柱；调节器上相应的接线柱 当无 61 接线柱时，用于充电指示灯的接线柱	D + S
	F		发电机上的磁场接线柱；调节器上的相应接线柱	F
	N		交流发电机上的中性点接线柱；调节器上的相应接线柱	N
	S		交流发电机调节器上，接蓄电池电压检测点的接线柱	—
	W	 W1 W2	交流发电机上的相电流接线柱 交流发电机上的第一个相电流接线柱 交流发电机上的第二个相电流接线柱	R、W — —
照明与信号灯装置（转向信号装置除外）	54		制动灯开关和制动灯互相连接的接线柱	—
	55		雾灯开关和雾灯互相连接的接线柱	—
	56	 56a 56b 56c	灯光总开关上和变光开关互相连接的接线柱；变光开关上除远光、近光、超车接线柱外的另一个接线柱 变光开关上的远光接线柱；远光灯上的相应接线柱 变光开关上的近光接线柱；近光灯上的相应接线柱 变光开关上的超车接线柱	— — — —
	57	 57L 57R	灯光总开关上或点火开关上与停车灯开关互相连接的接线柱 停车灯开关上的左停车灯接线柱；左停车灯上的相应接线柱 停车灯开关上的右停车灯接线柱；右停车灯上的相应接线柱	— — —

（续）

电器名称	接线注标记		接线柱标记的含义	曾经使用过的标记
	基本标记	下标		
照明与信号灯装置（转向信号装置除外）	58		灯光总开关上接示廓灯、尾灯、牌照灯、仪表照明灯等的接线柱；	—
			灯光开关上，用于控制示廓灯、尾灯、牌照灯、仪表照明灯等的接线柱（带灯光继电器的灯开关）	—
		58a	仪表照明开关和仪表照明灯互相连接的接线柱（单独布线时）	—
		58b	室内照明开关和室内照明灯互相连接的接线柱（单独布线时）	—
		58c	灯光总开关和前示廓灯互相连接的接线柱（单独布线时）	—
	59		倒车灯开关上连接倒车灯的接线柱；倒车灯上相应的接线柱	—
		59a	倒车指示灯上电源接线柱	—
		59b	倒车报警器上的电源接线柱	—
转向信号装置	49		转向开关上的输入接线柱；报警开关上接转向开关的接线柱	—
		49a	报警闪光器和报警开关互相连接的接线柱	—
		49L	转向开关上，报警开关上，和左转向灯互相连接的接线柱	—
		49R	转向开关上，报警开关上，和右转向灯互相连接的接线柱	—
	L		转向信号闪光器上接转向开关的接线柱；报警开关上接转向信号闪光器的接线柱	L
	P		转向信号闪光器上接监视灯的接线柱	P
		P1	左监视灯的接线柱	
		P2	右监视灯的接线柱	
喇叭和声响报警装置	72		报警开关上的接线柱	—
	H		喇叭继电器上的电喇叭接线柱	H
	S		喇叭继电器上，电磁阀上，接喇叭按钮的接线柱	S
	W		报警继电器上，接报警灯和报警蜂鸣器的接线柱	
刮水器与洗涤器	53		刮水器电动机上的主输入接线柱；刮水器开关上的相应接线柱	—
			间歇继电器上，线圈电流输入端接线柱	
			洗涤器上，电源接线柱	
		53c	洗涤器和刮水器互相连接的接线柱	—
		53e	带有复位机构刮水器上的复位接线柱；刮水器开关上相应接线柱	—
		53i	刮水器开关上和间歇继电器上线圈互相连接的接线柱	—
		53j	刮水器开关上和间歇继电器上触点互相连接的接线柱	—
		53m	刮水器和间歇继电器互相连接的接线柱	—
		53s	间歇控制板上的电源接线柱；刮水器开关上的相应接线柱	—
		53H	双速刮水器上的高速接线柱；刮水器开关上的相应接线柱	—
		53L	双速刮水器上的低速接线柱；刮水器开关上的相应接线柱	—
继电器（专用继电器除外）	84		继电器上，线圈始端和触点共同电流输入接线柱	—
		84a	继电器上，线圈末端电流输出接线柱	—
		84b	继电器上，触点电流输出接线柱	—
	85		继电器上，线圈末端电流输出接线柱	—
	86		继电器上，线圈始端电流输入接线柱	—

（续）

电器名称	接线注标记		接线柱标记的含义	曾经使用过的标记
	基本标记	下标		
继电器（专用继电器除外）	87		继电器上，动断触点和转换触点的电流输入接线柱	—
		87a	继电器上，动断触点的第一个电流输出接线柱	—
		87b	继电器上，动断触点的第二个电流输出接线柱	—
		87c	继电器上，动断触点的第三个电流输出接线柱	—
		87z	继电器上，动断触点与转换触点的第一个电流输入接线柱（单独回路时）	—
		87y	继电器上，动断触点与转换触点的第二个电流输入接线柱（单独回路时）	—
		87x	继电器上，动断触点与转换触点的第三个电流输入接线柱（单独回路时）	—
	88		继电器上，动合触点的电流输入接线柱	—
		88a	继电器上，动合触点的第一个电流输出接线柱	—
		88b	继电器上，动合触点的第二个电流输出接线柱	—
		88c	继电器上，动合触点的第三个电流输出接线柱	—
		88z	继电器上，动合触点的第一个电流输入接线柱（单独回路时）	—
		88y	继电器上，动合触点的第二个电流输入接线柱（单独回路时）	—
		88x	继电器上，动合触点的第三个电流输入接线柱（单独回路时）	—

参考文献

[1] 李春明. 汽车电器与电路［M］. 北京：高等教育出版社，2003.
[2] 季杰，吴敬静. 轻松看懂汽车电路图［M］. 北京：化学工业出版社，2011.
[3] 麻友良. 汽车电器与电子控制系统［M］. 2 版. 北京：机械工业出版社，2007.
[4] 吴文琳. 汽车电路识读与故障检修［M］. 北京：化学工业出版社，2011.
[5] 冯崇毅. 汽车电子控制技术（上）［M］. 北京：机械工业出版社，2001.
[6] 麻友良，赵英勋. 富康988/富康轿车维修手册［M］. 北京：机械工业出版社，2002.
[7] 麻友良. 汽车电路构成与阅读理解［M］. 北京：人民交通出版社，2005.
[8] 周建平. 汽车电气设备构造与维修［M］. 北京：人民交通出版社，2002.
[9] 陈志恒，胡宁. 汽车电控技术［M］. 北京：高等教育出版社，2003.
[10] 麻友良. 电控自动变速器结构与故障检修［M］. 北京：机械工业出版社，2000.
[11] 周泳敏，朱洪波. 汽车电路识图指南［M］. 北京：机械工业出版社，2004.
[12] 孙余凯，等. 汽车电器识图技巧［M］. 北京：人民邮电出版社，2003.
[13] 麻友良. 轿车电控辅助系统检修培训教程［M］. 北京：机械工业出版社，2004.
[14] 谭本忠. 汽车电路图识读入门［M］. 北京：化学工业出版社，2011.